普通高等教育"十一五"国家级规划教材
教育部普通高等教育精品教材
国家精品在线开放课程配套教材
国家级一流本科课程配套教材
粤港澳大湾区高校在线课程配套教材
中国轻工业优秀教材一等奖

食品原料学

（第三版）

蒋爱民　周　佺　白艳红　周文化　主编

U0255145

中国轻工业出版社

图书在版编目（CIP）数据

食品原料学/蒋爱民等主编 . —3 版 . —北京：中国轻工业
出版社，2025.1

　　ISBN 978-7-5184-3022-2

　　Ⅰ.①食…　Ⅱ.①蒋…　Ⅲ.①食品-原料　Ⅳ.①TS202.1

中国版本图书馆 CIP 数据核字（2020）第 092033 号

责任编辑：贾　磊
策划编辑：李亦兵　贾　磊　　责任终审：张乃东　　封面设计：锋尚设计
版式设计：砚祥志远　　　责任校对：李　靖　　责任监印：张　可

出版发行：中国轻工业出版社（北京鲁谷东街 5 号，邮编：100040）
印　　刷：三河市国英印务有限公司
经　　销：各地新华书店
版　　次：2025 年 1 月第 3 版第 6 次印刷
开　　本：787×1092　1/16　印张：17.25
字　　数：380 千字
书　　号：ISBN 978-7-5184-3022-2　　定价：39.00 元
邮购电话：010-85119873
发行电话：010-85119832　010-85119912
网　　址：http://www.chlip.com.cn
Email：club@ chlip.com.cn

《食品原料学》（第三版）
编写人员

主　编　蒋爱民　周　佺　白艳红　周文化

副主编　郭善广　胡新中　董　全　卢　瑛　李志成　王志江　栗俊广　张孝芹

编　委（按拼音字母排序）

艾民珉　白艳红　柏　旭　步　营　曾祥燕　常志娟　陈　浩　陈　雷

陈美花　陈明造　陈伟玲　陈　晓　程伟伟　单媛媛　刁恩杰　丁利君

丁玉琴　董　全　杜俊杰　冯　印　顾赛麒　郭善广　郭月英　何志贵

胡新中　黄继青　黄文勇　黄　燕　贾小丽　蒋爱民　蒋振晖　敬思群

李昌盛　李江涛　李　黎　李凌飞　李美凤　李明元　李沛军　李小平

李学理　李学鹏　李志成　李志西　李智博　栗俊广　梁丽雅　廖国周

林利忠　刘建华　刘梦培　刘晓艳　卢冬梅　卢　瑛　罗　芳　罗莉萍

吕俊丽　吕　璞　马俪珍　倪勤学　祁红兵　钱时权　曲静然　沈　玥

师希雄　施文正　宋晓燕　孙建霞　孙　晶　孙丽平　孙　宇　陶明煊

万　俊　王桂瑛　王红波　王俊颖　王　冕　王晓龙　王志江　韦云伊

温玉辉　吴建中　吴兰芳　肖　南　谢　宏　徐吉祥　阳　晖　杨金凤

杨　强　杨　宪　姚　莉　翟立公　张　玲　张孝芹　张　岩　张　政

赵　立　赵秋艳　郑建梅　郑培君　郑俏然　周乐丹　周　佺　周文化

周晓洁　朱文慧　朱迎春　朱振宝　祝亚辉

主　审　陈明造

第三版前言 | Preface

第一版《食品原料学》包括"畜产食品原料""粮油食品原料""果蔬食品原料"和"水产食品原料"4大板块。

第二版《食品原料学》不仅更新和完善了上述4大板块的内容，而且为满足科学和产业发展需求，特别增加了"特色食品原料"和"安全食品原料生产与品质控制"二部分内容。教材被列入"普通高等教育'十一五'国家级规划教材"和"教育部普通高等教育精品教材"。

第二版教材出版后得到广东省教育厅和华南农业大学质量工程项目持续支持，2012年蒋爱民主持建设了"食品原料学在线课程"，2013年完善升级为"联通慕课"，2014年升级为"移动慕课"，2018年入选"粤港澳大湾区高校在线开放课程联盟"推荐课程配套教材，2019年被评为"国家精品在线开放课程"。

面对"教育+移动互联网"的发展趋势，第三版《食品原料学》不仅更新了专业知识，更为重要的是总结了蒋爱民二十多年在线课程建设应用的理论研究和实践经验，实施教材结构和讲授模式的重构，利用在线课程"空间无限性"优势，将特色食品原料、安全食品原料生产与控制、部分畜产食品原料内容、实验指导及实操视频等具有"认知性、实操性、拓展性和进展性"特点的内容收入在线课程，读者使用移动终端设备扫描纸质教材中的二维码即可学习在线课程中相关教材内容（图文并茂）、讲课视频、实操视频、试题库、相关研究论文、拓展视频、拓展阅读、VR/AR/MR资源、动画、热门话题、国内外进展、专家讲座等超过纸质教材数倍内容的立体富媒体资源，包括配套授课视频306个（3607分钟）、富媒体资源1077个、测验作业1259个、考试题库试题811道，为发挥在线课程个性化与灵活性优势、实施"私人订制式知识自我构建"模式奠定了坚实基础，也有助于突破课堂学时数不足的瓶颈。

2020年春季"新冠肺炎"抗疫期间，蒋爱民在2月7日便开设了面向全国的"食品原料学慕课"，并通过国家教育行政学院高校网络平台和粤港澳大湾区高校在线开放课程联盟网络平台等开讲"在线课程建设、应用、评价的瓶颈及对策"等高校直播公益课，前沿教育理念和丰富实践经验的分享超过了20万人次，200余所院校的老师依托于"食品原料学慕课"开展"混合+翻转"教学。

需要配套课件、试题库或反馈教材修订和慕课建议的老师请加入"食品原料学联盟QQ群"（群号：258097804）。

蒋爱民 周 佺 白艳红 周文化

2020年5月2日于大连

《食品原料学》（第二版）
编写人员和前言

编写人员

主　编　蒋爱民　赵丽芹

副主编　李志成　沈建福　白颜红　高　昕　崔承弼　李开雄

编　委（排名不分前后，仅按拼音字母顺序排列）

白颜红　白卫东　包建强　陈发河　陈锦权　崔承弼　丁之恩　董　全

高金燕　高　昕　韩　涛　蒋爱民　靳桂敏　李开雄　李志成　刘建学

刘书成　罗爱平　马俪珍　莫海珍　农绍庄　潘道东　沈建福　苏秀榕

唐文婷　王　华　王　颉　王向东　王玉华　王玉田　魏新林　温玉辉

吴建中　吴雪辉　谢　宏　谢定源　严　成　杨　军　余群力　章超桦

张丽萍　赵良忠　赵丽芹　赵秋艳　赵希荣　郑　华　周光宏　周文化

主　审　章超桦　周光宏

第二版前言 | Preface

　　《食品原料学》2006年6月获得审批列入教育部国家级"十一五"规划教材。2006年7月在青岛中国海洋大学召开了第一次编委会议，商讨了编写思路、编写大纲和编写方法，并发往全国相关院校征求意见。2006年8月在南京召开了第二次编委会，全国30余所院校派代表参加了会议。2006年12月在广州华南农业大学召开了《食品原料学》审定会。

　　本教材分为7章，包括16个实验的实验指导。除系统讲授畜产食品原料、农产食品原料、园产食品原料和水产食品原料4大主要食品原料的组成、生物学特性和加工储藏特性外，为适应科学发展需求，特别增加了特色食品原料和安全食品原料生产与控制2篇内容。

　　特色食品原料篇除介绍特色植物资源和食用菌等的组成、生物学特性及加工特性外，还特别介绍了功能食品原料中的功能性成分的分布、含量、生物学特性，以便为食品原料的深加工和功能性食品的研发奠定基础。安全食品原料生产与控制篇从食品原料自身的不安全成分、来源和特性及环境污染等外界因素对食品原料安全性的影响角度出发，系统地讲述了安全食品原料生产的控制方法，并以加拿大原料乳安全生产及其质量控制体系为例，介绍国外食品原料生产过程中的质量控制技术和体系，反映了学科的最新研究方法和成果。

该教材包括了传统和新型的食品原料，内容十分丰富，但简洁的文字保证了篇幅的有效控制。为实现全国各院校教学资源共享，便于教师备课，在网页上公布了与本教材配套的教学大纲、实验大纲、PPT 讲稿、复习思考题及参考答案等内容（http：//xy. scau. edu. cn/spxy/zijon/xcsp）。另外还配有试题库及参考答案供教师参考。由于这些内容在编写修改定稿过程中，全体编写人员分工合作，少则二三次、多则五六次交换书稿，集腋成裘最终成稿；每章每节、每套试题库、每道思考题、每张幻灯片都凝聚了每位编写人员的心血，以至于难以界定内容的具体编写人员，只好将所有编写人员和参编院校按照拼音字母顺序排列，以示对每位编写人员和参编院校的尊敬和感谢。

参加编写的主要人员：白颜红、白卫东、包建强、陈发河、陈锦权、崔承弼、丁之恩、董全、高金燕、高昕、韩涛、蒋爱民、靳桂敏、李开雄、李志成、刘建学、刘书成、罗爱平、马俪珍、莫海珍、农绍庄、潘道东、沈建福、苏秀榕、唐文婷、王华、王颉、王向东、王玉华、王玉田、魏新林、温玉辉、吴建中、吴雪辉、谢宏、谢定源、严成、杨军、余群力、章超桦、张丽萍、赵良忠、赵丽芹、赵秋艳、赵希荣、郑华、周光宏、周文化。

参加编写的院校包括：安徽农业大学、北京农学院、大连轻工学院、佛山科技学院、福建农林科技大学、广东海洋大学、甘肃农业大学、贵州大学、黑龙江八一农垦大学、华中农业大学、淮阴工学院、吉林农业大学、锦州医学院、暨南大学、集美大学、河南科技大学、河南科技学院、河南农业大学、河北农业大学、华南农业大学、莱阳农学院、南昌大学、南京师范大学、内蒙古农业大学、宁波大学、上海师范大学、山西师范大学、韶关学院、沈阳农业大学、石河子大学、天津农学院、西北农林科技大学、西南大学、西南科技大学、延边大学、郑州轻工业学院、浙江大学、仲恺农业技术学院、中国海洋大学、中南林业科技大学。

要特别说明的是，在安全食品原料生产与控制篇编写时引用了吴永宁教授主编的《现代食品安全科学》、杨洁彬教授主编的《食品安全性》和林洪教授主编的《水产品安全性》等书籍的一些内容。东南大学出版社顾金亮、史建农精心组织了 2006 年 8 月在南京召开的第二次编委会。莱阳农学院姜连芳教授和华南农业大学余小林教授、李远志教授、杨公明教授在教材组织和内容安排、审阅等方面提出了建设性建议。华南农业大学和内蒙古农业大学在经费、时间等方面给予了极大支持。华南农业大学食品学院研究生白富玉、何文新、王志江、龚丽和何瑞琪等同学在资料收集整理和联络工作等方面做出了无私奉献。

在此，对以不同方式关怀和帮助该书编写和出版的领导、同行及朋友表示衷心感谢。教材中存在的不妥之处，恳请兄弟院校及读者在使用后提出宝贵意见，以便再版时予以修订，也真诚欢迎您参加下一版教材的修改再版工作（jiangaimin20000@ 163. com）。

蒋爱民　赵丽芹

2006 年 12 月 31 日于华南农业大学

《食品原料学》（第一版）
编写人员和前言

编写人员

主　编　蒋爱民　章超桦

副主编　李开雄　罗爱平　欧阳韶晖　寇丽萍

主　审　周光宏

第一版前言 | Preface

为了适应"宽口径"培养的教改思路，农业部教学指导委员会食品科学与工程组于1999年12月在湛江召开的会议上出台了食品科学专业推荐教改方案，在该方案中增设了《食品原料学》课程。

会后由南京农业大学副校长周光宏教授、湛江海洋大学副校长章超桦教授和西北农林科技大学蒋爱民教授负责组织编写《食品原料学》。该书内容包括农产品、园产品、畜产品和水产品四大部分，并在教材后附实验指导。

在编写大纲的制定和修改、全国院校意见的收集、编写的组织工作、教材的统稿和出版等方面，刘新华、丁武、王基仕、洪鹏、夏杏洲、曹文红和张静等老师给予了极大关怀和支持，并提出了许多建设性建议，为顺利完成该教材的编写奠定了坚实的基础。在此，对以不同方式关怀和帮助该书出版的领导、同行及朋友表示衷心感谢。还要特别感谢中国农业出版社对该书出版所做的努力。

由于时间和资料有限，不妥之处，希望兄弟院校在使用后提出宝贵意见，以便再版时予以修订。

编者于陕西·杨凌

2000年6月

《食品原料学》 配套的国家级精品在线开放课程（慕课）使用方法

一、 教师使用慕课的方法

1. 移动终端设备上的应用

先用手机等移动终端设备上的微信扫描安装"学习通"应用程序（APP），注册登录，再查找并加入《食品原料学》慕课，就可以用手机等移动终端设备免费随时随地学习，并方便与课程联盟教师交流在线课程建设、应用经验。

2. 计算机设备上的应用

首先进入课程网站（https：//www. xueyinonline. com/detail/205709436），点击页面右上角的"登录"，用"学习通"应用程序上已经注册的账号和密码登录，进入课程后就可以回答学生的问题或进行课程讨论。

二、 学生使用慕课的方法

1. 首先完成计算机端的注册

为了便于以班为单位管理学生成绩，要求学生以班为单位填写本校上课教师提供的 Excel 表格（教师直接与"食品原料学联盟 QQ 群"中的课程工程师联系获得），要保证"户名＝学号"，便于学生学习成绩导入授课学校教务系统；初始密码为 123456）。学生根据导入的账号密码，直接从网址 https：//www. xueyinonline. com/detail/205709436 登录，完善信息后即可进入课程学习，并可与教师、同学开展讨论和交流，积累自己的"在线课程自学平时成绩"。

2. 移动慕课的应用

手机等移动终端设备微信扫码（或从应用商店查找）安装"学习通"应用程序（APP），用计算机端注册的账号（学号）和密码（123456）登录，就可以在移动终端设备免费随时随地学习，并可与教师、同学开展讨论和交流，积累自己的"在线课程自学平时成绩"。

三、 社会学习者使用慕课的方法

社会学习者可通过"学习通"应用程序（APP）、微信扫描下面的二维码或登录下面的网址，即可在线学习本教材配套的国家级慕课的最新最全内容以及查阅图文并茂的相关电子书。

（http：//www. xueyinonline. com/detail/205709436？tonewterm＝true）

| 目录 | Contents

绪 论

1.1　食品原料学的研究内容

食品原料学是食品相关专业的专业基础学科，内容除了包含畜产、农产、园产和水产 4 大传统食品原料的组成、生物学特性和加工储藏特性外，增加的特色食品原料内容在介绍特色植物资源和食用菌等的组成、生物学特性及加工特性的同时，还介绍了功能性食品原料中的功能性成分的分布、含量及生物学特性，以便为食品原料的深加工和功能性食品的研发提供参考；增加的安全食品原料生产与控制内容从食品原料自身的不安全成分、来源、特性和环境污染等外界因素对食品原料安全性的影响角度出发，系统介绍了安全食品原料生产的控制方法。

1.2　食品原料学的重要性

"从餐桌到农场的全程质量控制"是食品安全控制的先进理念。科技部门对通过食品原料生产过程控制提高食品的安全性和开发食品原料新资源的研究工作给予了重点支持。2020 年随着教育部一流本科课程建设实施意见的落实，全国开设食品相关专业的高等院校纷纷将食品原料学课程列入了教学计划。因此，食品原料学在食品学科专业中占有越来越重要的地位。

1.3　食品原料学进展

1.3.1　食品原料特性的深入研究促进食品原料精深加工

随着质构仪、小麦粉质仪和乳成分快速测定仪等近红外测定、振动测定、核磁共振等食品原料品质检测专用仪器的开发，在深入研究食品原料的生物学特性和加工储藏特性的基础上，结合现代食品"安全、营养和方便"的需要，不仅开发出了能够最大限度地体现食品原料自身特性的产品，而且培育出越来越多的专用加工品种，满足加工制品对原料品质的要求。例如，意大利不仅培育出了奶水牛专用品种，极大地提高了水牛的产乳性能，而且利用水牛乳乳清蛋白丰富和比例适宜的特性，研发出具有特殊品质的莫泽雷勒奶酪（Mozzarella），畅销欧美。

我国对食品原料特性的研究也非常重视。例如，原料肉汁液流失、护色和微生物控制等关键技术的突破，为"冷却肉"和粤港澳地区流行的"冰鲜肉"的产业化开发奠定了基础；研究米面食品的回生行为以及回生程度与淀粉组分结构、结晶与无定型的变化、淀粉回生与口感之间的关系，研究荔枝等热带、亚热带水果保鲜技术等，都有力促进了食品深加工技术的发展。

1.3.2　食品原料的安全生产与控制为安全食品的生产奠定了基础

食品安全在很大程度上依赖于食品原料生产过程中的安全控制，因此提出了"从农田到餐桌"和"从餐桌到农场"的全程质量控制理念，研究开发出一系列以现代高新技术为基础的分析方法，如利用分子生物学技术开发的细菌快速检测试剂盒、抗生素的生物学检测技术等，为安全食品原料的生产提供了保障。国家重大科技专项中设立了"食品安全关键技术"等课题，在"农药残留检测技术""兽药残留检测技术""重要有机污染物的痕量与超痕量检测技术""生物毒素和中毒控制常见毒物检测技术""黄曲霉毒素污染防控技术规程""动物组织中猪瘟病毒和伪狂犬病毒荧光定量 PCR 检测技术"等共性技术方面得到了突破，极大地提高了食品原料的安全性。例如，以 PCR 技术为基础建立了针对金黄色葡萄球菌、沙门菌、黄曲霉毒素、磺胺和农药残留等关键致病菌和药物残留的快速检测试剂盒和试纸；以多介质超声波分析、色差分辨、分子免疫荧光检测和胶体金等关键技术突破为基础，研制出了乳成分超声波分析仪、牛乳真蛋白测定仪、体细胞快速分析仪和原料乳细菌总数快速检测仪，实现了原料乳质量的现场监控，并显著降低了检测费用。

1.3.3　开发食品新资源，加速副产品综合利用

在耕地面积锐减和人口膨胀的双重压力下，开发新的食品原料资源具有很重要的意义，开发未来新的食品资源成为当今研究人员进行研究的重要课题；随着生活水平的提高，科学有效地利用食品原料中具有特殊功能的生理活性成分也具有很大的前景；另外，在食品原料加工中往往会有相当数量的副产物产生，如果这些副产物不继续加以利用，就会成为废渣、废液，不仅污染环境、加重废弃物处理的负担，而且还影响到原料的利用效率，尤其是在工业化、规模化的生产中，废弃物的处理问题尤为突出。例如，大型肉制品企业每天会产生大量的畜血、皮毛、骨头和内脏等废料，豆制品加工过程中产生的大豆豆渣和黄浆废水等。如果将这些副产物作为原料进行综合加工和利用，不仅可以实现"零排放、无污染生产"，甚至还会得到经济价值更高的加工制品或高附加值产品。例如，利用豆制品企业的副产物，可以生产具有高生物活性的功能性保健产品大豆低聚糖或大豆异黄酮等，又如玉米不仅可以生产淀粉，而且以淀粉为原料进行深加工还可以生产得到附加值更高的各种功能性淀粉，甚至玉米芯也可以作为原料加工成木糖醇和木聚糖等新型食品添加剂。

针对我国每年屠宰加工时产生的大量骨血未能充分利用的现状和关键技术问题，重点开展研究天然骨胶原蛋白的分子化与提取技术、鲜骨超细粉碎技术、血清蛋白和血红蛋白的连续抗凝与分离技术、血红蛋白中二价铁离子的保护和真空降解与絮凝回收技术、血液蛋白酶解调控

技术，开发出可用于食品营养强化、品质保持和天然着色等功能的骨胶原蛋白、超细鲜骨粉、速溶全骨复合物、多肽和氨基酸营养液、血清蛋白、血红蛋白、营养料包和调味产品。

1.4　本课程的学习要求和方法

本课程除保持传统课堂教育教学优势外，更为重要的是发挥"教育+互联网"的"学生随时随地学习"和"教师师随时随地引导学生学习"的"混合+翻转"优势。学生可通过本教材在线学习 6 大板块 10 大富媒体立体拓展资源构建的国家级精品在线开放课程——食品原料学，而且可将实体课堂中利用移动慕课平台的"手机点名""手机选人""手机抢答""手机随堂考试"和"慕课资源学习"等积累的平时成绩与混合教学综合成绩系统打通，构建混合教学综合成绩，克服一考定终身的短板，实现"学习过程指导与监督重于期末考试"的先进教育理念，促进知识转化为能力，提高学生的双创能力。

图文并茂电子书/拓展资源获得方法：用移动终端设备上安装的"学习通" APP 扫描下列二维码，就可以直接学习"食品原料学慕课" 网站上与该章节配套的电子书/讲课视频、试题库、相关论文、拓展阅读、拓展视频、VR/AR/MR、3D 动画、热门话题、国内外进展、专家讲座等拓展内容（详细方法参见本教材正文前的慕课使用方法）：

0. 配套国家级
慕课首页

1. 食品原料学定义

2. 发展与研究

3. 慕课手机使用
指南

4. 慕课指引

5. 历史经典、最
新进展与思考

CHAPTER

2

畜产食品原料

2.1 肉用畜禽的种类及品种

图文并茂电子书/拓展资源获得方法： 用移动终端设备上安装的"学习通" APP 扫描下列二维码， 就可以直接学习"食品原料学慕课" 网站上与该章节配套的电子书/讲课视频、 试题库、 相关论文、 拓展阅读、 拓展视频、 VR/AR/MR、 3D 动画、 热门话题、 国内外进展、 专家讲座等拓展内容 （ 详细方法参见本教材正文前的慕课使用方法 ）：

0. 配套国家级
慕课首页

1. 电子教材
（彩图）

2. 猪

3. 牛

4. 羊

5. 禽

2.2 畜禽的屠宰及分割

[本节目录]

图文并茂电子书/拓展资源获得方法：用移动终端设备上安装的"学习通" APP 扫描下列二维码，就可以直接学习"食品原料学慕课"网站上与该章节配套的电子书/讲课视频、试题库、相关论文、拓展阅读、拓展视频、VR/AR/MR、3D 动画、热门话题、国内外进展、专家讲座等拓展内容（详细方法参见本教材正文前的慕课使用方法）：

0. 配套国家级
慕课首页

1. 电子教材
（彩图）

2. 畜禽宰前准备
和管理

3. 牲畜的屠宰
工艺

4. 家禽的屠宰
工艺

5. 速冻新技术

6. 宰后检验及
处理

7. 猪肉的分割
方法

8. 牛羊肉的分割
方法

9. 禽肉的分割
方法

2.3　肉的组成及特性

2.3.1　肉的形态结构

2.3.1.1　肉的概念和定义

根据 GB/T 19480—2009《肉与肉制品术语》，我国肉与肉制品术语如下。

1. 肉（meat）

畜禽屠宰后所得可食部分的统称。包括胴体（骨除外）、头、蹄、尾和内脏。

2. 冷鲜肉（cold meat）

在低于 0℃环境下，将肉中心温度降低到（0~4℃），而不产生冰结晶的肉。

3. 热鲜肉（hot meat）

屠宰后未经人工冷却过程的肉。

4. 冷冻肉（frozen meat）

在低于-23℃环境下，将肉的中心温度降低到-15℃的肉。

5. 红肉（red meat）

含有较多肌红蛋白，呈现红色的肉类，如猪、牛和羊等畜肉。

6. 白肉（white meat）

肌红蛋白含量较少的肉类，如禽、鱼肉及水产品。

7. 胴体（carcass）

肉畜经屠宰和放血后除去鬃毛、内脏、头、尾及四肢下部（腕及关节以下）后的躯体部分。

8. 肥肉 （fat）

胴体皮下脂肪及肌间脂肪，俗称"肥膘"。

9. 板油 （flare fat）

猪腹腔内和肾脏周围的脂肪（牛、羊是指肾腰部脂肪）。

10. 网油 （ruffle fat）

肉类动物覆盖在胃、肠外面的脂肪。

11. 红（内）脏 （red offal）

畜禽的心、肝、肺、脾和肾脏。

12. 白（内）脏 （white offal）

畜禽腹腔内的胃和肠。

2.3.1.2 肉的形态结构

胴体是由肌肉组织、脂肪组织、结缔组织和骨组织四部分构成，其构造和性质直接影响肉的品质、加工用途及其商品价值，而这些构造和性质又与动物的种类、品种、年龄、性别和营养状况等有直接关系。

1. 肌肉组织

肌肉组织是肉的主要组成部分，占胴体的 50%～60%，可分为横纹肌（striated muscle）、心肌（cardiac muscle）和平滑肌（smooth muscle）三种，其中横纹肌是肉品加工的主要对象。

横纹肌因构成它的肌细胞上有明暗相间的横纹而得名，又因几乎每块横纹肌都附着在骨骼上，也称骨骼肌（skeletal muscle），又因为能随动物的意志而活动，故又称随意肌（voluntary muscle）。除大量的肌纤维外，肌肉组织还有少量的结缔组织、脂肪组织、血管、神经和淋巴等。肌肉内结缔组织和脂肪的含量及结缔组织的结构等都会影响肉的品质。

（1）横纹肌的宏观结构 动物体中约有 300 多块大小不同、形状各异的肌肉，但其基本构造是相同的。

动物体的肌肉都是由肌细胞平行排列组成，每块肌肉表面都包有一层较厚的、富有弹性的结缔组织膜，称为肌外膜。肌外膜伸入肌肉内部，将一定数量的肌细胞围成束称为肌束，包围在肌束周围的结缔组织膜称为肌束膜。肌束膜再进入肌束内部，将肌细胞围成更小的束，称为次级肌束，包围在次级肌束周围的结缔组织膜称为次级肌束膜。每个次级肌束中包有 50～150 个肌细胞，几十个次级肌束形成一个肌束。

肌束膜厚 2～3μm，膜上附有血管、神经和脂肪细胞，且随膜进入肌肉内部。当营养状况良好时蓄积脂肪，在肌肉横切面上形成不规则的纹理结构，通常将这种结构称为大理石纹状结构，而大理石纹能提高肉的多汁性，改善嫩度和增强风味（图 2.3-1）。

（2）横纹肌的微观结构 横纹肌由肌细胞构成，而肌细胞细而长呈纤维状，又将其称为肌纤维（muscle fibre）。肌细胞是多核型细胞，直径为 10～100μm，长度为几毫米至十几厘米。肌纤维的粗细随动物的种类、年龄、营养状况和肌肉活动情况不同而有所差异。一般猪肉的肌纤维比牛肉的细，幼年动物的肌纤维比老年动物的细。

肌纤维不分支，中间呈圆柱状，两端逐渐变细。外包一层结缔组织膜，称为肌内膜，膜下有扁平状的细胞核，从几个到几百个。在显微镜下可观察到肌纤维上有排列整齐的明暗相间的横纹。肌纤维由肌原纤维和肌浆构成。

①肌原纤维（myofibril）：肌原纤维是构成肌纤维的主要组成部分，是充满于肌纤维内部

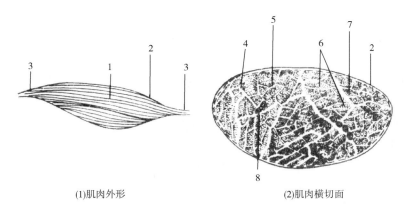

(1)肌肉外形　　　　　　　　(2)肌肉横切面

图 2.3-1　肌肉宏观结构

1—肌腹　2—肌外膜　3—腱　4—肌束膜　5—次级肌束膜　6、7—次级肌束　8—血管

的长而不分支的呈丝状的蛋白质，其直径 0.5~2.0μm。

肌原纤维上有与肌纤维相同的、等长的明暗相间的横纹。横纹上暗的部分称为暗带（dark band），呈双折光，为各向异性（anisotropic），又称 A 带，长度约 1.5μm，暗带中央有一较明的区域称为 H 区，长约 0.4μm，在 H 区的中央有一条暗线称为中膜或 M 线。明的部分称为明带（light band），呈单折光，为各向同性（isotropic），又称 I 带，长度约 0.8μm，在明带中央也有一条暗线称为间膜或 Z 线，也称 Z 盘。相邻两个 Z 线之间的部分是一个肌节（sarcomere），每个肌节包括中间一个完整的暗带和两边各半条明带。肌节是肌肉的收缩单位，也是肌原纤维重复构造的单位。当肌肉处于松弛状态时，一个肌节的长度约为 2.3μm。

每个肌纤维是由 1000~2000 根肌原纤维平行排列组成。肌原纤维在构成肌纤维时，明带和明带对齐，暗带和暗带对齐，使肌纤维上有与肌原纤维相同的明暗带（即横纹，图 2.3-2）。

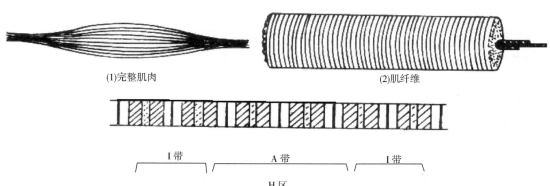

(1)完整肌肉　　　　　　　　　(2)肌纤维

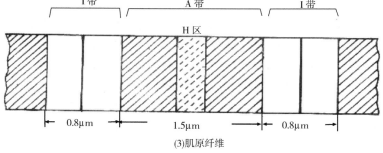

I 带　　　　　　A 带　　　　　　I 带

H 区

0.8μm　　　　1.5μm　　　　0.8μm

(3)肌原纤维

图 2.3-2　不同显微水平的肌肉组织构造

②肌浆（sarcoplasm）：肌浆是在肌细胞内部充满于肌原纤维之间的胶体溶液，呈红色，肌浆中含有丰富的肌红蛋白，酶、肌糖原、无机盐类和线粒体等。肌浆在肌细胞中起着供给肌原纤维活动所需能量的作用，同时由于肌肉的功能不同，在肌浆中肌红蛋白的含量不同，从而使不同部位的肌肉色泽深浅不一。

（3）肌纤维的类型　根据色泽将肌纤维分为三种类型，即红肌纤维、白肌纤维和中间型肌纤维。各种肌纤维的特性如表2.3-1所示。

表2.3-1　　　　　　　　　　　不同类型肌纤维特性

性　状	表　现		
	红肌纤维	中间型肌纤维	白肌纤维
色泽	红	浅红	白
直径	小	中等	大
氧化酶活性	强	中等	弱
ATP酶和磷酸化酶活性	弱	较强	强
有氧氧化	强	中等	弱
无氧酵解	弱	中等	强
收缩速度及持续时间	慢，长	中等	快，短
肌红蛋白含量	高	较高	低

2. 脂肪组织

胴体中脂肪组织（adipose tissue）的比例含量变化较大，占胴体的15%~45%。存在于动物体的各个部位，但较多的存在于皮下、肾脏周围和腹腔中。

脂肪组织是脂肪细胞通过疏松结缔组织紧密连接在一起而形成。脂肪细胞很大，直径35~130μm，在由原生质组成的细胞膜外包有一层结缔组织膜。细胞内充满脂肪滴，脂肪滴是由脂肪和水组成的胶体体系。一定数量的脂肪细胞聚集在一起，由结缔组织膜包围形成小叶，大量小叶再聚集形成脂肪组织，外面都包有一层结缔组织膜，以防止脂肪滴外流。

脂肪在体内的蓄积是由动物种类、品种、年龄、性别及肥育程度决定的。猪多蓄积在皮下、腹腔、肠网膜周围及肌肉间，羊多蓄积在尾根和肋间，牛蓄积在肌肉间和皮下，鸡蓄积在皮下、体腔、卵巢及肌胃周围。脂肪蓄积在肌束内使肉呈大理石纹状，肉质较好。脂肪的功能一是保护组织器官不受损伤，二是供给体内能源。脂肪组织中脂肪占87%~92%，水分占6%~10%，蛋白质1.3%~1.8%，另还有少量的酶、色素及维生素等。

3. 结缔组织

结缔组织（connective tissue）是构成肌腱、筋膜、韧带及肌肉内外膜、血管和淋巴结的主要成分，分布于体内各部，起到支持、连接各器官组织和保护组织的作用，使肌肉保持一定硬度，具有弹性。结缔组织的含量取决于畜禽年龄、性别、营养状况及运动程度等因素。前躯由于支持沉重的头部，结缔组织较后肢发达，下躯较上躯发达。结缔组织为非全价蛋白，不易消化吸收，如牛肉结缔组织的吸收率仅为25%。虽然结缔组织数量甚微，但对肉及肉制品的品质有极大影响。

　　结缔组织是由细胞、纤维和无定形基质组成，一般占肌肉组织的9.0%～13.0%，其含量和肉的嫩度有密切关系。结缔组织的主要纤维有胶原纤维、弹性纤维和网状纤维三种。

　　（1）胶原纤维　胶原纤维（collagenous fiber）是构成白色结缔组织的主要成分，广泛分布于动物肌膜、皮、骨、筋腱、动脉壁和脂肪组织中。胶原纤维呈波纹状，分布于基质内，直径1～12μm，有韧性及弹性。胶原纤维的主要构成成分是胶原蛋白，约占胶原纤维固形物的85%。胶原蛋白是机体中最丰富的简单蛋白，占机体总蛋白质的20%～25%，其氨基酸的组成特点是含有大量的甘氨酸（20%），约占氨基酸总量的1/3；另有脯氨酸（12%）及少量的羟脯氨酸。脯氨酸和羟脯氨酸是胶原蛋白特有的氨基酸，但色氨酸和蛋氨酸等必需氨基酸含量很少，属于不完全蛋白质。

　　胶原蛋白质地坚韧，不溶于一般溶剂，但在酸或碱的环境中则可膨胀，但不易被胰蛋白酶和糜蛋白酶所水解，可被胶原蛋白酶分解。胶原蛋白在水中加热至62～63℃时，发生不可逆收缩；当超过热缩温度，如在70～100℃水中长时间加热会形成明胶，变胶的过程不是水解，而是氢键被打开，蛋白质分子的三股螺旋被解开后人体可以消化吸收。

　　（2）弹性纤维　在动物体中弹性纤维（elastic fiber）是构成黄色结缔组织的主要成分，直径0.2～12.0μm。弹性纤维由弹性蛋白组成，约占弹性纤维固形物的75%。弹性蛋白在很多组织中与胶原蛋白共存，主要存在于项韧带和血管壁中。弹性蛋白的弹性较强，但强度不及胶原蛋白，其抗断力仅为胶原蛋白的1/10。弹性蛋白的化学性质很稳定，抗弱酸和弱碱能力强，不溶于水，在水中长时间煮制也不能转为明胶。弹性蛋白不被胰蛋白酶和胃蛋白酶水解，但可被无花果蛋白酶、木瓜蛋白酶、菠菜蛋白酶和胰弹性蛋白酶水解。

　　弹性蛋白的氨基酸组成中也含有约1/3的甘氨酸，但羟脯氨酸含量较少，不含赖氨酸，也属于不完全蛋白质。

　　（3）网状纤维　在动物体内网状纤维（reticular fiber）主要构成内脏的结缔组织及脏器的支架，由网状蛋白构成。网状蛋白是疏松结缔组织的主要成分，属于糖蛋白类，为非胶原蛋白。网状蛋白由糖结合黏蛋白和类黏糖蛋白构成，存在于肌束和肌肉骨膜之间，便于肌肉群的滑动。网状纤维性质稳定，耐酸、碱和酶的作用，营养价值低。

　　4. 骨组织

　　骨组织在动物体中起着支撑机体和保护脏器的作用。骨骼在胴体中所占的比例，因动物种类、年龄、性别和营养状况不同而有差异。猪骨占胴体的5%～9%、牛骨占15%～20%、羊骨占8%～17%、兔骨占12%～15%、鸡骨占8%～17%。

　　骨组织由骨膜、骨质（分骨密质和骨松质）和骨髓构成。骨膜由胶原纤维包围在骨骼表面形成，在骨膜中含有丰富的血管和神经；骨松质和骨密质都由骨细胞和胶原纤维按一定的排列方式组成。骨髓分红骨髓和黄骨髓。红骨髓细胞较多，为造血器官，幼龄动物含量多；黄骨髓主要是脂肪，成年动物含量多。骨中水分占40%～50%，胶原蛋白占20%～30%，无机质占20%。无机质主要是钙和磷。

2.3.2　肉的化学组成及性质

　　肌肉的化学组成在肉的贮藏和加工过程中会发生不同的物理和化学变化，直接影响肉的营养价值、食用价值和风味。肉中化学成分因动物的种类、性别、年龄、营养状态及部位的不同而异（表2.3-2）。

表 2.3-2　　　　　　　　　各类动物肉的化学组成

名　称	含　量/%					热量/
	水分	蛋白质	脂肪	碳水化合物	灰分	（kJ/100g）
猪肉（肥瘦）（均值）	46.8	13.2	37.0	2.4	0.6	1634
猪肉（瘦）	71.0	20.3	6.2	1.5	1.0	600
牛肉（肥瘦）（均值）	72.8	19.9	4.2	2.0	1.1	528
牛肉（瘦）	75.2	20.2	2.3	1.2	1.1	449
羊肉（肥瘦）（均值）	65.7	19.0	14.1	0	1.2	845
羊肉（瘦）	74.2	20.5	3.9	0.2	1.2	496
驴肉（瘦）	73.8	21.5	3.2	0.4	1.1	491
马肉	74.1	20.1	4.6	0.1	1.1	514
兔肉	76.2	19.7	2.2	0.9	1.0	432
狗肉	76.0	16.8	4.6	1.8	0.8	486
鸡（均值）	69.0	19.3	9.4	1.3	1.0	698
鸭（均值）	63.9	15.5	19.7	0.2	0.7	996
鹅	61.4	17.9	19.9	0	0.8	1041
火鸡腿	77.8	20.0	1.2	0	1.0	384
鸽	66.6	16.5	14.2	1.7	1.0	835
鹌鹑	75.1	20.2	3.1	0.2	1.4	462

资料来源：中国疾病预防控制中心营养与健康所、中国营养学会"食物营养成分查询平台"（https://fq.chinafcd.org/）。

2.3.2.1　水

肌肉中含水约75%、皮肤为65%、骨骼为13.5%。动物越肥，水的含量越少；年龄越大含水越低。肉中水分含量多少及存在状态直接影响肉品质及加工贮藏性。一般含水越多嫩度越好，但越难贮藏。肉中的水有三种存在形式。

1. 结合水

结合水（bound water）是指在蛋白质分子周围，借助分子表面分布的极性基团与水分子之间的静电引力而形成的一薄层水分。厚度1～100nm。结合水与自由水的性质不同，它的蒸汽压极低，没有流动性，冰点约为-40℃，不能溶解其他物质，不易受肌肉蛋白质结构的影响，甚至在施加外力条件下，也不能改变其与蛋白质分子紧密结合的状态。在100～105℃长时间加热才能除去。结合水的含量仅占肉中占全部水分的3%～5%。

肉中结合水含量的多少直接受蛋白质表面所带的电荷数影响，电荷数越多结合水量越大。而蛋白质所带的电荷数又与肉的pH有关，当pH越远离蛋白质分子的等电点，蛋白质所带的电荷数越多，结合水量越大。反之亦然。肉中主要蛋白质肌球蛋白的等电点为5.4，肌动蛋白的等电点为4.7。

2. 不易流动的水（准结合水）

不易流动的水指存在于肌丝、肌原纤维间隙及其与膜之间的一部分水。肉中的水大部分以这种形式存在，占总水量的70%～80%。这种水能溶解盐及其他物质，并可在0℃下结冰。

这种水的含量主要受其所在空间大小影响，空间越大含水量越高。而肉的 pH、肌节长度和肌肉所处的伸缩状态又决定着水存在的空间大小。随着空间大小的变化，这种水会和自由水相互转化。

3. 自由水

自由水指能自由流动的水，存在于细胞间隙及组织间隙，约占总水量的 15%，具有一般水的特性。

2.3.2.2 蛋白质

肉中的蛋白质主要存在于肌肉组织中，其含量约为 20%，肌肉脱水后的干物质中 4/5 为蛋白质。肉中蛋白质含有全部必需氨基酸，因而营养价值很高。

根据存在部位及在盐溶液中溶解度，肌肉中的蛋白质可分为以下几类（表 2.3-3）：构成肌原纤维与肌肉收缩松弛有关的蛋白质为肌原纤维蛋白（myofibrillar protein），约占 55%；存在于肌原纤维之间溶解在肌浆中的蛋白质为肌浆蛋白（sarcoplasmic protein），约占 35%；构成肌鞘和毛细血管等结缔组织的基质蛋白质为基质蛋白（stroma protein），约占 10%。

表 2.3-3　　　　　　　　　肌肉中蛋白质的构成比例

种　类	肌原纤维蛋白质/%	肌浆蛋白质/%	基质蛋白质/%
哺乳动物	49~55	30~34	10~17
禽类	60~65	30~34	5~7
鱼肉	65~75	20~30	1~3

1. 肌原纤维蛋白质

肌原纤维蛋白质是肌肉的主要结构成分，由平行排列的丝状蛋白质构成，提取后肌纤维的形态和组织会遭到破坏，因此称为肌肉的结构蛋白质，或肌肉的不溶性蛋白质。肌原纤维蛋白参与肌肉的收缩过程，其含量随肌肉活动而增加，并因静止或萎缩而减少。这些蛋白质与肉的某些重要品质特性（如嫩度）密切相关。肌原纤维蛋白质占肌肉蛋白质总量的 40%~60%，主要包括肌球蛋白、肌动蛋白、肌动球蛋白、原肌球蛋白和肌原蛋白等。

（1）肌球蛋白（myosin）　肌球蛋白也称为肌凝蛋白，是肉中含量最多的一种蛋白质，约占肌原纤维蛋白质的 54%，相对分子质量为 50 万~60 万，在离子强度 0.2 以上的盐溶液中能溶解，在 0.2 以下则呈不稳定的悬浮状态。肌球蛋白具有流动双折射现象。肌球蛋白是肌原纤维中的暗带的组成成分，其等电点为 5.4。肌球蛋白具有 ATP 酶的活性，Ca^{2+} 可将其激活，而 Mg^{2+} 起抑制作用。肌球蛋白对热很不稳定，热凝固温度为 45~50℃。

（2）肌动蛋白（actin）　肌动蛋白又称为肌纤蛋白，可溶于水和稀盐酸溶液，占肌原纤维蛋白质总量的 12%~15%，易生成凝胶，凝固温度较低，为 30~35℃。它是以球状的肌动蛋白（G-肌动蛋白）和纤维状肌动蛋白（F-肌动蛋白）的形式存在，是肌肉收缩的主要蛋白质。肌动蛋白是构成明带的主要成分，作为支架原肌球蛋白和肌原蛋白附着在特定位置，其等电点 4.7，比肌球蛋白低。

（3）肌动球蛋白（actomyosin）　肌动球蛋白又称肌纤凝蛋白，是由肌球蛋白与肌动蛋白结合形成的蛋白质。肌动球蛋白的溶液有明显的流动双折射性，其黏度非常高。二者结合比大约是 1g 肌动蛋白结合 2.5~4.0g 肌球蛋白。肌动球蛋白也具有三磷酸腺苷（ATP）酶的活性，但与肌球蛋白 ATP 酶有所不同，Ca^{2+} 和 Mg^{2+} 都能使其活化。

肌动球蛋白在离子强度为 0.4 以上的盐溶液中处于溶解状态。浓度高时肌动蛋白溶液易发生凝胶。

（4）原肌球蛋白（tropomyosin） 原肌球蛋白约为肌原纤维重量的 4%~5%，为棒状分子，位于肌动蛋白双股结构的每一段沟槽内，构成细丝的支架。每 1 分子原肌球蛋白结合 6 分子肌动蛋白和 1 分子肌原蛋白。

（5）肌原蛋白（troponin） 肌原蛋白也称肌钙蛋白，为肌原纤维重量的 5%~6%。肌原蛋白对 Ca^{2+} 很敏感，并能结合 Ca^{2+}。每 1 个蛋白分子具有 4 个 Ca^{2+} 结合位点。肌原蛋白分子具有三个亚基，有自己的机能特性。肌原蛋白 C 是 Ca^{2+} 的结合部位；肌原蛋白 I 能高度抑制肌动球蛋白 ATP 酶的活性，从而阻止肌动蛋白和肌球蛋白结合；肌原蛋白 T 与原肌球蛋白紧密结合，起到连接作用。

2. 肌浆蛋白质

肌浆蛋白包括肌溶蛋白、肌红蛋白、肌球蛋白 X 和肌粒中的蛋白质等，占肉中蛋白质含量的 20%~30%。通常将磨碎的肌肉压榨便可将这些蛋白质随同肌浆挤出，这些蛋白质易溶于水或低浓度的中性盐溶液，是肉中最易提取的蛋白质。又因其提取液的黏度很低，故常称之为肌肉的可溶性蛋白质。这些蛋白质不是肌纤维的结构成分，将其提取后，肉的特征、形态及性质没有明显的改变。这些蛋白质也不直接参与肌肉收缩，其功能主要是参与肌纤维中的物质代谢。

（1）肌溶蛋白质（myogen） 肌溶蛋白质属清蛋白类的单纯蛋白质，存在于肌原纤维间，因能溶于水，故容易从肌肉中分离出来。肌溶蛋白质等电点为 6.3，加热到 52℃ 时即凝固。

（2）肌红蛋白（myoglobin，Mb） 肌红蛋白是一种复合性的色素蛋白质，是肌肉呈现红色的主要成分。肌红蛋白由一条肽链的珠蛋白和一分子亚铁血色素结合而成。肌红蛋白有多种衍生物，如呈鲜红色的氧合肌红蛋白、呈褐色的高铁肌红蛋白和呈鲜亮红色的–NO 肌红蛋白等。这些衍生物与肉及其制品的色泽直接相关。肌红蛋白的含量因动物的种类、年龄和肌肉的部位而不同。凡是动物生前活动较频繁的部位，肌红蛋白含量高，肉色较深。如四肢肌肉颜色较背部肌肉深。

（3）肌粒蛋白（granule protein） 肌粒中的蛋白质可分为肌核、肌粒体及微粒体中的蛋白质，其中肌粒体中的蛋白质包括全部三羧酸循环的酶体系、脂肪氧化酶体系及与产生能量有关的电子传递体系及氧化磷酸化酶体系等。微粒体中则含有对肌肉收缩起抑制作用的松弛因素。

3. 基质蛋白质

基质蛋白质又称间质蛋白质，是指肌肉组织磨碎之后在高浓度的中性溶液中充分抽提之后的残渣部分。基质蛋白质是构成肌内膜、肌束膜、肌外膜和腱的主要成分，包括有胶原蛋白、弹性蛋白、网状蛋白及黏蛋白等，存在于结缔组织的纤维及基质中，它们均属于硬蛋白类。

2.3.2.3 脂肪

肉中脂肪中甘油三酯占 96%~98%，还有少量的磷脂和固醇脂，脂肪中脂肪酸的种类又决定着肉的风味、嫩度和多汁性。脂肪酸的性质决定着脂肪的性质。含饱和脂肪酸多的脂肪熔点、凝点高，人体不易消化；含不饱和脂肪酸多的脂肪熔点和凝固点低，人体易消化。肉类脂肪有 20 多种脂肪酸，其中饱和脂肪酸以硬脂酸和软脂酸居多，不饱和脂肪酸以油酸居多，其次是亚油酸。不饱和脂肪酸中亚油酸、次亚油酸和二十碳四烯酸是构成动物组织细胞和机能代谢不可缺少的成分。磷脂以及胆固醇所构成的脂肪酸酯类是能量来源之一，也是构成细胞的特殊成分，对肉类制品质量、颜色和气味具有重要作用。这些成分是动物自身不能合成的，必须从饲料中获得，所以这些脂肪酸为必需脂肪酸。

根据存在部位和沉积量将肉中脂肪分为"蓄积脂肪"和"组织脂肪"。蓄积脂肪是指大量沉积存在于皮下、肾脏周围、肠网膜和肌肉间的脂肪；组织脂肪是指存在于肌肉组织内、神经组织和脏器中的脂肪。蓄积脂肪主要成分为中性脂肪，最常见的脂肪酸为棕榈酸、油酸和硬脂酸，其中棕榈酸占脂肪的25%～30%，其他70%为油酸、硬脂酸和高度不饱和脂肪酸。组织脂肪的主要成分为磷脂。磷脂中不饱和脂肪酸的含量较高，容易被氧化，因此肉中磷脂含量与肉的酸败程度有很大关系。

不饱和脂肪酸很容易氧化，在肉中大多数的多元不饱和脂肪酸均可与氧反应而形成脂肪酸氢过氧化物（hydroperoide），这些化合物不稳定而分解为各醛类（aldehydes）、酮类（ketones）以及羧化物（carboxyl compounds），使产品产生不良的风味。此过程是很快速的，煮过的肉类冷藏时往往在 1～2d 内即发生。此种反应将导致酸败臭，即所谓的温热酸败臭（warm-over flavor，WOF）。禽肉比畜肉更容易产生温热酸败臭，猪肉在畜肉中是最差的，其次是牛肉，然后是绵羊肉。脂质氧化的过程是自动的，反应的生成物催化更进一步的反应，以致促进氧化的反应速率快速增加。已知此自动氧化作用可分成三个阶段：在起始期（initiation stage），一酯酸分子（RH）分解生成自由基（free radical，R·）。自由基是不安定且很活泼的。脂肪酸也可与氧反应而产生脂质过氧基（peroxy radical group，ROO·）。

$$RH \rightarrow R \cdot + H \cdot$$

$$RH + O_2 \rightarrow ROO \cdot + H \cdot$$

RH 的 H 代表甲烯基（CH_2）连接至一个双键。于是在脂肪酸分子中有更多的双链而更超于易被氧化。第二阶段则为增长期（propagation）时，自由基则与氧反应而生产一个脂质过氧基。脂质过氧基然后与另外其他的脂肪酸分子产生脂质氢过氧化物（ROOH）以及另一个自由基：

$$R \cdot + ROO \cdot \rightarrow ROO \cdot$$

$$ROO \cdot + RH \rightarrow ROOH + R \cdot$$

氢过氧化物可分解生成各种不同的糖类、醛类和酮类，其中尤其是醛类会产生与脂质氧化有关之不良气味与风味。最后一阶段为终止期（termination），两个游离基可一起反应，一自由基可以与脂质过氧基反应。于是，自由基被破坏。它们也可被与抗氧化剂或其他分子反应而破坏。

起始期可被许多因子所催化，其中光与热、金属离子（如铁和铜）以及含铁的血色素（haem pigment）也可催化在增长期生成的氢过氧化物分解。其他两种形式的铁——游离铁和在血色素分子中的结合铁，后者被认为是更重要的氧化催化剂。血色素的降解可释出游离铁，二价铁（亚铁）可与氧分子反应而产生超氧阴离子（superoxide anion），然后超氧阴离子再转变成氢过氧化物（hydrogen peroxide）。这可生成氢氧基（hydroxyl radicals），而此氢氧基再与脂肪酸反应而引起氧化作用。

破坏肌肉构造的各种加工处理会促进脂质的氧化，如纹切或混碎（mincing for comminuting）。此处理时脂肪酸暴露于氧气和催化因子（如铁和色血素）中。

氧化作用也可被氯化钠所促进。在香肠等肉制品加工过程中，绞肉和添加食盐等处理为氧化作用的发生提供了理想环境。亚硝酸盐也常被添加在腌肉制品中，而螯合剂如柠檬酸盐和磷酸盐封锁或清除游离金属离子。影响脂肪在肉中氧化的其他因素包括血色素浓度、贮藏温度和氧之有效性。越红的肉类，含越多血色素越容易氧化。贮藏温度越高越增加氧化作用的速率，而冻结可以减少氧化的发生，包装肉类可减少氧的有效性，如氮或真空包装时抑制氧化作用。

虽然所有不饱和脂肪酸均对氧化作用敏感，双键越多敏感度越高，因为双键这是分子降解的关键位置。亚麻油酸和次亚麻油酸具有相同的长度（18 个碳），但次亚麻油酸有三个双键，与仅两个不饱和键的亚麻油酸比较，其氧化速率更快。

2.3.2.4　浸出物

浸出物是指除蛋白质、盐类和维生素外能溶于水的浸出性物质，包括含氮浸出物和无氮浸出物。浸出物中主要的有机物为核苷酸、嘌呤碱、胍化合物、氨基酸、肽、糖原和有机酸等。浸出物成分的总含量为 2%~5%，以含氮化合物为主，酸类和糖类含量比较少。含氮物中，大部分构成蛋白质的氨基酸呈游离状态。浸出物的成分与肉的风味及滋味和气味密切相关。浸出物中的还原糖与氨基酸之间的非酶促褐变反应对肉的风味具有很重要作用，而某些浸出物本身即是呈味成分，如琥珀酸、谷氨酸和肌苷酸是肉的鲜味成分，肌醇有甜味，以乳酸为主的一些有机酸有酸味等。浸出物含量虽然不多，但由于能增进消化腺体活动（如促进胃液、唾液等的分泌），因而对蛋白质和脂肪的消化起着很好的作用。

1. 核苷酸

核苷酸中最主要的是腺苷三磷酸（ATP）。ATP 不仅在机体内与肌肉的收缩有密切关系，而且在加工中也是影响肉的持水性的重要成分。肉中的 ATP 含量因动物的种类和肌肉的部位不同而异。动物屠宰后，在 ATP 酶的作用下，肉中 ATP 被分解成 ADP、AMP，AMP 经脱氨基作用生成次黄嘌呤核苷酸（IMP，或称肌苷酸）。IMP 是肉中的重要呈味物质。

2. 胍类化合物

肉中所含的胍类化合物有胍、甲基胍、肌酸、磷酸肌酸和肌酐等。胍和甲基胍一般含量极微，但肌酸含量较多。活体的肌肉中肌酸和磷酸结合生成磷酸肌酸，其高能磷酸键贮藏的能量在肌肉收缩时具重要作用。在活体的肌肉中含有肌酸和磷酸肌酸的混合物，屠宰后磷酸肌酸放出磷酸而变成肌酸。肌酸在酸性条件下加热时，失去一分子水生成环状结构的肌酐。在活体中肌酐含量极微，但煮肉时肌酸逐渐减少而肌酐逐渐增加，使肉的风味变好。

3. 肽

肉中含有的肽主要是谷胱甘肽、肌肽和鹅肌肽。谷胱甘肽是由谷氨酸、半胱氨酸和甘氨酸结合的三肽；肌肽是 β-丙氨酸和组氨酸的结合物；鹅肌肽是 β-丙氨酸和甲基组氨酸的结合物，都是两种氨基酸构成的二肽，在肉中含量约为 0.3%，其中肌肽的含量最高。谷胱甘肽的巯基赋予肉以还原性，腌制过程中有促进肉制品呈色的作用；肌肽和鹅肌肽有缓冲作用，对肉表现的缓冲作用有直接影响。

4. 非蛋白态含氮化合物

非蛋白态含氮化合物主要包括各种嘌呤碱基、游离氨基酸、核苷、胆碱、尿素和氮等，其含量随屠宰后肉的成熟而增加。在肉开始腐败时还会产生各种胺类。

5. 糖、乳酸及其他

肉中的糖以游离或结合形式广泛存在于动物的组织和组织液中，并具有不同的作用和功能，如葡萄糖是动物组织中提供肌肉收缩的能量来源，核糖是细胞核酸的组成成分，葡萄糖的聚合糖——糖原是动物体内糖的主要存在形式，动物的肝脏中贮量可高达 2%~8%。肉中糖的含量因屠宰前及屠宰后的条件不同而异。糖原在动物死后的肌肉中进行无氧酵解生成乳酸，对肉类的性质、肉的加工与贮藏都具有重要意义。刚屠宰的动物乳酸含量不超过 0.05%，但经 24h 后增至 1.00%~1.05%。除去糖原和乳酸之外，浸出物中还会有微量的丙酮酸、琥珀酸、柠檬酸、苹果酸和延胡索酸等三羧酸循环中的有机酸成分。此外，还含有约 0.03% 的肌醇。

2.3.2.5 矿物质

肉类中的矿物质含量一般为 0.8%~1.2%，主要有钾、钠、钙、镁、磷、硫、氯、铁以及微量的锰、铜、钴、锌和镍等。这些无机盐在肉中有的以游离状态存在，如镁和钙离子，有的以螯合状态存在，如肌红蛋白中含铁和核蛋白中含磷。

各类动物肉中矿物质含量差异不大，肉中矿物质主要存在于肌肉组织中，肌肉是磷的良好来源，但钙含量较低，而钾和钠几乎全部存在于软组织及体液之中。钾和钠与细胞膜通透性有关，可提高肉的保水性。

2.3.2.6 维生素

肉中维生素含量较低，主要有维生素 A、维生素 B_1、维生素 B_2、维生素 PP、叶酸、维生素 C 和维生素 D 等。肌肉中脂溶性维生素较少，水溶性 B 族维生素含量较丰富。猪肉中维生素 B_1 的含量比其他肉类要多得多，而牛肉中叶酸的含量则又比猪肉和羊肉高。此外，某些器官如肝脏，各种维生素含量都很高。猪肉的维生素 B_1 含量受饲料影响，在 $(0.3~1.5) \times 10^{-5}$；羊和牛等反刍动物的肉中维生素含量不受饲料的影响，因为其维生素的来源主要依赖瘤胃（第一胃室）内微生物。同种动物不同部位的肉中维生素含量差别不大，但不同种类动物肉的维生素含量有较大的差异。

2.3.3 肉的食用及加工品质

肉的食用及加工品质与肉的形态结构、动物种类、年龄、性别、肥度、部位和宰前状态等因素有关。

2.3.3.1 肉的色泽

肉的外观（appearance）直接影响消费者的选择性，对其影响最大的是颜色。除鱼肉和某些禽肉外，肉类一般为鲜红色。脂肪色泽呈乳白色，有时在喂食草料的牛发现为黄色脂肪，虽不会影响调理产品的可口性，仍不被大多数的消费者所喜欢。调理过的产品色泽对消费者的喜好有很大的影响，以干热调理的肉之褐色表面与酥脆和独特风味有关，金褐色烤肉或肉排很容易刺激唾液腺，是最最理想的颜色。许多肉块内在色泽也会影响可口性，依消费者对热度［如 5 分熟（rare，粉红色）、7 分熟（medium，淡红至灰色）、全熟（well done，灰色）］的喜好性而定。

因此，肉色对肉的营养价值无太大影响，但决定着肉的食用品质和商品价值，如果是微生物引起的色泽变化则影响肉的安全性。

1. 影响肉色的内在因素

（1）动物种类、年龄及部位　一般猪肉呈鲜红色、牛肉深红色、马肉紫红色、羊肉浅红色、兔肉粉红色。动物年龄越大肉色越深。生前活动量大的部位肉色较深。

（2）肌红蛋白（Mb）的含量　肌红蛋白相对分子质量约为 16700，仅为血红蛋白的 1/4，它的每分子珠蛋白仅和一个铁卟啉联结，但对氧的亲和力却大于血红蛋白。肌红蛋白含量高则肉色深，而肌红蛋白的含量主要受动物种类、品种、年龄、性别、肌肉部位、运动程度及海拔等因素的影响。一般运动量大的部位需要的氧多，故含量高；海拔高的地区氧气少需储存氧，所以动物肌肉中肌红蛋白含量高。

（3）血红蛋白（Hb）的含量　血红蛋白是由 4 分子亚铁血红素与 1 分子珠蛋白结合而成，用以运输氧气到各个组织。在肉中血液残留多则血红蛋白含量也多，肉色深。放血充分肉色正常，放血不充分或不放血（冷宰）的肉色深且暗。

（4）肌红蛋白的化学状态　刚刚宰后的肌肉中还原肌红蛋白和亚铁血色素结合使肉色表现为深红色；经十几分钟，亚铁血色素与氧结合形成氧合肌红蛋白，但二价铁未被氧化，故肉色表现为鲜红色；再经几小时或几天，亚铁血色素的二价铁被氧化为三价铁，成为高铁肌红蛋白，肉色表现为褐色。

2. 影响肌肉颜色的外部因素

（1）环境中氧的浓度　肌肉色素对氧的亲和力较强，氧浓度高则肉色氧化快。如真空包装的分割肉，由于缺氧呈暗红色，当打开包装后，接触空气很快变成鲜艳的亮红色。通常氧浓度高于 15% 时，肌红蛋白才能被氧化为高铁肌红蛋白。

（2）湿度　环境的湿度越大，肌肉氧化速度越慢，因在肉表面有水气层，影响氧的扩散。相反湿度低且空气流速快，则加速高铁肌红蛋白的形成。

（3）温度　环境温度高会加速高铁肌红蛋白的形成。

（4）pH　动物宰前糖原消耗多，宰后最终 pH 高，往往肌肉颜色变暗，组织变硬并且干燥，形成黑干肉（DFD 肉），在牛肉上则称为 DCB 肉（dark cutting beef），切面颜色发暗。

（5）微生物的影响　微生物的生长繁殖也会改变肉表面的色泽。细菌会分解蛋白质使肉色污浊；霉菌会在肉表面形成白色、红色、绿色和黑色等色斑甚至出现荧光。

2.3.3.2　风味和香味

肉的风味（flavor）和气味（odor）对消费者产生心理学上和生理学反应，而肉味刺激唾液和胃液分泌而有助于消化作用。

1. 气味（odor）

气味主要由挥发性物质决定。在牛肉、猪肉和羊肉中已经鉴别了近 1100 种与气味有关的化合物，涵盖了大多数各类的有机化合物，如碳氢化合物、醇、醛、酮、羧酸、内酯、醚、呋喃、吡啶、吡嗪、吡咯及其他含硫和含卤素的化合物。决定气味的主要成分是由含硫的开链化合物，含氮、氧和硫的杂环化合物以及含有羰基的挥发性物质。尽管来源于不同品种肉的很多风味挥发性物质的化学性质相似，气味的差异由数量差异所致。

生肉只有很少或根本没有香味，真正的肉香味是在烹调过程中产生的。肉类风味的主要前体物质可以分为两大类：水溶性成分（氨基酸、肽类、碳水化合物、核苷酸和硫胺素等）和脂质，而在烹煮过程中的主要反应是氨基酸和还原糖之间发生的美拉德反应和脂质的热解。

一般生鲜肉有其特征性气味。例如，生牛肉和猪肉没有特殊气味，羊肉有膻味（4-甲基辛酸、壬酸、癸酸等），狗肉和鱼肉有腥味（三甲胺、低级脂肪酸等），性成熟的公畜有特殊的气味（腺体分泌物）。肉水煮后产生的强烈肉香味主要是由低级脂肪酸、氨基酸及含氮浸出物等化合物产生。

2. 风味（flavor）

肉的风味与肌内脂肪、磷脂和肌酐酸等相关。氧化型肌纤维比例高可以增加肉品风味，而磷脂是风味的主要决定因子，氧化型肌纤维与酵解型肌纤维相比，具有更高的磷脂含量，进一步证明了氧化型肌纤维组成比例高与浓郁风味有关。肉的滋味主要来源于肌肉成熟过程和加工肉制品中的肌苷酸、氨基酸、酰胺、三甲基胺肽和有机酸等，还取决于肉品加工过程中的调料味。牛肉的风味主要来自半胱氨酸，而猪肉的风味取决于核糖和胱氨酸。牛、猪和绵羊的瘦肉所含挥发性的香味成分主要存在于脂肪中，如大理石样肉。脂肪交杂状态越密风味越好，肉中脂肪沉积对风味更有意义。

2.3.3.3 肉的嫩度

1. 肉的嫩度及其影响因素

肉的嫩度（tenderness）是指肉在咀嚼或切割时所需的剪切力，也取决于嚼碎肉后残余量，表明了肉在被咀嚼时柔软、多汁和容易嚼烂的程度。影响肉嫩度除与遗传因素有关外，还取决于肌肉纤维的结构和粗细、肌间脂肪和结缔组织的含量及构成、热加工和肉的 pH 等，其中影响最大的是肌纤维直径和肌间脂肪含量。

幼畜由于肌纤维细胞含水分多，结缔组织较少，肉质软嫩。役畜的肌纤维粗壮，结缔组织较多，因此质韧。研究证明，牛胴体上肌肉的嫩度与肌肉中结缔组织胶原成分的羟脯氨酸有关。羟脯氨酸含量越高，则肉的嫩度越小。

肌纤维本身的肌小节联结状态对硬度影响较大。肌节越长肉的嫩度越好。用胴体倒挂等方式来增长肌节是提高嫩度的重要方法之一；大部分肉经加热蒸煮后，肉的嫩度有很大改善，并且使肉的品质有较大变化。但牛肉在加热时一般是硬度增加，这是由于肌纤维蛋白质遇热凝固收缩，使单位面积上肌纤维数量增多所致。当温度达到 61℃ 时，$1mm^2$ 面积上有 317 条肌纤维，加热到 80℃ 时则增加到 410 条。但肉熟化后，其总体嫩度明显增加。

另外，肉的嫩度还受 pH 的影响。pH 在 5.0～5.5 时肉的嫩度最小，而偏离这个范围则嫩度增加，这与肌肉蛋白质等电点有关；宰后并成熟后肉质变得柔软多汁，易于咀嚼消化。在 2℃ 放置 4d，半腱肌嫩度显著增加，而腰肌变化较小。

2. 肉的嫩化

成熟可以使肉嫩化，但自然成熟对一些质地坚硬的肉往往达不到满意的嫩化效果，需要人工嫩化。

（1）酶嫩化法　肉的酶嫩化法包括内源酶激活嫩化法和外源酶嫩化法。

①内源酶激活嫩化法：肉的成熟过程中内源酶起了重要的作用。研究均表明，通过提高肌肉组织内 Ca^{2+} 的浓度，可以激活肌肉组织内的钙激活蛋白酶，加快肉的成熟嫩化。动物死后 24h 按牛肉重量的 5% 注入浓度为 150～200mmol/L 的 $CaCl_2$，肉的嫩度可提高 10% 以上（Dilesetal 1994）；用 0.025mol/L Ca（H_2PO_4）$_2$ 和 0.025mol/L $CaHPO_4$ 处理牛肉比对照组嫩度提高 20%～40%。

②外源酶嫩化法：用于肉类嫩化的酶主要有植物中提取的酶和微生物分泌的酶。目前用于肉类嫩化的植物性酶类主要有木瓜蛋白酶、菠萝蛋白酶、无花果蛋白酶及生姜蛋白酶等。微生物分泌的酶主要是从某些细菌和真菌的培养物中提取的酶，如蛋白酶 15、枯草杆菌蛋白酶、链霉蛋白酶和水解蛋白酶 D 等。

植物性酶对结缔组织有较强的分解作用，使用后同肉类嫩度关系密切的羟脯氨酸降解率可达 11.4%~43.0%，嫩化效果十分显著，生姜蛋白酶以成本低廉正受到国内外研究者的重视。微生物类酶主要具有分解肌纤维膜和肌原纤维蛋白质的作用，如微生物分泌的弹性蛋白酶，对筋腱及肌纤维中结缔组织具有较强的分解能力，而对其他蛋白质的分解作用相对较弱。

目前酶的使用方法主要有注射和浸渍两种。按肉重 0.05%~0.2% 的剂量注射或浸渍处理 30min 均可收到显著的嫩化效果，剪切力值降低 9%~35%。为使嫩化剂在肉中均匀分布，在动物宰前 1~30min 静脉注射、宰后僵直前血管注射、在胴体不同部位分点均匀注射等均能取得较好效果。

（2）电刺激嫩化法　电刺激（electrical stimulation，ES）可用于改善肉的嫩度。是在一定的电压、电流下对胴体予以适当时间通电处理的方法。

动物屠宰后因卫生安全的要求，要对胴体迅速降温，当肉的温度降至 10℃ 以下时，常会引起不可逆的冷收缩，使肉坚硬。这种现象在牛肉中最易发生。通过电刺激加快糖原酵解和腺苷三磷酸的分解，使肉的 pH 迅速下降到最终酸度，激活组织蛋白酶和钙以激活酶，缩短僵直发生的时间和历程，从而防止冷收缩现象的发生，改善肉的品质。

电刺激法要求在动物宰后 30min 内进行，用 200~500V 的交流电、频率 14.3Hz、脉冲 10ms、刺激时间 2min，可使剪切力值降低 15% 以上。

（3）高压嫩化法　高压处理技术（high-pressure treatment technology）是利用帕斯卡定律，在密封的耐高压容器内，以惰性气体、水或油作为媒介对物料施加 100~1000MPa 的压力，同时达到灭菌、物料改性和改变物料的某些理化反应速度的目的，其作用机理是高压作用下肌肉细胞结构中的肌质网和溶酶体受损，从而使 Ca^{2+} 从肌质网、内源蛋白酶从溶酶体中释放出来进入肌浆，使 ATP 酶、钙激活酶和组织蛋白酶被激活，从而缩短肌肉成熟过程，达到嫩化目的。

2.3.3.4　肉的保水性

1. 保水性的概念

肉的保水性（water holding capacity）即持水性、系水性，是指肉在外力作用下（如受压、加热、切碎搅拌、冻结、解冻等）保持水分的能力，或在向其中添加水分时的水合能力。保水性与肉的嫩度及产品出品率有直接关系。

2. 影响保水性的主要因素

（1）蛋白质　肉的保水性与蛋白质所带电荷数及其空间结构有直接关系。蛋白质网状结构越疏松，分子间隙越大，固定的水分越多。蛋白质表面所带的电荷越多对水的吸附力越强，同时蛋白质分子间静电斥力越大，其结构越松弛，保水性越好。

（2）pH　畜禽屠宰后由于糖原酵解加速，pH 下降、肌动蛋白和肌球蛋白凝结收缩，致使肌肉水分大量渗出，导致肉品干燥乏味，适口性明显下降。肉的 pH 决定着蛋白质所带电荷数的多少。当 pH 在 5.0~5.5 时，接近肌球蛋白的等电点，保水性最低。任何影响肉 pH 变化的因素或处理方法均可影响肉的保水性，尤以猪肉为甚。在实际肉制品加工中常用添加磷酸盐的方法来调节 pH 至 5.8 以上，以提高肉的保水力。

（3）金属离子　肌肉中含有多种金属元素，以结合或游离状态存在，它们在肉成熟期间会发生变化。金属离子对肉保水性有较大的影响。研究发现，Ca^{2+} 大部分与肌动蛋白结合，对肌肉中肌动蛋白具有强烈作用。除去 Ca^{2+} 则使肌肉蛋白的网状构造分裂，将极性基团包围，此时与双极性的水分子结合时，可使保水性增加。Zn^{2+} 及 Cu^{2+} 也具有同样的作用。Mg^{2+} 对肌动蛋白的亲和性较小，但对肌球蛋白亲和性则较强。Fe^{2+} 与肉的结合极为牢固，即使用离子交换树脂处理也无法分离，这说明 Fe^{2+} 与保水性并无相关。K^+ 与肉的保水性呈负相关，而 Na^+ 则呈正相关。肉中 K^+ 与 Na^+ 的含量比二价金属多，但它们与肌肉蛋白的溶解性的作用比二价金属小。

（4）动物因素　畜禽种类、年龄、性别、饲养条件、肌肉部位及屠宰前后处理等，对肉的保水性都有影响。兔肉的保水性最佳，其次为牛肉、猪肉、鸡肉、马肉。就年龄和性别而论，去势牛>成年牛>母牛，幼龄>老龄，成年牛随体重增加而保水性降低。猪体中岗上肌保水性最好，其次是胸锯肌、腰大肌、半膜肌、股二头肌、臀中肌、半键肌、背最长肌。其他骨骼肌较平滑肌为佳，颈肉、头肉比腹部肉、舌肉的保水性好。

（5）宰后肉的变化　保水性的变化是肌肉在成熟过程中最显著的变化之一。刚屠宰后的肉保水性很强，几十小时甚至几小时后就显著降低，然后随时间的推移而缓缓地增加。

① ATP 的作用：Hamm 于 1958 年发现，牛宰后保水性降低的原因有 2/3 是 ATP 的分解所引起，有 1/3 因 pH 的下降所致。

②死后僵直：当 pH 降至 5.4~5.5 时则达到了肌原纤维的主要蛋白质肌球蛋白的等电点，此时即使没有蛋白质的变性，其保水性也会降低。此外，由于 ATP 的丧失和肌动球蛋白的形成，使肌球蛋白和肌动蛋白间有效空隙大为减少。这种结构的变化，则使其保水性也大为降低。而蛋白质的某种程度的变性，也是动物死后不可避免的结果。肌浆蛋白质在高温、低 pH 的作用下沉淀到肌原纤维蛋白质上，进一步影响了后者的保水性。

③自溶期：僵直期后（1~2d），肉的水合性慢慢升高，僵直逐渐解除。一种原因是蛋白质分子分解成较小的单位，从而引起肌肉纤维渗透压增高所致；另一种原因可能是引起蛋白质净电荷（实效电荷）增加及主要价键分裂的结果。在成熟过程中，肉蛋白质连续释放 Na^+、Ca^{2+} 等到肌浆中，结果造成肌肉蛋白质净电荷的增加，使结构疏松并有助于蛋白质水合离子的形成，因而肉的保水性增加。

（6）添加剂

①食盐：一定浓度的食盐具有增加肉保水能力的作用，这主要是因为食盐能使肌原纤维发生膨胀。肌原纤维在一定浓度食盐存在下，大量氯离子被束缚在肌原纤维间，增加了负电荷引起的静电斥力，导致肌原纤维膨胀，使保水力增强。另外，食盐腌肉使肉的离子强度增高，肌纤维蛋白质数量增多。在这些纤维状肌肉蛋白质加热变性的情况下，将水分和脂肪包裹起来凝固，使肉的保水性提高。

②磷酸盐：磷酸盐能结合肌肉蛋白质中的 Ca^{2+}、Mg^{2+}，使蛋白质的羧基被解离出来。由于羧基间负电荷的相互排斥作用使蛋白质结构松弛，提高了肉的保水性。较低的浓度下就具有较高的离子强度，使处于凝胶状态的球状蛋白质的溶解度显著增加，提高了肉的保水性。焦磷酸盐和三聚磷酸盐可将肌动球蛋白解离成肌球蛋白和肌动蛋白，使肉的保水性提高。肌球蛋白是决定肉的保水性的重要成分，但肌球蛋白对热不稳定，其凝固温度为 42~51℃，在盐溶液中 30℃ 就开始变性。肌球蛋白过早变性会使其保水能力降低。聚磷酸盐对肌球蛋白变性有一定的抑制作用，可使肌肉蛋白质的保水能力稳定。

2.3.3.5　肉的多汁性

肉汁决定消费者对肉类的喜好性或可接受性之重要因素。肉汁中含有许多重要的风味物质，且在咀嚼时有助于断裂和软化。不管其肉的性质如何，如果肉缺乏多汁性则严重限制其可接受性且破坏其独特的可口性特性。肉的多汁性主要来源是肌肉脂质及水分，水和融化的油脂共同组成肉汁，当保留在肉中的水和脂质在咀嚼时被释放出来，此种肉汁也可刺激唾液的分泌，因而增进了多汁性。

肉的大理石状可间接促进肉的多汁性。调理时融化的脂肪很明显地沿着周围之结缔组织转移位置，均匀分布在整个肌肉中可用阻止调理是水分的损失而保持较多汁，皮下脂肪在干热烤肉时也可减少脱水或水分的丧失。屠体经熟成可增进保水性，因此熟成肉比未经熟成的肉较具多汁性。

2.3.3.6 霜降肉

霜降肉（marbling）是肉畜饲养至某一阶段如肉牛大约在出售前 3~4 个月便加料育肥，尤其增加淀粉质的饲料使脂肪分布在肌肉束间（muscle bundles）形成大理石状。日本人称其为霜降，中国人称其为油花。霜降度影响肉类的嫩度，多汁性及风味，故为牛肉评级很重要的要素。

2.3.4 肉的成熟

动物屠宰后肌肉会发生一系列与活体时不同的变化，使肉变得柔软、多汁，并产生特殊的滋味和气味。这一过程称为肉的成熟（aging）。成熟过程可分为宰后僵直和解僵两个阶段。

2.3.4.1 宰后僵直

1. 宰后僵直机理

动物屠宰后胴体由于肌肉中肌凝蛋白凝固、肌纤维硬化，所产生的肌肉变硬称其为宰后僵直（rigor mortis）。宰后僵直是由于肌肉纤维的收缩引起的，但这种收缩是不可逆的。导致宰后僵直的原因有以下几方面。

（1）肉中 ATP 含量急剧下降 动物屠宰后呼吸作用停止，氧的供应中断，使糖原酵解作用增强，与活体时每个葡萄糖分子氧化分解能产生 38 分子 ATP 相比，此时只能产生 2 分子 ATP，使 ATP 的产生量大大减少；同时肉中一些生化反应仍在继续，ATP 仍被消耗；这两方面的作用使维持肌质网微小器官机能的 ATP 水平降低，导致肌质网机能失常，肌小胞体失去钙泵作用，Ca^{2+} 失控逸出而不被收回。大量的 Ca^{2+} 与肌钙蛋白 C 结合，最终使肌动蛋白与肌球蛋白永久性的结合形成肌动球蛋白，引起肌肉的收缩，表现为宰后僵直。

ATP 开始减少时，肌肉的伸展性就开始消失，同时伴随弹性增大，此时即为宰后僵直的起始点。ATP 消失殆尽，粗丝和细丝连接得更紧密，肌肉的伸展性完全消失，弹性达最大，这就是最大宰后僵直期。此时，肌肉最硬。屠宰后迅速将肌肉切下，就会出现收缩现象，电镜观察发现 A-带的长度并没有发生变化，但 I 带缩短了。如果沿纤维方向将肌肉的两端固定，随着时间的延续就产生了张力。以后，由于没有 ATP，就将滑入的状态保持下来。滑入时所需能源来自 ATP，但是产生的张力大大低于活体肌肉收缩时产生的张力。

刚屠宰的肌肉中，Ca^{2+} 被肌质网收回，给肌肉以电刺激，只要不使 Ca^{2+} 再释放出来就不会收缩。死后如果 ATP 减少或 pH 降低，则肌质网的机能就会随之降低，释放出 Ca^{2+}，这样就有可能产生收缩。但因 ATP 残留量少，pH 较低，产生的张力也小。此时，ATP 起增塑剂的作用。

（2）pH 下降 由于宰后肉中糖原酵解产生乳酸，同时磷酸肌酸分解为磷酸，酸性产物的蓄积使肉的 pH 下降。当肉的 pH 降至糖酵解酶活性消失不再继续下降时，达到最终 pH 或极限 pH。极限 pH 越低，越接近肌球蛋白和肌动蛋白的等电点，肉的保水性越差，肉的硬度越大。

（3）冷收缩和解冻僵直 冷收缩（cold shortening）是指当肌肉温度降低到 10℃ 以下，pH 下降到 5.9~6.2 之前所发生的收缩，并在随后的烹调中变硬，这种现象称为冷收缩。宰后肌肉的收缩速度未必温度越高收缩越快。牛、羊、鸡在低温条件下也可产生急剧收缩。该现象红肌肉比白肌肉出现得更多一些，尤其以牛肉最为明显。从刚屠宰后的牛屠体上切下一块牛头肌肉片，分别在 $1 \sim 37℃$ 的温度下放置，结果表明在 $1℃$ 贮藏的肉收缩最快，而在 $15℃$ 贮藏的肉收缩得最慢，而且收缩最少。

低温收缩与 ATP 减少产生的僵直收缩是一样的。肌质网的机能在低温时降低，由此释放出的 Ca^{2+} 和 ATP 就会产生如同活体肌肉一样的收缩。但最近有试验结果表明，冷收缩不是由肌质网的作用产生的，而是由线粒体释放出来的 Ca^{2+} 产生的。由此可知，冷收缩是在厌氧条件下产生的。若添加阻碍线粒体氧消耗的药剂，使其处于良好的通风条件下，也会产生收缩。也就是说，含有大量线粒体的红色肌肉，在死后厌氧的低温条件下机能下降而释放出 Ca^{2+}，Ca^{2+} 再被在低温条件下机能下降的肌质网收回而引起的收缩。这时如果供氧充分，就可抑制线粒体的机能下降。只要 ATP 大量存在，就可通过将温度从 $1℃$ 变为 $15℃$，由厌氧条件变为有氧条件，使收缩发生可逆性变化。

剔骨肉比不剔骨肉收缩强烈。所以目前普遍使用的屠体直接成熟就可避免冷收缩，防止硬度增加。但在冷却时如果屠体的一部分冷却过度，那么这部分就会出现冷收缩，而其余部分就会伸长，因此必须加以注意。

冷收缩最小的温度范围：牛肉为 $14 \sim 19℃$，禽肉为 $12 \sim 18℃$。因此牛肉与禽肉冷却时应避开冷收缩区的时间和温度（温度低于 $10℃$，时间在 12h 之内）。

在还没达到最大僵直期时，冷冻的肌肉随着解冻，残余糖原和 ATP 的消耗会再次活跃，一直到形成最大僵直。到僵直所需的时间，先冷冻后解冻的肌肉比未冷冻但处于相同解冻温度中的肌肉要快得多，收缩大，且硬度也高，造成大量汁液流失。这种现象称为解冻僵直（thaw rigor）。在刚屠宰后立即冷冻，然后解冻时，这种现象最为明显。因此，要在形成最大僵直后再进行冷冻，以避免解冻僵直的发生。

解冻僵直与冷收缩一样，都是在 ATP 存在情况下收缩，所以它可能导致由低温产生的线粒体和肌质网机能下降而引起 Ca^{2+} 的增多。

2. 宰后僵直发生的时间

宰后僵直的时间因动物种类、宰前状态、温度、宰杀方法不同而异。宰后僵直发生的时间：放血致死为 4.2h，电致死为 2.0h，药物致死为 1.2h。另有研究表明，宰后僵直开始的时间很大程度上取决于温度。例如，牛肉保存在 $37℃$（比一般屠宰后处理的温度高）时，可在屠宰后 4h 进入僵直状态。一般在正常屠宰情况下肉在达到最大僵硬以后，即开始软化进入自溶阶段，即解僵。

2.3.4.2 解僵

1. 解僵现象

肌肉达到最大僵直以后，继续发生着一系列生物化学变化，逐渐使僵直的肌肉持水性回升而变得柔软多汁，并获得细致的结构和美好的滋味，这一过程称为解僵或自溶（autolysis）。

处于未解僵状态的肉加工后，咀嚼有如硬橡胶感，风味低劣，持水性差，不适宜作为肉制品的原料。充分解僵的肉加工后柔嫩多汁，风味良好，持水性恢复。因此，肌肉必须经过成熟过程，才能由"肌肉（muscle）"转变为"肉（meat）"。

2. 解僵机理

肉的成熟机理较为复杂，但主要是 Z 线崩解和蛋白酶的作用所致。

（1）Z线崩解　刚屠宰后的肌原纤维和活体肌肉一样，是10~100个肌节相连的长纤维状，而在肉成熟时则断裂为1~4个肌节相连的小片状。这种肌原纤维断裂现象被认为是解僵和肌肉软化的直接原因。

死后肌质网机能被破坏，Ca^{2+}从网内脱出，使肌浆中Ca^{2+}浓度增高。如刚屠宰后肌浆中Ca^{2+}浓度为1×10^{-6}，成熟时可达1×10^{-4}，为原来的100倍。高浓度的Ca^{2+}长时间作用于Z线，使Z线蛋白质变性而脆弱，会因冲击和牵引而发生断裂。但Ca^{2+}完成这种作用的有效程度取决于屠宰后肌肉收缩产生的张力，这从高桥氏的试验中得到证实，即把胴体（带骨）肌肉均质化后加入其重量5倍的0.1mol/L KCl_2、5μmol/L EDTA、39μmol/L 硼酸缓冲液，分离肌原纤维，在电镜下观察，宰后72h（开始解僵）肌原纤维断裂成1~4个肌节相连小片状的占90%，而用肉块（剔骨肉）同样时间处理，72 h只占60%。温度越高反应越强，而在pH 6.4附近小片化程度最低。另把剔骨肉和不剔骨肉在0~4℃贮藏24h成熟后，观察肌原纤维断裂情况。带骨肉由于肌腱固定牵引，产生最大张力，使其断裂成小片状，而剔骨肉断裂较轻微。在实验室内，把肌肉按休止态、伸长态、短缩态分别固定在竹枇上，放在生理盐水中浸泡，也得到相同结果，即伸长态固定肌肉，肌原纤维断裂严重。

同时钙激活中性蛋白酶（又称钙激活因子，CASF）被激活，作用于Z线而促进了Z线的断裂。

（2）蛋白酶作用　从成熟的肌肉得到的肌原纤维，在十二烷硫酸盐溶液中溶解后，进行电泳分析，发现肌原蛋白T减少，出现了分子质量为30000u的成分。再从肌肉分离各种蛋白酶作用于肌原纤维，也出现同样现象。这说明成熟中的肌原纤维受蛋白酶即肽链内切酶的作用，引起肌原纤维蛋白分解。

动物屠宰后组织蛋白酶被释放，对肌原纤维蛋白发生作用。组织蛋白酶和大多数溶酶体酶一样，它们最适宜的pH在酸性范围内。在肉成熟时，由于溶酶体膜破裂，组织蛋白酶逸出而作用于肌肉细胞的组分。研究表明Z线的崩溃是肌肉中的蛋白水解酶，尤其是钙激活中性蛋白酶，又称为钙激活因子（CAF）作用的结果。已从几种动物中将钙激活因子分离出来，在离体实验中，这种蛋白酶能引起Z线崩溃。当用组织蛋白酶B作用肌原纤维时，首先观察到的是Z线消失，其次是M线崩解成为小片状，最后是A带密度减少。当屠宰后肌肉达到极限pH时，一些组织蛋白酶被激活，促进组织蛋白的水解，使肉的结构破坏而变软。升高温度也能促进解僵软化。当把牛肉或羔羊肉保存在高温条件下，并防止其缩短时，发现肌肉的嫩度提高了。此时，也有溶酶体酶释放出来。有人认为，这些酶的释放结合高温条件下的低pH导致肌原纤维蛋白的水解和肉嫩度的增加。

2.3.4.3　肉成熟的方法

根据温度不同，肉的成熟方法分为低温成熟法和高温成熟法，其中低温成熟法应用较为广泛。

1. 低温成熟法

成熟温度0~4℃，相对湿度85%~95%，气流速度0.15~0.5m/s，在此条件下完全完成成熟需要3周左右。当有90%的肉完成成熟时，肉的商品价值最高，一般成年牛肉需5~10d、猪肉需4~6d、马肉需3~5d、鸡肉需12~24h、羊肉和兔肉需8~9d。低温成熟的肉品质好，耐贮藏。

2. 高温成熟法

温度在10~15℃或更高的条件下进行，成熟时间短，只需2~3d。但在此温度下肉表面微生物会大量繁殖，导致肉质下降，不宜存放，成熟后需要立即降温贮藏。

2.3.4.4　PSE 肉和 DFD 肉

PSE 肉（pale，soft and exudative muscle）是指受到应激反应的猪屠宰后产生色泽苍白、灰白或粉红、质地软和肉汁渗出的肉。

在成熟过程中，为避免微生物繁殖，屠宰后屠体在 0~4℃下冷却。当 pH 在 5.4~5.6 时，温度也达不到 37~40℃，因此在成熟中蛋白质不会变性。但有些猪死后的糖酵解速却比正常的猪进行得要快得多，在屠体温度还远未充分降低时就达到了极限 pH。所以就会产生明显的肌肉蛋白质变性，导致肌肉在僵直后肉色淡（pale），组织松软（soft），持水性低，汁液易渗出（exudative），也产生 PSE 肉。

PSE 肉多来自猪肉，但牛和羊也会产生 PSE 肉。一般将屠宰后 45min 内背最长肌 pH 低于 5.8 的猪肉认定为 PSE 肉。PSE 肉肉色发渍，收缩蛋白质的提取性下降。前者是由于变性的肌浆蛋白质覆盖了肌红蛋白，或是由于肌红蛋白自身变化造成的。后者是由于收缩蛋白被变性肌浆蛋白质覆盖或是被提取的收缩蛋白质机能自身也有所下降从而导致自体变性引起的。对各种应激反应来说，猪可分有抗性（stressresistant pig）和无抗性（stresssusceptible pig，porcine stress syndrome，即 PSS）两种类型。PSE 肉易产生于对应激无抗性的猪（猪应激症）。有报道认为，PSS 猪死后，由于肌肉的游离 Ca^{2+} 浓度增加，从而产生 PSE 肉。在 PSS 猪线粒体厌氧条件下 Ca^{2+} 的释放量是无应激反应猪的 2 倍。肌质网未收回多余的 Ca^{2+}，使肌原纤维的 ATP 酶活化，加快 ATP 分解。同时也使磷酸化激酶激活，加快了糖酵解速度。若照此过程进行，就会继续产生高温度下低 pH 引起的肌质网自体变性，从而进一步释放 Ca^{2+}，导致 PSE 肉的产生。

因此，如果屠宰后因 pH 降低很快，但胴体温度仍很高，使与蛋白质结合的水减少，而导致 PSE 肉的产生。有时会出现另外一种情况。如果肌肉中糖原含量较正常低，则肌肉最终 pH 会由于乳酸积累少而比正常情况高些（pH 约为 6.0）。由于结合水增加和光被吸收，使肌肉外观颜色变深，产生黑干肉（dark，firm，dry，即 DFD 肉）肉。这种情况主要出现在牛肉中，故又称深色牛肉切快。产生黑干肉的主要原因是宰前长期处于紧张状态，使肌肉中糖原含量减少所致。

2.3.5　肉的腐败变质

2.3.5.1　肉的腐败变质

肉类的变质（spoilage/meat taint）是成熟过程的继续。肌肉中的蛋白质在组织酶的作用下，分解生成水溶性蛋白肽及氨基酸完成了肉的成熟。若成熟继续进行，在腐败菌和组织酶的作用下分解进一步进行，生成胺、氨、硫化氢、酚、吲哚、粪臭素、硫化醇，则发生蛋白质的腐败。同时，脂肪的酸败和糖的酵解，引起的肌肉组织的破坏和色泽变化，产生酸败气味，肉表面发黏，称为肉类的腐败变质。

2.3.5.2　肉的腐败变质机理

动物宰后，由于血液循环停止，吞噬细胞的作用亦即停止，使得细菌繁殖和传播到整个组织。但是，动物刚宰杀后，由于肉中含有相当数量的糖原，以及动物死后糖酵解作用的加速进行，因而成熟作用首先发生。特别是糖酵解使肉的 pH 迅速从最初的 7.0~7.4 下降到 5.4~5.5。酸性对腐败菌在肉上的生长不利，从而控制了腐败的发生。

健康动物的血液和肌肉通常是无菌的，肉类的腐败实际上是由外界污染的微生物在其表面繁殖所致。表面微生物沿血管进入肉的内层，并进而伸入到肌肉组织。然而，即使在腐败程度较深时，微生物的繁殖仍局限于细胞与细胞之间的间隙内，即肌肉内之结缔组织间，只有到深度腐败时才到肌纤维部分。微生物繁殖和播散的速度，在 1~2d 内可深入肉层 2~14cm。在适宜条件下，浸入肉中的微生物大量繁殖，以各种各样的方式对肉作用，产生许多对人体有害、甚至使人中毒的代谢产物。

许多微生物均优先利用糖类作为其生长的能源。好气性微生物在肉表面的生长，通常把糖完全氧化成二氧化碳和水。如果氧的供应受阻或因其他原因氧化不完全时，则可有一定程度的有机酸积累，肉的酸味即由此而来。

微生物对脂肪可进行两类酶促反应：一是由其所分泌的脂肪酶分解脂肪，产生游离的脂肪酸和甘油。霉菌以及细菌中的假单胞菌属、无色菌属、沙门菌属等都是能产生脂肪分解酶的微生物；另一种则是由氧化酶通过 β-氧化作用氧化脂肪酸。这些反应的某些产物常被认为是酸败气味和滋味的来源。但是，肉和肉制品中严重的酸败问题不是由微生物所引起，而是因空气中的氧，在光线、温度以及金属离子催化下进行氧化的结果。

由于脂肪水解生成的游离脂肪酸对多种微生物具有抑制作用，因此腐臭的肉和肉制品其微生物总数可由于酸败的加剧而减少。不饱和脂肪酸氧化时所产生的过氧化物，对微生物均有毒害，故也呈类似的作用。

微生物对蛋白质的腐败作用是各种食品变质中最复杂的一种，这与天然蛋白质的结构非常复杂及腐败微生物的多样性密切相关。有些微生物如棱状芽孢菌属、变形杆菌属和假单胞菌属的某些种类以及其他的种类，可分泌蛋白质水解酶，迅速把蛋白质水解成可溶性的多肽和氨基酸。而另一些微生物尚可分泌水解明胶和胶源的明胶酶和胶原酶以及水解弹性蛋白质和角蛋白质的弹性蛋白酶和角蛋白酶。

有许多微生物不能作用于蛋白质，但能对游离氨基酸及低肽起作用，将氨基酸氧化脱氨生成氨和相应的酮酸。另一种途径则是使氨基酸脱去羧基，生成相应的氨。此外，有些微生物尚可使某些氨基酸分解，产生吲哚、甲基吲哚、甲胺和硫化氢等。在蛋白质、氨基酸的分解代谢中，酪胺、尸胺、腐胺、组胺和吲哚等对人体有毒，而吲哚、甲基吲哚、甲胺硫化氢等则具恶臭，是肉类变质臭味之所在。

图文并茂电子书/拓展资源获得方法：用移动终端设备上安装的"学习通" APP 扫描下列二维码，就可以直接学习"食品原料学慕课"网站上与该章节配套的电子书/讲课视频、试题库、相关论文、拓展阅读、拓展视频、VR/AR/MR、3D 动画、热门话题、国内外进展、专家讲座等拓展内容（详细方法参见本教材正文前的慕课使用方法）：

| 0. 配套国家级慕课首页 | 1. 肉的形态结构 | 2. 肉的化学组成 | 3. 肉的食用及加工品质 | 4. 肉的成熟 | 5. 肉的腐败变质 |

2.4 乳畜品种

乳畜品种是人类长期有目的地精心选择和培育下形成的专门化品种，其生产方向以产乳为主，主要有乳用牛及乳肉兼用牛、偏乳用的水牛、牦牛和乳山羊。

2.4.1 乳用牛及乳肉兼用牛

2.4.1.1 黑白花乳牛

黑白花乳牛（Black and White）原产于荷兰北部地区的北荷兰省（North Holland）和西弗里斯省（West Friesland），原称荷兰牛（Holland Friesian）。由于德国北部荷斯坦省（Holstein）也有分布，故也称为荷斯坦弗里斯牛（Holstein Friesian），简称荷斯坦牛。因其毛色为黑白花片，故通称黑白花牛。近一个世纪以来，由于各国对黑白花乳牛选育方向不同，育成了乳用型黑白花牛和乳肉兼用型黑白花牛。

乳用型黑白花牛体格高大，结构匀称，乳房特别硕大，乳静脉明显，后躯较前躯发达，侧望、俯视和从后面看体躯均呈楔形（三角形），具有典型的乳用型外貌。毛色为明显的黑白花片，腹下、肢端及尾帚为白色。乳用型黑白花牛产乳量为各乳牛品种之冠，一般年均产乳量为8000～9000kg，乳脂率为3.6%～4.2%，我国华南地区饲养的黑白花乳牛一般年平均产乳量为7000kg左右。

2.4.1.2 乳肉兼用牛

1. 西门塔尔牛

西门塔尔牛（Simmental）原名红花牛，原产于瑞士西部的阿尔卑斯山区的河谷地带，而以西门塔尔平原的较为著名，因而得名，属大型乳肉兼用品种。

西门塔尔牛乳房发育中等，四个乳区匀称，泌乳力强。毛色多为黄白花或淡红白花，额部和颈上部有卷毛。成年公牛体重为1000～1300kg，母牛为650～800kg。西门塔尔牛泌乳期平均为285 d（9.5月），年均产乳量为3500～4500kg，最高产量达12702kg，乳脂率为3.9%～4.2%，乳蛋白为3.5%～3.9%。

西门塔尔牛体躯高大，肌肉发达，产肉性能良好。中等肥度的牛屠宰率达53%～55%，肥育的牛可达60%～65%。

2. 三河牛

三河牛是我国培育的乳肉兼用品种，因产于内蒙古呼伦贝尔市大兴安岭西麓的额尔古纳右旗三河地区而得名，成年公牛体重为850~1000kg、母牛为450~550kg。

三河牛年均产乳量为2000kg，单产最高可达7000~8000kg。乳脂率平均在4%以上。泌乳期一般为300d左右。2~3岁的育成公牛屠宰率可达50%以上，净肉率44%~48%。

乳用及乳肉兼用牛品种还有英国的娟姗牛（乳用）、短角牛（兼用）、瑞士褐牛（兼用）等世界著名品种；中国草原红牛、新疆褐牛等是我国培育的乳肉兼用型品种。

2.4.1.3　水牛

水牛（buffalo）分沼泽型和江河型两种类型。我国和东南亚一带的水牛属于沼泽型，印度的摩拉水牛、巴基斯坦的尼里-拉菲水牛属于江河型。两种类型在体型外貌、生活习性等方面均有明显差别。

1. 摩拉水牛

摩拉水牛（Murrah）是世界上著名的乳用水牛品种，原产于印度亚穆纳（Yamuna）河西部地区，用以生产生乳和奶油。摩拉水牛的体格较我国一般水牛大，皮肤和被毛黝黑，个别呈棕色或褐色。乳房发育良好，乳静脉弯曲明显，乳头粗长。成年公牛体重为450~800kg，个别可达1000kg，成年母牛体重为350~700kg，个别可达900kg。

摩拉水牛素以产乳性能高而著称，在原产地的产乳量一般为3000~4000kg，个别优秀者达4500kg，乳脂率为7.0%~7.5%，泌乳期为8~10个月。

我国引进的摩拉水牛，平均产乳量为3000kg左右，最高可达到4000kg左右，乳脂率平均为6.3%。除摩拉水牛外，巴基斯坦的尼里-拉菲水牛也是世界上较好的乳用水牛品种，该品种在我国的生产性能表现不亚于摩拉水牛。

2. 中国水牛

中国水牛属沼泽型水牛，主要分布在长江、珠江流域和滨湖水网地区，分大、中、小三个类型。大型的有江苏海子水牛、上海水牛等；中型的有云南德宏水牛，湘、鄂的滨湖水牛、浙江温州水牛、福建福安水牛、四川涪陵水牛、河南信阳水牛、台湾水牛等；小型的有鄱阳湖水牛、广西西林水牛等。

我国长期以来将水牛作为役用，泌乳期7~8个月，产乳量只有500~700kg。水牛通过良种繁育，泌乳期可增至9~10个月。平均产乳1500~2300kg。

水牛乳、黑白花牛乳及其他动物乳和人乳成分比较见表2.4-1和表2.4-2。

表2.4-1　　　　　　　　　　水牛乳与黑白花牛乳的营养价值比较

乳品	干物质含量/（g/100g）	乳脂含量/（g/100g）	蛋白质含量/（g/100g）	氨基酸含量/（g/100g）	铁含量/（mg/100g）	锌含量/（mg/100g）	维生素A含量/（mg/100mL）
水牛乳*	18.4	7.9	4.5	4.2	24.5	27.0	0.76
黑白花牛乳	13.0	3.2	3.1	1.4	0.3	2.2	0.02

*杂交水牛。

表 2.4-2   各种乳平均营养成分

乳品	干物质含量/ （g/100g）	乳脂含量/ （g/100g）	总蛋白含量/ （g/100g）	乳糖含量/ （g/100g）	酪蛋白含量/ （g/100g）	灰分含量/ （g/100g）
人 乳	12.42	3.74	2.10	6.37	0.80	0.03
山羊乳	13.90	4.40	4.10	4.40	3.30	0.80
马 乳	10.50	1.60	1.90	6.40	4.30	0.34
水牛乳*	21.75	10.80	5.26	4.88	4.70	0.80
黄牛乳	12.50	3.65	3.20	4.81		0.75

＊中国本地水牛。

2.4.1.4 牦牛

牦牛（bos grunniens 或 yak）起源于我国，因叫声似猪，故也称猪声牛，是生活在我国海拔 3000~5000m 高山草原上的一种特有家畜，是世界屋脊上的一个稀有牛种。中国是世界上拥有牦牛最多的国家，主要分布在以青藏高原为中心的青海、四川、甘肃、新疆、云南等省区的高山地区。我国现有 11 个优良牦牛类群，其中四川麦洼牦牛为偏乳用型牦牛，产乳性能较好。

牦牛的外貌与普通牛有较大差异。牦牛全身被毛粗长，其体侧被毛长达 20~28cm，毛丛中生绒毛。毛色较杂，以黑色、褐色居多，其次为黑白花、灰色及白色。牦牛体质强壮，有角或无角，尾短，但尾毛密长，形如马尾。乳房不够发达，乳静脉不明显，乳头细而短，四个乳区发育不匀称，前伸后展极差。一般成年公牦牛体重为 300~450kg，母牦牛为 200~300kg。

牦牛泌乳期为 4~5 个月，全期产乳量平均为 450~600kg，在较好的饲养条件下，可达800~1000kg，干物质含量达 17.31%~18.40%，比其他牛种高。乳脂率为 6.5%~7.5%，高者可达 10%，比黑白花牛高出 1 倍以上。乳脂肪球大，适于加工奶油。乳蛋白的含量也很丰富，达 5.00%~5.32%。牦牛的肉用性能也较好，屠宰率一般为 35%~55%，随季节和饲养管理条件而异。牦牛肉味鲜美，脂肪、胆固醇含量低，而蛋白质含量特别丰富。

2.4.2 奶用山羊

奶山羊是仅次于乳牛的主要乳畜，被誉为"农家的乳牛"。世界上有 60 多个奶山羊品种，比较著名的有 20 多个，其中以莎能奶山羊（Saanen）、吐根堡奶山羊（Toggenburg）和奴比亚奶山羊（Nubian）数量多、分布广、产乳量高而闻名于世。关中奶山羊和崂山奶山羊是我国培育的奶山羊品种。

2.4.2.1 萨能奶山羊

萨能奶山羊（Saanen）是世界著名的奶山羊品种之一，几乎遍布世界各国。萨能奶山羊因原产于瑞士柏龙县萨能山谷而得名。萨能奶山羊结构匀称，细致紧凑，具有头长、颈长、躯干长及腿长的"四长"特点。被毛白色，皮薄而柔软，皮肤呈红色，公、母均有髯，多数无角，母羊胸部丰满，后躯及乳房发达，乳房基部宽大呈圆形，乳头大小适中。成年公羊体重为 70~90kg，母羊体重为 50~60kg。

萨能奶山羊泌乳期 300d 左右，年均产乳量为 600~1200kg，最高可达 3000kg 以上。乳脂率为 3.3%~4.4%，乳蛋白含量为 3.3%，乳糖含量为 3.9%，干物质含量为 11.28%~12.38%。

萨能奶山羊与其他奶山羊品种比较，汗液膻味较大，乳中往往有膻味。因此，在挤乳时，应特别注意挤乳卫生，避免膻味吸入。

2.4.2.2　关中奶山羊

关中奶山羊主要产于我国陕西关中平原地区，由萨能奶山羊与当地山羊杂交培育而成。

关中奶山羊基本特征颇似萨能奶山羊，但体型较小，体重较轻。成年公羊体重一般为 80kg 左右，成年母羊为 50~60kg。关中奶山羊产乳量一般为年均 500~600kg，乳脂率为 3.6%~3.8%，蛋白质含量为 3.53%，乳糖含量为 4.31%，干物质含量为 12.8%。

2.4.2.3　崂山奶山羊

崂山奶山羊产于山东省胶东半岛。崂山奶山羊外貌相似于关中奶山羊，但体躯稍短，体格略小。成年公羊体重一般为 70~80kg，成年母羊体重为 45~50kg，泌乳期 8~9 个月，年均产乳量为 450~700kg，乳脂率为 3.5%~4.0%。

另外，国内较好的奶用山羊类群还有山东的文登奶山羊、河南的开封奶山羊、河北的唐山奶山羊、广东的广州奶山羊及山西的洪洞奶山羊等。

图文并茂电子书/拓展资源获得方法：　用移动终端设备上安装的"学习通" APP 扫描下列二维码，　就可以直接学习"食品原料学慕课"网站上与该章节配套的电子书/讲课视频、　试题库、　相关论文、　拓展阅读、　拓展视频、　VR/AR/MR、　3D 动画、　热门话题、　国内外进展、　专家讲座等拓展内容（详细方法参见本教材正文前的慕课使用方法）：

0. 配套国家级
慕课首页

1. 乳用牛及
兼用牛

2. 奶用山羊

2.5　乳的成分及性质

[本节目录]

2.5.1　乳的组成及分散体系	2.5.2.1　乳脂肪
2.5.1.1　乳的组成	2.5.2.2　乳蛋白质
2.5.1.2　乳的分散体系	2.5.2.3　乳糖
2.5.2　乳中化学成分的性质	2.5.2.4　乳中的无机物

2.5.1 乳的组成及分散体系

2.5.1.1 乳的组成

家畜泌乳是专门供哺育幼畜之用，所以泌乳期就等于哺乳期。黄牛和水牛的泌乳期为90~120d，经人工选育的乳用牛泌乳期长达305d左右。泌乳初期泌乳量逐渐增加，3~6周达到最高月产量，以后逐渐减少。泌乳量及乳的成分随乳腺的状况而异。

乳是哺乳动物分娩后由乳腺分泌的一种白色或微黄色的不透明液体，其中至少含有上百种化学成分。牛乳的基本组成如表2.5-1和图2.5-1所示。正常牛乳中各种成分的组成大体上是稳定的，但也受乳牛的品种、个体、地区、泌乳期、畜龄、挤乳方法、饲料、季节、环境、温度及健康状态等因素的影响而有差异，其中变化最大是乳脂肪，其次是蛋白质，乳糖及灰分则比较稳定。不同品种的乳牛其乳汁组成不尽相同。品种对牛乳组成的影响最大，世界上主要乳牛品种乳成分如表2.5-2所示。

表2.5-1　　　　　　　　　　　牛乳主要化学成分及其含量

成分	水分含量	总乳固体含量	脂肪含量	蛋白质含量	乳糖含量	无机盐含量
变化范围/%	85.5~89.5	10.5~14.5	2.5~6.0	2.9~5.0	3.6~5.5	0.6~0.9
平均值/%	87.5	13.0	4.0	3.4	4.8	0.8

表2.5-2　　　　　　　　　　不同品种乳牛的乳平均组成

乳牛品种	相对密度	水分含量/%	干物质含量/%	脂肪含量/%	蛋白质含量/%	乳糖含量/%	灰分含量/%
荷兰牛	1.0324	87.5	12.50	3.55	3.43	4.86	0.68
短角牛	1.0324	87.43	12.57	3.63	3.32	4.89	0.73
西门达尔牛	1.0324	87.18	12.82	3.79	3.34	4.81	0.71
娟姗牛	1.0336	85.31	14.69	5.19	3.86	4.94	0.70
水牛	1.0331	8.41	18.59	7.47	7.10	4.15	0.84
牦牛	1.029	81.60	18.40	7.80	5.00	5.00	—

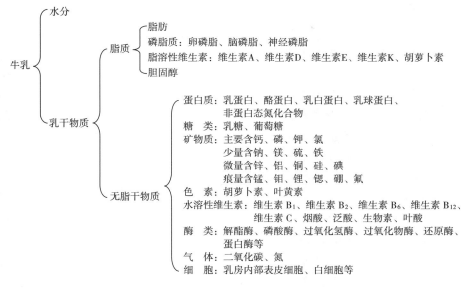

图 2.5-1 牛乳的组成成分

2.5.1.2 乳的分散体系

牛乳是一种复杂的胶体分散体系，分散体系中分散介质是水，分散质有乳糖、无机盐类、蛋白质、脂肪和气体等。各种分散质的分散度差异很大，其中乳糖和水溶性盐类呈分子或离子状态溶于水中，其微粒直径小于或接近 1nm，形成真溶液；乳白蛋白及乳球蛋白呈大分子态，其微粒直径为 15~50nm，形成典型的高分子溶液；酪蛋白在乳中形成酪蛋白酸钙磷酸钙复合体胶粒，胶粒平均直径约 100nm，从其结构、性质和分散度来看，它处于一种过渡状态，属胶体悬浮液范畴；乳脂肪呈球状，直径 100~10000nm，形成乳浊液。乳中含有的少量气体，部分以分子状态溶于牛乳中，部分气体经搅动后在乳中形成泡沫状态。所以，牛乳并不是一种简单的分散体系，而是包含着真溶液、高分子溶液、胶体悬浮液、乳浊液及其种种过渡状态的复杂的、具有胶体特性的多级分散体系。

2.5.2 乳中化学成分的性质

2.5.2.1 乳脂肪

乳脂肪（milk fat，butter fat）占乳脂质的 97%~98%，是牛乳的主要成分之一，在乳中的含量一般为 3%~5%。乳脂肪不溶于水，呈微细球状分散于乳浆中形成乳浊液。

1. 脂肪球及脂肪球膜

乳脂肪球的直径为 0.1~10μm，其中以 3μm 左右者居多。每 1mL 牛乳中有 20 亿~40 亿个脂肪球。脂肪球的大小对乳制品加工的意义很大。脂肪球的直径越大，上浮的速度越快，故大脂肪球含量多的牛乳容易分离出稀奶油。乳脂肪的相对密度为 0.93，将牛乳放在一容器中静置一段时间后，乳脂肪球逐渐上浮，形成一个脂肪层，称为稀奶油层。当脂肪球的直径接近 1μm 时，脂肪球基本不上浮，所以生产中可将牛乳进行均质处理，得到长时间不分层的稳定产品。

在电子显微镜下观察到的乳脂肪球为圆球形或椭圆球形，表面被一层 5~10nm 厚的脂肪球膜包裹。脂肪球膜主要由蛋白质、磷脂、甘油三酸酯、胆固醇、维生素 A、金属及一些酶类构成，同时还有盐类和少量结合水。有些甾醇（如麦角甾醇）经紫外线照射后具有维生素特性，但乳脂经照射后易氧化变质。由于脂肪球含有磷脂与蛋白质形成的脂蛋白络合物，使脂肪球能稳定地存在于乳中。

磷脂是极性分子，其疏水基朝向脂肪球的中心，与甘油三酸酯结合形成膜的内层；磷脂的亲水基向外朝向乳浆，连着具有强大亲水基的蛋白质，构成了膜的外层。磷脂层间还有胆甾醇和维生素 A。脂肪球膜具有保持乳浊液稳定的作用，即使脂肪球上浮分层，仍能保持着脂肪球的分散形态。在机械搅拌或化学物质作用下，脂肪球膜遭到破坏后，乳脂肪球才会互相聚结在一起。因此，可以利用这一原理生产奶油和测定乳中的含脂率。

2. 乳脂肪的化学组成

乳脂肪是由一个甘油分子和三个脂肪酸分子组成的甘油三酯的混合物，其脂肪酸可分为三类：第一类为水溶性挥发性脂肪酸，如丁酸、乙酸、辛酸和癸酸等，其含量较其他油脂高出几倍。由于这些脂肪酸熔点低，易挥发，所以赋予乳脂肪特有的香味和柔润的质体；第二类是非水溶性挥发性脂肪酸，如十二烷酸等；第三类是非水溶性不挥发性脂肪酸，如十四烷酸、二十烷酸、十八碳烯酸和十八碳二烯酸等。

$$\begin{array}{l} CH_2OH \\ | \\ CHOH \\ | \\ CH_2OH \end{array} + RCOOH + R_1COOH + R_2COOH \longrightarrow \begin{array}{l} CH_2OCOR \\ | \\ CHOCOR_1 \\ | \\ CH_2OCOR_2 \end{array} + 3H_2O$$

牛乳脂肪的脂肪酸种类远较一般脂肪多，这与反刍动物瘤胃中微生物的生物合成密切相关。已发现的牛乳脂肪的脂肪酸多达 60 余种，从理论上讲能构成 216000 种甘油酯，但实际上很多脂肪酸的含量均低于 0.1%，它们的总量仅相当于全脂肪量的 1%，实际检出的甘油酯的种类也是有限的。与一般脂肪相比，乳脂肪的脂肪酸组成中，水溶性挥发性脂肪酸的含量比例特别高，这是乳脂肪风味良好及易于消化的重要原因。

乳脂肪的组成复杂，在低级脂肪酸中甚至检出了醋酸。另外，发现还含有 C_{20}~C_{26} 的高级饱和脂肪酸。一般天然脂肪中含有的脂肪酸绝大多数的碳原子为偶数的直链脂肪酸，而在牛乳脂肪中已证实含有 C_9~C_{23} 的奇数碳原子脂肪酸，也发现有带侧链的脂肪酸。

乳脂肪的不饱和脂肪酸主要是油酸，约占不饱和脂肪酸总量的 70%。由于不饱和脂肪酸双键位置的不同，可构成异构体，如十八碳烯-9-酸与十八碳烯-11-酸（异油酸）。双键周围空间位置不同可形成几何异构体，如 [顺] -十八碳烯-9-酸及 [反] -十八碳烯-9-酸（反油酸）。牛乳中含量较高的脂肪酸见表 2.5-3。

表 2.5-3　　　　　　　　　　　　牛乳脂肪中的脂肪酸组成和含量

脂肪酸名称	分子式	质量分数/%	水溶性	挥发性
丁酸	$C_4H_8O_2$	4.06	溶	挥发
己酸	$C_6H_{12}O_2$	3.29	微溶	挥发
辛酸	$C_8H_{16}O_2$	2.00	极易溶	挥发

续表

脂肪酸名称	分子式	质量分数/%	水溶性	挥发性
癸酸	$C_{10}H_{20}O_2$	4.59	极易溶	挥发
月桂酸	$C_{12}H_{24}O_2$	5.42	几乎不溶	微挥发
豆蔻酸	$C_{14}H_{28}O_2$	12.95	不溶	极微挥发
软脂酸	$C_{16}H_{32}O_2$	23.07	不溶	不挥发
硬脂酸	$C_{18}H_{36}O_2$	7.61	几乎不溶	不挥发
花生酸	$C_{20}H_{40}O_2$	—	不溶	不挥发
癸烯酸	$C_{10}H_{18}O_2$	0.62	不溶	不挥发
十二碳烯酸	$C_{12}H_{22}O_2$	0.12	不溶	不挥发
十四碳烯酸	$C_{14}H_{26}O_2$	3.65	不溶	不挥发
十六碳烯酸	$C_{16}H_{30}O_2$	5.12	不溶	不挥发
油酸	$C_{18}H_{34}O_2$	18.57	不溶	不挥发
亚油酸	$C_{18}H_{32}O_2$	1.9	不溶	不挥发
十八碳三烯酸	$C_{18}H_{30}O_2$	1.53	不溶	不挥发
二十碳五烯酸	$C_{20}H_{32}O_2$	—	不溶	不挥发
二十二碳六烯酸	$C_{22}H_{32}O_2$	—	不溶	不挥发

注：所列的脂肪酸可划分为三类，第一类为水溶性挥发性脂肪酸类，如丁酸、乙酸、辛酸等；第二类为非水溶性挥发性脂肪酸类，如月桂酸等；第三类为非水溶性不挥发性脂肪酸类，如软脂酸、硬脂酸、花生酸、癸烯酸、十二碳烯酸、十四碳烯酸、十六碳烯酸、油酸、亚油酸等。

3. 乳脂肪的理化常数

乳脂肪的组成与结构决定其理化性质（表2.5-4）。乳脂肪的脂肪酸组成受饲料、营养、环境和季节等因素的影响。一般来说，夏季放牧期间不饱和脂肪酸含量升高，而冬季舍饲期则饱和脂肪酸含量增多，所以夏季加工的奶油其熔点比较低。

表2.5-4　　　　　　　　　乳脂肪的理化常数

项 目	指 标	项 目	指 标
相对密度（d_{15}）	0.935~0.943	赖克特—迈斯尔值[1]	21~36
熔点/℃	28~38	波伦斯克值[2]	1.3~3.5
凝固点/℃	15~25	酸值	0.4~3.5
折射率/n_D^{25}	1.4590~1.4620	丁酸值	16~24
皂化值	218~235	不皂化物	0.31~0.42
碘值	26~36（30左右）		

注：①水溶性挥发性脂肪酸值；②非水溶性挥发性脂肪酸值。

2.5.2.2　乳蛋白质

牛乳中有 3.0%～3.5%的乳蛋白（milk protein），占牛乳含氮化合物的 95%，5%为非蛋白态含氮化合物。牛乳中的蛋白质可分为酪蛋白和乳清蛋白两大类，另外还有少量脂肪球膜蛋白质。乳清蛋白质中有对热不稳定的各种乳白蛋白及乳球蛋白，还有对热稳定的脉及胨。牛乳蛋白质与人乳蛋白质中含氮物的分布有很大区别，其分布见表 2.5-5。乳蛋白的命名及性质见表 2.5-6。

除了乳蛋白质外，尚有少量非蛋白态氮，如氨、游离氨基酸、尿素、尿酸、肌酸及嘌呤碱等，这些物质基本上是机体蛋白质代谢的产物，通过乳腺细胞进入乳中。另外还有少量维生素态氮。

表 2.5-5　　　　　　　　　　　　牛乳与人乳中氮的主要分布状态

区分	牛乳总氮物含量/%	牛乳中含量/[%（$N \times 6.38$）]	人乳总氮物含量/%	人乳中含量/[%（$N \times 6.38$）]
总氮	100		100.0	1.16
酪蛋白态氮	78.5	3.18	44.1	0.51
白蛋白态氮	9.2	2.63	3.29	0.38
球蛋白态氮	3.3	0.31		
脉、胨态氮	4.0	0.11	4.3	0.05
非蛋白态氮	5.0	0.13	18.7	

表 2.5-6　　　　　　　　　　　　牛乳蛋白质的命名及性质

传统分类	现代分类	占脱脂乳中蛋白质的量/%	等电点	相对分子质量	成分划分
酪蛋白	α_S-酪蛋白	45～55	4.1	23000	α_S-变异体 A、B、C、D、α_{S2}、α_{S3}、α_{S4}、α_{S5}
	κ-酪蛋白	8～15	4.1	1900	变异体 A、B，变异体 A^1、A^2、A^3、B、C、D、B_2
	β-酪蛋白	25～35	4.5	24100	变异体 A^1、A^2、A^3
	γ-酪蛋白	3～7	5.8～6.0	30650	成分 R_1、S_1、TS
乳白蛋白	α-乳白蛋白	2～5	5.1	14437	变异体 A、B、A^1、A^2 对立遗传子型
	血清白蛋白	0.7～1.3	4.7	69000	变异体 A、A_{Dr}、B、B_{Dr}、C、D
乳球蛋白	β-乳球蛋白	7～12	5.3	36000	
	免疫球蛋白 IgG_1	1～2		15000～170000	
	免疫球蛋白 IgG_2	0.2～0.5			含有糖蛋白质的复合成分
	免疫球蛋白 IgG_M	0.1～0.2			
	免疫球蛋白 IgG_A	0.05～0.1		1000000	
	小分子蛋白、胨	2～6	3.3～3.7	30000～500000	

1. 酪蛋白

在温度20℃时调节脱脂乳的pH至4.6时沉淀的一类蛋白质称为酪蛋白（casein），占乳蛋白总量的80%~82%。酪蛋白不是单一的蛋白质，而是由α_s-酪蛋白，κ-酪蛋白，β-酪蛋白和γ-酪蛋白组成，是典型的磷蛋白。四种酪蛋白的区别就在于它们含磷量的多寡。α_s-酪蛋白含磷多，故又称磷蛋白。含磷量对皱胃酶的凝乳作用影响很大。γ-酪蛋白含磷量极少，因此，γ-酪蛋白几乎不能被皱胃酶凝固。在加工奶酪时，有些乳常发生软凝块或不凝固现象，就是由于蛋白质中含磷量过少的缘故。酪蛋白虽是一种两性电解质，但其分子中含有的酸性氨基酸远多于碱性氨基酸，因此具有明显的酸性。

（1）酪蛋白酸钙-磷酸钙复合体胶粒　乳中的酪蛋白与钙结合成酪蛋白酸钙，再与胶体状的磷酸钙形成酪蛋白酸钙磷酸钙复合体（calcium caseinate calciumphosphate complex），以胶体悬浮液的状态存在于牛乳中，其胶体微粒直径范围在10~300nm，一般40~160nm占大多数。每毫升牛乳中含有（5~15）×10^{12}个胶粒。此外，酪蛋白胶粒中还含有镁等物质。

酪蛋白酸钙-磷酸钙复合体的胶粒大体上呈球形，据佩恩斯（Payens，1966，图2.5-2）设想，胶体内部由β-酪蛋白的丝构成网状结构，在其上附着α_s-酪蛋白，外面由κ-酪蛋白覆盖，并结合有胶体状的磷酸钙。α_s-酪蛋白和β-酪蛋白容易受钙离子影响而发生沉淀，而κ-酪蛋白不仅本身稳定，而且还具有抑制α_s-酪蛋白和β-酪蛋白在钙离子作用下沉淀的作用。因此κ-酪蛋白覆盖层对胶体起保护作用，使牛乳中的酪蛋白酸钙-磷酸钙复合体胶粒能保持相对稳定的胶体悬浮状态。

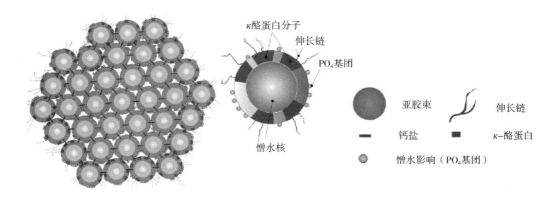

图2.5-2　酪蛋白胶束的结构及其稳定性

（2）酪蛋白的酸沉淀　酪蛋白胶粒对pH的变化很敏感。当脱脂乳的pH降低时，酪蛋白胶粒中的钙与磷酸盐就逐渐游离出来。当pH达到酪蛋白的等电点4.6时，就会形成酪蛋白沉淀。在正常的情况下，在等电点沉淀的酪蛋白不含钙。但在酪蛋白稳定性受到影响时，在pH 5.2~5.3时就发生沉淀。这种酪蛋白沉淀中含钙，对于制造无灰干酪素等产品极为不利，必须反复进行繁杂的洗涤处理。

为使酪蛋白沉淀，工业上一般使用盐酸。如果由于乳中的微生物作用，使乳中的乳糖转化分解为乳酸，从而使pH降至酪蛋白的等电点时，同样会发生酪蛋白的酸沉淀，这就是牛乳的自然酸败现象。酪蛋白的酸凝固过程以盐酸为例：

$$酪蛋白酸钙 [Ca_3(PO_4)_2] + 2HCl \longrightarrow 酪蛋白\downarrow + 2CaHPO_4 + CaCl_2$$

（3）酪蛋白的凝乳酶凝固　牛乳中的酪蛋白在凝乳酶的作用下会凝固，奶酪的加工就是利用此原理。酪蛋白在凝乳酶的作用下变为副酪蛋白（paracasin），在钙离子存在下形成不溶性的凝块，这种凝块称作副酪蛋白钙，其凝固过程：

$$酪蛋白酸钙+皱胃酶 \longrightarrow 副酪蛋白钙 \downarrow + 糖肽 + 皱胃酶$$

皱胃酶的凝固作用可以分为两个过程：首先磷酸酰胺键的破裂使酪蛋白变成副酪蛋白，副酪蛋白出现两个游离基：一个磷酸基和一个碱性基。由于碱性基的出现，使副酪蛋白的等电点（pH5.2）向碱性移动；然后副酪蛋白上的—OH同钙离子结合（此时的—OH比酪蛋白增加了1倍，所以副酪蛋白对钙的敏感性比酪蛋白高1倍左右）形成副酪蛋白分子间的"钙桥"，于是副酪蛋白的微粒发生团聚作用而产生凝胶体。所以，此时必须存在游离钙才能使酪蛋白凝固。离子交换乳因无钙存在，所以不能凝固。

（4）盐类及离子对酪蛋白稳定性的影响　乳中的酪蛋白酸钙磷酸钙胶粒容易在氯化钠或硫酸铵等盐类饱和溶液或半饱和溶液中形成沉淀，这种沉淀是由于电荷的抵消与粒子脱水而产生。

酪蛋白酸钙–磷酸钙粒子对于其体系内二价的阳离子含量的变化很敏感。钙或镁离子能与酪蛋白结合而使粒子凝集。故钙离子与镁离子的浓度影响着胶粒的稳定性。钙和磷的含量直接影响乳汁中酪蛋白微粒的大小，也就是大的微粒要比小的微粒含有较多量的钙和磷。由于乳汁中的钙和磷呈平衡状态存在，所以生乳中的酪蛋白微粒具有一定的稳定性。当向乳中加入氯化钙时，则破坏了平衡状态，加热时使酪蛋白发生凝固现象，如在90℃时加入0.12%~0.15%的$CaCl_2$即可使乳凝固。$CaCl_2$除了使酪蛋白凝固外，也能使乳清蛋白凝固。

除了上述酪蛋白及乳清蛋白之外，加温至85℃时，有一部分低分子质量蛋白质也能沉淀。

利用氯化钙凝固乳时，如加热到95℃时，则乳汁中蛋白质总含量97%可以被利用。而此时加入氯化钙的量以每升乳加1.00~1.25g为最适宜。采用钙凝固时，乳蛋白质的利用程度要比酸凝固法高5%，比皱胃酶凝固法约高10%以上。

乳汁在加热时，氯化钙的作用不仅能够使酪蛋白完全分离，而且也能够使乳清蛋白等分离。因此利用氯化钙沉淀乳蛋白质要比其他沉淀法有较显著的优点。此外，利用氯化钙沉淀所得到的蛋白质，一般都含有大量的钙和磷。所以钙凝固法，不论在脱脂乳蛋白质的综合利用方面，或是在有价值的矿物质（钙和磷）的利用方面，都比目前生产食用酪蛋白所采用的酸凝固法和皱胃酶凝固法优越得多。

2. 乳清蛋白质

乳清蛋白质是指溶解分散在乳清中的蛋白，占乳蛋白质的18%~20%，可分为热不稳定和热稳定乳清蛋白两部分。

（1）热不稳定的乳清蛋白质　热不稳定的乳清蛋白质是指乳清在pH4.6~4.7时煮沸20min发生沉淀的一类蛋白质，约占乳清蛋白质的81%。热不稳定乳清蛋白质包括乳白蛋白和乳球蛋白两类。

乳白蛋白是指中性乳清中加饱和硫酸铵或饱和硫酸镁盐析时，呈溶解状态而不析出的蛋白质，约占乳清蛋白质的68%。乳白蛋白又包括α-乳白蛋白（约占乳清蛋白的19.7%）、β-乳白蛋白（约占乳清蛋白的43.6%）和血清白蛋白（约占乳清蛋白的4.7%）。β-乳球蛋白是一种球蛋白。因此，乳白蛋白中最主要的是α-乳白蛋白。乳白蛋白在乳中以1.5~5.0μm直径的微粒分散在乳中，对酪蛋白起保护胶体作用。这类蛋白常温下不能用酸凝固，但在弱酸性时加温即能凝固，与酪蛋白的主要区别在于该类蛋白不含磷，但含丰富的硫，且不能被皱胃酶凝固。

乳球蛋白是指中性乳清中加饱和硫酸铵或饱和硫酸镁盐析时，能析出的乳清蛋白质，约占乳清蛋白的13%。乳球蛋白又可分为真球蛋白和假球蛋白，这两种蛋白质与乳免疫性有关，即具有抗原作用，故又称为免疫球蛋白。初乳中的免疫球蛋白含量比常乳高。

（2）热稳定的乳清蛋白 这类蛋白包括蛋白胨和蛋白胨，约占乳清蛋白质的19%。

此外还有一些脂肪球膜蛋白质，是吸附于脂肪球表面的蛋白质与酶的混合物，其中含有脂蛋白、碱性磷酸酶和黄嘌呤氧化酶等。这些蛋白质可以用洗涤和搅拌稀奶油的方法将其分离出来。在脂肪球膜蛋白中包括卵磷脂，因此也称磷脂蛋白。在脂肪球膜蛋白中含有大量的硫，当稀奶油进行高温巴氏杀菌时，在风味方面起着很大的作用。球膜蛋白质中含有卵磷脂，卵磷脂在细菌性酶的作用下形成带有鱼腥味的三甲胺而被破坏。

脂肪球膜蛋白由于受细菌性酶的作用而产生的分解现象，是奶油在贮藏时风味变劣的原因之一。在脂肪球膜蛋白的分解不显著时，即使有分解产物存在，但对奶油味并无显著影响，因为脂肪能掩盖这种少量的腐败味。

在加工奶油时，大部分脂肪球膜物质集中于酪乳中。故酪乳不仅含有蛋白质，而且含有丰富的卵磷脂，因此酪乳可以加工成酪乳粉而加以利用。

3. 非蛋白含氮物

除蛋白质外，牛乳的含氮物中还有非蛋白态的含氮化物，约占总氮的5%，其中包括氨基酸、尿素、尿酸、肌酸及叶绿素等。这些含氮物是活体蛋白质代谢的产物，从乳腺细胞进入乳中。

乳中约含游离态氨基酸23mg/mL，其中包括酪氨酸、色氨酸和胱氨酸以和尿素、肌酸及肌酐等蛋白质代谢产物。尿酸在核蛋白分解过程中形成。肌酸也可以在蛋白质代谢过程中由精氨酸形成。叶绿素从饲料进入乳中。

2.5.2.3 乳糖

乳糖（lactose）是哺乳动物从乳腺中分泌的一种特有的化合物，是哺乳动物乳汁中特有的糖类。牛乳中含有乳糖4.6%~4.7%，占干物质的38%~39%。乳的甜味主要来自乳糖，乳糖在乳中全部呈溶解状态，其甜度约为蔗糖的1/6。

乳糖为D-葡萄糖与D-半乳糖以β-1,4键结合而成的双糖，又称为1,4-半乳糖苷葡萄糖。因其分子中有醛基，属还原糖。由于D-葡萄糖分子中游离苷羟基的位置不同，乳糖有α-乳糖（α-lactaseanhydride）和β-乳糖（β-lactose）两种异构体。α-乳糖很易与一分子结晶水结合，变为乳糖水合物（α-lactose monohyctrate），所以乳糖实际上共有三种形态，α-含水乳糖，α-无水乳糖和β-乳糖，α-含水乳糖较为常见。甜炼乳中的乳糖大部分呈结晶状态，结晶的大小直接影响炼乳的口感，而结晶的大小可根据乳糖的溶解度与温度的关系加以控制。

乳糖的溶解度比蔗糖、麦芽糖小，饱和溶液在15℃时为14.5%，25℃时为17.8%。乳糖被酸所水解的作用也较蔗糖及麦芽糖稳定，一般在乳糖中加入2%的硫酸溶液加热7s，或每克乳糖加10%硫酸溶液100mL，加热0.5~1.0h，或在室温下加浓盐酸才能完全加水分解而生成1分子的葡萄糖和1分子的半乳糖。牛乳长时间加热则产生棕色化。其主要原因：由于具有氨基（NH_2—）的化合物（主要为酪蛋白）和具有羰基的（OC═）糖（乳糖）之间产生美拉德反应而形成棕色物质；乳糖经高温加热产生焦糖化也形成棕色物质；乳中微量的尿素也是导致棕色化的原因。添加 0.01% 左右的 L-半胱氨酸，具有一定的抑制棕色化反应的效果。

乳糖在乳糖酶（lactase）的作用下被水解成单糖，然后再经各种微生物等的作用水解成酸和其他成分，这种作用在乳品工业上有很大意义。例如，当乳糖水解成单糖后再由酵母的作用生成酒精（如牛乳酒、马乳酒）；也可以由细菌的作用生成乳酸、醋酸、丙酸以及二氧化碳等。这种变化可以单独发生，也可以同时发生。牛乳中乳酸达 0.25%~0.30% 时则可感到酸味；当酸度达到 0.8%~1.0% 时，乳酸菌的繁殖停止。通常乳酸发酵时，牛乳中有 10%~30% 以上的乳糖不能分解，如果添加中和剂则可以全部发酵成乳酸，所以在生产乳酸时中和具有很大的意义。

乳糖在消化器官内经乳糖酶作用而水解后才能被吸收。如果乳糖直接注射于血管或皮下时则完全从尿中排出。因此可以说双糖类都比单糖类难以被利用，而单糖类中半乳糖最难被利用。

分离奶油时，大部分乳糖存在于脱脂乳中，少部分包含在稀奶油中。稀奶油中的乳糖，在制造奶油时大部分留存在酪乳中，含在奶油中的一部分乳糖则发酵成乳酸。而奶酪生产时乳糖大部分留在乳清中，包含在奶酪中的一少部分乳糖成熟中发酵而生成乳酸。由于乳酸的形成抑制了杂菌的繁殖，使奶酪产生优良的风味。

乳糖水解比较困难，因此一部分被送至大肠中，在肠内由于乳酸菌的作用使乳糖形成乳酸而抑制其他有害细菌的繁殖，所以对于防止婴儿下痢也有很大的作用。乳糖具有促进钙离子吸收的作用，如在钙中加入乳糖，可使钙的吸收率增加。同时血清中钙的含量也显著提高，故乳糖与钙的吸收有密切关系。此外，乳糖对于防止肝脏脂肪的沉积也有重要的作用。

乳中除了乳糖外还含有少量其他的碳水化合物，如在常乳中含有极少量的葡萄糖（199mL中含 4.08~7.58mg），而在初乳中可达 15mg/100mL，分娩后经过 10d 左右恢复到常乳中的数值。这种葡萄糖并非由乳糖的水解所生成，而是从血液中直接转移至乳腺内。除了葡萄糖以外，乳中还含有约 2mg/100mL 的半乳糖。另外，还含有微量的果糖、低聚糖（oligosaccharide）、己糖胺（hexosamine）。

乳糖水解后产生的半乳糖是形成脑神经中重要成分（糖脂质）的主要来源，有利于婴儿的脑及神经组织发育。但一部分人随着年龄增长，消化道内缺乏乳糖酶，不能分解和吸收乳糖。因此缺少乳糖分解酶的人群在摄入乳糖后，未被消化的乳糖直接进入大肠，肠道细菌发酵分解乳糖的过程中会产生大量气体，过量的乳糖还会升高肠道内部的渗透压，阻止对水分的吸收而导致腹泻。由于缺乏乳糖酶导致的饮用牛乳后出的现呕吐、腹胀和腹泻等不适应症，称其为乳糖不适症（lactose intolerance）。食用酸乳、低乳糖乳可以减缓乳糖不耐受症。在乳品加工中利用乳糖酶，将乳中的乳糖分解为葡萄糖和半乳糖，或利用乳酸菌将乳糖转化成乳酸，不仅可预防"乳糖不适应症"，而且可提高乳糖的消化吸收率，改善制品口味。

2.5.2.4 乳中的无机物

牛乳中灰分的含量为 0.3%~1.21%（表 2.5-7）。乳中的盐类对乳的热稳定性、凝乳酶的凝固性等理化性质和乳制品的品质以及贮藏等影响很大。乳中钙的含量较人乳多 3~4 倍，因此牛乳在婴儿胃内所形成的蛋白凝块比较坚硬，不容易消化。为了消除可溶性钙盐的不良影响，可采用离子交换法，将牛乳中的钙除去 50%，可使乳凝块变得很柔软，和人乳的凝块相近。但在乳品加工上缺乏钙时，对乳的工艺特性会发生不良影响，尤其不利于干酪的制造。乳中钙磷等盐类的构成及其状态对乳的物理化学性质有很大影响，乳品加工中盐类的平衡成为重要问题。乳中的铜铁对贮藏中的乳制品有促进发生异常气味的作用。牛乳中铁的含量为$100 \sim 900 \mu g/L$，牛乳中铁的含量较人乳中少，故人工哺育幼儿时，应补充铁的含量。

乳中的矿物质大部分以无机盐或有机盐形式存在，其中以磷酸盐、酪酸盐和柠檬酸盐存在的数量最多。钠中的大部分是以氯化物、磷酸盐和柠檬酸盐的离子溶解状态存在，而钙、镁与酪蛋白、磷酸和柠檬酸结合，一部分呈不溶性的胶体状态胶态，另一部分呈溶解状态。磷是乳中磷蛋白、磷脂及有机酸酯的成分。钾、钠及氯能完全解离成阳离子或阴离子存在于乳清中。在正常 pH 下乳蛋白质尤其是酪蛋白呈阴离子性质，故能与阳离子直接结合而形成酪蛋白酸钙和酪蛋白酸镁。因此，牛乳中的盐类可以区分为可溶性盐和不溶性盐。而前者又可分为离子性盐和非解离性盐。

表 2.5-7　　　　　　　　　　　　乳中主要无机成分的含量

项目	含量/（mg/100mL）						
	钾	钠	钙	镁	磷	硫	氯
牛乳 1	158	54	109	14	91	5	99
牛乳 2	135	56	108	13	96	105	
人 乳	66	19	35	4	26	—	47

2.5.2.5　乳中的维生素

牛乳中含有几乎所有已知的维生素。牛乳中维生素 B_2 含量很丰富，但维生素 D 的含量不多，若作为婴儿食品时应予以强化。初乳中维生素 A 及胡萝卜素含量多于常乳。乳中的维生素有的来源于饲料中，如维生素 E；有的可通过乳牛的瘤胃中的微生物进行合成，如 B 族维生素。牛乳中维生素放牧期比舍饲期含量高。

牛乳中维生素 A、维生素 D、维生素 B_1、维生素 B_2、维生素 B_{12}、维生素 B_6 等对热稳定，维生素 C 等热稳定性差。乳在加工中维生素都会遭受一定程度的破坏而损失。发酵法生产的酸乳由于微生物的生物合成，能使一些维生素含量增高，所以酸乳是一类维生素含量丰富的营养食品。在干酪及奶油的加工中，脂溶性维生素可得到充分的利用，而水溶性维生素则主要残留于酪乳、乳清及脱脂乳中。

1. 脂溶性维生素

（1）维生素 A　100g 乳中维生素 A 的含量为 $20 \sim 290IU$，平均值为 100IU。牛乳中除了维生素 A 之外，胡萝卜素也可直接吸收一部分，但维生素 A 的数量约比胡萝卜素多两倍。山羊、绵羊及印度水牛中维生素 A 的含量却超过牛乳。胡萝卜素易被空气、日光照射氧化而破坏。但对热的稳定性很高，如灭菌乳在 37℃ 保持 10d 仅减少 12%，乳在真空锅内加糖浓缩时，则减低 17%；在喷雾干燥制造乳粉时，减少 10%~20%。

（2）维生素 D　牛乳中维生素 D 主要以胆钙化醇（维生素 D_3）形式存在，其活性形式主要是麦角钙化醇硫酸盐。牛乳中维生素 D 的含量与饲料、品种、管理（日光照射）及泌乳期等直接有关，初乳中含量较高。维生素 D 对热很稳定，在通常杀菌处理的情况下不会被破坏。维生素 D 主要存在于脂肪球中，脱脂乳制品不含维生素 D。

（3）维生素 E　乳中维生素 E 以 α-生育酚状态存在，其含量为 0.6mg/L，还有部分以 γ-生育酚状态存在。维生素 E 含量多少与饲料有关，获得青饲料多的乳牛的乳中维生素 E 的含量高。维生素 E 对热、空气比较稳定，但在碱性和光线照射下不稳定。稀奶油产品贮藏过程中如果乳脂肪变苦，会形成有机的过氧化物，其能破坏维生素 E。

（4）维生素 K 从牛的瘤胃中分离得到的维生素 K 主要由异戊二烯基甲基苯醌类 10、12、13 组成。这种维生素主要是在瘤胃中合成，并运输进入乳中。

2. 水溶性维生素

（1）维生素 B_1 乳牛中维生素 B_1（$C_{12}H_{18}N_4O_2S$）含量约为 0.3mg/L，饲料对其含量并无多大影响。维生素 B_1 在活体内易被磷酸结合，乳中的维生素 B_1 则以游离状态及磷酸化合状态存在。乳中的维生素 B_1 不单从饲料中进入，并可由瘤胃中的细菌合成。维生素 B_1 在 pH3.5～5.0 时对热比较稳定。此时即使加热至 100℃ 也无变化，在 120℃ 时即行分解。但在中性或碱性时，对热和紫外线极不稳定。山羊乳含维生素 B_1 较牛乳多，平均含 4.07mg/L。在酸乳制品生产中维生素 B_1 的含量约增加 30%，主要由细菌合成。

（2）维生素 B_2 牛乳中维生素 B_2（$C_{17}H_{20}O_6N_4$，核黄素）含量为 1～2mg/L，初乳中含量较高，为 3.5～7.8mg/L，泌乳末期为 0.8～1.8mg/L。受季节变动影响不大（1.75～1.133mg/L）。山羊乳中维生素 B_2 的含量比较高，平均约含 3.78mg/L。

维生素 B_2 使乳清中呈黄绿色，一部分以游离的水溶液状态存在，大部分与磷酸及蛋白质结合而形成氧化酶。维生素 B_2 对酸性条件稳定，但能被碱或紫外线破坏分解，在酸性环境中加热到 120℃ 经数小时仍保持原有性质，因此在通常杀菌的情况下不致破坏。

（3）维生素 B_6 牛乳中维生素 B_6 含量约为 2.3mg/L，约为人乳中的 5 倍，其中游离状态的 1.8mg/L，结合状态的 0.5mg/L，因此牛乳是良好的维生素 B_6 供应源。生鲜牛乳中维生素 B_6 80% 以吡哆醛形式存在，20% 以吡多胺以及痕量的磷酸吡哆醛形式存在。维生素 B_6 对热的稳定性较大，加热到 120℃ 也无变化，因此在巴氏杀菌处理、制造炼乳或乳粉时能够全部保存。

（4）维生素 B_{12} 牛乳中维生素 B_{12}（钴胺素）含量 0.002～0.01mg/L，易受强碱及强酸所破坏。但加热至 120℃ 仍无影响，所以对热的抵抗性很高。维生素 B_{12} 含量差异很小。

（5）烟酸 牛乳中烟酸（$C_6H_5O_2N$）含量为 0.5～4mg/L，冬季乳中的含量经常高于春夏季乳中的含量。烟酸在加热过程中有很大的稳定性，但在制造干酪过程中烟酸的含量比原料乳中减少 4/5，这是由于在干酪中烟酸被微生物利用。在制造加糖炼乳时，烟酸损失 10%～15%。

（6）维生素 C 牛乳中维生素含量为 20mg/L，绵羊乳含 109mg/L，马乳含 200mg/L，山羊乳含 84mg/L。喂给山羊青饲料多时，乳中维生素 C 含量可提高数倍。维生素 C 是所有维生素中最不稳定的一种。加热、氧化、紫外线都能使维生素 C 分解而被破坏。如有微量的铜、铁存在时，一经加热即行破坏。但含硫的化合物及含巯基的物质能防止维生素 C 的氧化，食盐也能阻止其氧化。

牛乳经 62～65℃ 杀菌 30min 后，维生素 C 被破坏 30%～60%。牛乳放在冷藏处保存 6～8h 后，则维生素 C 减少了 50%。如果把牛乳在日光下照射 15min，则维生素 C 全部被破坏。加糖炼乳中几乎不含维生素 C，奶粉含维生素 C 10～18mg/kg。一般到达消费者手中的乳及乳制品几乎不含维生素 C。因此用乳及乳制品哺育婴儿时，必须补充果汁等含维生素 C 多的食物。

（7）叶酸 叶酸在牛乳中以游离型和蛋白结合型存在。除了对贫血有治疗效果外，对乳酸菌的繁殖有很大的效果。牛乳中的含量为 0.004mg/L；初乳中含量为常乳的数倍。在酸性溶液中对热不稳定，煮沸后 97% 被破坏。

（8）泛酸 牛乳中泛酸的含量为 350μg/100mL，在生物组织体内，泛酸几乎全部构成辅酶 A。

2.5.2.6 乳中的酶类

牛乳中酶类来源于乳腺分泌，挤乳后由于微生物代谢生成和由于白细胞崩坏而生成。牛乳中的酶种类很多，但与乳品生产有关系的主要为水解酶类和氧化还原酶类两大类。

1. 水解酶类

（1）脂酶 牛乳中的脂酶（lipase）至少有两种，其一是附在脂肪球膜间的膜脂酶（membrane lipase），但常乳中不常见，而在末乳、乳腺炎乳及其他一些生理异常乳中常出现。另一种是存在于脱脂乳中与酪蛋白相结合的乳浆脂酶（plasma lipase），通过均质、搅拌、加温等处理被激活，并吸附于脂肪球上，从而促使脂肪分解。

脂酶的相对分子质量一般为 7000～8000，最适作用温度为 37℃，最适 pH 为 9.0～9.2，钝化温度至少 80～85℃。钝化温度与脂酶的来源有关。来源于微生物的脂酶耐热性高，已经钝化的酶尚有恢复活力的可能。乳脂肪在脂酶的作用下水解产生游离脂肪酸，从而使牛乳带上脂肪分解的酸败气味（acid flavor），这是乳制品，特别是奶油生产上常见的缺陷。为了抑制脂酶的活性，在奶油生产中，一般采用不低于 80～85℃的高温或超高温处理。另外，加工工艺也能使脂酶活性增加或增加其作用的机会。如均质处理，由于脂肪球膜被破坏，增加了脂酶与乳脂肪的接触面，使乳脂肪更易水解，故均质后应及时进行杀菌处理。其次，牛乳多次通过乳泵或在牛乳中通入空气剧烈搅拌，同样也会使脂酶的活力增加，导致牛乳风味变劣。

（2）磷酸酶 牛乳中的磷酸酶（phosphatase）有两种，一种是酸性磷酸酶（ACP），存在于乳清中；另一种为碱性磷酸酶（ALP），吸附于脂肪球膜处。碱性磷酸酶在牛乳中较重要。碱性磷酸酶的最适 pH 为 7.6～7.8，经 63℃、30min 或 71～75℃、15～30s 加热后可钝化，故可以利用这种性质来检验低温巴氏杀菌法处理的消毒牛乳的杀菌程度是否完全。目前测定碱性磷酸酶的常见方法有比色法、荧光法、发光法、电化学法。但是这些方法测定碱性磷酸酶活性时可能会出现假阳性现象，出现假阳性现象的原因可能是：乳中污染的微生物产生碱性磷酸酶；乳中碱性磷酸酶发生复性；乳中含有干扰物质，尤其是比色测定时，一些杀虫剂如杀灭威和胺甲萘、抗生素如青霉素和土霉素的存在会使结果产生假阳性；有些杀虫剂的存在如磷铵或抗生素链霉素、红霉素、新霉素的存在会使结果产生假阴性。

近年发现，牛乳经 80～180℃以下瞬间加热杀菌，已使碱性磷酸酶钝化，但若是在 5～40℃放置后，已钝化的碱性磷酸酶又能重新活化。这是由于牛乳中含有可渗析的对热不稳定的抑制因子，和不能渗析的对热稳定的活化因子。牛乳经 63℃、30min 或 71～75℃、15～30s 加热后，抑制因子不会被破坏，所以能抑制残存磷酸酶的活力。在 80～180℃加热时，抑制因子遭到破坏，而对热稳定的活化因子则不受影响，从而使磷酸酶重新活化。故高温短时杀菌处理的消毒牛乳装瓶后应立即在 4℃条件下冷藏。

（3）淀粉酶 牛乳中存在的是 α-淀粉酶，这种酶在初乳和乳腺炎乳中多见。α-淀粉酶的最适 pH 为 7.4，最适温度为 30～34℃，在 65～68℃经 30min 加热可将其钝化。而钙和氯可使其活化。淀粉酶可将淀粉分解为糊精。

（4）蛋白酶 牛乳中的蛋白酶存在于 α-酪蛋白中，最适 pH 为 9.2，80℃、10min 可使其钝化，但灭菌乳在贮藏过程中蛋白酶有恢复活性的可能。灭菌乳中的蛋白酶在贮藏过程中复活，对 β-酪蛋白有特异作用。细菌性的蛋白酶使蛋白质水解后形成蛋白胨、多肽及氨基酸，是奶酪成熟的主要因素。蛋白酶多属细菌性酶，其中由乳酸菌形成的蛋白酶在乳中，特别是在奶酪加工中具有非常重要的意义。在奶酪成熟时，奶酪中的蛋白质主要靠奶酪中微生物群落分泌的酶分解。乳酸菌，特别是 Bact、Casei 能分泌使乳蛋白质分解的酶，这种酶大部分形成于细菌体内，当细菌细胞衰亡及自溶之后才转入周围环境。

蛋白酶在高于 75~80℃ 的温度中即被破坏。在 70℃ 以下时可以稳定地忍耐长时间的加热；在 37~42℃ 时，这种酶在弱碱性环境中的作用最大，中性及酸性环境中减弱。

（5）乳糖酶　乳糖酶对乳糖分解成葡萄糖和半乳糖具有催化作用。在 pH5.0~7.5 时反应较弱。一些成人和婴儿由于缺乏乳糖酶，往往产生对乳糖吸收不完全的症状，从而引起腹泻、呕吐、腹胀。服用乳糖酶具有缓解乳糖不耐症症状的效果。

2. 氧化还原酶

氧化还原酶主要是过氧化氢酶、过氧化物酶和还原酶。

（1）过氧化氢酶　牛乳中的过氧化氢酶（catalase）主要来自白细胞的细胞成分，特别在初乳和乳腺炎乳中含量较多。所以，利用对过氧化氢酶的测定可判定牛乳是否为异常乳或乳腺炎乳。过氧化氢酶可促使过氧化氢分解为水和氧气，其作用最适 pH 为 7.0，最适温度为 37℃，经 65℃、30min 加热，过氧化氢酶的 95% 会钝化；经 75℃、20min 加热，则 100% 钝化。过氧化氢酶的活性发生在加热产品的冷冻贮藏过程中，可能是因为巴氏杀菌时存在活的或巴氏杀菌后污染的微生物释放了过氧化氢酶的缘故，因此巴氏杀菌乳中过氧化氢酶活性可以作为加工 25h 内微生物的生长指标。

（2）过氧化物酶　过氧化物酶（peroxidase）存在于多种哺乳动物的乳汁中，能促使过氧化氢分解产生活泼的新生态氧，具有抑菌活性；使乳中的多元酚、芳香胺及某些化合物氧化。过氧化物酶主要来自于白细胞的细胞成分，其数量与细菌无关，是乳中原有的酶，它在乳中的含量受乳牛的品种、饲料、季节、泌乳期等因素影响。

过氧化物酶作用的最适温度为 25℃，最适 pH 是 6.8，钝化温度和时间大约为 76℃、20min；77~78℃、5min；85℃、10s。通过测定过氧化物酶的活性可以判断牛乳是否经过热处理或判断热处理的程度。但经过 85℃、10s 处理后的牛乳，若在 20℃ 贮藏 24h 或 37℃ 贮藏 4h，会发现已钝化的过氧化物酶重新活化的现象。

（3）还原酶　上述几种酶是牛乳中固有的酶，而还原酶（reductase）则是挤乳后进入乳中的微生物的代谢产物。还原酶能使甲基蓝还原为无色。乳中的还原酶的量与微生物的污染程度成正比，因此可通过测定还原酶的活力来判断牛乳的新鲜程度。乳中的各种酶类的钝化所需的加热温度-时间关系见图 2.5-3。

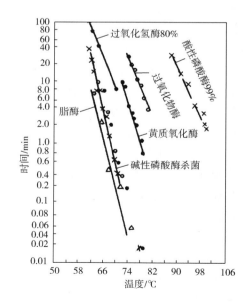

图 2.5-3　乳中酶类钝化所需之加热温度-时间关系

①如为刃天青试验时，则称取 11mg 刃天青色素；②天青试验时可按下列变色阶段分类：青→紫→紫红→红→白

2.5.2.7 乳中的生物活性物质

1. 免疫球蛋白

免疫球蛋白是一类具有抗体活性或化学结构与抗体相似的球蛋白（Immunoglobulin，简称为 Ig）。奶牛中含有免疫球蛋白 IgG_1、IgG_2、IgG_M 和 IgG_A，特别是初乳中含有非常丰富的球蛋白和清蛋白，可以增强抵抗疾病的能力。但初乳中 α-乳白蛋白、β-乳球蛋白和血清白蛋白等都是热敏性的生物活性物质，其变性温度在 $60\sim72℃$，故初乳不适宜与常乳混合生产乳制品，应单独进行加工。

初乳的化学成分变化如表 2.5-8 所示。

表 2.5-8 乳牛初乳成分的逐日变化情况

产犊后时间/d	1	2	3	4	5	8	10
干物质	24.58	22.00	14.55	12.76	13.02	12.48	12.53
脂　肪	5.40	5.00	4.10	3.40	4.60	3.30	3.40
酪蛋白	2.68	3.65	2.22	2.88	2.47	2.67	2.61
清蛋白及球蛋白	12.40	8.14	3.02	2.88	0.97	0.58	0.69
乳糖	3.31	3.77	3.77	4.46	3.88	4.89	4.74
灰分	1.20	0.93	0.82	0.85	0.81	0.80	0.79

2. 乳铁蛋白

人乳和牛乳中含有两种铁结合蛋白：即转铁蛋白和乳铁蛋白。乳铁蛋白（lactoferrin，Lf）和转铁蛋白（transferrin，Tf）是初乳形成阶段、泌乳期、干乳期和患乳腺炎期间乳牛乳腺体分泌物中主要的糖蛋白。

乳铁蛋白的相对分子质量是 77000 ± 2000，它是一种铁结合糖蛋白，1 分子乳铁蛋白能结合两个铁离子，含 $15\sim16$ 个甘露糖，$5\sim6$ 个半乳糖，$10\sim11$ 个乙酰葡萄糖胺，其中中性糖 8.5%，牛乳铁蛋白的等电点为 8，比人乳铁蛋白高 2 个 pH 单位，它的氨基酸中谷氨酸、天冬氨酸、亮氨酸和丙氨酸含量较高，除少量半胱氨酸外，几乎不含其他含硫氨基酸，其 N 端为丙氨酸由单一肽链构成。乳清乳铁蛋白和初乳乳铁蛋白有相同的性质，其主体呈无柄银杏叶并列状结构，铁离子结合在两叶的切入部位，铁离子间 $2.8\sim4.3nm$，椭圆形叶的大小为 $5.5nm\times3.5nm\times3.5nm$。乳铁蛋白由乳腺中合成，分娩后乳腺合成乳铁蛋白的能力减弱，故其含量在分娩几天后迅速下降，转铁蛋白是由血清中转移而来。现已证明乳铁蛋白有两种分子形态，相对分子质量为 86000 和 82000，其主要差别在于它们所含糖类的不同，经溴化氰切断和脱糖化实验证实乳铁蛋白是以复相分子形式存在，它们的生理功能差别尚不清楚。

3. 生物活性肽

乳蛋白质除了作为重要的蛋白源之外，还是许多生物活性肽的来源。

（1）脯氨酸多肽 脯氨酸多肽（proline-rich polypeptide，PRP）富含脯氨酸肽（22%）而得名。具有免疫调节功能、增加皮肤脉管的渗透性、在鼠实验中诱导胸腺细胞成熟、转化成具有促进或抑制成熟功能的细胞。重要的是脯氨酸多肽经过胰凝乳蛋白酶水解，产生小肽片段，具有与脯氨酸多肽类似的生物活性。这样，脯氨酸多肽在体内降解后仍可发挥免疫调节等生物功能。

（2）吗啡样活性肽 吗啡样活性肽（opioid peptide）来自酪蛋白的吗啡样活性肽与吗啡一样，具有镇静、催眠、抑制呼吸、调节胃蠕动、调节免疫系统的作用。

（3）抗增压素 抗增压素（antihypertensive peptide）是从乳蛋白质中分离出的具有抑制血管紧张肽 I 转换酶（angiotensin I -converting enzyme，ACE）活性的肽，从而可降低血压。

（4）免疫调节肽（immunomodulating peptide） 乳蛋白质进入婴儿消化道后，被酶消化会产生一些具有生物活性的肽，其中是一些具有免疫刺激作用的肽。

（5）抗血栓肽（antithrombotic peptide） 牛乳中的 κ -酪蛋白与人血纤维蛋白原（fibrinogen） γ -链在结构上具有相似性。在血小板凝集过程中，血纤维蛋白原分子上有两个结合位点，一个为血纤维蛋白 γ -链的 C-末端序列；另一个（或两个）为血纤维蛋白原 α -链上 572~575 或 95~98 氨基酸序列的四肽，这些肽可抑制血小板的凝集和血纤维蛋白原结合到 ADP 激活的血小板上。

（6）酪蛋白磷酸肽（phosphopeptide） 乳中酪蛋白胶粒结构的组合使哺乳动物乳腺细胞能够分泌高浓度的蛋白质、钙、磷溶液（乳汁），其中在亚胶粒之间存在着酪蛋白磷酸肽，结果酪蛋白中大量的磷酸丝氨酸残基能够结合二价金属离子，如 Ca^{2+}、Zn^{2+}、Cu^{2+} 和 Fe^{2+}。酪蛋白磷酸肽可与 Ca^{2+} 结合形成可溶性复合物，增加了可溶性钙的浓度，防止在中性到偏碱性的小肠环境内不溶性磷酸钙的沉淀。酪蛋白磷酸三肽除可以促进 Ca^{2+} 的吸收外，还可与微量元素如 Fe、Mn、Cu 和 Se 形成有机磷酸盐，作为矿物质元素的载体。

（7）抗菌肽（antibacterial peptide） 牛乳铁蛋白在酸性条件下加热产生的水解物（肽）具有抗菌活性，这一活性的最佳水解度约为 10%（pH2.0，在 120℃ 加热 15min 水解）。但这些水解物没有结合铁的能力，抗原性较低（约为 $1×10^{-6}$），且在富含铁的基质中也能很好地保持活性，其抗菌活性与铁的螯合无关，因此其抗菌机理不同于乳铁蛋白。具有抗菌活性的肽可作为食品的天然防腐剂，也可作为新一代疗效性食品的功能组分，或用于胃肠疾病的治疗。

（8）抗癌细胞肽（anticancer peptide） 乳酸菌胞外蛋白酶会分解乳蛋白产生一些活性物质，如 Ruth 等利用体外细胞培养模型发现，酸奶发酵剂对酪蛋白分解产生的肽类物质会影响直肠细胞生长的动力学，因此经常饮用发酵乳的人群直肠癌及其他癌症发病率较低。

4. 生物活性酶类

乳中的大部分酶对乳自身并无作用，只有少部分起作用，但母乳中的酶对乳腺和婴儿的营养素的消化吸收或转移、胃肠功能以及对感染的防御功能等方面有一定的关系，由一些具有特殊生理功能的酶类成为生物活性酶。

（1）乳过氧化物酶 乳过氧化物酶（lactoperoxidase，LP）是一种糖蛋白，相对分子质量为 78000，含有一个血红素基团，铁含量为 0.068%~0.071%，碳水化合物含量为 9.9%~10.2%。

乳过氧化物酶与 H_2O_2、SCN^- 共同组成了具有抑菌和杀菌作用乳过氧化物酶体系。乳过氧化物酶体系对许多细菌都可产生影响，对各种类型的哺乳动物没有任何的毒性作用。乳过氧化物酶体系在乳腺中可以防止 H_2O_2 等过氧化物的积累，从而避免了过氧化物引起的细胞损伤，起到保护乳腺细胞的作用。

（2）溶菌酶 溶菌酶（lysozyme，Lz）又称胞壁质酶或 N-乙酰胞壁水解酶，催化细菌细胞壁肽聚糖中 N-乙酰葡萄糖胺与 N-乙酰胞壁酸之间的 β-1,4 糖苷键。作为乳中抗菌体系的一个成分，可以影响新生儿肠道菌群组成。溶菌酶和乳过氧化物酶以及乳铁蛋白在抗菌时有协同作用。溶菌酶也可以通过对白细胞起作用而提高机体的免疫力，可以抑制孢子和其他植物性细胞（vegetative cell）的生长。一般来说人乳和牛乳中，前初乳和初乳中溶菌酶的活性高于对应常乳的活性，牛乳中，溶菌酶活性随着体细胞数目增加而升高；乳腺炎乳也有较高的溶菌酶。

（3）超氧化物歧化酶　超氧化物歧化酶（superoxidedismutase，SOD）为一种金属酶，牛乳中的超氧化物歧化酶存在于乳清中，含有 Cu^{2+} 和 Zn^{2+}，其相对分子质量、层析性质、电泳性质与红细胞中的超氧化物歧化酶相似，可催化超氧离子自由基发生歧化反应，生成 O_2 和 H_2O，具有维持生物体内超氧离子自由基的产生和消除自由基的作用，可以防御自由基引起的细胞损伤，延长细胞寿命，还可以增强机体抗辐射损伤的能力。

（4）巯基氧化酶　在乳中巯基氧化酶（SOX）位于脱脂乳中的膜物质中，在乳腺组织中，巯基氧化酶与浆膜成分紧密连接。巯基氧化酶可催化巯基的氧化反应产生二硫键，其作用底物可以是小分子的巯基化合物。也可以是大分子含巯基蛋白。在有氧存在时，该酶对谷胱甘肽的亲和力大，可将还原型谷胱甘肽转变为氧化型谷胱甘肽。此外，巯基氧化酶还可以氧化还原型核酸酶。巯基氧化酶对含—S—S—蛋白的产生以及其四级结构的维持起非常关键的作用。因此，乳中的巯基氧化酶可维持乳中活性蛋白（包括免疫球蛋白等）的结构和功能的完整性。

2.5.2.8 乳中的其他成分

除上述成分外，乳中尚有少量的有机酸、气体、色素、免疫体、细胞成分、风味成分及激素等。

1. 有机酸

乳中的有机酸主要是柠檬酸，此外还有微量的乳酸、丙酮酸及马尿酸等。在酸败乳及发酵乳中，在乳酸菌的作用下，马尿酸可转化为苯甲酸。

乳中柠檬酸的含量 0.07%~0.40%，平均为 0.18%，以盐类状态存在。除了酪蛋白胶粒成分中的柠檬酸盐外，还存在有分子、离子状态的柠檬酸盐，主要为柠檬酸钙。柠檬酸对乳的盐类平衡及乳在加热、冷冻过程中的稳定性均起重要作用。同时，柠檬酸还是乳制品的芳香成分丁二酮的前体。

2. 气体

气体主要为 CO_2、O_2 和 N_2 等。牛乳中的气体在乳房中即已含有，其中 CO_2、O_2 最少。在挤乳及贮藏过程中，CO_2 由于逸出而减少，而 O_2、N_2 则因与大气接触而增多。牛乳中氧的存在会导致维生素的氧化和脂肪的变质，所以牛乳在输送、贮藏处理过程中应尽量在密闭的容器内进行。

3. 细胞成分

乳中所含的细胞成分主要是白细胞和一些乳房分泌组织的上皮细胞，也有少量红细胞。牛乳中的细胞数含量多少是衡量乳房健康状况及牛乳卫生质量的标志之一。一般正常乳中细胞数不超过 50 万个/mL，平均 26 万个/mL。

2.5.3 乳的物理性质

2.5.3.1 乳的色泽及光学性质

新鲜正常的牛乳呈不透明的乳白色或稍带淡黄色。乳白色是乳的基本色调，这是由于乳中的酪蛋白酸钙-磷酸钙胶粒及脂肪球等微粒对光的不规则反射的结果。均质可以使乳更白，其原因也是因均质使颗粒更小，更均一，而增强了光的散射缘故。牛乳中的脂溶性胡萝卜素和叶黄素使乳略带淡黄色。而水溶性的核黄素使乳清呈荧光性黄绿色。

牛乳的折射率由于有溶质的存在而比水的折射率大，但全乳在脂肪球的不规则反射影响下，不易正确测定。由脱脂乳测得的较准确的折射率为 $n_D^{20} = 1.344 \sim 1.348$，此值与乳固体的含量有比例关系，以此可判定牛乳是否掺水。

2.5.3.2 乳的热学性质

牛乳的热学性质主要有冰点、沸点和比热。由于有溶质的影响，乳的冰点比水低而沸点比水高。

1. 冰点

牛乳的冰点为 $-0.565 \sim -0.525℃$，平均为 $-0.540℃$。牛乳中的乳糖和盐类是导致冰点下降的主要因素。正常的牛乳其乳糖及盐类的含量变化很小，所以冰点很稳定。如果在牛乳中掺 10% 的水，其冰点约上升 0.054℃。若乳的冰点为 $-0.540℃$ 或低于该值，通常被认为是不掺水的。可根据冰点变动用下式来推算掺水量：

$$X = \frac{T - T_1}{T} \times 100$$

式中　X——掺水量，%

　　　T——正常乳的冰点

　　　T_1——被检乳的冰点

如果以质量分数计算加水量，则按下式计算：

$$W = \frac{T - T_1}{T_1} \times (100 - TS)$$

式中　TS——被检乳的乳固体

　　　W——以重量计的掺水量

酸败的牛乳其冰点会降低，所以测定冰点要求牛乳的酸度在 20°T 以内。

2. 沸点

牛乳的沸点在 101kPa 下为 100.55℃，乳的沸点受其固形物含量影响，通常其变化范围为 100~101℃。浓缩过程中沸点上升，浓缩到原体积一半时，沸点上升到 101.05℃。

3. 比热

牛乳的比热容为其所含各成分之比热的总和。牛乳中主要成分的比热容为 kJ/（kg·K）乳蛋白 2.09、乳脂肪 2.09、乳糖 1.25、盐类 2.93，由此计算得牛乳的比热容大约为 3.89kJ/（kg·K）。表 2.5-9 为乳和乳制品的比热容。

表 2.5-9　　　　　　　　　　　乳和乳制品的比热

种　类	脂肪含量	比热容/［kJ/（kg·K）］		
		15~18℃	32~35℃	40~35℃
脱脂乳	—	3.961	3.915	3.885
全脂乳	3.5	3.940	3.877	3.839

续表

种　类	脂肪含量	比热容/［kJ/（kg·K）］		
		15~18℃	32~35℃	40~35℃
稀奶油	18	4.321	3.789	3.609
稀奶油	25	4.639	3.743	3.442
稀奶油	33	4.756	3.563	3.236
稀奶油	40	4.802	3.408	3.014

2.5.3.3　乳的滋味与气味

乳中含有挥发性脂肪酸及其他挥发性物质，所以牛乳带有特殊的香味。牛乳除了原有的香味之外很容易吸收外界的各种气味。所以挤出的牛乳如在牛舍中放置时间太久即带有牛粪味或饲料味，与鱼虾类放在一起则带有鱼腥味。贮藏器不良时则产生金属味。消毒温度过高则产生焦糖味。美国的试验表明，异味中88.4%为饲料味、12.7%为涩味、11.0%为牛体味。总之，乳的气味易受外界因素的影响，所以每一个处理过程都必须注意周围环境的清洁以及各种因素的影响。

新鲜纯净的乳稍带甜味，这是由于乳中含有乳糖的缘故。乳中除甜味外，因其中含有氯离子，所以稍带咸味。常乳中的咸味因受乳糖、脂肪、蛋白质等所调和而不易觉察，但异常乳，如乳腺炎乳，氯的含量较高，故有浓厚的咸味。

2.5.3.4　乳的酸度和氢离子浓度

乳蛋白分子中含有较多的酸性氨基酸和自由的羧基，而且受磷酸盐等酸性物质的影响，故乳偏酸性。刚挤出的新生乳的酸度称为固有酸度或自然酸度。若以乳酸百分率计，牛乳自然酸度为0.15%~0.18%。挤出后的乳在微生物的作用下发生乳酸发酵，导致乳的酸度逐渐升高。由于发酵产酸而升高的这部分酸度称为发酵酸度或发生酸度。固有酸度和发酵酸度之和称为总酸度。一般情况下，乳品工业所测定的酸度就是总酸度。

乳品工业中的酸度是指以标准碱液用滴定法测定的滴定酸度。GB 5009.239—2016《食品安全国家标准　食品酸度的测定》对生乳及乳制品酸度的测定方法做了规定。滴定酸度也有多种测定方法及其表示形式。我国滴定酸度用吉尔涅尔度简称"°T"（TepHep度）或乳酸百分率（乳酸%）来表示。

1. 吉尔涅尔度（°T）

取10mL牛乳，用20mL蒸馏水稀释，加入0.5%的酚酞（变色pH为8.3）指示剂0.5mL，以0.1mol/L氢氧化钠溶液滴定，将所消耗的NaOH毫升数乘以10，即为中和100mL牛乳所需的0.1mol/L氢氧化钠毫升数，消耗1mL为1°T，也称1度。

正常牛乳的酸度为16~18°T。这种酸度与贮藏过程中因微生物繁殖所产生的乳酸无关。自然酸度主要由乳中的蛋白质、柠檬酸盐、磷酸盐及CO_2等酸性物质所构成。如新鲜的牛乳自然酸度为12~18°T，其中3~4°T来源于蛋白质，约2°T来源于CO_2，10~12°T来源于磷酸盐和柠檬酸盐。

2. 乳酸度（乳酸%）

用乳酸量表示酸度时，按上述方法测定后用下式计算：

$$乳酸度 = \frac{0.1mol/L\ NaOH\ 毫升数 \times 0.009}{供试牛乳质量（乳样毫升数 \times 相对密度，g）} \times 100\%$$

正常牛乳的乳酸度为 0.15%～0.17%。此法为日本、美国采用，但美国用 9g 牛乳代替 10mL 牛乳。

德国用苏克斯列特格恩克尔度（°SH）表示，其滴定方法与°T 度相同，只是所用的 NaOH 的浓度不一样，°SH 度所用的 NaOH 溶液为 0.25mol/L，乳酸（%）= 0.0225×°SH。

法国用道尔尼克度（°D）表示。取 10mL 牛乳不稀释，加 1 滴 1%酚酞的酒精溶液指示剂，用 1/9mol/L 氢氧化钠液滴定，其毫升数的 1/10 为 1°D。

荷兰用荷兰标准法（°N）表示。取 10mL 牛乳，不稀释，用 0.1mol/L 氢氧化钠溶液滴定，其毫升数的 1/10 为 1°N。

以上讨论的是牛乳的滴定酸度，若从酸的含义出发，酸度可用氢离子浓度指数（pH）表示。pH 为离子酸度或活性酸度。正常新鲜牛乳的 pH 为 6.4～6.8，一般酸败乳或初乳的 pH 在 6.4 以下，乳腺炎乳或低酸度乳 pH 在 6.8 以上。

活性酸度（pH）反映了乳中处于电离状态的所谓的活性氢离子的浓度，但测定滴淀酸度时，氢氧离子不仅和活性氢离子相作用，而且也和潜在的，也就是在滴定过程中电离出来的氢离子相作用。乳挤出后，在存放过程中由于微生物的作用，使乳糖水解为乳酸。乳酸是一种电离度小的弱酸，而且乳是一个缓冲体系，蛋白质、磷酸盐、柠檬酸盐等物质具有缓冲作用，可使乳酸保持相对稳定的活性氢离子浓度。所以在一定范围内，虽然产生了乳酸，但乳的 pH 并不相应地发生明显的变动。测定滴定酸度时，则按质量作用定律，随着碱液的滴加，乳酸也继续电离，由乳酸带来的活性的和潜在的氢离子均陆续与氢氧离子发生中和反应，所以滴定酸度可以及时反映出乳酸产生的程度，而 pH 则不呈现规律性的关系，因此生产中广泛地采用测定滴定酸度来间接掌握乳的新鲜度。乳酸度越高，乳对热的稳定性就越低。

2.5.3.5　乳的电学性质

1. 电导率

乳中含有电解质而能传导电流。牛乳的电导率与其成分，特别是氯根和乳糖的含量有关。正常牛乳在 25℃ 时，电导率为 0.004～0.005S（西门子）。乳腺炎乳中 Na$^+$、Cl$^-$ 等离子增多，电导率上升。一般电导率超过 0.06S 即可认为是病牛乳。故可应用电导率的测定进行乳腺炎乳的快速鉴定。

2. 氧化还原电势

乳中含有很多具有氧化还原作用的物质，如维生素 B$_2$、维生素 C、维生素 E、酶类、溶解态氧、微生物代谢产物等。25℃，乳与空气相平衡，且 pH 为 6.6～6.7 时，牛乳的氧化还原电势（Eh）为 +0.23～+0.25V。乳经过加热则产生还原性的产物而使氧化还原电势降低，Cu^{2+} 存在可使 Eh 增高。牛乳如果受到微生物污染，随着氧的消耗和还原性代谢产物的产生，可使其氧化还原电势降低，当与甲基蓝、刃天青等氧化还原指示剂共存时可显示其褪色，此原理可应用于微生物污染程度的检验。

2.5.3.6　乳的相对密度和密度

乳的相对密度是在 15℃ 时一定体积牛乳的质量与同体积同温度水的质量比。正常乳的相对密度平均为 $d_{15}^{15} = 1.032$；乳的密度指乳在 20℃ 时的质量与同体积水在 4℃ 时的质量之比。正常乳的密度平均为 $d_{20}^{4} = 1.030$。乳的相对密度和密度在同温度下其绝对值相差甚微，因乳的密度较相对密度小 0.0019，乳品生产中常以 0.002 的差数进行换算。

乳的密度在挤乳后 1h 内最低，其后逐渐上升，最后可升高 0.001 左右，这是由于气体的逸散、蛋白质的水合作用及脂肪的凝固使容积发生变化的结果。故不宜在挤乳后立即测试相对密度。乳的相对密度与乳中所含的乳固体含量有关。乳中各种成分的含量大体是稳定的，其中乳脂肪含量变化最大。如果脂肪含量已知，只要测定相对密度，就可以按下式计算出乳固体的近似值：

$$T = 1.2F + 0.25L + C$$

式中　T——乳固体，%

　　　F——脂肪，%

　　　L——牛乳相对密度计的读数

　　　C——校正系数，约为 0.14

为了使计算结果与各地乳质相适应，C 值需经大量试验数据取得。

2.5.3.7　乳的黏度与表面张力

牛乳大致可认为属于牛顿流体，正常乳的黏度为 0.0015~0.002Pa·s。牛乳的黏度随温度升高而降低。在乳的成分中，脂肪及蛋白质对黏度的影响最显著。随着含脂率的增高，牛乳的黏度也增高。当含脂率一定时，随着乳固体的含量增高，黏度也增高。初乳、末乳的黏度都比正常乳高。在加工中，黏度受脱脂、杀菌、均质等操作的影响。

黏度在乳品加工上有重要意义。如在浓缩乳制品方面，黏度过高或过低都不是正常情况。以甜炼乳而论，黏度过低则可能发生分离或糖沉淀，黏度过高则可能发生浓厚化。贮藏中的淡炼乳，如黏度过高则可能产生矿物质的沉积或形成冻胶体（即网状结构）。此外，在生产乳粉时，如黏度过高可能妨碍喷雾，产生雾化不完全及水分蒸发不良等现象。

牛乳的表面张力与牛乳的起泡性、乳浊状态、微生物的生长发育、热处理、均质作用及风味等有密切关系。测定表面张力的目的是为了鉴别乳中是否混有其他添加物。

牛乳表面张力在 20℃ 时为 0.04~0.06N/cm。牛乳的表面张力随温度的上升而降低，随含脂率的减少而增大。牛乳经均质处理，则脂肪球表面积增大，由于表面活性物质吸附于脂肪球界面处，从而增加了表面张力。但如果不将脂酶先经热处理而使其钝化，均质处理会使脂肪酶活性增加，使乳脂水解生成游离脂肪酸，使表面张力降低，而表面张力与乳的泡味性有关。加工冰淇淋或搅打发泡稀奶油时希望有浓厚而稳定的泡沫形成，但运送、净化、稀奶油分离、杀菌时则不希望形成泡沫。

2.5.4　异　常　乳

2.5.4.1　异常乳的概念

正常乳的成分和性质基本稳定。当乳牛受到饲养管理、疾病、气温以及其他各种因素的影响时，乳的成分和性质往往发生变化，这时与常乳的性质有所不同，也不适于加工优质的产品，这种乳称作异常乳（abnormal milk）。异常乳的性质与常乳有所不同，但常乳与异常乳之间并无明显区别。一般将不适合作饮用的乳（市乳）或不适合用作生产乳制品的乳都称作异常乳，包括初乳、末乳、盐类不平衡乳、低成分乳、细菌污染乳、乳腺炎乳、异物混入乳等。

2.5.4.2　异常乳的种类和性质

一般情况下，异常乳可分下列几种：

1. 生理异常乳

（1）营养不良乳　饲料不足、营养不良的乳牛所产的乳对皱胃酶几乎不凝固，所以这种乳不能制造奶酪。当喂以充足的饲料，加强营养之后，牛乳即可恢复正常，对皱胃酶即可凝固。

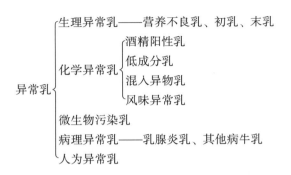

（2）初乳　乳牛分娩后最初 3～5d 所产的乳称为初乳。初乳色黄而浓稠，稍有咸味和臭味，黏度大，煮沸时易凝固。初乳中各种成分的含量与常乳相差悬殊。脂肪、蛋白质，特别是乳清蛋白质含量高，乳糖含量低，灰分和维生素含量一般也较常乳高。

初乳中含有初乳球，可能是脱落的上皮细胞，也许是白细胞吸附于脂肪球而形成的，在产犊后 2～3 周消失。初乳中还含有大量的抗体、非常丰富的球蛋白和清蛋白。摄食初乳后，这些蛋白能透过初生仔畜的肠壁而被吸收入血液，有利于迅速增加幼畜的血浆蛋白。初乳中含有大量的免疫体及白细胞、酶、维生素、溶菌素等。由于各种家畜的胎盘不能转送抗体，新生幼畜主要依赖初乳内丰富的抗体或免疫球蛋白（γ 球蛋白）形成机体的被动免疫性，以增强幼畜抵抗疾病的能力，直至幼畜的免疫系统建立。初乳中 α-乳白蛋白、β-乳球蛋白和血清白蛋白等都是热敏性的生物活性物质，其变性温度在 60～72℃，故初乳不适宜与常乳混合生产乳制品，应单独进行加工。牛初乳一般采用低温方式杀菌和干燥，可采用低温热杀菌、辐照、超滤或脉冲磁场以及冷冻干燥或低温喷雾干燥。牛初乳可加工成牛初乳粉、巴氏杀菌初乳、发酵牛初乳、含有牛初乳的冰淇淋等产品。此外还可以采用超滤、硫酸铵沉淀及离子交换等方法对初乳免疫球蛋白进行分离提取和浓缩。

初乳中维生素 A 和维生素 C 含量比常乳多 10 倍，维生素 D 含量多 3 倍，维生素 B_2 在初乳中有时较常乳中含量高出 3～4 倍，烟酸在初乳中含量也比常乳高。初乳中含有较多的无机盐，其中特别富含镁盐。镁盐的轻泻作用能促进肠道排除胎粪。初乳中含铁量为常乳的 3～5 倍，铜含量约为常乳的 6 倍。

由于初乳的化学成分和物理性质与常乳差异较大，酸度高，对热稳定性差，遇热易形成凝块，所以初乳不能作为乳制品的加工原料。但初乳具有丰富的营养价值，尤其是含有大量的免疫球蛋白，能给予牛犊抵抗疾病的能力。初乳及常乳化学成分及性质比较见表 2.5-10。

牛初乳产品具有免疫支持、消化道支持、抗感染特性和组织修复等功能，牛初乳在许多国家已经成为注册的膳食补充品（片剂、胶囊、粉剂等）、宠物营养等。

（3）末乳　乳牛泌乳期结束前 1 周所分泌的乳称为末乳，一般指产犊 8 个月以后泌乳量显著减少，1d 的泌乳量在 0.5kg 以下者，其乳的化学成分有显著异常。当 1d 的泌乳量在 2.5～3.0kg 以下时乳中细菌数及过氧化氢酶含量增加，酸度降低。泌乳末期乳 pH 达 7.0，细菌数达

250万/mL，氯离子浓度为0.16%左右，这种乳不适于作为乳制品的原料乳。

表2.5-10　　　　　　　　　　　　初乳与常乳成分及性质比较

项目 泌乳时间	蛋白质/%		脂肪 含量/%	乳糖 含量/%	灰分 含量/%	相对 密度	冰点/ ℃	酸度/ pH	煮沸凝固 情况
	酪蛋白	乳清蛋白							
最初	5.08	11.34	5.1	2.19	1.01	1.067	−0.605		+
6h	3.51	6.3	6.85	2.71	0.91	1.044	−0.555		+
12h	3.0	2.96	3.8	3.71	0.89	1.037	−0.565		+
24h	2.76	1.48	3.4	3.98	0.86	1.034	−0.575	<6.5	+
1d	2.63	0.99	2.8	3.97	0.83	1.032	−0.580		−
4d	2.68	0.82	2.8	4.72	0.83	1.034	−0.555		−
7d	2.42	0.69	3.45	4.96	0.84	1.032	−0.570	6.5~6.7	−
常乳	2.75	0.65	3.6	4.65	0.73	1.032	−0.54		−

2. 化学异常乳

由于乳的化学性质发生变化而形成的乳称为化学异常乳。

（1）酒精阳性乳　乳品厂检验原料乳时，一般先用68%或70%的中性酒精进行检验，凡产生絮状凝块的乳称为酒精阳性乳。又分为高酸度酒精阳性乳、低酸度酒精阳性乳及冷冻乳。

①高酸度酒精阳性：由于挤乳、收乳等过程中，既不按卫生要求进行操作，又不及时进行冷却，使乳中微生物迅速繁殖，产生乳酸和其他有机酸，导致乳的酸度提高而呈酒精试验阳性。一般酸度达24°T以上的乳酒精检验时均呈阳性。所以要注意挤乳时的卫生并将挤出鲜乳保存在适当的温度下，防止微生物污染繁殖。

②低酸度酒精阳性乳：指乳滴定酸度在11~18°T，加70%等量酒精可产生细小凝块的乳，这种乳加热后不产生凝固，其特征是乳刚刚挤出后即呈酒精阳性。低酸度酒精阳性乳在成分上与常乳相比，其酪蛋白、乳糖、无机磷酸等含量比常乳低，乳清蛋白、钠、氯、钙含量高。

酒精阳性乳的酸度低于常乳，在100℃加热时，其表现与常乳基本相似，但在130℃加热时，则比常乳易于凝固。这种乳在用片式杀菌器进行超高温杀菌时，会在加热片上形成乳石，用它加工的乳粉溶解度也较低。

③冷冻乳：鲜乳受冬季气候和运输的影响，产生冻结现象，导致乳中一部分酪蛋白变性。同时，在处理时因温度和时间的影响，酸度相应升高，而产生酒精阳性乳。此种乳称为冷冻乳。但这种酒精阳性乳的耐热性要比由其他原因的酒精阳性乳高。

（2）低成分乳　有时因为饲养管理及榨乳、收纳、贮藏等环节控制不当，造成乳成分低于正常值。遗传因素对乳成分的影响较大，选育和改良乳牛品种对提高原料乳的质量尤为重要。一般在夏、秋青草丰富的季节，乳的产量提高，非脂肪固体含量高，但乳脂率低，而在冬季舍饲期，乳脂率含量高，非脂乳固体含量低。其原因主要是青草的营养价值高，同时青草中带一定的发情激素对乳分泌也有影响。其次是饲料营养价值的影响，优质的牧草及适当的热能是保证乳量和乳质的必要条件。长期营养不良会使产乳量降低，使非脂乳固体和蛋白质的含量减少。

（3）混入异物乳　混入异物乳是指在乳中混入原来不存在的物质的乳，其中有人为混入的异常乳和因预防治疗、促进发育使用抗生素和激素等而进入乳中的异常乳。此外，还有因饲料和饮水等使农药进入乳中而造成的异常乳。

（4）风味异常乳　主要包括生理异常风味、脂肪分解味、氧化味、日光味、蒸煮味、苦味和酸败味。

造成牛乳风味异常的因素很多，主要有通过机体转移或从空气中吸收而来的饲料臭，由酶作用而产生的脂肪分解臭，挤乳后从外界污染或吸收的牛体臭或金属臭等。带有这些气味的乳会给乳制品造成风味上的缺陷，要注意畜舍及畜体卫生，防止这些异味的出现。另外，将乳贮藏在有农药及其他化学药品的房间，会出现农药等气味。这种异常乳对人体有害，所以，贮藏乳时要避免和农药存放，杜绝乳吸收农药味。

3. 微生物污染乳

由于挤乳前后的污染、不及时冷却和器具的洗涤杀菌不完全等原因，使生乳被大量微生物污染，以致不能用作加工乳制品的原料。

（1）生乳贮藏过程中微生物的变化　刚挤下来的生乳，如果挤乳时的卫生条件比较好，则每毫升乳中的细菌数为300~1000个。这些细菌主要从乳头管侵入乳房。挤乳过程中，如果使用不清洁的挤乳用具和盛乳容器，那么细菌污染就比较严重。一般每毫升乳中可达1万~10万个。在冷却阶段细菌继续增多，每毫升可达10万个以上，这种情况夏季尤为严重。菌数较低的生乳中以微球菌为最多，而菌数多的原料乳中则以长杆菌、微球菌、大肠菌、革兰阴性杆菌占优势。

通常在20~30℃长时间保存时，生乳容易由乳酸菌产酸凝固，由大肠菌产生气体，由芽孢杆菌产生胨化和碱化，并发生异常风味（腐败味）。低温菌也可能产生胨化和变黏。尤其是在不符合卫生要求和不彻底冷却时，除了这些变化之外，还可由于脂肪的分解而发生脂肪分解味、苦味和非酸凝固。

新鲜牛乳在杀菌前都有一定数量、不同种类的微生物存在，如果放置在室温（10~21℃）下，其会因微生物的活动而逐渐变质。室温下微生物的生长过程可分为以下五个阶段，分别为抑菌期、乳链球菌期、乳酸杆菌期、真菌期及胨化菌期。如图2.5-4所示。

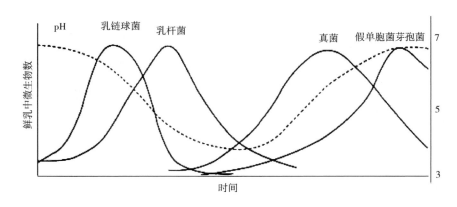

图2.5-4　生鲜牛乳在室温下放置期间微生物的变化情况

①抑菌期。新鲜乳液中均含有多种抗菌性物质，本身对乳中存在的微生物具有杀菌或抑制作用。在污染较轻的鲜乳中，其作用可以持续36h（在13~14℃的温度下）；若在污染严重的

乳液中，其作用可持续 18h 左右。在这期间，乳液中细菌数不会增加，随着温度升高，则抗菌性物质的杀菌或抑菌作用还会增强，但持续时间会缩短。因此，鲜乳放置在室温环境中，在一定时间内并不会出现腐败变质，此期称为抑菌期。

②乳链球菌期：随着鲜乳中抗菌物质的减少或消失，乳中的许多嗜中温的细菌就开始大量繁殖。这些细菌主要是乳链球菌、乳酸杆菌、大肠杆菌和一些蛋白质分解菌等，其中乳链球菌生长繁殖最为旺盛。乳链球菌可使乳糖分解，产生乳酸，因而乳液的酸度不断升高。若有大肠菌增殖时，将会出现产气现象。由于乳中酸度不断提高，就抑制了其他腐败细菌的活动。当酸度升高至一定限度时（pH4.5），乳链球菌本身受到抑制不再继续繁殖，相反会逐渐减少，这时就有乳液凝块出现。

③乳酸杆菌期：随着乳链球菌在乳液中继续繁殖，乳液的 pH 下降至 6 左右，此时乳酸杆菌的活动力逐渐增强。即便 pH 继续下降至 4.5 以下时，乳酸杆菌仍能继续繁殖并产酸。因为此菌是一种耐酸力较强的细菌。同时，一些耐酸性强的丙酸菌、霉菌和酵母也开始生长，但乳酸杆菌仍占优势，称为乳酸杆菌期。在此阶段。乳液中出现大量凝块，并有乳清大量析出。

④真菌期：当乳酸度继续下降至 pH3.5~3 时，绝大多数微生物因不能适应高酸度环境而被抑制甚至死亡，仅酵母和霉菌尚能适应高酸性的环境，并能利用乳酸及其他一些有机酸。由于酸的被利用，乳液的酸度会逐渐降低，使乳液的 pH 不断上升而接近中性。此时的优势菌种为酵母和霉菌，称为真菌期。

⑤胨化菌期：乳中微生物经过上述几个阶段的活动后，乳液中的乳糖大量被消耗，残余量已很少。此时 pH 已接近中性，乳中蛋白质和脂肪仍大量存在。此时，适宜于分解蛋白质和脂肪的细菌开始在乳中生长繁殖，如芽孢杆菌、假单胞菌、产碱杆菌、变形杆菌等大量繁殖，结果乳凝块被消化（液化），乳蛋白胶粒被分裂成小分子肽、胨，外观呈透明或半透明状，乳液的 pH 逐步提高，乳液碱性增强，且有腐败的臭味产生的现象。因此，称为胨化菌期。

（2）牛乳在冷藏过程中微生物的变化　牛乳挤出后应在 30min 内快速冷却到 0~4℃，并转入具有冷却和良好保温性能的保温缸内贮藏。在冷藏过程中，绝大多数微生物生长会受到抑制，此时生长繁殖的微生物是嗜冷菌，如假单胞菌属、产碱杆菌属、无色杆菌属、黄杆菌属、克雷伯氏杆菌属和小球菌属。

这些嗜冷菌在生长繁殖过程中释放蛋白酶和脂肪酶等胞外酶，作用于乳的成分，使脂肪和蛋白质发生不同程度的降解，严重时还可能使乳失去加工特性，降低了乳的胶体稳定性。

（3）乳中主要微生物的种类

①细菌：

产酸菌：乳中的产酸菌主要是乳酸菌中的乳球菌科和乳杆菌科，包括链球菌属、明串珠菌属和乳杆菌属。

产气菌：牛乳中常见的产气菌主要是大肠杆菌和产气杆菌。产气杆菌能在低温下增殖，使低温贮藏的生乳酸败，并产生气体。另外，从牛乳和干酪中分离出了费氏丙酸杆菌和谢氏丙酸杆菌。用丙酸菌生产干酪时，可使产品具有气孔和特有的风味。

肠道杆菌：肠道杆菌是一群寄生在肠道的革兰阴性短杆菌，主要有大肠菌群和沙门菌族，是评定乳制品污染程度的指标之一。

芽孢杆菌：芽孢杆菌包括好气性杆菌属和嫌气性梭状菌属两种，因能形成耐热性芽孢，杀菌处理后常残存在乳中。

球菌类：牛乳中常出现的有微球菌属和葡萄球菌属，一般为好气性，能产生色素。

低温菌：乳品中常见的低温菌属有假单胞菌属和醋酸杆菌属，7℃以下能生长繁殖，使乳中蛋白质分解引起牛乳胨化，并分解脂肪使牛乳产生哈喇味，引起乳制品腐败变质。

高温菌和耐热性细菌：高温菌或嗜热性细菌是指在40℃以上能正常发育的菌群。如乳酸菌中的嗜热链球菌、保加利亚乳杆菌、好气性芽孢菌（如嗜热脂肪芽孢杆菌）和放线菌（如干酪链霉菌）等。特别是嗜热脂肪芽孢杆菌，最适发育温度为60~70℃。耐热性细菌在生产上系指低温杀菌条件下还能生存的细菌，用超高温杀菌时（135℃，数秒），这些细菌及其芽孢都能被杀死。

蛋白分解菌和脂肪分解菌：能产生蛋白酶而将蛋白质分解的蛋白分解菌群，包括生产发酵乳时能使乳中蛋白质分解的乳酸菌（属有用菌）；另一种是能使蛋白质分解出氨和胺类，可使牛乳产生黏性、碱性、胨化的腐败菌；能使甘油酸酯分解生成甘油和脂肪酸的脂肪分解菌群，除一部分在干酪生产中有用外，一般都是使牛乳和乳制品变质的细菌，尤其对稀奶油和奶油危害更大。主要的脂肪分解菌（包括酵母、霉菌）有荧光极毛杆菌、蛇蛋果假单胞菌、无色解脂菌、解脂小球菌、干酪乳杆菌、白地霉、黑曲霉、大毛霉等。大多数解脂酶有耐热性，并且在0℃以下也具活力。因此，牛乳中如有脂肪分解菌，即使进行冷却或加热杀菌，也往往带有意想不到的脂肪分解味。

放线菌：与乳品加工有关的放线菌包括分枝杆菌属、放线菌属、链霉菌属。分枝杆菌属属嫌酸菌，是抗酸性的杆菌，多数具有病原性，例如结核分枝杆菌形成的毒素，有耐热性，对人体有害。放线菌属中与乳品有关的主要有牛型放线菌，生长在牛的口腔和乳房，随后转入牛乳中。链霉菌属中与乳品有关的主要是干酪链霉菌，属胨化菌，能使蛋白质分解导致腐败变质。

②酵母：乳与乳制品中常见的酵母有脆壁酵母（*Sachar frahilis*）、膜醭毕赤氏酵母（*Pmembrane faeiens*）、汉逊酵母（*Deb. hansenii*）和圆酵母属及假丝酵母属等。

脆壁酵母能使乳糖形成酒精和二氧化碳，是生产牛乳酒、酸马奶酒的主要菌种。毕赤氏酵母能使低浓度的酒精饮料表面形成干燥皮膜，故有产膜酵母之称。膜醭毕赤氏酵母主要存在于酸凝乳及发酵奶油中。汉逊酵母多存在于干酪及乳腺炎乳中。圆酵母属是无孢子酵母的代表，能使乳糖发酵，使乳和乳制品产生酵母味，并能使干酪和炼乳罐头膨胀。假丝酵母属的氧化分解能力很强，能使乳酸分解形成二氧化碳和水，由于其酒精发酵力很高，因此，也用于开菲尔乳（Kefir）和酒精发酵。

③霉菌：牛乳及乳制品中存在的霉菌主要有根霉，毛霉、曲霉、青霉、串珠霉等，大多数（如污染于奶油、干酪表面的霉菌）属于有害菌。与乳品加工有关的主要有白地霉、毛霉及根霉属等，常用于生产卡门培尔（Camembert）干酪、罗奎福特（Roguefert）干酪和青纹干酪。

④噬菌体：当乳制品发酵剂受噬菌体污染后会导致发酵的失败，是干酪、酸乳生产中必须注意的问题。

（4）乳的腐败变质　乳和乳制品是微生物的最好培养基，所以牛乳被微生物污染后不及时处理，乳中的微生物就会大量繁殖，分解糖、蛋白质和脂肪等产生酸性产物、色素、气体，有碍产品风味及卫生的小分子产物及毒素，从而导致乳品出现酸凝固、色泽异常、风味异常等腐败变质现象，降低了乳品的品质与卫生状况，甚至使其失去食用价值。因此，在乳品工业生产中要严加控制微生物污染和繁殖。乳品变质种类及相关微生物见表2.5-11。

表 2.5-11　　　　　　　　　　　　　乳及乳制品的变质类型与相关微生物

乳制品类型	变质类型	微 生 物 种 类
鲜乳与市售乳	变酸及酸凝固	乳球菌、乳杆菌属、大肠菌群、微球菌属、微杆菌属、链球菌属
	蛋白质分解	假单胞菌属、芽孢杆菌属、变形杆菌属、无色杆菌属、黄杆菌属、产碱杆菌属、微球菌属等
	脂肪分解	假单胞菌、无色杆菌、黄杆菌属、芽孢杆菌、微球菌属
	产气	大肠菌群、梭状芽孢杆菌、芽孢杆菌、酵母菌、丙酸菌
	变色	类蓝假单胞菌（灰蓝致棕色）、类黄假单胞菌（黄色）、荧光假单胞菌（棕色）、黏质沙雷菌（红色）、红酵母（红色）、玫瑰红微球菌（红色下沉）、黄色杆菌（变黄）
鲜乳与市售乳	变黏稠	黏乳产碱杆菌、肠杆菌、乳酸菌、微球菌等
	产碱	产碱杆菌属、荧光假单胞菌
	变味	蛋白分解菌产生腐败味，脂肪分解菌产生酸败味，球拟酵母（变苦），大肠菌群（粪臭味），变形杆菌（鱼腥臭）
酸乳	产酸缓慢、不凝乳	菌种退化，噬菌体污染，抑菌物质残留
	产气、异常味	大肠菌群、酵母、芽孢杆菌
干酪	膨胀	成熟初期膨胀：大肠菌群（粪臭味） 成熟后期膨胀：酵母菌、丁酸梭菌
	表面变质	液化：酵母、短杆菌、霉菌、蛋白分解菌 软化：酵母、霉菌
	表面色斑	烟曲霉（黑斑）、干酪丝内孢霉（红点） 扩展短杆菌（棕红色斑），植物乳杆菌（铁锈斑）
	霉变产毒	交链孢霉、曲霉、枝孢霉、丛梗孢霉、地霉、毛霉和青霉
	苦味	成熟菌种过度分解蛋白、酵母，液化链球菌、乳房链球菌
淡炼乳	凝块、苦味	枯草杆菌、凝结芽孢杆菌、蜡样芽孢杆菌
	膨听	厌氧性梭状芽孢杆菌
甜炼乳	膨听	炼乳球拟酵母、球似贺酵母、丁酸梭菌、乳酸菌、葡萄球菌
	黏稠	芽孢杆菌、微球菌、葡萄球菌、链球菌、乳杆菌
	纽扣状物	葡萄曲霉（Asp. repens）、灰绿曲霉、烟煤色串孢霉、黑丛梗孢霉、青霉等
奶油	表面腐败酸败	腐败假单胞菌、荧光假单胞菌、梅实假单菌、沙雷菌酸腐节卵孢霉（脂酶作用）
	变色	紫色色杆菌、玫瑰色微球菌、产黑假单胞菌
	发霉	枝孢霉、单胞枝霉、交链孢霉、曲霉、毛霉、根霉等

（5）乳中微生物的来源及控制　乳中微生物从挤乳、收乳到加工的每一个过程都发生变化，主要原因系受外界微生物的污染。污染途径如下：

①乳房：乳房中微生物的多少取决于对乳房的清洗程度。乳房的外部沾污着大量粪屑等杂质。这些粪屑中的微生物，从乳头端部侵入乳房，由于本身的繁殖和乳房的物理蠕动而进入乳房内部。第一股乳流中，微生物的数量最多，因此，挤乳时应废弃第一股乳。

②牛体：牛舍空气、垫草、尘土以及本身的排泄物中的细菌大量附着在乳房的周围，当挤乳时就混入牛乳中。这些污染菌中，多数属于带芽孢的杆菌和大肠菌等。所以在挤乳时，必须用温水严格清洗乳房和腹部，并用清洁的毛巾擦干。

③空气：挤乳及收乳过程中如果原料乳经常暴露于空气中，则会受空气中微生物的污染，尤其是牛舍内每 1mL 空气中细菌多达 50~100 个，灰尘多时可达 10000 个，其中以带芽孢的杆菌和球菌属居多，此外霉菌的孢子也很多。

④挤乳用具和乳桶等：挤乳时所用的乳桶、挤乳机、过滤布以及洗乳房用布等如果不事先进行清洗杀菌，则通过这些用具也使生乳受到污染。各种挤乳用具和容器中所存在的细菌，多数为耐热的球菌属（平均占 70%），其次为八链球菌和杆菌。所以这类用具和容器如果不严格清洗杀菌，则生乳污染后，即使用高温瞬时杀菌也不能消灭这些耐热性的细菌，结果使生乳变质，甚至腐败。

⑤水源：用于清洗牛乳房、挤乳用具和乳槽所用的水是乳中细菌的一个来源，井、泉、河水可能受到粪便中细菌的污染，也可能受土壤中细菌的污染。主要是一定数量的嗜冷菌。因此，这些水必须经过清洁处理或消毒后方可使用。

⑥饲料及褥草：乳被饲料中的细菌污染，主要是在挤乳前分发干草时，附着在干草上的细菌（主要是芽孢杆菌，如酪酸芽孢杆菌、枯草杆菌等），随同灰尘、草屑等飞散在厩舍的空气中，既污染了牛体。又污染了所有用具，或挤乳时直接落入乳桶，造成乳的污染。此外，往厩舍内搬入褥草时，特别是灰尘多的碎褥草，舍内空气可被大量的细菌所污染，因此成为乳被细菌污染的来源。混有粪便的褥草，往往污染乳牛的皮肤和被毛，从而造成对乳的污染。

⑦其他：挤乳员的手不清洁，或者混入苍蝇及其他昆虫等，都是污染的原因。因此必须严加注意。此外，还须注意勿使污水溅入乳桶中，并防止其他直接或间接的原因从桶口侵入微生物。

4. 病理异常乳

病理异常乳是指由于病菌污染而形成的异常乳。主要包括乳腺炎乳、其他病牛乳。这种乳不仅不能作为加工原料，而且对人体健康有危害。

（1）乳腺炎乳　由于外伤或者细菌感染使乳腺发生炎症时分泌的乳称为乳腺炎乳，其成分和性质都发生变化。例如乳糖含量降低，氯含量增加及球蛋白含量升高，酪蛋白含量下降，并且细胞（上皮细胞）数量增多（故近年为了保证原料乳质量，开始检测原料乳中的体细胞数量），以致无脂干物质含量较常乳少。另外，乳腺炎乳凝乳张力下降，用凝乳酶凝固乳时所需的时间较常乳长，这是因乳蛋白异常所致。虽然乳腺炎对乳中维生素 A、维生素 C 的影响不大，但维生素 B_1、维生素 B_2 含量减少。据报道，非临床性乳腺炎乳中维生素 B_1 比健康乳牛分泌的乳中要少 10%~15%，维生素 B_2 减少 35%。

造成乳腺炎的原因主要是乳牛体表和牛舍环境卫生不符合卫生要求，挤乳方法不合理，尤其是使用挤乳机时使用不合理或不彻底清洗杀菌，使乳腺炎发病率升高。

（2）其他病牛乳　主要是由患口蹄疫、布氏杆菌病等的乳牛所产的乳，乳的质量变化大致与乳腺炎乳类似。另外，患酮体过剩、肝机能障碍、繁殖障碍等的乳牛，易分泌酒精阳性乳。

5. 人为异常乳

指因人为因素，在乳中掺入原来不存在的物质所形成的异常乳，也称掺杂使假乳。主要有掺水乳、添加防腐剂乳、添加中和剂乳、提取脂肪乳及其他添加物质乳。

（1）掺水乳　为了牟取较高的经济利益，在乳中添加一定量的水，使乳量增加。这种乳中脂肪、非脂肪乳固体含量下降；相对密度比常乳低。常用测定乳相对密度的方法来鉴别掺水乳。

（2）添加防腐剂乳　为了延长乳的贮藏期在乳中添加防腐剂，或者为了预防或治疗母畜的疾病的发生，给母畜使用大量抗生素，从而使乳中带有防腐剂或抗生素，这些物质对人体健康造成危害，同时也影响加工生产的正常进行。国家卫生法规定，这类乳不能作为制作乳制品的原料。如乳中有青霉素等抗生素时，抑制了乳酸菌等有益微生物的生长繁殖，就不能生产出乳酸、酸奶油及干酪等。

（3）添加中和剂乳　在酸度高于常乳的乳中添加食碱等中和剂，使乳的酸度降低，此种乳成分与常乳有差异，有害细菌数高于常乳，可传播疾病，对人体有害。用这种乳加工乳制品时，会给加工带来不利影响。

（4）添加其他成分乳　掺水的牛乳，乳汁变得稀薄，相对密度降低。若向乳中掺加非乳物质，如淀粉、豆浆、米粥等可使乳变稠，相对密度接近正常。但此时乳的营养价值降低，品质变差，同样不易做加工乳制品的原料。

图文并茂电子书/拓展资源获得方法：用移动终端设备上安装的"学习通" APP 扫描下列二维码，就可以直接学习"食品原料学慕课" 网站上与该章节配套的电子书/讲课视频、试题库、相关论文、拓展阅读、拓展视频、 VR/AR/MR、 3D 动画、热门话题、国内外进展、专家讲座等拓展内容（详细方法参见本教材正文前的慕课使用方法）：

0. 配套国家级　　1. 乳的组成及　　2. 乳中化学成分　　3. 乳的物理性质　　4. 异常乳
　　慕课首页　　　　体系

2.6 主要蛋禽种类

2.6.1 蛋用及兼用鸡

我国的鸡品种包括地方良种，引入品种和培育品种。

2.6.1.1 地方良种

在 19 世纪中叶 我国地方品种鸡的产蛋力和产肉力都曾经居世界领先水平，现在列入《中国家禽品种志》的鸡的地方品种 25 个，其中大多数是优良的肉用型鸡种。我国部分地方良种蛋用或兼用鸡见表 2.6-1。

表 2.6-1　　　　　　　　　我国部分地方良种蛋用或兼用鸡

鸡种	经济用途	平均体重/kg		开产月龄	年均产蛋/枚	蛋质量/g	主要外貌特征
		公	母				
浙江仙居鸡	蛋用	1.5	1.2	5	180	42	体型较小，腿高颈长尾粗，单冠，羽毛多为黄色居多，黑色、白色、黄麻色少
山东寿光鸡	兼用	3.6	3.3	8~9	118	70	有大中两型，体躯高大，腿高跖粗，单冠、冠、肉垂、耳叶和脸均为红色，羽毛黑色，喙脚灰黑色
		2.9	2.3	8	122	60	
辽宁庄河鸡	兼用	2.9	2.3	7	160	63	腿高颈长，胸深背长，羽色以麻黄色为主，喙及脚黄色
河南固始鸡	兼用	2.5	1.8	6~7	140	52	有单冠和复寇，直尾和"佛手尾"，羽色以黄、麻居多，黑、白较少，喙黄色
北京油鸡	兼用	2.3	1.8	6~7	120	54	冠羽、跖羽，有些个体有趾羽，颌下或颊部常有胡须，体型中等，羽色分赤褐色和黄色

续表

鸡种	经济用途	平均体重/kg		开产月龄	年均产蛋/枚	蛋质量/g	主要外貌特征
		公	母				
黑羽绿壳蛋鸡	兼用	1.5	1.3	5	170	48	单冠，羽毛黑亮，乌皮、乌骨、乌肉、乌内脏，喙、趾也为黑色

2.6.1.2 引入鸡品种

引入的配套鸡种或商品杂种鸡或因产蛋量高或因生长迅速、肌肉丰满，受到商品养鸡业者的欢迎，也推动了我国现代养鸡业的发展。我国引入品种主要包括：

1. 白来航鸡（White Leghorn）

白来航鸡原产于意大利，迄今已遍布全世界，为最著名的蛋用型鸡种。来航鸡有多种羽色和两种冠形，共 10 余个品、变种。我国主要是引入单冠白羽来航鸡，体型小而清秀，全身羽毛白色而紧贴。冠大鲜红，公鸡的冠较厚而直立，母鸡冠较薄而倒向一侧。喙、胫、趾和皮肤均呈黄色，耳叶白色。此鸡的特点是成熟早，无就巢性，产蛋量高而饲料消耗少。年平均产蛋量为 200 个以上，优秀品系可超过 300 枚，平均蛋质量为 54~60g，蛋壳白色。

2. 洛岛红鸡（Rhode Island Red）

洛岛红鸡育成于美国罗得岛州，属兼用型鸡种。有单冠和玫瑰冠两个品变种。我国引入的洛岛红鸡为单冠品变种，羽毛呈深红色，尾羽近似黑色。体躯略近长方形，头中等大，喙黄褐色，跖黄色。冠、耳叶、肉垂及脸部均呈鲜红色，皮肤黄色。背部宽平，体躯各部的肌肉发育良好，体质强健，适应性强。母鸡的性成熟期平均为 180d，年产蛋量为 160~170 枚，高产者可达 200 枚，蛋质量为 60~65g，蛋壳竭色，但深浅不一。

3. 新汉夏鸡（New Hampshire）

新汉夏鸡育成于美国新罕布什尔州，属兼用型鸡种，由洛岛红鸡改良选育而成，体型外貌与洛岛红鸡相似，但只有单冠。年产蛋为 180~200 枚。蛋质量为 56~60g，蛋壳褐色。

4. 澳洲黑鸡（Australorps）

澳洲黑鸡原产于澳洲，属兼用型鸡种。全身羽毛黑色而富有光泽，喙、胫、趾均呈黑色。母鸡性成熟期平均为 180d，产蛋量为 160 枚左右，蛋质量为 60g 左右。

5. 罗曼褐蛋鸡（Lomman）

罗曼褐蛋鸡是由德国罗曼家禽育种有限公司培育的褐壳蛋鸡品系。该鸡羽毛红褐色，生长发育快，母鸡性成熟早，全群 50% 产蛋日龄 152~158d，72 周龄产蛋 280~295 枚，蛋质量63.5~64.5g。

6. 海兰褐蛋鸡（Hy-line Variety Brown）

海兰褐蛋鸡是美国海兰国际公司培育的四系配套优良蛋鸡品种。该品种母鸡成年后羽毛基本为红色，尾部上端大都带有少许白色，头部较为紧凑，单冠，耳叶多为红色，皮肤、喙和胫黄色，体形结实，基本呈元宝形。母鸡产蛋高峰期产蛋率达 94%~96%，74 周龄产蛋 317 枚，80 周龄产蛋 344 枚。

7. 伊莎褐蛋鸡（ISA Brown）

伊莎褐蛋鸡由法国伊莎公司育成，是目前国际上最优秀的高产褐壳蛋鸡之一。红褐羽，可根据羽色自别雌雄。72 周龄入舍鸡平均产蛋量为 280~290 枚，平均蛋质量 63~65g。

8. 星杂 288（Shaver Starcross-288）

星杂 288 是加拿大雪佛公司育成的白壳蛋鸡四系配套系，20 世纪 70 年代曾风靡世界。该鸡体型小，抗逆性强，产蛋量高，商品代可自别雌雄，72 周龄产蛋 266～285 枚，总质量 16.0～17.5kg，料蛋比（2.25～2.4）∶10。

9. 宝万斯高兰蛋鸡

宝万斯高兰蛋鸡原产于荷兰，1998 年引入我国，在我国多省市广泛分布，是我国优秀的蛋鸡品系之一。该鸡体型中等，脸部清秀鲜红，鸡冠较小，属单冠，肉垂较短，有椭圆形白色耳叶，腿短而粗，体型紧凑健壮。141d 开产，高峰产蛋率 93%～97%，80 周龄产蛋 326～331 枚，平均蛋质量 63g。

10. 巴布考克 B-380

巴布考克 B-380 是目前国际著名的三大家禽育种集团之一的法国哈伯德伊沙家禽育种公司选育的褐壳蛋鸡，在全球各地都表现出较好的生产性能。巴布考克 B-380 具优越的产蛋性能，78 周龄产蛋可以达到 337 枚。

2.6.1.3　培育品种

培育品种是以我国地方良种为基础，进行纯种选育或用引入品种与地方良种杂交育成的新品种，按所产蛋壳颜色分为白壳蛋鸡、褐壳蛋鸡、粉壳蛋鸡和绿壳蛋鸡。

1. 北京白鸡

北京白鸡系白来航鸡种中的新品系，1984 年育成，具有白来航鸡种的外貌特征。年平均产蛋量 196.6 枚，蛋质量为 55.8g，总质量为 13.46kg。

2. 青岛白来航鸡

青岛白来航鸡在青岛市育成，具有白来航鸡的全部特征，成年宏碁体重 2.0～2.5kg，母鸡为 1.8kg。500 日龄平均产蛋量 183 枚，蛋质量为 56.8g，蛋壳白色。

3. 滨白鸡

滨白鸡是由原东北农学院育成的蛋用型杂交鸡种，属来杭鸡型。体型轻小，羽毛白色，紧密。母鸡性成熟早，产蛋量高，72 周龄产蛋量 270～280 枚，平均蛋质量 60g。

4. 三凤绿壳蛋鸡

三凤绿壳蛋鸡由江苏省家禽研究所选育而成，其血缘均来自我国地方品种，单冠、黄喙、黄腿、耳叶红色。开产日龄 155～160d，开产体重母鸡 1.25kg，公鸡 1.5kg，500 日龄产蛋量 180～185 枚，父母代鸡群绿壳蛋比率 97% 左右；大群商品代鸡群中绿壳蛋比率 93%～95%。

2.6.2　蛋用及兼用鸭

我国的鸭品种按经济用途可分为三个类型，即蛋用型、兼用型和肉用型，蛋用型和兼用型品种几乎全部是麻鸭及其品变种，是我国养鸭业使用最广泛的鸭种。

2.6.2.1　绍兴鸭

绍兴鸭简称"绍鸭"，因原产于浙江省原绍兴府所属的绍兴、萧山和诸暨等县而得名。绍鸭属小型麻鸭品种，全身羽毛以褐色麻雀毛为基色，具有理想的蛋用鸭体型，500d 平均产蛋量达 316.63 枚，总产蛋质量平均超过 20kg。蛋壳厚度一般平均为 0.379mm。蛋形指数为 1.38。哈氏单位为 82.78。

2.6.2.2 高邮鸭

高邮鸭又称台鸭/绵鸭，是我国麻鸭中的大型品种，原产于江苏省高邮市，是理想的肉蛋兼鸭。对产蛋性能当地"春不离百，秋不离六"的说法，即春季产蛋量约100枚，秋季产蛋量为60枚，正常年份产蛋量为140-160枚。蛋质量平均为75.9g，78g以上的占37.4%，70g以下的占15.3%。蛋壳有白、青两种，以白壳蛋为主。两种蛋形指数均为1.43。高邮鸭产双黄蛋较多，双黄蛋比例约占总蛋数的千分之三。

2.6.2.3 建昌鸭

建昌鸭主产于四川凉山彝族自治州境内安宁河河谷地带的西昌、德昌、冕宁、米易和会理等县，公鸭具"绿头、红胸、银肚、青嘴公"的特征，母鸭以浅褐麻雀色居多，占65%~70%。建昌鸭500日龄平均产蛋量为144枚，蛋质量为72.9g。青壳蛋占60%~70%，蛋形指数为1.37。

2.6.2.4 青壳Ⅱ号

青壳Ⅱ号是在绍兴鸭高产系的基础上选育而成的蛋用鸭。青壳蛋蛋壳厚度和强度优于白壳蛋，可减少加工及运输过程中损失。500日龄产蛋325枚，总蛋质量22.1kg，蛋料比1：2.62，产蛋高峰期长达300d。

2.6.2.5 卡基-康贝尔鸭

英国1901年培育的康贝尔鸭是世界上著名的蛋用型标准品种，因蛋用性能高、适应性能强，目前遍及世界各地。康贝尔鸭有黑色、白色和卡基-康贝尔鸭（又名黄褐色康贝尔鸭）3种羽色，平均年产蛋量260~300枚，蛋质量70~73g。

2.6.3 鹌鹑

鹌鹑简称鹑，为鸡形目中最小的一种。经100余年的驯化和人工选育而成为高产的家禽之一。

2.6.3.1 中国白羽鹌鹑

中国白羽鹌鹑，体羽洁白，偶有黄色条斑。成年母鹌鹑体重130~140g，40~45日龄开产，平均产蛋率80%~85%，年产蛋量265~300枚，蛋质量11.5~13.5g，蛋壳有斑块与斑点。

2.6.3.2 日本鹌鹑

日本鹌鹑由日本1911年利用中国野生鹌鹑经15年的驯化育成，以体型小、产蛋多、纯度高而著称于世，其体羽呈栗褐色，成年公鹌鹑体重110g，母鹌鹑140g，年产蛋250~300枚，平均蛋质量10.5g，蛋壳上布满棕褐色或青紫色的斑点。

2.6.3.3 朝鲜鹌鹑

朝鲜鹌鹑已成为我国养鹑业中蛋鹑的当家品种，其体型大于日本鹌鹑，羽毛与日本鹌鹑相似，成年公鹌鹑体重125~130g，母鹌鹑体重150g。母鹌鹑40日龄开产，年产蛋量270~280枚，平均蛋重12g，蛋壳有斑块或斑点。

图文并茂电子书/拓展资源获得方法：　用移动终端设备上安装的"学习通"　APP 扫描下列二维码，就可以直接学习"食品原料学慕课"　网站上与该章节配套的电子书/讲课视频、　试题库、　相关论文、拓展阅读、　拓展视频、　VR/AR/MR、　3D 动画、　热门话题、　国内外进展、　专家讲座等拓展内容（详细方法参见本教材正文前的慕课使用方法）：

0. 配套国家级
慕课首页

1. 蛋用及兼用鸡

2. 蛋用及兼用鸭

3. 蛋用鹌鹑

2.7　禽蛋的组成、理化性质及加工特性

2.7.1　禽蛋的概念和形成

2.7.1.1　禽蛋的概念

禽蛋是一个大型的卵细胞，其中含有受精卵发育成胚胎所必需的所有营养成分，以及保护这些营养成分的物质，即蛋壳。禽蛋是仅次于乳、肉以外，人们的主要营养食物。正常的禽蛋是主要由蛋壳、蛋白（蛋清）及蛋黄构成，外形呈橄榄形，有钝端（大头）和锐端（小头）之分。

2.7.1.2　禽蛋的形成

1. 蛋黄的形成

蛋黄（卵黄）是在卵巢内形成的。产蛋期每 24h 排卵 1 个。母鸡卵巢中含有不同发育时期的、直径在 1~35mm 大小的卵泡，其肉眼可见数为 1000~3000 个。卵黄物质以同心圆的层次

沉积，每 24h 形成一层厚度 1.5~2.0mm 的深色卵黄和一层淡色卵黄。胚珠随卵黄的增大而移向卵黄表面，移行的通道为淡色卵黄填充，形成卵黄心的颈，卵黄心也为淡色卵黄所填充。卵泡的生长和成熟是由垂体分泌的促卵泡素引起的。发育成熟的卵细胞称为卵泡。在激素作用下，卵泡破裂排出卵子（卵黄）的过程称为排卵。排卵后卵黄通过输卵管的喇叭口进入输卵管。

蛋黄的颜色与蛋黄形成过程中的饲养方式及饲料中的色素（如叶黄素、胡萝卜素、黄色素等）、光照有直接关系。

2. 蛋白（蛋清）的形成

蛋白（蛋清）是在输卵管的膨大部形成的。成熟的蛋黄由卵巢脱落，由漏斗部经约 20min 进入输卵管，在输卵管蠕动作用下向前滚动，漏斗部分泌少量的稀蛋白分泌，进入到输卵管膨大部，分别由不同的分泌腺分泌数量不同的稀蛋白和浓厚蛋白，并形成内稀蛋白层、中间浓厚蛋白层和外稀蛋白层；由于蛋黄在输卵管中是滚动前移的因此在蛋黄的两端形成了螺旋状的系带。蛋黄通过膨大部的时间约为 3h。

3. 壳下膜的形成

壳下膜是由输卵管的峡部形成的。峡部的内壁分布由具有分泌纤维状蛋白纤维的分泌腺。包裹有蛋白的蛋黄进入到峡部，首先由分泌腺分泌较细的蛋白质纤维覆盖在蛋白表面，这些蛋白纤维呈垂直状交织，形成致密的蛋白膜；随后分泌腺分泌较粗的蛋白纤维覆盖在蛋白膜上，这些较粗的蛋白膜呈较随意的交织，形成壳内膜，内、外层两膜互相粘连，仅在蛋的大端分开，形成气室，此时成为椭圆形的软壳蛋。壳下膜的形成需 60~75min。

4. 蛋壳的形成

蛋壳是在输卵管的子宫部形成的。子宫内壁分布有分泌蛋白纤维的腺体及分泌石灰质的腺体。形成的软壳蛋进入到子宫，首先由分泌蛋白纤维的腺体分泌蛋白纤维，形成袋装的纤维网，构成蛋壳基质的乳头层和海绵层，随后由分泌石灰质的腺体分泌含有少量磷酸镁和磷酸钙的碳酸钙结晶体，堆积在袋装的纤维网中，最终形成蛋壳。蛋壳形成的时间约需 20h。

5. 蛋壳色素与壳外膜的形成

子宫内壁分布于色素分泌细胞，蛋壳的色素是在产蛋前 5h 在子宫形成，且形成壳外膜的水溶性角质也是由子宫分泌形成的。但也有学者认为蛋壳的色素及蛋壳外膜是在阴道部形成的。

2.7.2 禽蛋的组成和理化特性

禽蛋是一个完整的、具有生命的活卵细胞，包含自胚发育、生长成幼雏的全部营养成分，同时还具有保护这些营养成分的物质。禽蛋中蛋壳及蛋壳膜重量占全蛋的 12%~13%，蛋白占 55%~66%，蛋黄占 32%~35%。禽蛋的结构如图 2.7-1 所示。

2.7.2.1 禽蛋的结构

1. 壳外膜

壳外膜也称壳上膜，是蛋壳表面的一层无定形可溶性胶体，可以保护蛋不受微生物侵入，防止蛋内水分蒸发和 CO_2 逸出而起护蛋的作用。蛋壳外膜的成分为黏蛋白质，易脱落，尤其在水洗情况下更易消失，故可据此判断蛋的新鲜度。

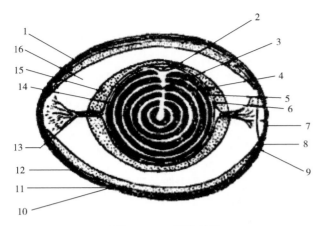

图 2.7-1　蛋的结构

1—外稀蛋白　2—胚盘（胚珠）　3—胚盘细管　4—浅色蛋黄层

5—深色蛋黄层　6—蛋黄膜　7—气室　8—内蛋壳膜

9—蛋白膜　10—乳头层　11—海绵层　12—壳外膜

13—系带　14—膜状系带层　15—内稀蛋白　16—中浓蛋白

2. 蛋壳

蛋壳是包裹在鲜蛋内容物外面的一层硬壳，具有固定禽蛋形状并起保护蛋白、蛋黄的作用，厚度一般为 $270 \sim 370 \mu m$，占整个蛋质量的 12% 左右，能经受 3MPa 压力。蛋壳的纵轴较横轴耐压，因此，在贮藏运输时竖放为宜。蛋壳有透视性，故在灯光下可以观察蛋的内部状况。蛋壳表面有许多肉眼看不见的微小气孔，且分布不均匀，蛋的大头为 $300 \sim 370$ 个/cm^2，小头最少为 $150 \sim 180$ 个/cm^2。这些气孔是蛋本身进行蛋内气体代谢的通道，且对蛋品加工有一定的作用。但若壳外膜脱落，细菌、霉菌均可通过气孔侵入蛋内，造成鲜蛋的腐败或质量降低。

气孔是指蛋壳上分布的大量微细小孔。是蛋与外界进行物质交换的通道。皮蛋及咸蛋的加工过程中，辅料即是通过气孔进入到蛋内而起作用。

蛋壳中的无机物占整个蛋壳的 94%～97%，有机物占蛋壳的 3%～6%。无机物中主要是碳酸钙（约占 93%），其次有少量的碳酸镁（约占 0.1%）及磷酸钙、磷酸镁。有机物中主要为蛋白质，属于胶原蛋白，其中约有 16% 的氮、3.5% 的硫。蛋壳中含有少量的胱氨酸与硫酸软骨素形成复合物。蛋壳中的色素主要是卟啉色素，碳水化合物主要是半乳糖胺、葡萄糖胺、糖醛酸及唾液酸等，多糖类的 35% 以 4-硫酸骨素和硫酸软骨素状态存在。

3. 蛋白膜、壳内膜

刚生下的蛋，蛋白膜及壳内膜紧密联结，合称为壳下膜，是一种能透水和空气的、紧密而有弹性的薄膜。蛋壳内膜与蛋白膜均由角质蛋白质纤维交织形成的网状构成。壳内膜由较粗的纤维随机交织而成 6 层膜，较厚，构成纤维粗，网状间隙大，微生物可直接通过。蛋白膜由较细的纤维垂直交织形成的 3 层致密薄膜，构成纤维组织致密，网状间隙小，微生物不能直接通过。

壳下膜不溶于水、酸、碱类及盐类溶液，其中蛋壳内膜厚 $41 \sim 60 \mu m$，蛋白膜厚 $12.17 \mu m$，两层膜在蛋的钝端分离形成气室。气室的大小与蛋的新鲜程度有关，是鉴别蛋新鲜度的主要标志之一。在蛋贮藏期间，当蛋白酶破坏了蛋白膜以后微生物才能进入蛋白内。因此，蛋壳膜有保护蛋内容物不受微生物侵蚀的作用。

4. 气室

新生的蛋没有气室，冷却后蛋内容物收缩而形成气室。气室是壳内膜与蛋白膜在蛋的钝端形成的一个空间，气室的大小与蛋的新鲜程度有关，是鉴别蛋新鲜度的主要标志之一。

5. 蛋白

蛋白又称为蛋清或卵清，是典型的胶体物质，约占蛋质量的 60%，为略带微黄色的透明半流体。可分为外稀蛋白层、中间浓厚蛋白层、内稀蛋白层和系带。新鲜蛋中蛋白最外层（外稀蛋白层）占蛋白总量的23.3%，中间浓厚蛋白层（次层）占57.3%，内稀蛋白层（最内层）占16.8%，系带占2.7%。蛋白中含量最多的浓厚蛋白与蛋的质量、贮藏、蛋品加工关系密切。

6. 系带

系带是连接蛋黄两端的一条浓厚的带状物，其质量为蛋白的1%~2%，约占全蛋质量的0.7%。系带具有将蛋黄固定在禽蛋中央的作用。系带的组成同浓厚蛋白基本相似，新鲜蛋系带白而粗，且富有弹性。新鲜蛋系带上附着溶菌酶，其含量是蛋白中溶菌酶含量的2~3倍，甚至多达3~4倍。同浓厚蛋白一样，随着温度的升高，贮藏时间的延长，受酶的作用会发生水解，逐渐变细，其中的溶菌酶也随之消失，使蛋的耐贮性降低。当系带完全消失，会造成贴壳蛋。因此，系带状况也是鉴别蛋的新鲜程度的重要标志之一。

7. 蛋黄

蛋黄由蛋黄膜、蛋黄液、胚胎三部分构成，由系带固定于禽蛋的中央，是蛋中最富有营养的部分。

蛋黄一侧表面的中心有一个2~3mm的白点，即胚，未受精呈小点，称胚珠，受精卵稍大，成为胚盘。胚盘的下部到蛋黄的中心有一细长近似白色的部分，称为蛋黄芯（latebra）。整个蛋黄由黄色蛋黄与白色蛋黄交替组成。新鲜蛋打开以后蛋凸出，陈蛋则呈扁平状。

新鲜蛋打开以后蛋凸出，陈蛋则呈扁平状。这是由于蛋白、蛋黄的水分和盐类浓度不一样，两者之间形成渗透压。蛋白的渗透压为5.5×10^2kPa，蛋黄的渗透压为7.2×10^2kPa。因此，蛋白中的水分不断向蛋黄中渗透，蛋黄中的盐类以相反方向渗透。于是，蛋黄体积不断增大，而且蛋黄膜弹性减弱，当体积大于一定程度时则蛋黄膜破裂，形成散黄蛋。当然蛋黄膜的破裂同酶的作用有关。根据蛋黄的凸出程度即可判断蛋的新鲜程度。蛋黄指数越小，蛋就越陈旧。蛋黄指数计算公式为：

$$蛋黄指数 = 蛋黄高度/蛋黄直径$$

蛋黄膜是蛋白与蛋黄液之间的一层透明的、致密的薄膜，具有较大的弹性，禽蛋越新鲜，其弹性也越大。蛋黄膜厚度为16μm，质量为蛋黄的2%~3%。蛋黄膜又可分为3层，内外两层为黏蛋白，中间层为角蛋白。蛋黄膜富有弹性，起着保护蛋黄和胚胎的作用，防止蛋黄和蛋白混合。

蛋黄膜含水量为88%，其干物质中87%是蛋白质，3%为脂质，10%为糖。其蛋白质属于糖蛋白，含己糖8.5%、己糖胺8.6%、唾液2.9%，还含有N-乙酰己糖胺。蛋黄膜中脂质分为中性脂肪和复合脂质，其中中性脂质由甘油三酯、醇、醇酯以及游离脂肪酸组成，而复合脂质主要成分为神经鞘磷脂。

蛋黄液是一种浓稠、黄色、不透明的半流体糊状物，但其微观结构并非均一的流体，而是呈颗粒结构。蛋黄由内向外可分为许多同心圆层，不同层次之间的色泽也有差异，这与蛋黄在形成过程中饲料中的色素以及光照有较大关系。

2.7.2.2 禽蛋的化学组成

禽蛋的化学组成因家禽种类、品种以及饲养管理、饲料、产蛋期、季节等因素影响，具有较大变化，禽蛋主要的化学成分如表2.7-1所示。

表2.7-1　　　　　　　　　　　主要禽蛋的化学组成（以100g可食部分）

种类	水分含量/100g	蛋白质含量/100g	脂肪含量/100g	碳水化合物含量/100g	灰分含量/100g
鸡蛋	70.8	11.8	15.0	1.3	1.1
鸭蛋	67.3	14.2	16.0	0.3	2.0
火鸡蛋	73.3	13.4~14.2	11.2	—	0.9
鸡蛋白	86.6	11.6	0.1	0.8	0.8
鸡蛋黄	49.0	16.7	31.6	1.2	1.5
鸭蛋白	87.8	10.9	-	0.5	0.8
鸭蛋黄	46.3	16.9	35.1	1.2	1.2
火鸡蛋白	86.7	11.5~12.5	微量	—	0.8
火鸡蛋黄	48.3	17.5	32.9	—	1.2
鹌鹑蛋	72.9	12.3	12.3	1.5	1.0
鹅蛋	69.3	12.3	14.0	3.7	1.0

2.7.2.3　蛋白的化学成分与性质

蛋白中的化学成分主要包括水分、蛋白质、碳水化合物、灰分、酶，以及微量的脂肪、色素、胆固醇等物质。蛋白中绝大部分的干物质是蛋白质。

1. 蛋清中的水分

水分是蛋白中含量最多的成分，含量为85~88%，作为溶剂溶解蛋白中的各种物质，不同蛋白层之间，水分含量各异。外稀蛋白层水分含量89.1%；内稀蛋白层水分含量88.35%；中间浓厚蛋白层水分含量87.75%；系带水分含量82%。

2. 蛋清中的蛋白质

蛋清中蛋白质的含量为11%~13%，目前在蛋清中已经发现近40种不同的蛋白质，其中蛋白质的种类有卵白蛋白、卵球蛋白、卵黏蛋白、类黏蛋白和伴白蛋白等。这些蛋白质可以归纳为两类，即简单蛋白类和糖蛋白类。简单蛋白类有卵白蛋白、卵球蛋白和伴白蛋白；糖蛋白类包括糖蛋白、类黏蛋白等。

（1）卵白蛋白　卵白蛋白又称为卵清蛋白，占蛋白中总蛋白质的54%~69%，相对分子质量约为45000，在多肽链中含有糖基和磷酸基，又称磷酸糖蛋白，主要有 A_1、A_2、A_3 三种成分，其差别主要在于含有的磷酸基的数量不同。A_1 和 A_2 分别含有两个和一个磷酸根，而 A_3 不含磷酸根，三者之比为 85：12：3。卵白蛋白中糖的含量为3.2%，其中含 D-甘露糖2%，N-乙酰葡萄糖胺1.2%，通过 N-键结合于天冬氨酰胺残基上，由于它含有糖和磷酸基，故属磷质糖蛋白。

卵白蛋白等电点（pI）为 4.5~4.8，可溶于水和稀盐溶液，热凝固点为 60~65℃。在 pH 为 9 时，62℃加热 3.5min，只有3%~5%卵白蛋白发生热变性，pH 为 7 时，几乎不发生热变性。在蛋清贮藏期间，卵清蛋白转变为 S-卵清蛋白，即一种更为热稳定的蛋白质。

（2）伴白蛋白　伴白蛋白又称卵转铁蛋白，占蛋清中蛋白质总量的9%，基本与卵白蛋白相同，属糖蛋白，鸡蛋中糖含量为 12%，不含磷和硫氢基（—SH）。相对分子质量为 70000 ~ 78000，等电点（pI）为 5.8 ~ 6.5，热凝固温度为 58 ~ 67℃，溶于水和稀盐溶液。当 pH 在 6.0 以上时，其与 Fe^{3+}、Al^{3+}、Cu^{2+}、Zn^{2+} 等金属离子结合为稳定的络合物。伴白蛋白是一种易溶解性非结晶蛋白，遇热易变性，但与金属形成复合体后，对热变性的抵抗性增强，对蛋白分解酶的抵抗性也有所提高。

（3）卵黏蛋白　卵黏蛋白是一种含糖量高达 33% 的糖蛋白，黏性大，占蛋清中蛋白质总量的 2.0 ~ 2.9%，浓厚蛋白层中卵黏蛋白含量达 8.0%，而稀薄蛋白层含量为 0.9%，其中含有硫酸酯、半乳糖胺及含有占蛋清中唾液酸总量约为 50% 的唾液酸。该蛋白质呈纤维状结构，等电点为 4.5 ~ 5.1。卵黏蛋白在溶液中显示较高的黏度，能够维持浓厚蛋白组织状态，阻止蛋白的起泡性。鲜蛋在贮藏过程中浓厚蛋白发生水样化，主要是与卵黏蛋白变化有关。卵黏蛋白的热抗性极强，在 pH 为 7.1 ~ 7.9 时，90℃加热 2h，卵黏蛋白溶液不发生变化。

（4）卵类黏蛋白　卵类黏蛋白是一种热稳定性较高的含糖复合蛋白质，占蛋清中蛋白质总量的 11.0%，仅次于卵白蛋白。蛋白质中的含糖量为 20% ~ 25%，含约 2.2% 的硫（以二硫键式存在）。相对分子质量为 28000，等电点为 3.9 ~ 4.3，溶解度比其他蛋白质大，在等电点时仍可溶解。卵类黏蛋白对胰蛋白酶有抑制作用，能够抑制细菌性蛋白酶，其热稳定性较高，在 pH3.9 下，100℃加热 60min，不发生变性现象；在 pH7 以下加热，其抗胰蛋白酶的活性比较稳定。

（5）卵球蛋白 G_2 和卵球蛋白 G_3　卵球蛋白是一种典型的球蛋白，相对分子质量为 36000 ~ 45000，卵球蛋白 G_2 等电点为 5.5，卵球蛋白 G_3 等电点为 5.8。在蛋清中，卵球蛋白 G_2 和卵球蛋白 G_3 占蛋白质总量的 4%，具有极好的发泡特性，是食品加工中优良的发泡剂。

（6）卵抑制剂　卵抑制剂占蛋白中蛋白质总量的 1.5%，相对分子质量为 49000，等电点为 5.1 ~ 5.2，含糖量为 5% ~ 10%，属糖蛋白。卵抑制剂具有对多种蛋白酶活性的抑制作用，对热和酸非常稳定。

（7）溶菌酶　溶菌酶是卵球蛋白的一种，通常也称 G_1，溶菌酶占蛋清中蛋白质总量的 3% ~ 4%，主要存在于蛋清中浓厚蛋白中，尤其是在系带膜状层中，比其他蛋白质至少多 2 ~ 3 倍。

溶菌酶的含量、活性与浓厚蛋白的含量成正比。刚生的鲜蛋，浓厚蛋白含量高，溶菌酶含量多，活性也强，蛋的质量好，耐贮藏。而随外界温度的升高和贮藏时间的延长，首先浓厚蛋白被蛋白中的蛋白酶迅速分解变为稀薄蛋白，其中的溶菌酶也随之被破坏，失去杀菌能力，蛋的耐贮性大为降低。因此，越是陈旧的蛋，浓厚蛋白含量越低，稀薄蛋白含量越高，越容易感染细菌，造成腐败蛋。可见浓厚蛋白含量的多少也是衡量蛋质量的重要标志。

（8）抗生物素蛋白　抗生物素蛋白属于糖蛋白，在蛋清蛋白中占蛋白质总量的 0.05%，对分子质量 53000，等电点为 9.5，与生物素结合成为极稳定的复合体，对热极为稳定，85℃条件下不发生变化。

（9）黄素蛋白　黄素蛋白主要是由核黄素和所有的脱辅基蛋白结合而成，占蛋清中蛋白质的 0.8% ~ 1.0%，相对分子质量 32000 ~ 36000，等电点为 3.9 ~ 4.1。

（10）无花果蛋白酶抑制剂　无花果蛋白酶抑制剂约占蛋白中蛋白质总量的 1%，是非糖类蛋白质，相对分子质量 12700，等电点为 5.1，热稳定性较高。能够抑制无花果蛋白酶、番木瓜蛋白酶及菠萝蛋白酶，此外还能抑制组织蛋白酶 B 和组织蛋白酶 C。

3. 蛋清中的碳水化合物

蛋清中的碳水化合物中，一类呈结合态存在，与蛋白质结合，在蛋白中含0.5%，如与卵黏蛋白和类黏蛋白结合的碳水化合物；另一种呈游离状态存在，在蛋清中0.4%，游离糖中的98%为葡萄糖，其余为果糖、甘露糖、阿拉伯糖、木糖和核糖。虽然蛋清中游离状态的碳水化合物含量很少（0.4%），但是在蛋品加工中，尤其是加工蛋白粉、蛋白片等产品中，对产品的色泽有很大的影响；皮蛋加工过程中蛋清色泽的变化，也与这些游离的碳水化合物关系密切。

4. 蛋清中的脂质

新鲜蛋清中含极少量脂质（约为0.02%），其中性脂质和复合脂质的组成比是6∶1。中性脂质中的蜡、游离脂肪酸和醇为主要成分，而复合脂质中神经鞘磷脂和脑磷脂为主要成分。

5. 蛋清中的维生素及色素

蛋清中的维生素比蛋黄中略少，其主要种类有维生素B_2（240～600mg/100g）、维生素C（0.21mg/100g）、烟碱酸（5.2mg/100g），泛酸在干燥的蛋清中为0.11 mg/100g。蛋清中的色素极少，其中含有少量的核黄素，因此干燥后的蛋清带有浅黄色。

6. 蛋清中的无机成分

蛋清中K^+、Na^+、Cl^-等离子含量较多，而蛋清中P、Ca含量少于蛋黄P、Ca含量。蛋清中的主要无机成分含量如表2.7-2所示。

表2.7-2　　　　　　　　　　　　蛋清中无机成分含量

无机物	含量/ （mg/100g）	无机物	含量/ （mg/100g）	无机物	含量/ （mg/100g）
K	138.0	Cl	172.1	Zn	1.50
Na	139.1	Fe	2.25	I	0.072
Ca	58.5	S	165.3	Cu	0.062
Mg	12.41	P	237.9	Mn	0.041

7. 蛋清中的酶

蛋清中不仅含有蛋白分解酶、淀粉酶和溶菌酶等，最近还发现有三丁酸甘油酶、肽酶、磷酸酶、过氧化氢酶等。

2.7.2.4　蛋黄的化学成分与性质

蛋黄中含有约50%的干物质，主要成分为蛋白质和脂质，二者的比例约为1∶2，脂质主要以脂蛋白的形式存在，此外还含有糖类、灰分、色素、维生素、矿物质等营养成分。蛋黄中的主要营养成分如表2.7-3所示。

表2.7-3　　　　　　　　　　　　蛋黄的化学成分含量

种类	水分 含量/%	脂肪 含量/%	蛋白质 含量/%	卵磷脂 含量/%	脑磷脂 含量/%	矿物质 含量/%	葡萄糖及 色素含量/%
鸡蛋	47.2～1.8	21.3～2.8	15.6～5.8	8.4～10.7	3.3	0.4～1.3	0.55
鸭蛋	45.8	32.6	16.8	—	2.7	1.2	—

1. 蛋黄中的蛋白质

蛋黄中含有约15%的蛋白质，其生化功能几乎和卵清中蛋白质一样，其大多为磷蛋白和脂肪结合而形成的脂蛋白。蛋黄中的蛋白质大部分是脂质蛋白质，包括低密度脂蛋白（LDL）、高密度脂蛋白（HDL）、卵黄高磷蛋白和卵黄球蛋白等，其组成如表2.7-4所示。

表2.7-4　　　　　　　　　　　　　　蛋黄中的蛋白质组成

成分	低密度脂蛋白	卵黄球蛋白	卵黄高磷蛋白	高密度脂蛋白	其他
占比/%	65.0	10.0	4.0	16.0	5.0

（1）低密度脂蛋白（LDL）　其低密度脂蛋白是蛋黄中含量最多的蛋白质，含量约为蛋黄中蛋白质总量的65%。低密度脂蛋白中脂质含量高达86%，而蛋白质（肽链）含量仅为11%，含有约3%的糖类，属于糖蛋白，密度仅为0.89。低密度脂蛋白以微粒的形式存在，微粒以甘油三酯为中心，外面由磷质、磷脂蛋白质及胆固醇等极性基构成的球形结构。超高速离心可将低密度脂蛋白分为LDL-1与LDL-2两种组分，比例约为1∶4。

（2）高密度脂蛋白（HDL）　高密度脂蛋白又称卵黄脂磷蛋白（lipovitellin），含量约16%，其中肽链含量为78%，脂质含量为20%，含糖质0.75%。脂质由60%的磷脂、36%的中性脂质及4.1%的胆固醇组成。磷脂中包括卵磷脂（75%）、脑磷脂（18%）、神经磷脂和溶血磷脂（7%）。在pH 7.0以下时，卵黄脂磷蛋白高密度脂蛋白是以高聚合体形式存在的，随着pH的上升，高聚合体解离为单体。

（3）卵黄高磷蛋白　卵黄高磷蛋白含量约为4%，其中氮含量为12%~13%，磷含量为10%。卵黄高磷蛋白中的磷绝大部分是以磷酸基形式存在的，有一个非常有趣的现象就是，磷酸基在蛋白质中基本只与一个氨基酸结合，那就是丝氨酸，所以，蛋白质中的磷酸基是以丝氨酸-磷酸形式出现的，因此，卵黄高磷蛋白中的丝氨酸含量占肽链氨基酸总量的54%，其中94%~96%与磷酸基结合为磷酸丝氨酸，含有约6.5%的糖。

（4）卵黄球蛋白　卵黄球蛋白是一种水溶性蛋白质，占蛋黄中蛋白质总量的21.6%，为假性球蛋白，含磷量为0.1%，经超速离心后可得到α-、β-和γ-三种成分。

2. 蛋黄中的脂质

蛋黄中含有30%~33%的脂质，蛋黄脂质中三酸甘油酯脂肪约占总量的65%，磷脂质约占30%，胆固醇约占4%，其他则为微量的胡萝卜素及维生素等。

真脂肪（甘油三酯）是蛋黄中的主要脂质，常温下为橘黄色半黏稠状乳浊液。脂肪酸主要有油酸（46.2%）、棕榈酸（24.5%）、亚油酸（14.7%）、硬脂酸（6.4%）、棕榈油酸（6.6%）及少量的亚麻酸、花生四烯酸（AA）、二十二碳烯酸（DHA）等。这些脂肪酸许多是人体所必需的。

磷脂包括卵磷脂（70%）、脑磷脂（25%）及神经磷脂、糖脂质、脑苷脂等。

3. 蛋黄中的碳水化合物

蛋黄中的碳水化合物占蛋黄质量的0.2%~1.0%，以葡萄糖为主，还有少量乳糖。蛋黄中的碳水化合物主要与蛋白质结合存在，如葡萄糖与卵黄磷蛋白、卵黄球蛋白等结合存在，而半乳糖与磷脂结合存在。

4. 蛋黄中的色素

蛋黄含有较多的色素，所以蛋黄呈黄色或橙黄色。其中色素大部分是脂溶性的，如胡萝卜素、叶黄素，水溶性色素主要是玉米黄色素为主。每 100g 蛋黄中含有约 0.3mg 叶黄素、0.031mg 玉米黄素和 0.03mg 胡萝卜素。

5. 蛋黄中的酶

蛋黄中含有淀粉酶、三丁酸甘油酶、胆碱酯酶、蛋白酶、肽酶、磷酸酶、过氧化氢酶等。禽蛋的腐败变质与其中酶的活性增强有着密切的关系。

6. 蛋黄中的维生素

鲜蛋中维生素主要存在于蛋黄中（表 2.7-5）。

表 2.7-5　　　　　　　　　蛋黄的维生素组成

维生素	含量/（μg/100g）	维生素	含量/（μg/100g）
维生素 A	200~1000	维生素 B_1	49.0
维生素 D	20.0	维生素 B_2	84.0
维生素 E	15000.0	维生素 B_6	58.5
维生素 K_2	25.0	维生素 B_{12}	342.0
泛酸	580.0	叶酸	4.5

7. 蛋黄中的灰分

蛋黄中含有 1.0%~1.5% 的矿物质，其中以磷最为丰富，占无机成分总量的 60% 以上，钙次之，占 13%，此外还含有 Fe、S、K、Na、Mg 等。蛋黄中的 Fe 易被吸收，常作为婴儿早期的补铁食品。

2.7.3　禽蛋的加工特性

禽蛋有许多重要特性，其中与食品加工有密切关系的特性为蛋的凝固性、发泡性、乳化性及蛋黄的冷冻胶化性。

2.7.3.1　禽蛋的凝固性

禽蛋的凝固性或称凝胶性，是指禽蛋蛋白在受到热、盐、酸或碱以及机械作用时发生凝固的现象，是蛋白质分子结构发生变化的结果。禽蛋在一定的 pH 条件下会发生凝固，利用这种特性可以加工变蛋。研究表明 pH 在 2.3 以下或 pH 在 12.0 以上会形成凝胶。pH 在 2.3~12.0 之间则不发生凝胶化。碱性凝胶化是因蛋白质分子的凝集所致，但也与蛋白质成分间相互作用有关。有研究表明，蛋白中卵白蛋白和伴白蛋白均可单独用碱处理而凝固，而其他成分则不凝固。卵白蛋白或伴白蛋白与蛋清中其他蛋白在碱性条件下结合可提高凝胶强度，这是由于卵白蛋白与伴白蛋白用碱处理时，其蛋白质的分子构型受碱作用而展开，然后相互凝结成立体的网状结构，并将水吸收而形成透明凝胶，这种凝胶可发生自行液化，而酸性凝固的凝胶呈乳浊色，不会自行液化。

蛋白碱性凝胶形成时间及液化时间受 pH、温度及碱浓度影响。如果碱浓度过高，变蛋腌制时很容易烂头，甚至液化，这时如果热处理则蛋白发生凝固而制成热凝固皮蛋。

1. 凝固性机理

蛋白质的凝固可分为变性和结块两个阶段。

（1）变性 在外因作用下，维持蛋白质分子高级结构（二级、三级及四级结构）的次级键（如氢键、二硫键、盐键等）被破坏，使蛋白质的高级结构被打开，蛋白质分子（肽链）呈现不规则的松散结构，使原来埋藏在蛋白质分子高级结构内的疏水基团暴露出来，形成中间体，导致蛋白质沉淀，称之为变性。变性又分为可逆变性和不可逆变性。

（2）可逆变性 若导致蛋白质变性的外因条件强度不大或作用时间较短，蛋白质的变性可以恢复到原来的性质，这种变性称为可逆变性。

（3）不可逆变性 蛋白质松散分子结构中的极性基团，在外因条件下重新形成新的空间结构，改变了蛋白质原有的性质，使变性不能恢复，称为不可逆变性。

（4）结块 不可逆变性使蛋白质分子的肽链之间，借助次级键的缔合作用，形成较大的聚合物成为凝胶状结构，使蛋白质失去流动性和可溶性，称为蛋白质的结块。

2. 影响禽蛋凝固特性的因素

影响蛋白质凝固变性的因素很多，如热、酸、碱、盐、有机溶剂、光、高压、剧烈振荡等。食品加工中常见的因素包括以下几方面：

（1）加热 蛋白、蛋黄在加热时，其凝固与加热温度的呈正比关系。多数蛋白质，特别是白蛋白和球蛋白易出现热变性（表2.7-6）。

表2.7-6　　　　　　　蛋白、蛋黄加热温度与凝固状态的关系（8min）

加热温度/℃	蛋白凝固状态	蛋黄凝固状态
55	液态透明，无变化	无变化
59	乳白色，半透明，有凝胶状	无变化
62	乳白色，微半透明凝胶状	无变化
65	白色，半透明凝胶，稀蛋白分离	黏而柔软的糊状
68	白色，凝胶状半固体，稀蛋白分离	黏而结实的糊状，半熟
70	凝固成形，柔软，周围有稀蛋白分离	黏而结实的饼状，半熟
75	凝固成形，稀蛋白凝固	弹性，树胶状，色白、黏而散
80	完全凝固，硬	黏性、分散好，白色增加
85	完全凝固，硬	凝固、白色增加，易分散

（2）干燥 在天然状态下，蛋白质分子中均含有水分，这些水分子填充在肽分子的间隙中，稳定蛋白质的分子结构，蛋白质脱水后，蛋白质分子内部结构发生改变而发生变性。若脱水严重时，破坏了蛋白质分子的次级键，使蛋白质加水后不能恢复原来的状态和性质。

（3）蛋液加热变性凝固与含水量 含水量越高，加热变性越容易，原因是加热使蛋白质分子中的水分子剧烈运动，导致蛋白质分子的次级键断裂。

（4）蛋液加热变性凝固与pH 与蛋白质的等电点（4.5左右）密切相关，pH低，接近蛋白质的等电点，加热易使蛋白质变性；pH 高，远离等电点，加入不易变性。

（5）添加物加热变性凝固有影响　添加盐类，钙、钠、镁等金属离子会促进蛋白质的凝固；添加蔗糖可提高蛋液的凝固温度。

2.7.3.2　蛋白（清）的起泡性

泡沫是气体分散在液体中的一种多相体系。蛋清的起泡性又称发泡性，是指在激烈地搅打蛋清时，空气随着搅打进入并被包在蛋清中形成泡沫，泡沫在形成过程中，由大到小、由少到多逐渐失去流动性，并可通过加热固定，蛋清的这一性质称为蛋清的起泡性或发泡性。蛋清的起泡能力与蛋清中球蛋白部分的表面变性有关；随着蛋清被搅打，蛋白质的变性和变性蛋白质分子的聚集逐渐增加，泡沫增加；聚集的蛋白质颗粒通过保持薄层中水分和提供刚性与弹性而对稳定蛋清泡沫起重要作用。

蛋清的起泡性受酸、碱影响很大。在等电点或强酸、强碱条件下，因蛋白质变性并凝集而起泡力最大。研究表明球蛋白、伴白蛋白主要起发泡作用，而卵黏蛋白、溶菌酶则起稳定作用。

蛋清的起泡能力受许多加工因素影响。当蛋清搅拌到相对密度为 0.15~0.17 时，泡沫既稳定又可使蛋糕体积最大。蛋白经加热（>58℃）杀菌后，会不可逆地使卵黏蛋白与溶菌酶形成的复合体变性，延长起泡所需时间，降低发泡力。另外调整 pH 至 7.0 并增加金属盐如 Al^{3+} 等以提高蛋清的热稳定性。在机械打蛋时，蛋清中可能混有 0.01%~0.2% 的蛋黄，这些少量脂类存在会降低蛋清发泡力。添加脂酶可以有效恢复蛋黄污染蛋清导致发泡力的下降。

2.7.3.3　蛋黄的乳化性

禽蛋的乳化性来源于蛋黄，蛋黄是最好的乳化剂，蛋黄中含有丰富的卵磷脂（约 3%），由于卵磷脂分子具有能与油脂结合的疏水基和与水分子结合的亲水基，因此具有良好的乳化效果。向蛋黄中添加少量食盐、糖可以提高乳化容量。酸能降低蛋黄乳化力，但各种酸对其影响程度不同，强酸影响较大，在 pH5.6 时就会使其稳定性急剧下降，而弱酸则在 pH4.0 以下才会对其乳化容量有显著的影响。

蛋黄冷冻会发生胶化，解冻后无法完全恢复其乳化力，可以通过在蛋黄冷冻前常添加糖、食盐等降低胶化而保持蛋黄的乳化性。蛋黄经干燥处理后溶解度降低，这是由于干燥过程中随着水分的减少，其脂质由脂蛋白中分离出来而存在于干燥蛋黄表面，因此严重损害其乳化性。干燥前加糖类，则分子中的—OH 替代脂蛋白的水，保护脂蛋白。干燥后加水可再将糖置换，恢复原来脂蛋白的水合状态。另外，贮藏蛋的乳化力也会下降。

2.7.3.4　蛋黄的冷冻胶化性

蛋黄在冷冻时黏度剧增，形成弹性胶体，解冻后也不能完全恢复蛋黄原有状态，这使冰蛋黄在食品中的应用受到很大限制，蛋黄于 -6℃ 以下冷冻或贮藏时常发生这种现象，且在一定温度范围，温度越低则凝胶化速度越快，这是由于蛋黄由冰点 -0.58℃ 降至 -6℃ 时，水形成冰晶，其未冻结层的盐浓度剧增，促进蛋白质盐析或变性所致。

为了抑制蛋黄的冷冻凝胶化，可在冷冻前添加 2% 食盐或 8% 蔗糖、糖浆、甘油及磷酸盐类，而用蛋白酶（以胃蛋白酶最好）、脂肪酶处理蛋黄可抑制蛋黄冷冻凝胶化。机械处理如均质、胶体研磨可减少蛋黄黏度。

图文并茂电子书/拓展资源获得方法： 用移动终端设备上安装的"学习通" APP 扫描下列二维码， 就可以直接学习"食品原料学慕课" 网站上与该章节配套的电子书/讲课视频、 试题库、 相关论文、 拓展阅读、 拓展视频、 VR/AR/MR、 3D 动画、 热门话题、 国内外进展、 专家讲座等拓展内容 （ 详细方法参见本教材正文前的慕课使用方法 ）：

0. 配套国家级
　慕课首页

1. 禽蛋的概念
　及构造

2. 禽蛋的化学
　组成及性质

3. 禽蛋的加工
　特性

4. 历史经典、最
　新进展与思考

3

粮油食品原料

3.1 稻谷与大米

粮油食品原料主要是指田间栽培的各种粮食作物所产生的果实和种子,以及某些植物的块根和块茎。每一种粮油食品原料都是由各种不同的化学物质按大致一定的比例组成的,了解每一种原料的结构和化学成分的含量与分布,去掉原料中人体所不能利用的化学成分,保留人体所需要的营养成分,有利于对该原料的加工与利用。我国对粮油作物根据化学成分与用途分为禾谷类作物、豆类作物、油料作物和薯类作物 4 大类,主要包括稻谷与大米、小麦与面粉、玉米与玉米粉、小杂粮、大豆、花生、油菜籽、甘薯及马铃薯。

3.1.1 栽培稻品种的分类

现代的栽培稻分属于禾本科稻属植物的两个种,即普通栽培稻(oryza sativa)和光稃栽培稻(oryza glaberrima)。稻属植物除上述两个栽培种外,还有大约 20 个野生稻种,分布于全球热带和亚热带地区。

3.1.1.1 籼稻和粳稻

根据栽培稻的地理分布(纬度和海拔高低)分为籼稻和粳稻(主要生态因子是温度)。高纬度的高海拔地区,水稻生育期间(特别是前期和后期)的温度一般较低,以栽培粳稻为主。反之,低纬度的低海拔地区,以栽培籼稻为主。我国秦岭、淮河以北各稻区及云贵高原 1000多米以上的高地所栽培的大多数是粳稻。我国南方的主要稻区普遍栽培的是籼稻。

籼稻和粳稻在其他特征上也有若干差别。例如，北方粳稻的叶色通常比籼稻浓绿，粳稻的粒形较短圆，籼稻则较细长；粳稻的稃毛一般比籼稻的长而密；粳稻谷粒成熟后里层不发达，所以不易脱粒，而籼稻的大多数品种则较易脱粒；在同一条件下，粳稻结实成熟的日数通常比籼稻多；粳稻的谷粒或米粒在苯酚液中不易着色，籼稻则易着色；粳稻的米粒在氢氧化钾溶液中浸渍易溃烂，籼米则不易溃烂；粳米煮熟后黏性常比籼米强，因为大多数籼米中所含直链淀粉比粳米多；粳稻种子发芽的最低温度虽比籼稻低，但在高温下，粳稻种子的发芽日数常长于籼稻；北方粳稻对稻瘟病的抗病力一般弱于籼稻品种；在生殖细胞减数分裂前期，粳稻的生殖细胞核中一般只有 1 个核仁，而籼稻则常有 2 个。粳、籼稻品种杂交，它们的子代结实率一般较低。

3.1.1.2　晚稻和早稻

根据栽培稻品种的熟期性和季节分布，在籼稻和粳稻中再各分晚稻和早稻两大类。影响晚稻和早稻类型分化的主要生态因子是因纬度和季节而异的日长条件。

晚稻和早稻主要差别在于发育特性的不同。晚稻对日长反应敏感，也就是感光性强，是典型的短日性作物，只能分布于纬度较低的地区。我国南部的一些稻区，在短日的冬、春季温度也不太低，晚稻品种可在这些地区进行"冬繁"或"翻春"栽培。

早稻对日长的反应迟钝，无论在短日或长日条件下只要温度条件相同，生育期的变化就不大。这类品种的适应性较大，在我国南方和北方各稻区都有分布。我国南方的双季稻区，早季只能种植早稻。

3.1.1.3　水稻和旱稻

根据栽培地区土壤水分的生态条件不同可分为水稻和旱稻，其主要差别在于品种耐旱性的不同。

水稻具有适应沼泽环境的结构和机能，如茎叶的通气组织较发达，不定根具有发达的皮层气腔，地下部的乙醇酸呼吸代谢显著等。水稻中的深水稻能够在 1m 以上的深水中直立生长；浮稻的茎最长可达 5m 以上，能随水位高低匍匐浮于水中，使叶冠及穗部露出水面。

旱稻通气组织较不发达，但根系较发达。在旱地状态的土壤水分情况下，旱稻体内有较多的含水量及自由水量，受缺水而抑制生长的程度也较水稻为轻。但旱稻仍然具有沼泽植物的体构和机能，因而大多数旱稻品种可以和水稻一样在水田中栽培，甚至比在旱地生长还要好些，产量也较高，只有少数旱稻品种在水田栽培时，当水田土壤的氧化还原电位过低，其抗御土壤有毒的还原物质的能力就较小，生育不正常。反之，也有些普通的水稻品种可在某种条件下旱栽。

3.1.1.4　黏稻和糯稻

大多数谷物都有黏与糯之分，是根据其所含淀粉性质的不同而分类。黏稻的米淀粉中含直链淀粉 10%～30%，其余为支链淀粉；而糯稻的米淀粉中几乎全部为支链淀粉。煮熟后黏性最强的是糯稻，次之为籼糯，再次之为粳稻中的黏米，而籼稻中的黏米黏性最弱。所以一般以黏稻为主食，而糯稻一般作副食。

3.1.2　稻谷的籽粒结构与化学成分

3.1.2.1　稻谷籽粒结构

稻谷籽粒由谷壳和糙米两部分构成，呈椭圆或长椭圆形。谷壳包括内外颖和护颖。谷壳由上表皮、纤维组织、薄壁组织和下表皮组成，其主要成分是粗纤维和硅质，结构坚硬，能防止虫霉侵蚀和机械损伤，对稻粒起着一定的保护作用。

稻谷脱去稻壳即是糙米。糙米属颖果，其顶端有一黑色的小点，是雌蕊柱头的遗痕。米粒两侧各有两条沟纹，沟纹深的加工不易精白。糙米由果皮、种皮、外胚乳、糊粉层、胚乳和胚组成。果皮的最外一层是表皮，其内依次为中果皮、横细胞和管细胞。种皮与果皮紧密相连，是由子房的珠被发育而来的。稻粒成熟时，其细胞已坏死成为一层极薄的膜状组织，内含色素，使米粒形成各种不同的颜色。外胚乳是粘连在种皮下的一层薄膜，它是来自子房珠心组织的表皮，与种皮很难区别，所以也有将两者合称为种皮的。糊粉层由糊粉细胞组成，两侧面各一层，腹面1层或2层，背面有5~6层。糊粉细胞是小型的近似立方形的细胞，内含蛋白质的糊粉粒、脂肪和酶等，不含淀粉粒。紧连着糊粉层内侧的通常还有一层称作亚糊粉层，内含蛋白质、脂肪和少量的淀粉粒。胚乳在亚糊粉层之内，胚乳组织细胞中充满着淀粉粒，稻米淀粉呈多角形，有明显的棱角。胚是幼苗的原始体，位于米粒腹面的基部，呈椭圆形，表面起皱褶，稍内陷，仅中部隆起。胚由胚芽、胚茎、胚根及吸收层等部分组成。吸收层与胚乳相连接，种子发芽时分泌酶，分解胚乳中的物质供给胚以养分。糙米经过加工后的白米，主要是胚乳，被除去的部分则是包括胚在内的外层组织如果皮、种皮和糊粉层，即米糠，如图3.1-1所示。

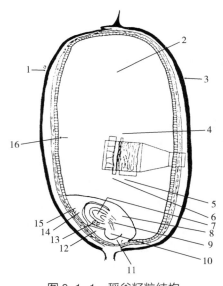

图 3.1-1　稻谷籽粒结构

1—果皮　2—胚乳　3—外稃　4—种皮　5—内稃
6—珠心层　7—胚芽　8—盾片　9—中胚轴
10—胚根　11—胚根鞘　12—外胚叶　13—胚芽鞘
14—侧鳞　15—腹鳞　16—糊粉层

稻谷各部分的质量分数是谷壳占 18%~20%，糠层占 5%~7%，胚乳占 66%~70%，胚占 2%~4%。

3.1.2.2　稻谷的化学成分

稻谷中粗纤维和灰分主要分布在皮层（即米糠）中，全部淀粉和大部分的蛋白质则分布在胚乳（即大米）内，维生素、脂肪和部分蛋白质则分布在糊粉层和米胚中。一般稻谷脱壳得到的是糙米，糙米碾去糠层得到的是大米，因此谷壳中主要含有纤维和灰分，米糠中含有一定量的蛋白质及大量的脂肪和维生素，大米中主要含有淀粉和蛋白质，因此加工精度越高，营养损失越大。目前市售的营养强化米就是在普通大米的基础上添加人体所需要的营养成分以弥补加工时营养成分的损失。

大米中含碳水化合物 75% 左右，蛋白质 7%~8%，脂肪 1.3%~1.8%，并含有丰富的 B 族维生素等。大米中的碳水化合物主要是淀粉，其中直链淀粉的含量与其他禾谷类相当，为 20% 左右，糯米则几乎全部是支链淀粉。一般粳米的直链淀粉含量较籼米低。

大米所含的蛋白质主要是米谷蛋白，其次是米胶蛋白和球蛋白，其蛋白质的生物价和氨基酸的构成比例都比小麦、大麦、小米和玉米等禾谷类作物高，消化率 66.8%~83.1%，也是谷类蛋白质中较高的一种。因此，食用大米有较高的营养价值。但大米蛋白质中赖氨酸和苏氨酸的含量比较少，所以不是一种完全蛋白质，其营养价值比不上动物蛋白质。

大米中的脂肪含量很少，稻谷中的脂肪主要集中在米糠中，其脂肪中所含的亚油酸含量较高，一般占全部脂肪的34%，比菜籽油和茶油分别多2~5倍。所以食用米糠油有较好的生理功能。稻谷和大米中的营养成分如表3.1-1所示。

表3.1-1　　　　　　　　　　　　稻谷和大米的营养成分表　　　　　　　　　单位:%

粮食名称	水分	蛋白质	脂肪	糖类	粗纤维	灰分	维生素 B_1	维生素 B_2	维生素 B_3
籼糙米	13.0	8.3	2.6	74.2	0.7	1.3	0.34	0.07	2.5
籼米标一	13	7.8	1.3	76.6	1.4	0.9	0.19	0.06	1.6
籼米标二	13	8.2	1.8	75.5	0.5	1	0.22	0.06	1.8
粳糙米	14	7.1	2.4	74.5	0.8	1.2	0.35	0.08	2.3
粳米标一	14	6.8	1.3	76.8	0.3	0.8	0.22	0.06	1.5
粳米标二	14	6.9	1.7	76	0.4	1	0.24	0.05	1.5
糯米标一	14.0	6.4	1.5	77.1	0.7	0.7	0.2	0.2	0.8
糯米标二	14	6.2	1.5	76.2	0.3	0.9	0.2	0.06	3.5

3.1.3　稻谷与大米的加工适性

3.1.3.1　稻谷的加工适性

稻谷的加工适性主要是指稻谷的形态、结构、化学成分和物理特性，这些特性对碾米的工艺效果有直接的相关性，与碾米设备的选择、工艺流程的制定都有密切的关系。

1. 色泽和气味

粮粒应有自然的色泽和气味。正常的稻谷为鲜黄色或金黄色，富有光泽，没有不好的气味。未成熟的稻谷一般为绿色，如果是发热霉变的稻谷，则米粒会变质，变成暗黄色，没有光泽且有霉味。一般说来，陈稻的色泽和气味比新稻差，加工时易出碎米，出米率低，产品质量不好。

2. 粒形与均匀性

稻谷籽粒的形状因品种、类型的不同而有很大的差异。籽粒的大小可用长、宽、厚来表示，稻谷的粒形也可用长与宽的比（长/宽）来表示。稻谷的粒形与出米率、出碎米率有密切的关系。谷粒呈圆形的，其皮与壳所占的比例小，胚乳的含量则相对较高，即出米率高，同时球形的谷粒因耐压性强，加工时碎米少。如籼稻的长宽比大于2，而粳稻的长宽比小于2，因此粳稻的出米率要比籼稻高，而碎米率比籼稻低。此外，谷粒的大小形状也是合理选用筛孔大小与调整设备的依据之一。

3. 千粒重、相对密度和体积质量

千粒重是指1000粒稻谷的质量，其大小可直接反映出稻谷饱满的程度和质量的好坏。千粒重除与水分有关外，还与谷粒的大小、饱满程度及胚乳结构等因素有关。千粒重大的稻谷籽粒饱满，结构紧密，粒大而整齐，胚乳所占的比例大，出米率高，加工出的成品质量好。稻谷的千粒重为 25g 左右，粳稻的千粒重较籼稻的高。千粒重越大，单位重量中谷粒的粒数越少，清理、垄谷与碾米时所需的时间就越短，因此产量高、电耗少。

相对密度是稻谷质量与其体积的比值，相对密度的大小与籽粒所含的化学成分有关。稻谷的相对密度一般在 1.18～1.22。相对密度大的稻谷发育正常，成熟充分，粒大而饱满。因此相对密度也是评定稻谷工艺品质的一项指标。

体积质量是指单位体积内稻谷的质量，用 kg/m^3 表示。体积质量是粮食质量的综合指标，与稻谷的品种类型、成熟度、水分含量及外界因素有关，质量好的稻谷体积质量在 $560kg/m^3$ 左右。籽粒饱满整齐、表面光滑、粒形短圆及相对密度较大的稻谷体积质量也较大。稻谷的品质好，谷壳率低，出糙率高。此外，体积质量也是运输设备及仓库计算的依据。

体积质量和千粒重结合起来可以更好地反映粮食的品质。体积质量和千粒重都大的稻谷，在一定程度上保证了稻谷的品质。如果出现两者大小不一致，则说明品质较差。

4. 腹白度、爆腰率与碎米

腹白是指米粒上乳白色不透明的部分，其大小程度称作腹白度。无论粳米还是籼米都可能带有腹白，乳白色不透明部分位于心部的称为心白。腹白是在生长过程中形成的，稻谷在成熟时因气候不良，温度低，降雨较多，养分没有充分充实即进入成熟期，致使淀粉粒的排列疏松，糊精较多而缺乏蛋白质。因此，腹白度大的米粒，其角质部分的含量少，组织疏松，加工时易碎，出米率低。在通常情况下，粳稻比籼稻的腹白度小，晚稻比早稻的腹白度小，相对密度大的米粒比相对密度小的米粒腹白度小。

凡米粒上有纵向或横向裂纹者称作爆腰。糙米中的爆腰粒数占总数的百分比称为爆腰率。造成爆腰的原因很多，如稻谷在烈日下暴晒或采取急剧的高温烘烤或冷却，使米粒的表面与内部在膨胀或收缩时产生不均匀的应力错位；又如由于风吹干燥过度，干燥米又大量吸水或受到外力的冲击。爆腰米粒的强度较正常米粒低，因此加工时易出碎米。原粮的爆腰率越高，其出米率就越低，煮饭时易成粥状，失去原有的滋味，降低食用品质。

粒形在 2/3 以下的称为碎米。造成碎米的原因很多，如稻谷的成熟度不足、腹白多、硬度小或在保管中发生霉变生虫，以及由于碾米不善等。碎米的外观差，不整齐，出饭率低，滋味差。因此在加工时应尽量减少碎米的产生，一般粳米中的碎米较籼米中的碎米少。

5. 谷壳率与强度

谷壳率是指稻谷的谷壳占稻谷质量的百分比。谷壳率高的稻谷，千粒重小，谷壳厚而且包裹紧密，加工时脱壳困难，出糙率低。谷壳率低的稻谷正好相反，加工时脱壳容易，出米率也高。谷壳率是稻谷定等的基础，也是评定稻谷工艺品质的一项重要指标。

强度也称硬度，是指谷粒抵抗外力破坏的最大能力。谷粒受到压缩、拉伸、剪切、弯曲和扭转等作用时，其内部产生相应的抵抗作用。米粒的强度可用米粒硬度计来测定，其大小以每粒米能承受的外力大小来表示。米的强度同稻谷的品种、成熟程度、组织结构、水分和温度等有关。一般来说，含蛋白质多、透明度大的籽粒，其强度要大于蛋白质含量少、胚乳组织松散、不透明的籽粒。粳稻的强度比籼稻大，晚稻的强度比早稻大；对同一品种的米粒来说，水分低的比水分高的强度大，冬季的比夏季的强度大。米粒在 50℃ 时强度最大，以后随着温度的上升而逐渐降低。由于稻谷种类和性质的不同，需要有不同的工艺。因此充分了解原料的状况，对加工出优质米粒十分必要。

3.1.3.2 大米的加工适性

部分禾谷类粮食作物的果实和种子，在去除了颖壳、果皮和种皮之后的胚乳称为米。在禾谷类粮食中，黍、高粱、燕麦和大麦等原粮加工成的成品分别称为黍米、高粱米、燕麦米和大麦米（麦仁），而稻谷制成的稻米则习惯上称为大米，粟加工成的粟米习惯上称为小米。

大米是指稻谷的胚乳，即将稻谷脱去稻壳，碾去糠层后得到的部分。可以从以下几个方面判别质量：籼米粒形细长，长度为宽度的 3 倍以上，腹白较大，硬质粒较小，加工时易出碎米，出米率较低，米质蜡性大而黏性较小；粳米则粒形短圆，长度是宽度的 1.4~2.5 倍，腹白小或没有，硬质粒多，米质胀性较小，但黏性较强。粳米在苯酚中不易着色，籼米则易着色；粳米在 KOH 溶液中浸泡易糊，籼米则不易；粳米煮熟后黏性比籼米大，胀性比籼米小。

糯米是糯稻的胚乳，又称元米、江米，因含 100% 的支链淀粉，故黏性最强，胀性最小。根据米粒短圆或细长，黏性强与弱，胀性大与小，又可分为粳糯和籼糯，以颗粒饱满晶莹者为佳。干燥的糯米呈蜡白色，不透明，而黏米则是半透明的；糯米淀粉遇碘呈红褐色，黏米则呈蓝色。

酿造用米一般以糯米为佳，次为粳米，籼米一般不用于酿酒，因为糯米淀粉含量高，可供糖化发酵的基质多，可提高酒的产量，同时蛋白质含量低，可使蛋白质分解产物较粳米少，相应地减少了因氨基酸脱氨基所生成的杂醇油的含量，使酒味较为纯正。另外，糯米中的淀粉全部是支链淀粉，在酒精发酵过程中，支链淀粉受淀粉酶的分解作用并不彻底，因此发酵完成后残留较多的糊精和低聚糖，故酿成的酒口味醇厚而较甜。

在生产味精与麦芽糊精中，一般以早籼米为原料，因为早籼米原料成本低，产品得率高且加工适性好。早籼米中直链淀粉含量较其他米高，因此淀粉分解较为容易，黏度较低，加工时易操作，只要控制好加工工艺条件，就可以得到所需葡萄糖值（DE 值）的产品。

在年糕生产中，一般用粳米最好，用籼米制成的产品黏性和韧性不够，口感不滑爽，无咬劲，而用糯米制成的年糕黏性太强，吃起来太软也无咬劲，因此质量好的年糕应用 100% 的粳米为原料。

3.1.4 稻谷与大米的质量标准

3.1.4.1 稻谷的质量标准

我国将稻谷分为早籼稻谷、晚籼稻谷、粳稻谷、籼糯稻谷和粳糯稻谷 5 类，各类稻谷的质量以出糙率和整精米率作为定等的基础，共分 5 个等级，并结合杂质、水分含量、黄米粒含量、谷外糙米含量、互混率及色泽和气味进行质量检验，具体指标如表 3.1-2 和表 3.1-3 所示。

表 3.1-2　　　早籼稻谷、晚籼稻谷、籼糯稻谷质量指标（GB 1350—2009）

等级	出糙率/%	整精米率/%	杂质含量/%	水分含量/%	黄米粒含量/%	谷外糙米含量/%	互混率/%	色泽、气味
1	≥79.0	≥50.0						
2	≥77.0	≥47.0	≤1.0	≤13.5	≤1.0	≤2.0	≤5.0	正常
3	≥75.0	≥44.0						

续表

等级	出糙率/%	整精米率/%	杂质含量/%	水分含量/%	黄米粒含量/%	谷外糙米含量/%	互混率/%	色泽、气味
4	≥73.0	≥41.0						
5	≥71.0	≥38.0	≤1.0	≤13.5	≤1.0	≤2.0	≤5.0	正常
等外	<71.0	—						

注："—"为不要求。

表 3.1-3　　　　　　粳稻谷、粳糯稻谷质量指标（GB 1350—2009）

等级	出糙率/%	整精米率/%	杂质含量/%	水分含量/%	黄米粒含量/%	谷外糙米含量/%	互混率/%	色泽、气味
1	≥81.0	≥61.0						
2	≥79.0	≥58.0						
3	≥77.0	≥55.0	≤1.0	≤14.5	≤1.0	≤2.0	≤5.0	正常
4	≥75.0	≥52.0						
5	≥73.0	≥49.0						
等外	<73.0	—						

注："—"为不要求。

另外，标准还规定，每类稻谷中混有其他类稻谷的总限度为 5%，各类稻谷中的黄粒米限度为 2%，各类稻谷中谷外糙米不超过 2.0%。黄粒米是指胚乳呈黄色，与正常米粒色泽明显不同的颗粒。

3.1.4.2　大米的质量标准

我国大米的质量标准有 2 个，分别是 GB/T 1354—2018《大米》和 NY/T 419—2014《绿色食品　稻米》。大米国家标准按食品品质将其分为大米和优质大米，按照原料稻谷类型又将大米分为籼米、粳米、籼糯米和粳糯米四类，优质大米分为优质籼米和优质粳米两类。大米以碎米（总量及其中小碎米含量）、加工精度和不完善粒为定等指标（表 3.1-4）。优质大米以碎米（总量及其中小碎米含量）、加工精度、垩白度和品尝评分值为定等指标（表 3.1-5）。

表 3.1-4　　　　　　大米质量标准（GB/T 1354—2018）

品种			籼米			粳米			籼糯米		粳糯米	
等级			一级	二级	三级	一级	二级	三级	一级	二级	一级	二级
碎米	总量/%	≤	15.0	20.0	30.0	10.0	15.0	20.0	15.0	25.0	10.0	15.0
	其中：小碎米含量/%	≤	1.0	1.5	2.0	1.0	1.5	2.0	2.0	2.5	1.5	2.0
加工精度			精碾	精碾	适碾	精碾	精碾	适碾	精碾	适碾	精碾	适碾
不完善粒含量/%		≤	3.0	4.0	6.0	3.0	4.0	6.0	4.0	6.0	4.0	6.0
水分含量/%		≤		14.5			15.5		14.5		15.5	

续表

品种		籼米			粳米			籼糯米		粳糯米	
等级		一级	二级	三级	一级	二级	三级	一级	二级	一级	二级
杂质	总量/% ≤					0.25					
	其中：无机杂质含量/% ≤					0.02					
黄粒米含量/% ≤						1.0					
互混率/% ≤						5.0					
色泽、气味						正常					

表 3.1-5　　　　　　　　　优质大米质量标准（GB/T 1354—2018）

品种		优质籼米			优质粳米		
等级		一级	二级	三级	一级	二级	三级
碎米	总量/% ≤	10.0	12.5	15.0	5.0	7.5	10.0
	其中：小碎米含量/% ≤	0.2	0.5	1.0	0.1	0.3	0.5
加工精度		精碾	精碾	适碾	精碾	精碾	适碾
垩白度/% ≤		2.0	5.0	8.0	2.0	4.0	6.0
品尝评分值/分 ≥		90	80	70	90	80	70
直链淀粉含量/%			13.0~22.0			13.0~20.0	
水分含量/% ≤			14.5			15.5	
不完善粒含量/% ≤				3.0			
杂质	总量/% ≤			0.25			
	其中：无机杂质含量/% ≤			0.02			
黄粒米含量/% ≤				0.5			
互混率/% ≤				5.0			
色泽、气味				正常			

　　图文并茂电子书/拓展资源获得方法：用移动终端设备上安装的"学习通" APP 扫描下列二维码，就可以直接学习"食品原料学慕课" 网站上与该章节配套的电子书/讲课视频、试题库、相关论文、拓展阅读、拓展视频、 VR/AR/MR、 3D 动画、热门话题、国内外进展、专家讲座等拓展内容（详细方法参见本教材正文前的慕课使用方法）：

0. 配套国家级
慕课首页

1. 稻谷与大米 Ⅰ

2. 稻谷与大米 Ⅱ

3.2　小麦与面粉

小麦是一种旱地作物，适于机械耕种，播种面积和产量在世界粮食作物中均占第一位，在我国仅次于稻谷占第二位。

3.2.1　小麦的分类

我国栽培的小麦一般按播种期分为冬小麦（冬播夏收）与春小麦（春播秋收），其中以冬小麦为主，约占83%以上，春小麦只占16%左右；按皮色可分为白麦（种皮为白色、乳白色或黄白色）与红麦（种皮为深红色或褐色）；按粒质可分为硬质麦与软质麦。

对商品小麦，国家标准规定分为以下几类：

白皮硬质小麦：白色或黄白色麦粒≥90%，角质率≥70%。

白皮软质小麦：白色或黄白色麦粒≥90%，粉质率≥70%。

红皮硬质小麦：深红色或红褐色麦粒≥90%，角质率≥70%。

红皮软质小麦：深红色或红褐色麦粒≥90%，粉质率≥70%。

混合小麦：不符合上述4种的小麦。

其他类型小麦。

我国北方多产白皮硬质冬小麦，麦粒小，皮薄，蛋白含量高，体积质量大，出粉率高，品质好。南方多产红皮软质冬小麦，麦粒较大，皮厚，蛋白含量低，容重小，出粉率低。

3.2.2　小麦的籽粒结构与化学成分

3.2.2.1　小麦籽粒结构

小麦脱壳时，内外颖即脱去，麦粒属颖果（图3.2-1），顶端有茸毛，背面隆起，胚位于背面基部，腹面有凹陷的腹沟，腹沟两侧部分称颊，圆形而丰满，但也有扁平或深陷而有明显边沿的。麦粒的外形从背面可分圆形、卵形和椭圆形等。横断面呈心脏形或多角形，其结构由皮层（果皮、种皮，9%）、糊粉层（3%~4%）、胚（2%）和胚乳（82%~86%）4部分所组成。

果皮由表皮、中果皮、横细胞和管状细胞（内表皮）组成。中果皮在表皮之下，由几层薄壁细胞演化而成，成熟干燥后，被压挤成不规则的状态。种皮含有两层延长的细胞，外层细胞无色，内层细胞无色时，麦粒呈白色；内层细胞含有红色或棕色脂肪时，麦粒呈红色。外胚乳位于种皮的下面，为无色透明的线状细胞，经常破碎而不易识别。糊粉层在胚乳的外面，是由一层糊粉细胞组成的，但在腹沟等部有 2 层以上的细胞层，糊粉层不含淀粉，而充满着小球状的糊粉粒（属蛋白质的一种）。胚乳是由许多胚乳细胞组成的，细胞中主要是淀粉粒，并含有大量的面筋。小麦淀粉粒有大粒和小粒两种，小粒呈球形，大粒呈凸镜形。胚位于麦粒背部，由胚芽、胚轴、胚根、吸收层等构成。胚部含糖、酶较多，生理活性较强，也易遭受虫害。

3.2.2.2 小麦的化学成分

小麦中蛋白质含量比大米高，平均在 10%~14%，一般硬质粒比软质粒含量多，生长在氮肥多的土壤以及干燥少雨的地区含量多。因此，

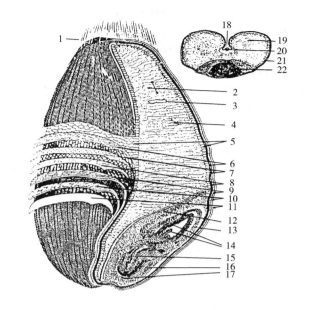

图 3.2-1　小麦籽粒结构

1—茸毛　2—胚乳　3—淀粉细胞（淀粉粒充填于蛋白质间质之中）

4—细胞的纤维素壁　5—糊粉细胞层（属胚乳的一部分与糠层分离）

6—珠心层　7—种皮　8—管状细胞　9—横细胞　10—皮下组织

11—表皮层　12—盾片　13—胚芽鞘　14—胚芽

15—初生根　16—胚根鞘　17—根冠　18—腹沟

19—胚乳　20—色素束　21—皮层　22—胚

我国生产的小麦蛋白质含量，自南而北随着雨量和相对湿度的递减而逐渐增加。

小麦蛋白质主要由麦胶蛋白与麦谷蛋白组成，由于所含赖氨酸和苏氨酸等必需氨基酸较少，故生物价次于大米，但高于大麦、高粱、小米和玉米等具有较好的营养价值。小麦中含丰富的维生素 B 和维生素 E，主要分布在胚、糊粉层和皮层中，加工精度越高，营养损失越多。

小麦在食用品质上的特点是含有大量的面筋。面筋的主要成分是麦胶蛋白（43%）和麦谷蛋白（39%）及少量的脂肪和糖类。面筋在面团发酵时能形成面筋网络，保持住面团中酵母发酵所产生的气体，而使蒸烤的馒头和面包等食品具有多孔性，松软可口，并有利于消化吸收；同时发酵后，发酵食品中的植酸盐有 55%~65% 被水解，更有利于钙和锌的吸收和利用。

3.2.3　小麦与面粉的加工适性

3.2.3.1　小麦的加工适性

小麦的加工适应性主要指小麦的形态、结构、化学成分和物理性质。研究小麦籽粒的这些特性对小麦制粉的工艺效果有直接的相关性，对制粉设备的选择、工艺流程的制定都有密切的关系。

1. 小麦的籽粒结构

小麦籽粒的结构、品种质量、化学成分与工艺特性对制粉生产有非常重要的意义。小麦籽粒由果皮、种皮、糊粉层、胚乳及胚组成。麦皮中含有许多难以消化、营养少的粗纤维。面粉精度的高低，主要由其含麦皮量的多少而定，因此在制粉过程中必须将胚乳和胚与皮层分开，

并尽可能根据对面粉精度的不同要求，控制面粉中粉状麦皮的存留量。

（1）麦皮　麦皮共分6层，外面的5层含粗纤维较多，最里面的一层是糊粉层。糊粉层约占麦皮的40%～50%，具有较丰富的营养价值，而且粗纤维的含量较少，因此在磨制低等级面粉时，应尽量将糊粉层部分磨入面粉中，但应减少其他皮层混入面粉的数量。在磨制高等级面粉时，由于糊粉层中尚含有部分不易消化的纤维素、戊聚糖和灰分，因此不宜将其磨入面粉中。

麦皮的色泽有红、花和白3种。白麦因其色泽浅，磨制的面粉色泽白，出粉率较同等红麦高，所以白麦有较好的工艺性质。薄皮麦加工时麦皮松软，胚乳占整粒麦的百分率大，麦皮与胚乳的黏结稍松，故出粉率高。

（2）胚　胚中含有一定数量的蛋白质、脂肪和糖等，在磨制低等级面粉时把胚磨入面粉中，以增加面粉的营养成分。但由于胚含有较多的易变质的脂肪，会增加面粉的酸度而酸败，使保存期变短。此外黄色的脂肪还会影响粉色，在生产高等级面粉时不宜将麦胚磨入面粉中。

（3）胚乳　胚乳是面粉的基本组成部分，含量越多，出粉率也就越高。小麦按胚乳的性质可分为硬质麦和软质麦两种。小麦的软硬对制定麦路、粉路的工艺和面粉质量及产量都有直接影响。

硬质麦也称玻璃质小麦，特点是坚硬，切开后透明呈玻璃状，皮薄，茸毛不明显，易去皮。硬质麦中含氮物较多，面筋的筋力大，能制成麦米和高等级的面粉；软质麦也称粉质小麦，切开后呈粉状，性质松软，皮较厚，茸毛粗长而明显，含淀粉量多。

2. 小麦的外表形状

（1）粒度　小麦的粒度除与品种、生长情况有关外，还与水分含量有关。小麦含水量多，引起膨胀，颗粒饱满肥大。颗粒大的小麦表面积比颗粒小的小麦表面积相对减少，因而麸皮含量就少，所以在其他条件相同的情况下，颗粒大的小麦出粉率高；接近球形的小麦，出粉率高。

（2）麦粒的充实度和劣质麦　麦粒的充实度就是麦粒饱满的程度。饱满的麦粒中胚乳所占的比例大，出粉率高。不成熟和不充实的小麦都属劣质小麦，胚乳比例小，出粉率低，而且表皮皱瘪，麦沟较深。在清理时附着在麦皮上的杂质不易除去。劣质小麦的结构组织脆弱，在清理时易产生碎麦，此外吸收水分也不均匀，影响制粉工艺。因此较多的劣质小麦会影响出粉率，降低面粉的品质。

（3）小麦的整齐度　麦粒大小一致的程度就是小麦的整齐度。一般用2.75mm×20mm、2.5mm×20mm、1.7mm×20mm的矩形筛孔来筛分，如果留在相邻两筛面上的数量在80%以上可算均匀。颗粒均匀的小麦，在清理及制粉时比较容易处理。

3. 小麦的物理特性

（1）小麦的体积质量　小麦的体积质量就是单位容积的小麦质量，我国用kg/m^3来表示，是麦粒充实度和纯度的重要标志。小麦的体积质量越大，质量越好，蛋白质含量也较高，它表示麦粒发育良好、饱满，含有较多的胚乳。在同等条件下，体积质量大的小麦出粉率高。

（2）小麦的千粒重　小麦的千粒重就是1000粒小麦的质量。千粒重大的小麦颗粒大，含粉多，我国小麦的千粒重一般为17～41g。

（3）小麦的散落性　小麦有易于自粮堆向四周散开的性质，称为散落性，随小麦的表面结构、粒形、水分及含杂情况而变化。

麦粒在其他材料上能自动滑下的最小角度，称麦粒对该材料的自流角。自流角与散落性有直接关系。小麦的自流角，一般对木材为29°~33°，对钢板为27°~31°。散落性与制粉工艺直接相关，散落性差的小麦溜管和溜筛的斜度应较大，清理也较困难，且易堵塞设备。

（4）小麦的自动分级性 小麦在运动时会产生自动分级现象，使粮堆中较重的、小的和圆的粮粒沉到下面，而较轻的、大的不实粒则浮在上面。这使筛理时，小粒麦易于接触筛孔，但也带来某些技术上的困难，如从麦仓中放出的小麦，前后质量好坏不匀，影响正常生产等。

4. 小麦各种化学成分对制粉工艺的影响

（1）水分 含有适宜水分的小麦，才能适应磨粉工艺的要求，制出水分符合标准的面粉。水分不足，胚乳坚硬不易磨碎，粒度粗，且麸皮脆而易碎，使面粉含麸量增加，影响面粉质量；水分过高，胚乳难以从麸皮上刮净，物料筛理困难，水分蒸发强烈，产品在溜管中流动性差，容易阻塞，动力消耗大，产量下降，管理操作发生困难。因此对入磨小麦的水分必须加以调节，使之适合制粉工艺的需要。

（2）碳水化合物 包括淀粉与糖，其中淀粉含量越高，出粉率就越高。但淀粉在磨粉过程中遇到水汽凝结时会发生糊化现象而使筛孔阻塞，影响筛理效果，故对水分调节有影响。硬质麦与软质麦的根本差异就在于小麦籽粒内部淀粉组织的坚实程度不同，同时也带来胚乳与皮层结合力的差异，这也是决定粉路操作的主要因素。

（3）脂肪 主要存在于胚中，我国制粉一般将胚磨入面粉中，但一些现代化的面粉厂也同国外一样将胚提取出来后加回到面粉中制成营养食品，但胚中的脂肪易氧化酸败，故保存期较短。

（4）蛋白质 小麦所含的蛋白质种类很多，其中麦醇溶蛋白和麦谷蛋白构成面筋质，面筋质能使面粉发酵后制成松软的面包和馒头等食品。小麦的糊粉层和胚中蛋白质含量虽很高，但却不能形成面筋质。蛋白质在温度超过50℃时，会逐渐凝固变性，影响发酵，因此注意碾磨时温度不能太高。

（5）矿物质 小麦各部分的矿物质分布极不均匀，麸皮与胚中的矿物质含量高，胚乳中的含量低。面粉质量越高，要求所含的麸皮越少，它所含的矿物质也越低，因此灰分仍作为鉴定面粉质量的主要指标。小麦的灰分越高，则说明胚乳含量越少，出粉率越低。

3.2.3.2 面粉的加工适性

1. 面粉的化学成分

不同等级的面粉其化学成分的含量各不相同（表3.2-1）。

表3.2-1　　　　　　　　　　　　　不同面粉的化学成分　　　　　　　　　　单位:%

品名	水分	蛋白质	碳水化合物	粗纤维	脂肪	矿物质
特制粉	13~14	7.2~10.5	75~78.2	0.2	0.9~1.3	0.5~0.9
标准粉	12~14	9.9~12.2	73~75.6	0.6	1.5~1.8	0.8~1.4

（1）水分 面粉中的水分一般为13%~14%，主要是从面粉的生产工艺和保管过程中的安全性进行考虑。如果水分含量过高，易引起发热变酸，缩短面粉的保存期，同时使面制食品的得率下降。

（2）蛋白质 面粉中的蛋白质是构成面筋的主要成分，主要由麦胶蛋白、麦谷蛋白、麦清蛋白和麦球蛋白等简单蛋白质组成，其比例分别为 40% ~ 50%、30% ~ 40%、5% ~ 10%、5% ~ 10%。小麦面粉的蛋白构成不同于其他粮油作物（表 3.2-2），麦胶蛋白和麦谷蛋白占蛋白质总量的 80% 左右，并且两者比例接近 1：1，因而能够形成面筋。面筋含量的高低是衡量面粉品质的主要指标之一。

表 3.2-2　　　　　　　　粮油籽粒中各类简单蛋白质的相对含量　　　　　　　　单位：%

蛋白质来源	蛋白质总量	清蛋白[①]	球蛋白[②]	胶蛋白[③]	谷蛋白[④]
大米	8 ~ 10	2 ~ 5	2 ~ 8	1 ~ 5	85 ~ 90
红皮硬质春小麦	10 ~ 15	5 ~ 10	5 ~ 10	40 ~ 50	30 ~ 40
大麦	10 ~ 16	3 ~ 4	10 ~ 20	35 ~ 45	35 ~ 45
燕麦	8 ~ 20	5 ~ 10	50 ~ 60	10 ~ 15	5
黑麦	9 ~ 14	20 ~ 30	5 ~ 10	20 ~ 30	30 ~ 40
玉米	7 ~ 13	2 ~ 10	10 ~ 20	50 ~ 55	30 ~ 45
高粱	9 ~ 13	无	无	60 ~ 70	30 ~ 40
大豆	30 ~ 50	极少	85 ~ 95	极少	极少
芝麻	17 ~ 20	4	80 ~ 85	极少	极少

注：①清蛋白（albumin）溶于纯水和中性盐的稀溶液，加热即凝固。粮油种子中都有清蛋白，但含量很少，如麦清蛋白（leucosin）和豆清蛋白（legumelin）；②球蛋白（globulin）不溶于水，溶于中性盐的稀溶液。球蛋白是豆类和油料种子蛋白质的主要成分，如大豆球蛋白（glycinin）和花生球蛋白（arachin）等；③胶蛋白（prolamin）又称醇溶谷蛋白，不溶于水与中性盐的稀溶液，而溶于 70% ~ 80% 的乙醇溶液。胶蛋白为禾谷类粮食种子中的储藏性蛋白质，如小麦胶蛋白、大麦胶蛋白和玉米胶蛋白等；④谷蛋白（glutelin）不溶于水和中性盐的稀溶液，也不溶于乙醇溶液，而溶于稀酸或稀碱溶液，是某些植物种子中的储藏性蛋白质，禾谷类粮食中都有，如米谷蛋白（oryzenin）和麦谷蛋白（glutenin）等。

（3）碳水化合物　碳水化合物是面粉的主要组成部分，约占面粉总量的 75% 以上，包括淀粉、纤维素和可溶性糖，其中淀粉占 90% 以上。

小麦淀粉为白色颗粒，形状有圆形、椭圆形和多角形 3 种，平均长度为 20 ~ 22μm。小麦淀粉中直链淀粉占 24%，支链淀粉占 76%。小麦淀粉在 30℃ 时吸水率较低，大约可吸收 30% 的水分，到 50℃ 时开始吸水膨胀，65℃ 时开始糊化，67.5℃ 时糊化完成。

面粉中的可溶性糖主要是蔗糖、葡萄糖、麦芽糖和果糖等，含量 2% ~ 5%。面粉中的纤维素主要来源于种皮、果皮及胚芽，是不溶性碳水化合物。由于其化学性质非常稳定，因而不易被人体消化吸收。

（4）矿物质　矿物质是评定面粉品质优劣的重要标志，高等级面粉的灰分含量要求在 0.5% 以下。

2. 面筋

面筋的性质对面制食品的加工影响很大。由于面筋是在面团中形成的，故面筋的性质全部表现在面团的性质上，测定面团的性质并结合面筋的含量就可预测面粉的食用品质及工艺品质。

将小麦面粉加水和成面团，静置后，把面团放在流动的水中揉洗，面团中的淀粉粒和麸皮微粒都随水渐渐被冲洗掉，可溶性物质也被水溶解，最后剩下来的一块柔软的有弹性的软胶物质就是面筋（gluten）。这种面筋因含有 55%~70% 的水分，故称为"湿面筋"。将湿面筋烘干除去水分，即为"干面筋"。面筋在面团中所表现的功能性质对于烘焙食品的工艺品质与食用品质有很大影响。

（1）面筋的化学成分

①蛋白质：面筋中的蛋白质是小麦的储藏性蛋白质，由麦胶蛋白和麦谷蛋白组成，这两种蛋白质的量占面筋干物质总量的 80% 左右（表 3.2-3）。

表 3.2-3　　　　　　　　　　小麦面筋的化学成分（以干物质计）　　　　　　　　单位：%

测定	麦胶蛋白含量	麦谷蛋白含量	麦清蛋白与麦球蛋白含量	淀粉含量	糖含量	纤维含量	脂肪含量	灰分含量
1#	39.09	35.07	6.75	9.44	—	2.00	4.20	2.48
2#	43.02	39.1	4.41	6.45	2	—	2.80	2.00

麦胶蛋白分子的相对分子质量较小（25000~100000），具有延伸性，但弹性小；麦谷蛋白分子的相对分子质量大（100000 以上），具有弹性，但缺乏延伸性。这些特性与蛋白质分子中的二硫键有关。麦胶蛋白分子中的二硫键主要分布在分子内部，而麦谷蛋白分子中除分子内有二硫键外，还有分子间二硫键。许多麦谷蛋白分子的亚基都是通过二硫键彼此连接起来，使麦谷蛋白不易移动，故延伸性小。麦胶蛋白这种连接较少，所以具有延伸性。

②淀粉：除了麦胶蛋白和麦谷蛋白外，淀粉是面筋中另一个固定成分，被面筋蛋白质结合得非常牢固，以至面筋洗制完毕，洗水中已不呈碘色反应时面筋中仍然含有一部分淀粉，只有用碱液或其他溶剂将面筋软胶溶解，才能把残留的淀粉从面筋中全部分离出来。

③脂类：面筋蛋白质借氢键将脂类束缚在一起。小麦面粉的脂肪中有 45%~70% 为面筋蛋白质所束缚，这对面筋的物理性质产生很大的影响。

（2）面筋的形成　　主要是面筋蛋白质吸水膨胀的结果。当面粉和水揉成面团后，由于面筋蛋白质不溶于水，其空间结构的表层和内层都存在一定的极性基团，这种极性基团很容易把水分子先吸附在面筋蛋白质单体表层，经过一段时间，水分子便渐渐扩散渗透到分子内部，造成面筋蛋白质的体积膨胀，充分吸水膨胀后的面筋蛋白质分子彼此依靠极性基团与水分子纵横交错地联结起来，逐步形成面筋网络。由于面筋蛋白质空间结构中存在着硫氢键，在面筋形成时，它们很容易通过氧化，互相结合形成二硫键，扩大和加强了面筋的网络组织。随着时间的延长和对面团的揉压，促使面筋网络进一步完成细密化，完成面筋的形。由此可见，面筋主要是面粉中的麦胶蛋白与麦谷蛋白混合体系通过吸水膨胀形成的，如果这种体系遭到破坏，面筋便不能形成。因此，面筋的洗制条件，如面团静置时间、洗水温度、洗水酸度和含盐量等对面筋产出率都有很大影响。

（3）面筋的物理特性　　面筋产出率的高低虽然可以反映小麦和面粉品质的好坏，但更重要的还是面筋本身的质量。面筋的质量可以按它的物理特性来衡量。面筋质量的好坏对烘焙食品的品质有很大的影响。表征面筋质量好坏的物理特性指标主要有以下几个：

①弹性：面筋的弹性是指面筋拉长或压缩后恢复到原始状态的能力，按其弹性强弱可以分为弹性良好的面筋、弹性脆弱的面筋和弹性适中的面筋 3 类。

②延伸性：指把面筋块拉到某种长度而不致断裂的性能，可用面筋块拉到断裂时的最大长

度来表示。面筋按延伸性的强弱可以分为强力、中力和弱力 3 个级别。

③韧性：指面筋在拉长时所表现的抵抗力。

④薄膜成型性：小麦面筋主要由麦胶蛋白和麦谷蛋白组成。由于麦胶蛋白和麦谷蛋白的极性低（10%），在溶液中放出正电荷，而其他蛋白质的极性在 30%~45%，放出的是负电荷，这是小麦蛋白质与其他蛋白质的主要区别。由于极性低的蛋白质能排出过量的游离水，故面筋能与水互相紧密结合在一起而不分散，具有成团、成膜的特性。

⑤吸水性：高质量的面筋可吸收 2 倍面筋量的水。小麦面筋的这种吸水性可增加产品得率，并延长食品的保质期。小麦面筋的吸水性与黏弹性相结合就产生"活性"，通常称为"活性面筋"。小麦湿面筋在干燥前烧煮，则会产生不可逆的热变性，不再具有吸水性与黏弹性，而是一种普通的植物蛋白，如烤麸。

小麦面筋的上述基本性质除与小麦本身的品质有关外，还受许多物理化学因素的影响。凡能促进蛋白质解胶或溶化的因素都能使面筋弱化，如稀酸溶液、还原剂和蛋白酶等；凡能促进蛋白质吸水膨胀的因素都能使面筋强化，如热处理、疏水性不饱和脂肪酸、亲水性比蛋白质更强的中性盐以及某些氧化剂的作用等。

（4）面筋品质测定　面筋品质与面团流变学特性密切相关，因此加工过程中面团的黏弹性可以反映面筋品质。进行面团试验可使用一些较先进的仪器，如粉质仪和拉伸仪。现在的一些食品加工企业在购买面粉时都要求面粉厂提供面粉的粉质曲线和拉伸曲线，因为根据这两条曲线就可以知道面粉品质的好坏。

①面粉粉质曲线：面粉粉质曲线是用布拉班德（Brabender）粉质测定仪自动画出来的，该仪器的示意图如图 3.2-2 所示，通过该仪器得到的粉质曲线如图 3.2-3 所示。

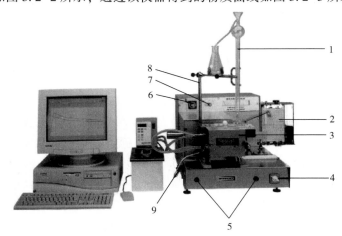

图 3.2-2　布拉班德（Brabender）粉质测定仪

1—滴定管　2—连续记录仪　3—揉面钵　4—转换开关　5—双手安全按钮
6—定时器　7—定时器选用开关　8—滴定管支架　9—安全保护装置插头

在面团稠度一定的情况下（500Brabender 单位），物料吸水越多，则单位容积的面团产率越大。面团形成的时间越短，则搅拌时间越短。面团的稳定性越长，则这种面团对搅拌的抵抗力越大。曲线越宽，面团的弹性越大。随着搅拌的进行，面团逐渐弱化，表明该物料对搅拌的抵抗力下降。

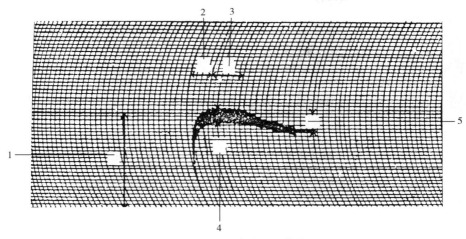

图 3.2-3 小麦的粉质曲线

1—面团的稠度 2—面团的形成 3—面团稳定性 4—弹性与可膨胀性 5—面团的弱化

②面粉拉伸曲线：布拉班德面团拉伸仪是一种测定面团延伸性的自动记录仪（图 3.2-4），其画出的曲线如图 3.2-5 所示。

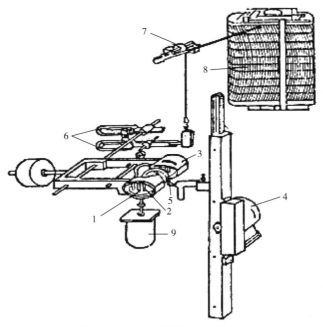

图 3.2-4 布拉班德面团拉伸仪

1—面团 2—叉子 3—夹板固定器 4—马达 5—拉钩 6—横杆系统 7—平衡器 8—记录器 9—油阻尼器

从拉伸曲线上可以测得以下 4 个数据。

粉力：用曲线所包含的面积表示，可使用求积仪进行测定；

延伸性：用曲线横坐标的长度来表示；

比延伸性：从曲线开始后 5min 的地方量取曲线的高度，单位用 BU 表示；

拉力比数：即比延伸性与延伸性的比值。

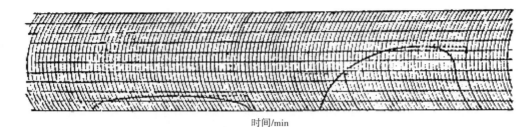

时间/min

图 3.2-5　两种不同面粉的拉伸曲线

以上 4 个参数中最重要的是粉力和拉力比数，特别是拉力比数对面粉的食用品质具有决定性的意义。一般粉力大而拉力比数适中的面粉，食用品质好；粉力小而拉力比数大的面粉，食用品质差。

3.2.4　小麦与面粉的质量标准

3.2.4.1　小麦的质量标准

我国小麦的国家标准有三个：GB 1351—2008《小麦》、GB/T 17892—1999《优质小麦强筋小麦》和 GB/T 17893—1999《优质小麦弱筋小麦》。小麦的质量按体积质量分为 5 个等级，并结合不完善粒、杂质、水分含量及色泽气味进行质量检验（表 3.2-4）。

3.2.4.2　面粉的质量标准

我国面粉的标准共有 14 个，其中国家标准 4 个：GB 1355—1986《小麦粉》、GB/T 8607—1988《高筋小麦粉》、GB/T 8608—1988《低筋小麦粉》和 GB/T 21122—2007《营养强化小麦粉》；农业部标准 1 个：NY/T 421—2012《绿色食品　小麦及小麦粉》；行业标准 9 个：LS/T 3201—1993《面包用小麦粉》、LS/T 3202—1993《面条用小麦粉》、LS/T 3203—1993《饺子用小麦粉》、LS/T 3204—1993《馒头用小麦粉》、LS/T 3205—1993《发酵饼干用小麦粉》、LS/T 3206—1993《面包用小麦粉》、SB/T 10141—1993《酥性饼干用小麦粉》、LS/T 3207—1993《蛋糕用小麦粉》、LS/T 3208—1993《糕点用小麦粉》和 LS/T 3209—1993《自发小麦粉》。国家标准中规定，面粉的质量按加工精度分为 4 个等级，等级指标及其他指标如表 3.2-5 所示。

表 3.2-4　　　　　　　　　　小麦的质量标准（GB 1351—2008）

等级	体香质量/（g/L）	不完善粒/%	杂质/% 总量	杂质/% 其中：矿物质	水分/%	色泽、气味
1	≥790	≤6.0				
2	≥770					
3	≥750	≤8.0	≤1.0	≤0.5	≤12.5	正常
4	≥730					
5	≥710	≤10.0				
等外	<710	—				

注："—"为不要求。

表 3.2-5　　　　　　小麦粉的质量标准（GB 1355—1986）

等级	加工精度	灰分/%	粗细度/%	面筋质/%（以湿重计）	含砂量/%	磁性物/（g/kg）	水分/%	脂肪酸值（以湿重计）	气味口味
特级一等	按实物样对照检验粉色麸星	≤0.70	全部通过 CB36 号筛，留存在 CB42 号筛的不超过 10.0%	≥26.0	≤0.02	≤0.003	13.5±0.5	≤80	正常
特级二等	按实物样对照检验粉色麸星	≤0.85	全部通过 CB30 号筛，留存在 CB36 号筛的不超过 10.0%	≥25.0	≤0.02	≤0.003	13.5±0.5	≤80	正常
标准粉	按实物样对照检验粉色麸星	≤1.10	全部通过 CB20 号筛，留存在 CB30 号筛的不超过 20.0%	≥24.0	≤0.02	≤0.003	13.5±0.5	≤80	正常
普通粉	按实物样对照检验粉色麸星	≤1.40	全部通过 CQ20 号筛	≥22.0	≤0.02	≤0.003	13.5±0.5	≤80	正常

　　图文并茂电子书/拓展资源获得方法：用移动终端设备上安装的"学习通"APP 扫描下列二维码，就可以直接学习"食品原料学慕课"网站上与该章节配套的电子书/讲课视频、试题库、相关论文、拓展阅读、拓展视频、VR/AR/MR、3D 动画、热门话题、国内外进展、专家讲座等拓展内容（详细方法参见本教材正文前的慕课使用方法）：

0.配套国家级慕课首页

1.小麦与面粉 I

2.小麦与面粉 II

3.3 玉米与玉米粉

玉米是喜温作物，适于旱田栽培，对土壤要求不高，适应性强，生育期短（早熟种80~90d），在温热地带可以一年二熟或三熟。近20年来，世界各地广泛利用杂种优势，其单位面积产量在世界上大大超过其他谷类粮食，仅次于小麦居第二位，在我国也仅次于水稻和小麦居第三位。

玉米是我国北方和西南山区及其他旱谷地区的主要粮食之一。玉米籽粒还是良好的精饲料，其绿色茎叶也是极好的青饲料和青储饲料。工业上玉米籽粒可制成淀粉、粉丝、酒精、糖浆、葡萄糖、醋酸和丙酮等；玉米胚含脂肪多，可以榨油，油饼可以酿酒和制造饴糖等。

3.3.1 玉米的分类

玉米可分为硬粒型、马齿型、半马齿型、糯质型、甜质型、粉质型、爆裂型、有稃型和甜粉型9个类型，其中栽培较多的为硬粒型、马齿型和半马齿型3种。另外糯质型也有种植，并且面积逐年扩大（表3.3-1）。

表3.3-1　玉米粒的形态特征与胚乳形状

类型	形态特征	角质胚乳部位	粉质胚乳部位	其他
硬粒形	粒小，坚硬有光泽，顶部圆形	顶部与四周	中央	食味香甜，宜食用
马齿型	粒大，顶端凹陷，呈马齿型	籽粒两侧	顶部与中央	食味较次，宜制粉
半马齿型	粒型大小复杂，顶端稍凹陷	两侧多，顶部少	顶部与中央	食用或制粉
糯质型	粒小，坚硬，断面呈蜡状	胚乳全部		有黏性，食用价值大
粉质型	粒扁，顶圆，乳白无光泽		胚乳全部	宜酿酒
甜质型	表面皱缩，胚大，断面半透明	胚乳全部		味甜，宜做罐头食品
爆裂型	粒小，顶尖，如米粒形	胚乳全部		加热宜成爆米花

我国国家标准中对玉米的分类是按种皮颜色来分的，主要是为加工考虑的，目前分为黄玉米、白玉米和混合玉米3类。

3.3.2 玉米的籽粒结构与化学成分

3.3.2.1 玉米籽粒结构

玉米粒由果皮、种皮、外胚乳、糊粉层、胚乳和胚组成。在谷类粮食中，玉米籽粒最大，一般千粒重200~300g。玉米籽粒结构如图3.3-1所示。

果皮由具有纹孔的长形细胞的外果皮、多层细胞组成的中果皮以及横细胞、管细胞等部分构成。种皮和外胚乳很薄，均为一层无细胞组织。胚乳有粉质和角质两种。粉质胚乳的淀粉粒为球形，结构疏松，呈粉白色，无光泽，蛋白质含量较少，一般为5%~8%；角质胚乳的淀粉粒多为多角形，结构紧密，呈半透明状，有光泽，蛋白质含量较高。胚位于籽粒基部，由胚芽、胚轴、胚根组成。胚部较大，占籽粒体积的12%~20%，所含脂肪占整粒脂肪的77%~89%，蛋白质占30%以上，而且含有较多的可溶性糖，食味较甜。因此，玉米胚部极易吸湿和遭受虫霉危害。

玉米果穗出籽率为75%~85%，籽粒各部分的质量分数为皮层6%~8%、胚乳及糊粉层80%~85%、胚部10%~15%。

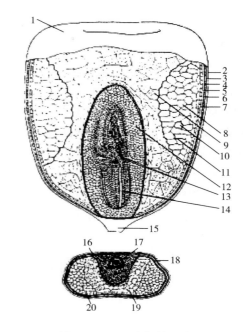

图 3.3-1 玉米籽粒结构

1—皮壳 2—表皮层 3—中果皮 4—横细胞
5—管状细胞 6—种皮 7—糊粉层（属胚乳的一部分，与糠层分离） 8—角质胚乳 9—粉质胚乳
10—淀粉细胞（淀粉粒充填于蛋白质间质之中）
11—细胞壁 12—盾片 13—胚芽（残留的茎和叶）
14—初生根 15—基部 16—盾片 17—胚轴
18—果皮 19—粉质胚乳 20—角质胚乳

3.3.2.2 玉米的化学成分

玉米含碳水化合物72%左右，每500g玉米可放出热量约1800kJ，营养成分如表3.3-2所示。

表 3.3-2　　　　　　　　　玉米的营养成分表（每100g含量）

种类	水分/g	蛋白质/g	脂肪/g	碳水化合物/g	灰分/g	胡萝卜素/mg	维生素/mg			
							维生素B_1	维生素B_2	维生素B_3	维生素C
黄玉米	12	8.5	4.3	72.2	1.7	0.1	0.34	0.1	2.3	0
白玉米	12	8.5	4.3	72.2	1.7	0	0.35	0.09	2.1	0
鲜玉米（黄）	51	3.8	2.3	40.2	1.1	0.34	0.21	0.06	1.6	10
玉米粉（黄）	13.4	8.4	4.3	70.2	2.2	0.13	0.31	0.1	2	0

玉米中蛋白质含量约为8.5%，略高于大米，而稍低于小麦。玉米中的蛋白质主要是玉

胶蛋白和玉米谷蛋白，所含赖氨酸和色氨酸较少，是一种不完全蛋白质。玉米中缺少色氨酸，而且所含维生素 B_5 为结合型的，不能为人体所吸收利用，故以玉米为主食的地区，容易患维生素 B_5 缺乏的癞皮病。但是如用碱液处理玉米，玉米中的维生素 B_5 便可以从结合型转化为游离型而容易被人体所利用。故食用玉米前先用石灰水或碳酸氢钠将玉米浸泡一定的时间再进行加工食用，可以收到预防癞皮病的良好效果。另外，大米、大豆、马铃薯等都含有较多的色氨酸，如果将玉米与这些食物搭配食用，便可以起到互补的作用，不仅可以有效地预防癞皮病，同时可以提高玉米的营养价值。我国玉米主产区多将玉米粉与大豆粉等混合或将玉米与小米等混合制作食品，都是符合营养要求的。

玉米含脂肪较多，并且有 34%~62% 的亚油酸，主要存在于胚部与糊粉层中，所以食用玉米胚芽油有较好的生理功能。

另外，黄玉米中一般都含有一定数量的胡萝卜素，鲜玉米中还含有维生素 C，这些在其他谷物中是不多见的。

3.3.3 玉米与玉米粉的质量标准

3.3.3.1 玉米的质量标准

我国玉米标准共有 8 个，其中国家标准 5 个，分别是 GB 1353—2018《玉米》、GB 8613—1999《淀粉发酵工业用玉米》、GB 17890—2008《饲料用玉米》、GB 22326—2008《糯玉米》和 GB 22503—2008《高油玉米》；农业部标准 3 个，分别是 NY/T418—2014《绿色食品 玉米及玉米粉》、NY 523—2002《甜玉米》和 NY 524—2002《糯玉米》。GB 1353—2018 中规定，玉米按体积质量作为定等指标，3 等为中等指标，并结合不完善粒、霉变粒、杂质、水分、色泽和气味进行品质鉴定，具体指标如表 3.3-3 所示。

表 3.3-3　　　　　　　　玉米的质量标准（GB/T 1353—2018）

等级	体积质量/ （g/L）	不完善粒 含量/%	霉变粒 含量/%	杂质含量/%	水分含量/%	色泽、气味
1	≥720	≤4.0				
2	≥690	≤6.0				
3	≥660	≤8.0	≤2.0	≤1.0	≤14.0	正常
4	≥630	≤10.0				
5	≥600	≤15.0				
等外	<600	—				

注："—"为不要求。

3.3.3.2 玉米粉的质量标准

我国国家标准规定玉米粉按皮胚含量分为 2 个等级，并结合粗细度、含砂量、磁性金属、水分、脂肪酸值及口味、气味进行品质鉴定，具体指标如表 3.3-4 所示。

表 3.3–4 玉米粉的质量标准（GB/T10463—2008）

项目		类别	
		脱坯玉米粉	全玉米粉
粗脂肪含量（干基）/%	≤	2.0	5.0
粗细度		全部通过 CQ10 号筛	
脂肪酸值（干基）（以 KOH 计）/（mg/100g）	≤	60	80
灰分含量（干基）/%	≤	1.0	3.0
含砂量/%	≤	0.02	
磁性金属物/（g/kg）	≤	0.003	
水分含量/%	≤	14.5	
色泽、气味、口味		玉米粉固有的色泽、气味、口味	

　　图文并茂电子书/拓展资源获得方法： 用移动终端设备上安装的"学习通" APP 扫描下列二维码， 就可以直接学习"食品原料学慕课" 网站上与该章节配套的电子书/讲课视频、 试题库、 相关论文、 拓展阅读、 拓展视频、 VR/AR/MR、 3D 动画、 热门话题、 国内外进展、 专家讲座等拓展内容（ 详细方法参见本教材正文前的慕课使用方法 ）：

0. 配套国家级慕课首页

1. 玉米和玉米粉

3.4 小 杂 粮

3.4.1 小杂粮的种类

小杂粮是泛指日月小（生育期短）、种植面积少、种植地区和种植方法特殊和有特种用途的多种粮豆，可以说除水稻、小麦、玉米、大豆和薯类五大作物外的粮豆作物均属小杂粮。我国栽培面积较大的有荞麦、糜子、谷子、高粱、燕麦、青稞、绿豆、小豆、豌豆、蚕豆、豇豆、芸豆和小扁豆等。我国荞麦、糜子面积和产量都占世界第2位，蚕豆占世界产量的1/2，绿豆和小豆占世界产量的1/3，燕麦、豇豆和小扁豆是主产国，故我国有"小杂粮王国"之称。小杂粮具有丰富的营养、独特的品质和加工产品的美食风味。

小杂粮主要为禾谷类作物和豆类作物。禾谷类作物籽粒可分为皮层、糊粉层、胚乳和胚等。皮层由果皮和种皮组成。糊粉层是位于皮层与胚乳之间的一层较大的薄壁细胞组织。胚乳是籽粒的主要部分。胚是一个幼小的植物体，萌发后可长成新的植株。

禾本科作物籽粒的皮层由果皮和种皮组成，化学物质主要为纤维素、半纤维素、戊聚糖和矿物质，一般难以被人体消化吸收，需要采取相应工艺去除。胚乳是籽粒的主要部分，主要是淀粉，还有一定比例的蛋白质和糖，矿物质较少，是食品加工的主要部分。糊粉层是位于皮层与胚乳之间的一层较大的薄壁细胞组织，所含的营养物质包括蛋白质、脂肪、维生素、酶和灰分，加工时应尽量保留，减少营养损失。胚中富含蛋白质、脂肪、维生素、可溶性糖和酶类，在加工过程中容易脱落。

豆科作物及部分油料作物籽粒由皮层和种胚两部分组成，胚乳部分在种子发育过程中逐渐消失，成熟的籽粒没有胚乳。

豆科作物皮层部分只有种皮，主要由纤维素、寡聚糖和矿物质等成分组成，加工和食用前被去除。大豆和花生的胚中含有大量的蛋白质、脂肪及碳水化合物，是加工利用的主要部分。其他豆类，如绿豆、豌豆等，脂肪含量较少。

我国小杂粮生产地自然条件普遍较差，多数小杂粮育种栽培技术研究工作，单产较低，许多地方产量只有 $300 \sim 600 \mathrm{kg/hm^2}$，在栽培管理水平较好的地区，产量可达 $1500 \sim 3000 \mathrm{kg/hm^2}$，甚至更高。

我国小杂粮生产比较集在高原区，即黄土高原、内蒙古高原、云贵高原和青藏高原。从生态环境分布特点看，主要分布在我国生态条件较差的地区，即干旱半干旱地区和高寒地区；从经济发展区域分布特点看，主要分布在我国经济不发达的少数民族地区、边疆地区和贫困地区；从行政区域看，主要分布在内蒙古、河北、山西、陕西、甘肃、宁夏、青海、新疆、云南、四川、贵州、重庆、西藏、黑龙江和吉林等省区（表3.4-1）。

表 3.4-1　　　　我国小杂粮常年栽培面积、产量及主产省区（2017 年）

作物	收获面积/ （×10⁴hm²）	平均产量/ （kg/hm²）	主产区
荞麦	168	860	蒙、陕、甘、宁、晋、滇、川、黔
燕麦	36	3539	蒙、冀、晋、甘
大麦	47	4058	蒙、黑、苏、浙、皖、豫、滇、甘、新
小米	82	2440	晋、蒙、吉、黑、陕、甘、宁
黑麦	35	3783	黑、蒙、青、藏
高粱	62	4500	辽、蒙、
绿豆	68	28253	冀、晋、蒙、吉、黑、皖、豫、陕、鄂、渝、川
豌豆	105	1454	青、甘、宁、陕、鄂、川、滇
蚕豆	90	1998	青、甘、蒙、冀、滇、川、鄂、苏、浙
鹰嘴豆	0.3	4764	新、甘、青
豇豆	2	863	晋、蒙、陕、辽、豫、冀
扁豆	8	2314	陕、甘、宁、晋、蒙、滇
菜豆	0.07	11211	黑、蒙、新、滇、川、黔、陕、晋、甘

3.4.2　小杂粮的品质

3.4.2.1　荞麦（*Fagopyrum esculentum* Moench.）

荞麦为双子叶蓼科荞麦属作物，与单子叶、禾本科的小麦、大麦等麦类作物亲缘较远。栽培荞麦有甜荞、苦荞、翅荞和米荞麦 4 个种。甜荞又称普通荞麦，苦荞又称鞑靼荞麦，翅荞和米荞则是由于其所结瘦果棱薄呈翼状或是瘦果两棱之间饱满欲裂，易露出果内的"米"而得名。荞麦开花对日长无明显要求，属中日型植物，但日照时间减少可使生育期缩短，故也有人称之为短日照作物。荞麦籽粒结构分为种壳、皮层、胚乳和胚，脱壳后食用。

荞麦的种子都有一层坚硬的外壳并且是三棱形的瘦果，这在其他作物中极为少见。荞麦面适口性好，可制成饸饹面、荞麦米、荞麦茶等多种食品，但其蛋白质含量只有 11.2%。但甜荞所含赖氨酸和胱氨酸为所有谷类作物所不及，其籽粒除了含有丰富的钙、磷、铁之外，还含有维生素 B_1 和维生素 B_2、烟草酸、柠檬酸、芦丁和维生素 E。我国古籍《农政全书》和《齐民要术》都记载了其多种药效，譬如"实肠胃、益气力、续精神"等。消炎药"金荞麦片"由野荞麦研制而成，医学界早已开始利用荞麦治疗或预防某些疾患。

荞麦的国家标准为 GB/T 10458—2008《荞麦》和 GB/T 35028—2018《荞麦粉》，根据 GB/T 10458—2008，荞麦的质量要求如表 3.4-2 所示。根据 NY/T 894—2014《绿色食品　荞麦及荞麦粉》中的规定，申报绿色食品的荞麦及荞麦粉除了符合 GB/T 10458—2008（表 3.4-2）中 1 等质量要求、符合荞麦绿色食品标准中的理化指标要求，对污染物、农药残留量、重金属含量和真菌毒素等也有特殊要求。

3.4.2.2　燕麦（*Avena sativa* L.）

燕麦为禾本科燕麦属一年生草本作物，分有稃（皮燕麦）和裸粒（裸燕麦）两大类型。世界各国以有稃型为主，其中最主要的是普通栽培燕麦（*A. sativa*），其次为东方燕麦（*A. orientalis*）

和地中海红燕麦（*A. byzantina*）。绝大部分用于饲养家畜家禽。我国以裸燕麦（*A. nuda*，又称莜麦）为主，其产量约占燕麦总产量的90%以上，籽粒几乎全供食用。我国燕麦除裸燕麦外，还有皮燕麦和野燕麦。皮燕麦通常作饲草和粮食作物栽培。野燕麦与上述两种燕麦形态差异明显，利用价值低，成熟早，小穗易脱落，是田间恶性杂草。燕麦是长日照作物。喜凉爽湿润，忌高温干燥，生育期间需要积温较低，这是限制其地理分布的重要原因。对土壤要求不高，能耐pH 5.5~6.5的酸性土壤。燕麦主要分布在北半球的温带地区。我国燕麦种植面主要集中在内蒙古的阴山南北，河北省的坝上、燕山地区，山西省的太行、吕梁山区。云南、贵州、四川三省在大凉山、小凉山的海拔2000~3200m高山地带也有种植。皮燕麦籽粒结构为种壳、皮层、胚乳和胚，脱壳后食用；裸燕麦壳层收获时易脱落，籽粒结构为皮层、胚乳和胚。

表3.4-2　　　　　　　　　　荞麦的质量要求（GB/T 10458—2008）

等级	体积质量/（g/L）			不完善粒/%	互混/%	杂质/%		水分/%	色泽、气味
	甜荞麦		苦荞麦			总量	矿物质		
	大粒甜荞麦	小粒甜荞麦							
1	≥640	≥680	≥690						
2	≥610	≥650	≥660	≤3.0	≤2.0	≤1.5	≤0.2	≤14.5	正常
3	≥580	≥620	≥630						
等外	<580	<620	<630	—					

注："—"为不要求。

燕麦营养价值较高，中国裸燕麦粉含蛋白质15%、脂肪8.5%，膳食纤维含量在10%以上。蛋白质中主要氨基酸含量较多，组成全面；脂肪酸中亚油酸占38%~46%；可溶性膳食纤维β-葡聚糖含量约4%。籽粒中还含有其他禾谷类作物中缺乏的皂苷，故对降低胆固醇、甘油三酯、β-脂蛋白有一定功效。燕麦（我国主要为莜麦）主要产品形式包括面制品（栲栳栳、窝窝、鱼鱼、糅糅、猫耳朵等）、燕麦米、燕麦片、燕麦甜醅等。

目前燕麦相关国家标准有GB/T 13360—2008《莜麦粉》和GB/T 13359—2008《莜麦》两项，主要针对我国特有的裸燕麦及其加工产品。相关行业标准有NY/T 892—2014《绿色食品 燕麦及燕麦粉》、LS/T 3260—2019《燕麦米》。根据国家标准，莜麦分为4个等级，体积质量为分级主要依据，其主要质量标准如表3.4-3所示。

表3.4-3　　　　　　　　　　莜麦的质量要求（GB/T 13359—2008）

等级	体积质量/（g/L）	不完善粒/%	杂质/%		水分/%	色泽、气味
			总量	其中：矿物质		
1	≥700					
2	≥670	≤5.0	≤2.0	≤0.5	≤13.5	正常
3	≥630					
等外	<630	—				

注："—"为不要求。

3.4.2.3 糜子（*Panicum Miliaceum* L.）

糜子属禾本科黍属，又称黍、稷、禾祭和穄。糜子生育期短，耐旱、耐瘠薄，是干旱半干旱地区的主要粮食作物。我国糜子主产区集中在长城沿线地区，产量居世界第 2 位。糜子有粳糯之分。我国包头、东胜、榆林和延安一线（东经 110°）以东地区，主要栽培糯性糜子，越向东延伸粳性糜子种植的数量越少；该线以西地区主要栽培粳性糜子。糜子籽粒结构包括种壳、皮层、胚乳和胚，脱壳后称黍米或黄米。

糜子蛋白质含量 12% 左右，最高可达 14% 以上；淀粉含量 70% 左右，其中糯性品种为 67.6%，粳性品种为 72.5%。糯性品种中直链淀粉含量很低，优质糯性品种不含直链淀粉。粳性品种中直链淀粉含量一般为淀粉总量的 4.5%～12.7%，平均为 7.5%；脂肪含量 3.6%。此外还含有 β-胡萝卜素，维生素 E，维生素 B_6、维生素 B_1、维生素 B_2 等多种维生素和丰富的钙、镁、磷及铁、锌、铜等矿物质元素。粳性黄米主要用于加工米饭，糯性黄米主要用于制作年糕、粽子、黄酒等食品。

黍及黍米的国家标准分别为 GB/T 13355—2008《黍》和 GB/T 13356—2008《黍米》，黍及黍米的质量要求如表 3.4-4 及表 3.4-5 所示。

表 3.4-4　　　　　黍的质量要求（GB/T 13355—2008）

等级	体积质量/ （g/L）	不完善粒/%	杂质/%		水分/%	色泽、气味
			总量	其中：矿物质		
1	≥690					
2	≥670	≤2.0	≤2.0	≤0.5	≤14.0	正常
3	≥650					
等外	<650	—				

注："—"为不要求。

表 3.4-5　　　　　黍米的质量要求（GB/T 13356—2008）

等级	加工精度/%	不完善粒/%	杂质/%			碎米/%	水分/%	色泽、气味
			总量	其中				
				黍粒	矿物质			
1	≥80	≤2.0	≤0.5	≤0.2				
2	≥70	≤3.0	≤0.7	≤0.4	≤0.02	≤6.0	≤14.0	正常
3	≥60	≤4.0	≤1.0	≤0.7				

3.4.2.4 谷子（*Setaria italic*）

谷子古称粟，英文名 foxtail millet，是耐旱、耐瘠、高产作物，在干旱瘠薄的土壤上种植，具有良好的高产稳产性。播种面积和产量在我国仅次于小麦、玉米，居第 3 位，我国各省区几乎都能种植，但主产区集中在东北、华北和西北地区，单产平均 980～2003kg/hm²。谷子籽粒结构包括种壳、皮层、胚乳和胚，脱壳后称小米。

小米含蛋白质 11.42%，含粗脂肪 4.28%，维生素 A、维生素 B_1 分别为 0.19、0.63mg/

100g，还含有大量的人体必需的氨基酸（表 3.4-6）和丰富的铁、锌、铜、镁、钙等矿物质。谷子营养丰富，适口性好，长期以来被广大群众作为滋补强身的食物，包括小米稀饭、小米黄酒、小米米饭、炒小米饭等。谷子是粮草兼用作物，粮、草比为 1：1~1：3。谷草含粗蛋白质 3.16%、粗脂肪 1.35%、无氮浸出物 44.3%、钙 0.32%、磷 0.14%，其饲料价值接近豆科牧草。谷糠是畜禽的精饲料。谷子外壳坚实，能防潮、防热、防虫，不易霉变，可长期保存。

表 3.4-6　　　　　　　　　　　　　　　　小米必需氨基酸含量

必需氨基酸名称	异亮氨酸	亮氨酸	赖氨酸	蛋+胱氨酸	苯丙+酪氨酸	苏氨酸	色氨酸	缬氨酸	组氨酸
含量/（mg/g 蛋白质）	41.18	127.09	19.56	48.80	78.46	33.50	13.96	52.13	19.58

加工小米的原料粟的标准为 GB/T 8232—2008《粟》（表 3.4-7），依据体积质量将粟分为 1、2、3 和等外 4 个级别。与粟相关的行业标准有 NY/T 893—2014《绿色食品　粟米及粟米粉》、NY/T 213—1992《饲料用粟（谷子）》。

表 3.4-7　　　　　　　　　　　　　粟的质量要求（GB/T 8232—2008）

等级	体积质量/（g/L）	不完善粒/%	杂质/% 总量	杂质/% 其中：矿物质	水分/%	色泽、气味
1	≥670					
2	≥650	≤1.5				
3	≥630		≤2.0	≤0.5	≤13.5	正常
等外	<630	—				

注："—"为不要求。

关于小米的国家标准有 2 个，分别为 GB/T 11766—2008《小米》和 GB/T 19503—2008《地理标志产品沁州黄小米》。没有相关的行业标准，但是在各产地有许多地方标准及社会团体标准。根据 GB/T 11766—2008（表 3.4-8），依据加工精度将小米分为 3 个等级。

表 3.4-8　　　　　　　　　　　　小米的质量要求（GB/T 11766—2008）

等级	加工精度/%	不完善粒/%	杂质/% 总量	杂质/% 其中 粟粒	杂质/% 其中 矿物质	碎米/%	水分/%	色泽、气味
1	≥95	≤1.0	≤0.5	≤0.3				
2	≥90	≤2.0	≤0.7	≤0.5	≤0.02	≤4.0	≤13.0	正常
3	≥85	≤3.0	≤1.0	≤0.7				

3.4.2.5　高粱　[*Sorghum bicolor*（L.）Moench]

高粱属于禾本科高粱属，是古老的谷类作物之一，具有抗旱、耐涝、耐盐碱和适应性强的优点。根据用途不同而划分成粒用高粱、糖用高粱、饲用高粱和工艺用高粱4类。粒用高粱是收获其籽粒用做粮食、饲料或工业原料，一般籽粒大而外露，易脱粒，品质较优。高粱籽粒结构包括种壳、皮层、胚乳和胚，脱壳后可食用。

高粱籽粒一般含淀粉60%~70%、蛋白质10%左右，营养价值不是很高。高粱在我国的东北、华北种植面积较大，较少直接食用，因为其蛋白质中含人体难以消化的醇溶性蛋白较多，而人体必需的赖氨酸、色氨酸偏低，加上其籽粒，特别是深色的籽粒含有单宁，往往有涩味，适口性较差，所以目前除了少量用做煮饭、熬粥外，更多的是用做饲料。在饲料中添加一定量的高粱可以增加牲畜的瘦肉比例，还可防治牲畜的肠道传染病。在工业上高粱可以酿酒、做醋、生产酱油和味精或提取单宁等，我国名酒"茅台""竹叶青""汾酒""泸州大曲"等均以高粱为主要原料或重要配料。糖用高粱又称甜高粱，一般茎秆较高、茎髓多汁，含糖10%~19%，多种植于我国长江中下游地区，主要用作糖料作物。甜高粱可以像甘蔗那样直接生食，也可用于榨汁熬糖，做成糖稀、片糖、红糖粉或白砂糖等。饲用高粱分蘖力强、生长旺盛、茎内多汁，并以有一定的再生能力为好，主要用作青饲、青贮或干草。但高粱幼嫩的茎叶含有蜀黍苷，牲畜食后在胃内能形成有毒的氰氢酸，所以含蜀黍苷多的品种不宜做青饲。

高粱的国家标准有 GB/T 8231—2007《高粱》、GB/T 26633—2011《工业用高粱》、行业标准有 LS/T 3215—1985《高粱米》和 NY/T 895—2015《绿色食品　高粱》。国家标准中根据高粱外种皮色泽将高粱分为红高粱、白高粱和其他高粱，又根据体积质量不同将高粱分为3个质量等级，不同等级的高粱质量要求如表 3.4-9 所示。

表 3.4-9　　　　　　　　　高粱的质量要求（GB/T 8231—2007）

等级	体积质量/ （g/L）	不完善 粒/%	单宁/%	水分/%	杂质/%	带壳粒/%	色泽、气味
1	≥740						
2	≥720	≤3.0	≤0.5	≤14.0	≤1.0	≤5.0	正常
3	≥700						

高粱可加工为食品添加剂高粱红，GB 1886.32—2015《食品安全国家标准　食品添加剂高粱红》针对以黑紫色或红棕色高粱（Sorghum vulgare Pers）壳为原料用水或稀乙醇水溶液抽提后，经浓缩、干燥制得的食品添加剂高粱红进行了规定。同时 GB/T 15686—2008《高粱单宁含量的测定》对于表 3.4-9 中高粱中单宁含量的检测方法进行了规定。

3.4.2.6　青稞（*Hordeum vulgare* Linn. var. *nudum* Hook. f.）

青稞属禾本科大麦属一年生草本植物，分为白色和黑色两种，藏语称为"乃"，也称裸大麦、米大麦，生长期约4个月，具耐寒、耐旱的特性，所以适宜生长在寒冷、干旱和无霜期短的西藏、青海、甘肃和四川等藏区。裸大麦按其棱数可分为二棱裸大麦、四棱裸大麦和六棱裸大麦。我国主要以四棱裸大麦和六棱裸大麦为主，其中西藏主要栽培六棱裸大麦，而青海主要以四棱裸大麦为主。皮大麦籽粒结构为种壳、皮层、胚乳和胚，脱壳后食用；裸大麦壳层收获时易脱落，籽粒结构为皮层、胚乳和胚。

青稞营养丰富，是世界上麦类作物中含 β-葡聚糖最高的作物，炒熟磨粉后制作的糌粑是藏族人民最爱吃的食物之一，而用青稞酿制的青稞酒也是藏民最爱喝的饮料之一。其茎干还是牲畜的好饲料。

目前关于大麦的标准主要有针对青稞的 GB/T 11760—2008《裸大麦》和用于啤酒生产的 GB/T 7416—2008《啤酒大麦》，行业标准有 LS/T 3101—1985《大麦》、LS/T 3101—1985《大麦》和 NY/T 891—2014《绿色食品　大麦及大麦粉》。裸大麦国标根据体积质量及不完善粒不同，将大麦分为 6 个等级，具体质量标准如表 3.4-10 所示。

表 3.4-10　　　　　　裸大麦的质量要求（GB/T 11760—2008）

等级	体积质量/(g/L)	不完善粒/%	杂质/% 总量	其中：矿物质	水分/%	色泽、气味
1	≥790					
2	≥770	≤6.0				
3	≥750		≤1.0	≤0.5	≤13.0	正常
4	≥730	≤8.0				
5	≥710	≤10.0				
等外	<710	—				

注："—"为不要求。

3.4.2.7　薏苡（*Coix lacryma-jobi* L.）

薏苡为禾本科薏苡属植物，一年生粗壮草本，又名薏米、药王米等，为禾本科植物薏米的种仁，营养价值很高，被誉为"世界禾本科之王"。籽粒结构为皮层、胚乳和胚。

薏米的蛋白质含量为 17%~18.7%，是稻米的 2 倍多。薏米脂肪含量为 11.7%，是稻米的 5 倍。薏米含有多种维生素，尤其是维生素 B_1 含量较高，每 100g 含有 33μg。由于薏苡仁比大米、小麦热量高，且富含脂肪、多种氨基酸、大量的维生素以及钙、磷、镁、钾等，因此，对于久病体虚及病后恢复期的患者是一味价廉物美的营养品。薏米性凉，味甘、淡，入脾、肺、肾经，具有利水、健脾、除痹、清热排脓的功效。在中医治疗中，薏苡仁既可治疗小便不利、水肿、脚气、脾虚泄泻，也可用于肺痈、肠痈等病的治疗。薏苡仁具有一定的抑菌、抗病毒功效，用于治疗扁平疣有 70.8% 的有效率，治疗寻常性赘疣也有 30.6% 的有效率。近年来，生物实验还证明：薏苡仁对抗癌也有比较显著的疗效。当癌症患者放疗、化疗时出现白细胞下降、食欲不振、腹水、浮肿时，可用薏苡仁佐餐。另外，薏苡仁还是一味美容价值较高的药用食品。

3.4.2.8　绿豆［*Vigna radiata*（Linn.）Wilczek］

绿豆别名青小豆（因其颜色青绿而得名）、菉豆、植豆等，在中国已有两千余年的栽培史。产区主要集中在黑龙江、吉林、内蒙古、河北、陕西、山西、河南、山东、安徽、四川和湖北等省区，平均单产 1154kg/hm²。春播区的绿豆产量低，但产品的品质好，是良好的芽菜原料，我国出口的都是春绿豆。与禾本科作物不同的是，豆科，包括绿豆籽粒结构只有种皮和胚两部分结构。豆科籽粒的种皮一般都很发达，胚较大，胚乳被胚吸收，成为双子叶无胚乳的种子。

绿豆含蛋白质 24.5%、淀粉 52.5%、脂肪 1% 以下、纤维素 5%，是高蛋白、中淀粉、低脂肪食物。我国普遍用绿豆煮粥、煮汤，或用以生豆芽。绿豆含有生物碱、香豆素、植物甾醇等生理活性物质，对人类的生理代谢活动具有重要的促进作用。中医学认为绿豆可以清热解毒。绿豆是我国重要的出口农产品。

绿豆国家标准为 GB/T 10462—2008《绿豆》，依据纯粮率将绿豆分为 1、2、3 等和等外级，详见表 3.4-11。行业标准有 NY/T 598—2002《食用绿豆》。

表 3.4-11　　　　　　　　　绿豆的质量要求（GB/T 10462—2008）

| 等级 | 纯粮率/% | 杂质/% | | 水分/% | 色泽、气味 |
		总量	其中：矿物质		
1	≥97.0				
2	≥94.0	≤1.0	≤0.5	≤13.5	正常
3	≥91.0				
等外	<91.0				

3.4.2.9　鹰嘴豆（*Cicer arietinum* Linn.）

鹰嘴豆豆科鹰嘴豆属植物，一年生草本或多年生攀缘草本，因其籽粒外形酷似鹰头，前端具喙而得名，又名桃豆、鸡豆、鸡头豆、鸡豌豆等，维吾尔语称"诺胡提"，是豆科蝶形花亚科野豌豆族鹰嘴豆属植物。鹰嘴豆在中国主要分布于新疆、青海和甘肃等省区。

鹰嘴豆籽粒含蛋白质 23%、脂肪 5.3%、淀粉 55%、纤维素 19%，还含有丰富的钾、钙、镁、铁、锌、铜和维生素，主要用于制作豆馅、淀粉、粉丝等。同时，鹰嘴豆具有较好的药用价值，主要功用为补中益气、温肾壮阳，可用于防治胆病、糖尿病、失眠等症。鹰嘴豆每年有一定数量的出口。

3.4.2.10　草豌豆（*Lathyrus Sativus* L）

草豌豆又名马牙豆、山黧豆、草香豌豆、牙豌豆等，干籽粒既可食用，也是家畜的精料，是一种粮、菜、绿肥和饲料兼用的豆科作物，主要分布在我国西北、华北和西南地区。

草豌豆含蛋白质 25%、脂肪 1%、淀粉 61%、纤维素 5%，还含有多种矿物质和维生素，一般加工后作精饲料或淀粉。草豌豆种子含有毒物质 β-草酰氨基丙酸（BOAA），多集中在种皮、茎、叶中不存在；将草豌豆磨粉再浸泡，可去毒 64%~95%。

3.4.2.11　小扁豆（*Lens culinaris*）

小扁豆又名滨豆、兵豆、洋扁豆、鸡眼豆，作为间套作物常与小麦、谷子、大豆和油菜等混种或套种，栽培技术粗放，产量较低，一般只有 300~500kg/hm²。小扁豆单作面积近年来逐年扩大，产量不断提高，云南丽江单作一般产量达 1500kg/hm² 左右，最高可达 3000kg 以上。陕西、甘肃、宁夏、山西、内蒙古和云南等省区是我国小扁豆主产区。

扁豆含蛋白质 25%、脂肪 0.8%、淀粉 55%，还含有丰富的钾、钙、镁、铁、锌、铜和维生素，主要用于制作豆馅、淀粉、粉丝等。扁豆也是我国出口农产品。

3.4.2.12　豌豆（*Pisum Sativum* L.）

豌豆又名麦豌豆、寒豆、麦豆、荷兰豆，主要分布在青海、甘肃、宁夏、四川、云南和湖北等省区。

豌豆含蛋白质 20%～24%，脂肪 1.5%～2.7%、淀粉 55%～60%，纤维素 4.5%～8.4%，还含有丰富的钙、磷、铁和维生素 B_1、维生素 B_2、维生素 PP。豌豆主要用于制作淀粉、豆酱、粉丝等。现代研究表明，豌豆含有植物血细胞凝集素（PHA），主治霍乱、转筋、脚气、痛肿等症。豌豆出口数量很少。

与豌豆相关的国家标准有 GB/T 10460—2008《豌豆》、GB/T 13517—2008《青豌豆罐头》和 GB/Z 26585—2011《甜豌豆生产技术规范》。国家标准依据纯粮率将豌豆分为 1、2、3 等级和等外 4 级，见表 3.4-12。

表 3.4-12　　　　　　　　豌豆的质量要求（GB/T 10460—2008）

等级	纯粮率/%	杂质/%		水分/%	色泽、气味
		总量	其中：无机杂质		
1	≥98.0				色泽新鲜、无异味
2	≥95.0	≤1.0	≤0.5	≤12.0	色泽较暗、无异味
3	≥92.0				色泽陈旧、无异味
等外	<92.0				—

注："—"为不要求。

3.4.2.13　蚕豆（*Vicia faba* L.）

蚕豆别名南豆、胡豆等，属于豆科豌豆属，一年生或越年生草本植物。我国是世界蚕豆生产大国，以干蚕豆生产为主，青海、甘肃、宁夏和河北为春蚕豆产区，出口的蚕豆大多数来自青海、甘肃、河北。蚕豆隶属于小杂粮，既可作为传统口粮，又是现代绿色食品和营养保健食品。

蚕豆含蛋白质 25%～34%、脂肪 0.8%、淀粉 48%，还含有丰富的钙、铁和维生素 B_1、维生素 B_2，主要用于制作淀粉、豆酱、粉丝等。蚕豆可入药，主要有健脾利湿、凉血止血和降低血压的功效。蚕豆曾经是我国大宗出口农产品。

蚕豆相关的国家标准有 GB/T 10459—2008《蚕豆》、GB/T 13518—2015《蚕豆罐头》和 GB/Z 26574—2011《蚕豆生产技术规范》，依据纯粮率将蚕豆分为 4 个等级，见表 3.4-13。行业标准为 NY/T 5210—2004《无公害食品　青蚕豆生产技术规程》。

表 3.4-13　　　　　　　　蚕豆的质量要求（GB/T 10459—2008）

等级	纯粮率/%	杂质/%		水分/%	色泽、气味
		总量	其中：无机杂质		
1	≥98.0				色泽新鲜、无异味
2	≥95.0	≤1.0	≤0.5	≤14.0	色泽较暗、无异味
3	≥92.0				色泽陈旧、无异味
等外	<92.0				—

注："—"为不要求。

3.4.2.14 眉豆 [*Lablab purpureus*（L.）Sweet]

眉豆属于豆科扁豆属，学名为扁豆，又名鹊豆、面豆，是一种蔬菜、粮食、饲草和绿肥兼用的豆科作物。江苏、四川、重庆、湖北、广西和陕西等省区是我国饭豆的主要产区。饭豆多与其他作物间作套种，一般种植在房前屋后。由于饭豆多为蔓生类型，单作需要搭架长蔓，因此生产中大面积成片种植较少，多为零星种植。

饭豆籽粒含蛋白质 19%~23%、脂肪 0.6%~1.2%、淀粉 60%~65%、纤维素 4%~6%，还含有丰富的钙、磷、铁和维生素 B_1、维生素 B_2，主要用于豆沙、豆馅加工和煮粥、煮汤。饭豆入药，有利水、除湿、排血脓、消肿解毒功效。饭豆也是我国出口农产品。

3.4.2.15 多花菜豆（*Phaseolus multiflorus*）

豆科菜豆属一年生或多年生草本植物，因其花多而得名，又名大白芸豆、大花豆、大黑豆、看花豆，具有粮食、蔬菜、饲料、肥料和观赏等用途，起源于墨西哥或中美洲，我国云南、贵州和四川等省有栽培。中国多花菜豆的种质资源有大白芸豆、大花芸豆和大黑芸豆三种类型，以云南、贵州、四川和山西等省种植较多，每公顷产籽粒 1000~3000kg。

多花菜豆籽粒含蛋白质 20%~22%、脂肪 1.6%~2.1%、淀粉 38%~48%、纤维素 5%~10%，还含有丰富的钙、磷、铁和维生素，主要用于豆沙、豆馅加工和煮粥、煮汤、冷菜。多花菜豆籽粒含植物血细胞凝集素（PHA），植物血细胞凝集素在治疗肿瘤中可以提高化学治疗法和放射疗法的疗效。多花菜豆是我国重要的出口农产品。

3.4.2.16 普通菜豆（*Phaseolus vulgaris*）

又名芸豆、四季豆、唐豆、菜豆等。黑龙江、内蒙古、河北、山西、新疆、云南、四川和贵州是主产区，居世界第 3 位，平均单产 1350~1500kg/hm²，比世界平均单产 617kg/hm² 水平高 2 倍以上。

芸豆籽粒含蛋白质 22%、淀粉 50%~60%、纤维素 5%~10%，还含有丰富的钙、磷、铁和维生素，主要用于豆沙、豆馅加工和煮粥、煮汤。芸豆籽粒含植物血细胞凝集素，植物血细胞凝集素在治疗肿瘤中可以提高化学治疗法和放射疗法的疗效。芸豆是我国第 4 大宗出口农产品。

3.4.2.17 豇豆 [*Vigna unguiculata*（L）Walp.]

豇豆属一年生缠绕、草质藤本或近直立草本植物，又名豆角、角豆、长豆、饭豆和蔓豆等。我国豇豆种植地区极为广泛，主要产区为河南、山西、陕西、广西、山东、河北、湖北、湖南、安徽、四川、江苏、江西、贵州、云南、广东及海南等省区。

豇豆籽粒含蛋白质 18%~30%、淀粉 40%~60%、纤维素 7%，还含有丰富的钙、磷、铁和维生素，主要用于豆沙、豆馅加工和煮粥、煮汤。豇豆健脾补肾，主治脾胃虚弱。

3.4.2.18 小豆（*Vigna angularis*）

豆科豇豆属一年生直立或缠绕草本植物，古名小菽、赤菽，又叫赤豆、赤小豆、红豆、红小豆。我国小豆主要分布在华北、东北和黄河及长江中下游地区，种植面积最大、栽培面积较大的是黑龙江、吉林、内蒙古、河北、山西、陕西等省区。

小豆含蛋白质 16%~28%、淀粉 42%~60%、纤维素 5%~7%，还含有丰富的钙、磷、铁和维生素，主要用于豆沙、豆馅加工和煮粥、煮汤。小豆入药，可治疗水肿、便血、泻痢等多种疾病。小豆是我国重要的出口农产品。

小豆标准为 GB/T 10461—2008《小豆》，其中分级标准与蚕豆、豌豆类似，依据纯粮率将小豆分为 1、2、3 等及等外 4 级，见表 3.4-14。

表 3.4-14　　　　　　　小豆的质量标准（GB/T 10461—2008）

| 等级 | 纯粮率/% | 杂质/% | | 水分/% | 色泽、气味 |
		总量	其中：无机杂质		
1	≥98.0				
2	≥95.0	≤1.0	≤0.5	≤14.0	正常
3	≥92.0				
等外	<92.0				

图文并茂电子书/拓展资源获得方法：用移动终端设备上安装的"学习通" APP 扫描下列二维码，就可以直接学习"食品原料学慕课"网站上与该章节配套的电子书/讲课视频、试题库、相关论文、拓展阅读、拓展视频、VR/AR/MR、3D 动画、热门话题、国内外进展、专家讲座等拓展内容（详细方法参见本教材正文前的慕课使用方法）：

0. 配套国家级
慕课首页

1. 小杂粮Ⅰ

2. 小杂粮Ⅱ

3.5　大　豆

[本节目录]

大豆别名黄豆，属蝶形花亚科大豆属，属喜温作物，对光照的强弱很敏感。大豆是粮油兼用作物，是所有粮食作物中蛋白质含量最高的一种。而且蛋白质中赖氨酸和色氨酸含量都较高，分别占 6.05% 和 1.22%，因此其营养价值仅次于肉、蛋、乳。

3.5.1 大豆的分类

按栽培制度和播种季节大豆分为春大豆、夏大豆、秋大豆和冬大豆；按用途大豆分为食用大豆和饲料豆。食用大豆又可分为油用大豆、副食用和粮食用大豆、蔬菜用大豆和罐头用大豆4类。食用大豆主要是指粒大、饱满的品种，再按含油率高低和蛋白质多少分别选作油用或主副食用。蔬菜和罐头用大豆一般要求烹调容易，味道香甜的鲜豆或青豆。饲料豆是指颗粒小、食用品质差的大豆，主要用作牲畜饲料，一般半野生种的泥豆和撒豆多属这一类型。

我国国家标准规定，商品大豆按种皮的颜色和粒形分为5类，即黄大豆（种皮为黄色）、青大豆（种皮为青色）、黑大豆（种皮为黑色）、其他色大豆（种皮为褐色、茶色、赤色等）和饲料豆。

3.5.2 大豆的籽粒结构与化学成分

3.5.2.1 大豆籽粒结构

大豆属于豆科蝶形花亚科大豆属，为一年生草本植物，果实为荚果，荚果含种子1~4粒，荚的形状有扁平和半圆等类型。

荚果脱去果荚后即为种子，有肾形、球形、扁圆形、椭圆形和长圆体形等。种皮颜色有黄、青、褐、黑及双色等。大豆种子的最外层为种皮，种皮上有明显的脐，脐下端有个凹陷的小点称作合点。脐上端可明显地透视出胚芽和胚根的部位，两者之间有一个小孔眼，称作珠孔。当种子发芽时，胚根就从此孔伸出，所以也称作发芽孔。大豆种子的外形如图3.5-1所示。

种皮内为胚，胚乳几乎完全退化，胚由子叶、胚芽、胚茎和胚根组成。子叶有两片，是大豆储藏营养物质的场所，两片子叶之间生有胚芽，由两片很小的真叶组成。胚芽上部为胚茎，下部是胚根。种皮约占大豆总质量的

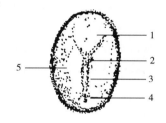

图3.5-1 大豆种子的外形
1—胚根透射处 2—珠孔
3—脐 4—合点 5—种皮

7%，子叶占90%。种皮由较厚的外种皮和非常薄的内种皮构成。子叶被肥厚的细胞壁包围，内部是蛋白体。蛋白体是 $3~8\mu m$ 颗粒状的蛋白球，含水分9.5%、氮10.1%、磷0.85%、糖8.5%、矿物质0.70%、核糖核酸0.4%，蛋白体的间隙有脂肪球或少量的淀粉粒。

3.5.2.2 大豆的化学成分

大豆含蛋白质35%~44%，脂肪15%~20%，糖类20%~30%，水分8%~12%，纤维素和矿物质各为4%~5%，几乎不含淀粉。我国部分地区的大豆成分如表3.5-1所示。

表3.5-1　　　　　　　　　　　我国部分地区的大豆化学成分表　　　　　　　　　　单位:%

品种来源	水分含量	粗蛋白含量	粗脂肪含量	粗纤维含量	无氮浸出物含量	灰分含量
东北地区	8.3	43.2	15.9	4.5	23.9	4.2
北京	12.0	34.6	10.0	3.8	35.5	3.9
四川	12.4	35.3	16.1	2.7	29.4	4.3
江苏南京	6.7	41.7	16.6	3.9	26.7	4.4

续表

品种来源	水分含量	粗蛋白含量	粗脂肪含量	粗纤维含量	无氮浸出物含量	灰分含量
上海	14.0	35.9	17.6	3.7	25.0	3.8
浙江杭州	9.8	40.0	16.3	6.3	23.1	4.5
内蒙古	8.9	26.1	17.1	4.4	39.6	3.9
福建福州	10.9	41.4	15.2	3.8	24.1	4.6

3.5.3　大豆的加工适性

大豆营养成分因品种而异，但蛋白质与脂肪是两大主要成分。我国大豆的主栽品种多属蛋白质与脂肪较均衡的类型，单项指标表现不突出，影响出口大豆的商品等级和商品价值，国内加工业也不能按用途选购大豆品种也是值得注意的问题。

国内外大豆育种工作者都在研究选育"高蛋白低脂肪"或"高脂肪低蛋白"的品种，以适应不同用途需要。生产豆制品的原料大豆要求新鲜、籽粒饱满、蛋白质含量高，无虫蛀、无霉烂和变质颗粒及未经高温受热和高温烘干。榨油用的大豆则以脂肪含量高的为宜。碳水化合物多的大豆吸水能力强，容易得到质地柔软的蒸豆，适于生产豆酱和豆豉。我国南方大豆许多品种碳水化合物含量较高，与美国的蔬菜型豆和日本豆组成近似。未成熟的青大豆中的碳水化合物含量较成熟大豆的含量高，所以煮食未熟大豆时具有香甜风味。

3.5.4　大豆的质量标准

我国的大豆标准包括 GB 1352—2009《大豆》和 GB 20411—2006《饲料用大豆》。各类大豆按完整粒率分等级指标及其他质量指标如表 3.5-2 所示。各类大豆以 3 等为中等标准，低于 5 等的为等外大豆。

表 3.5-2　　　　　　　　　　大豆质量标准（GB 1352—2009）

等级	完整粒率/%	损伤粒率/%		杂质含量/%	水分含量/%	气味、色泽
		合计	其中：热损伤粒			
1	≥95.0	≤1.0	≤0.2			
2	≥90.0	≤2.0	≤0.2			
3	≥85.0	≤3.0	≤0.5	≤1.0	≤13.0	正常
4	≥80.0	≤5.0	≤1.0			
5	≥75.0	≤8.0	≤3.0			

图文并茂电子书/拓展资源获得方法：用移动终端设备上安装的"学习通" APP 扫描下列二维码，就可以直接学习"食品原料学慕课" 网站上与该章节配套的电子书/讲课视频、试题库、相关论

文、 拓展阅读、 拓展视频、 VR/AR/MR、 3D 动画、 热门话题、 国内外进展、 专家讲座等拓展内容 (详细方法参见本教材正文前的慕课使用方法):

0. 配套国家级慕课首页

1. 大豆、花生和油菜籽

3.6 花 生

花生又名长生果、地果、唐人果, 由于在枝上开花, 落地后在地上结果, 通常又称落花生。花生是豆科蝶形花亚科落花生属的一年生草本植物, 喜高温干燥, 不耐霜冻, 适于砂质土壤种植, 是我国主要的油料作物, 种子 (花生仁) 内富含脂肪和蛋白质, 其含油率一般高达50%左右, 比大豆高近一倍。榨制的花生油气味清香, 没有异味, 可作为橄榄油的代用品, 生产人造奶油, 并在纺织、印染、造纸和农药等工业中广泛应用。花生加工后的饼粕蛋白质含量高, 并有良好的消化率, 是家畜极好的精饲料, 同时也是一种优质肥料。

3.6.1 花生的分类及结构

花生按品种性状分可分为普通型、珍珠豆型、多粒型和龙生型4类; 按播种季节分为春花生、夏花生和秋花生; 按生育期分为早熟种、中熟种和晚熟种3类; 按大小分为大粒种、中粒种和小粒种3类。

花生果是荚果, 有普通型、斧头型、葫芦型、串珠型和曲棍型等形状, 表面有凹凸不平的网络结构, 一般呈淡黄色。果内一般有花生仁2~3粒, 少的只有1粒, 多的可达7粒。

花生仁由种皮和胚两部分组成, 无胚乳。胚中主要是两片肥大的子叶, 内裹胚芽、胚茎和胚根。正常的花生子叶呈洁净的乳白色, 两片子叶的中间有纵向凹陷。其籽粒结构如图 3.6-1 所示。

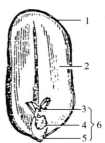

图 3.6-1 花生的籽粒结构
1—种皮 2—子叶 3—胚芽
4—胚轴 5—胚根 6—胚

3.6.2 花生的化学成分

花生仁一般含脂肪 35%～56%，蛋白质 24%～30%，糖类 13%～19%，粗纤维 2.7%～4.1%，灰分 2.7%。花生油中脂肪酸的组成中软脂酸 7.3%～12.9%、硬脂酸 2.6%～5.6%、花生酸 3.8%～9.9%、油酸 39.2%～65.2%、亚油酸 16.8%～38.2%，其特点是含不饱和脂肪酸较多，所含必需脂肪酸不如大豆油和棉籽油多，比茶油和菜籽油高，但仍是一种营养价值较高的食用油。

花生中蛋白质比一般谷类高 2～3 倍，主要是球蛋白，其氨基酸构成比例接近于动物蛋白质，容易消化吸收，吸收率可达 90% 左右，故花生和大豆一样，被誉为"植物肉"，但花生蛋白质中的蛋氨酸和色氨酸含量较低，故比不上动物蛋白质。

另外，花生仁的淀粉含量比一般油料为多，并且含有较多的钾和磷，特别是维生素 B_1 含量较为丰富，是维生素 B_1 的良好来源。

3.6.3 花生的质量标准

花生及花生油的国家标准包括 GB/T 1532—2008《花生》、GB 1534—2017《花生油》和 GB 19693—2008《地理标志产品新昌花生（小京生）》。农业行业标准包括 NY/T 1067—2006《食用花生》、NY/T 1068—2006《油用花生》、NY/T 3250—2018《高油酸花生》和 NY/T 1893—2010《加工用花生等级规格》。国家标准中规定花生仁按纯质率分等，等级指标及其他质量指标如表 3.6-1 所示。花生仁以 3 等为中等标准，低于 5 等的为等外花生。判别时主要看颜色，一是看花生衣的颜色；二是看花生子叶的颜色。

表 3.6-1　　　　　　　　花生仁质量标准（GB/T 1532—2008）

等级	纯质率/%	杂质/%	水分/%	整半粒限度/%	色泽、气味
1	≥96.0				
2	≥94.0			≤10	
3	≥92.0	≤1.0	≤9.0		正常
4	≥90.0				
5	≥88.0			—	
等外	<88.0				

注："—"为不要求。

图文并茂电子书/拓展资源获得方法：用移动终端设备上安装的"学习通"APP 扫描下列二维码，就可以直接学习"食品原料学慕课"网站上与该章节配套的电子书/讲课视频、试题库、相关论文、拓展阅读、拓展视频、VR/AR/MR、3D 动画、热门话题、国内外进展、专家讲座等拓展内容（详细方法参见本教材正文前的慕课使用方法）：

0. 配套国家级慕课首页

1. 大豆、花生和油菜籽

3.7 油 菜 籽

油菜为一年生或越年生草本植物,适应性强,对土壤要求不严格,油菜籽的产量已在各种油料作物中居于首要地位。油菜籽含油量高,比大豆高1倍,比棉籽高5%左右,是我国食用油的主要来源之一,含芥酸低的菜油可制造人造奶油等食品。菜籽饼含有丰富的营养物质,不含芥子苷的菜籽饼是禽畜的精饲料,在我国主要用作肥料,是农业上重要的有机肥料之一。此外,油菜还是很好的蜜源作物。油菜占全国油料作物的40%以上,取代花生而居第一位。

3.7.1 油菜分类

栽培的油菜属十字花科(Cruciferae)芸薹属(*Brassica*)。十字花科植物可采籽榨油的种类很多,其中芸薹属的油用种为当今栽培的油菜。我国将油菜分为3种类型。

3.7.1.1 白菜类型

白菜类型染色体数 $n=10$,植株较矮小,包括两个种:一个是株形矮小,分枝较少,茎秆较细的北方小油菜;另一个是株形较高大,茎秆粗壮,茎叶发达,半直立或直立且外形似普通小白菜的南方小油菜。

3.7.1.2 芥菜类型

芥菜类型染色体数 $n=18$,植株高大,株形松散,分枝部位高,大分枝长与主茎高度等同,种皮表面有明显的网纹。

3.7.1.3 甘蓝类型

甘蓝类型染色体数 $n=19$,株型中等或高大,枝叶繁茂,主根发育中等而支细根发达,种子黑色,较大,种皮表面网纹浅。本品种原产于欧洲,世界各地均有栽培。我国栽培的甘蓝型油菜系 20 世纪 40 年代引自日本的品种。

3.7.2　油菜籽的结构与化学成分

3.7.2.1　油菜籽的结构

油菜的果实为角果，细长，4~5cm，呈扁圆形或圆柱形，成熟时易开裂，内含种子（即油菜籽）10~30 粒。种子球形或近球形，有黄、红、褐、黑和黑褐等色，一般以芥菜型油菜种子最小，千粒重在 1.0~2.0g；甘蓝型油菜种子较大，千粒重一般在 3.0g 以上，高的达 4.0g 以上；白菜型油菜大部分品种千粒重在 2.0~4.0g。油菜种子上有椭圆形的种脐，种脐的一端为珠孔，透过种皮在珠孔的正下方为胚根末端，这一部位的外表称胚根。种脐的另一端为种脊，是延伸到合点的一条小沟，合点是珠被和胚珠相连接的点。种皮坚硬，由外表皮、亚表皮、珊状细胞和色素层组成。种皮下有一层很薄的胚乳组织。脱去种皮和胚乳即为两片肥大的子叶，有胚根和胚茎，胚芽则不明显。其籽粒形态如图 3.7-1 所示。

(1)白菜型油菜　　　　(2)甘蓝型油菜　　　　(3)芥菜型油菜

图 3.7-1　油菜种子的外部形态

1—胚根脊　2—合点　3—种脐

3.7.2.2　油菜籽的化学成分

油菜籽含油量 33%~49.8%（干基），并含有 28% 左右的蛋白质，是一种营养丰富的油料作物。但目前我国栽培的油菜存在着"双高"的问题：一是榨出的菜油脂肪酸的组成中芥酸的比例高达 48.4%，最高 65%，最低 3.3%（西藏春油菜）；二是油菜籽中芥子苷的含量高到 0.3%。芥酸是二十二碳一烯酸，对人体没有营养价值，是否有害目前还无定论，但由于芥酸的含量高，导致必需脂肪酸的亚油酸含量很少，因而菜籽油的营养价值较低。另外芥子苷是由葡萄糖基与羟基硫氰基相结合而成的，经榨油后被保留在菜籽饼中，经芥酸酶水解后能生成对人体和畜禽有剧毒的含氰有机化合物。菜籽饼一般含蛋白质 40.5%，是稻谷的 5.8 倍，比大豆粉还高 4.7%，因此用菜籽饼作高蛋白饲料时必须经过脱毒处理。

3.7.3　油菜籽的质量标准

油菜籽的标准包括 GB/T 11762—2006《油菜籽》、NY/T 2982—2016《绿色食品　油菜籽》、NY/T 1795—2009《双低油菜籽等级规格》、NY/T 415—2000《低芥酸低硫苷油籽菜》和 NY/T 1990—2011《高芥酸油籽菜》。我国国家标准中规定油菜籽按含油量分等，具体指标如表 3.7-1 所示。

表 3.7-1　　　　　　　　　　油菜籽质量标准（GB/T 11762—2006）

等级	含油量（标准水计）/%	未熟粒/%	热损伤粒/%	生芽粒/%	生霉粒/%	杂质/%	水分/%	色泽、气味
1	≥42.0	≤2.0	≤0.5					
2	≥40.0	≤6.0	≤1.0					
3	≥38.0			≤2.0	≤2.0	≤3.0	≤8.0	正常
4	≥36.0	≤15.0	≤2.0					
5	≥34.0							

　　图文并茂电子书/拓展资源获得方法：用移动终端设备上安装的"学习通" APP 扫描下列二维码，就可以直接学习"食品原料学慕课" 网站上与该章节配套的电子书/讲课视频、 试题库、 相关论文、 拓展阅读、 拓展视频、 VR/AR/MR、 3D 动画、 热门话题、 国内外进展、 专家讲座等拓展内容（详细方法参见本教材正文前的慕课使用方法）：

0.配套国家级慕课首页

1.大豆、花生和油菜籽

3.8　甘薯与马铃薯

[本节目录]

3.8.1　甘薯
　　3.8.1.1　甘薯的分类
　　3.8.1.2　甘薯块根的结构
　　3.8.1.3　甘薯的化学成分
　　3.8.1.4　甘薯的质量标准

3.8.2　马铃薯
　　3.8.2.1　马铃薯的分类
　　3.8.2.2　马铃薯的块茎结构
　　3.8.2.3　马铃薯的化学成分
　　3.8.2.4　马铃薯的质量标准

3.8.1 甘　薯

3.8.1.1　甘薯的分类

甘薯别名番薯、红薯、山芋、甜薯与地瓜等，属旋花科一年生植物，是一种极为重要的旱粮作物。目前在我国，除青藏高原及新疆、宁夏、内蒙古等省区外，其他各省区均有栽培，但以黄淮平原、四川、长江中下游和东南沿海栽培面积较大。

我国过去对甘薯品种的选育重在品质和产量，但不够注意薯形，但出口加工和食用的甘薯要求薯形好、还原糖低和淀粉含量高，除抗病外，还要求抗旱、耐涝、耐盐碱和抗寒性强。

1. 食用品种

经过选育及通过审定的甘薯品种一般都能食用，但鲜食希望有甘薯香味，而不喜欢有土腥味、回生味或有异味的品种。我国有些地区喜欢吃粉质的薯块，蒸煮后皮易破裂，薯肉易散开，但薯块基本可保持原形，薯香味浓郁。

2. 加工品种

加工品种是指适宜于加工用的品种，分为淀粉加工和食品加工两类。一般食品加工用的品种不要求淀粉含量高，而要求薯块表面光滑平整，薯皮薄，无条沟，淀粉颗粒细，薯肉暴露在空气中氧化变色小。制罐时要求小形块根，形状一致，保持不烂不碎。对于制作淀粉用的品种则要求淀粉含量越高越好。目前我国在生产上用于食品加工的品种，以红旗4号、胜南、农大红、徐薯18和美国红等品种为好。

3.8.1.2　甘薯块根的结构

甘薯的薯块不是茎，而是由芽苗或茎蔓上生出来的不定根积累养分膨大而成的，所以称之为"块根"，由皮层、内皮层、维管束环、原生木质部和后生木质部组成。由于甘薯品种、栽培条件和土壤情况等的不同，其块根形状不同（图3.8-1），其形状大小和纵沟的深浅等均是甘薯品种特征的重要标志。此外甘薯块根的皮层和薯肉的颜色亦是品种特征之一。甘薯表皮有白、黄、红和黄褐等色，肉色有白、黄红、黄橙、黄质斑紫和白质斑紫等。

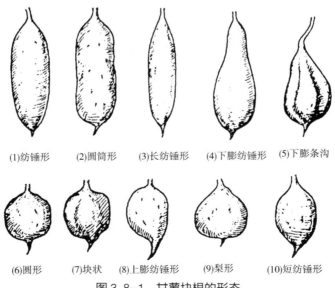

(1)纺锤形　　(2)圆筒形　　(3)长纺锤形　　(4)下膨纺锤形　　(5)下膨条沟

(6)圆形　　(7)块状　　(8)上膨纺锤形　　(9)梨形　　(10)短纺锤形

图3.8-1　甘薯块根的形态

3.8.1.3 甘薯的化学成分

一般甘薯块根中含 60% ~ 80% 的水分、10% ~ 30% 的淀粉、5% 左右的糖分及少量蛋白质、油脂、纤维素、半纤维素、果胶和矿物质等。以 2.5kg 鲜薯折成 0.5kg 粮食计算，新鲜甘薯块根的营养成分除脂肪外，其他比大米和面粉都高，发热量也超过许多粮食作物。甘薯中蛋白质和氨基酸的组成与大米相似，其中必需氨基酸的含量高，特别是大米、面粉中比较稀缺的赖氨酸的含量丰富。维生素 A、维生素 B、维生素 C 和烟酸的含量都比其他粮食高，钙、磷和铁等无机物较多。甘薯中尤其以胡萝卜素和维生素 C 的含量最为丰富，是其他粮食作物极少或几乎不含的营养素。所以甘薯与其他粮食互食可提高主食的营养价值。此外，甘薯还是一种生理性碱性食品，人体摄入后，能中和肉、蛋、米和面等所产生的酸性物质，可调节人体的酸碱平衡。

3.8.1.4 甘薯的质量标准

我国没有甘薯国家标准，目前只有 LS/T 3104—1985《甘薯》（地瓜、红薯、白薯、红苕、番薯）和 NY/T 2642—2014《甘薯等级规格》，适用于各省、自治区、直辖市调拨的商品甘薯，其质量标准如表 3.8-1 所示，甘薯按完整块根分等级。

表 3.8-1　　　　　　　　甘薯质量标准（LS/T 3104—1985）

等级	完整块根/% （每块 50g 以上）	不完整块根/%			杂质含量/%
		总量	病害	其他	
1	90.0	10.0	8.0	7.0	2.0
2	80.0	20.0	8.0	12.0	2.0
3	70.0	30.0	12.0	18.0	2.0

注：（1）甘薯以二等为中等标准，低于三等的为等外品；（2）卫生标准和动植物检疫项目，按国家有关规定执行；（3）不完整块根是指下列尚有食用价值的块根：病害块根，包括感染黑斑病、软腐病以及其他病害的块根；其他块根，包括虫害、机械伤、干疤、绿皮、萎缩、热伤、冻伤、雨淋、水浸等块根；（4）块茎是指块茎表皮上有，所占面积达块茎表面二分之一及以上。

3.8.2 马 铃 薯

3.8.2.1 马铃薯的分类

马铃薯又名洋山芋、土豆、洋番芋等，在植物学分类上属茄科茄属，为一年生草本植物，因其产量高，块茎营养丰富，又是粮、菜兼用的作物，已成了世界上仅次于稻、麦和玉米的四大粮食作物之一。在欧美各国人民的日常食品中，马铃薯与面包并重，被称作第二粮食作物。

高品质马铃薯品种不仅内部品质好、产量高，还要薯形好，芽眼深浅，还原糖低和淀粉含量高的品种。在食用品质上还希望有高蛋白和高维生素 C 的品种。

1. 食用品种

经过选育及通过审定的马铃薯品种一般都能食用。我国有些地区人民喜欢吃蒸煮后皮易破裂、薯肉易散、干物质和淀粉含量较低、蒸煮后不易变色的粉质品种。

2. 加工品种

分为淀粉加工和食品加工两类。一般菜用和制罐用的品种不要求淀粉含量高，而要求薯肉致密；做菜用时，要求土豆熟了不会变成粥状，或煎、炒时不易粉碎成糊状。制罐时要求小型块茎，最好保持不烂、不碎。对于制作淀粉用的品种则要求淀粉含量越高越好。目前我国在生产上用于淀粉和全粉加工的品种，以一季作区种植的高淀粉品种为主。二季作区种植的品种因春季生长期短，一般均为早熟品种，淀粉含量低，不适合淀粉加工，而适合菜用。

炸薯条和薯片时需要还原糖低和淀粉含量较高的品种。炸片和炸条时若块茎淀粉含量低、水分高，则费油且易收缩变形，产品质量受到影响，最好用淀粉含量不低于14%的品种。另外，还原糖含量高低与薯条、薯片的色泽关系很大，一般要求还原糖量不超过0.4%。我国还没有专用品种，但可利用的有"东农303"和"中薯2号"等品种。国外用于炸薯条和炸薯片的品种有"Russet Burbank"、荷兰的"Bintje"和加拿大的"Shepody"等。

3.8.2.2 马铃薯的块茎结构

马铃薯由于是根茎类作物，其可利用的部位是马铃薯的块茎，也称种子。块茎的大小、形状、表皮颜色、薯肉颜色、芽眼多少、芽眼深浅、芽眉大小等都是区别品种的特征。块茎的形状各式各样，大致可分为圆形、扁圆形、长圆形、卵圆形、椭圆形等，皮色有白、黄、粉红、珠红、紫、斑红、斑紫、浅褐等色泽。皮的粗细与网纹也因品种而异。薯肉有白色、黄色、淡黄、深黄，有的带红晕、紫晕等。芽眼有的较深，有的较浅，有的少至5个左右，有的多达10个左右。

优良品种要求薯形好，最好是椭圆形或长圆形，顶部不凹，脐部不陷，表皮光滑，芽眼较少而极浅平，以便清洗和去皮后加工或食用（图3.8-2）。

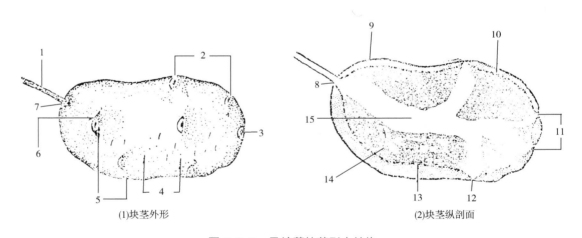

图 3.8-2　马铃薯块茎形态结构

1—匍匐茎　2、12—芽眼　3—顶端　4—皮孔　5—芽　6—芽眉　7、8—脐
9—表皮　10—皮层　11—顶芽　13—维管束　14—薄壁贮藏组织　15—髓心

马铃薯是由表皮层、形成层环、外部果肉和内部果肉四部分组成。最外层是周皮，周皮细胞被木栓质所充实，具有高度的不透水性和不透气性，所以周皮具有保护块茎、防止水分散失、减少营养素消耗、避免病菌侵入的作用。周皮内是薯肉，薯肉由外向内包括皮层、维管束环和髓部。皮层和髓部由薄壁细胞组成，里面充满着淀粉粒。皮层和髓部之间的维管束环是块茎的输导系统，也是含淀粉最多的地方。另外，髓部还含有较多的蛋白质和水分。

3.8.2.3 马铃薯的化学成分

马铃薯早熟品种含有 11%~14% 的淀粉，晚熟品种含有 14%~20% 的淀粉，最高可达 25% 左右。鲜薯一般含蛋白质 2% 左右，而且含有 18 种氨基酸。马铃薯的蛋白质质量接近鸡蛋，易于消化吸收，优于其他作物。块茎含有葡萄糖、果糖和蔗糖。淀粉和葡萄糖是可以互相转化的，在低温（4~5℃）贮藏下马铃薯块茎中的淀粉可转化为糖，在高温（20℃）下糖也可转化为淀粉。马铃薯块茎中含有多种维生素，如维生素 A、维生素 B、维生素 E、维生素 PP 和维生素 C 等，尤其维生素 C 是米面食品中所没有的，同时还含有丰富的铁、钙、镁、钾和钠等矿物元素，这也是欧美国家喜食马铃薯的主要原因。

3.8.2.4 马铃薯的质量标准

马铃薯只有 LS/T 3106—1985《马铃薯（土豆、洋芋）》和 NY/T 1066—2006《马铃薯等级规格》，适用于各省、自治区、直辖市调拨的商品马铃薯，其质量标准如表 3.8-2 所示，马铃薯按完整块茎分等级。

表 3.8-2　　　　　　　　　马铃薯质量标准（LS/T 3106—1985）

等级	完整块茎		不完整块茎/%		杂质含量/%
	每块 50g 以上	总量	疥癣	其他	
1	90.0	10.0	3.0	7.0	2.0
2	85.0	15.0	5.0	10.0	2.0
3	80.0	20.0	7.0	13.0	2.0

注：（1）马铃薯以二等为中等标准，低于三等的为等外品；（2）卫生标准和动植物检疫项目，按国家有关规定执行；（3）完整块茎是指完整、健全、不带绿色以及轻微擦伤或伤后愈合的块茎；（4）疥癣块茎是指块茎表皮上有疥癣，所占面积达块茎表面二分之一及以上。

图文并茂电子书/拓展资源获得方法：用移动终端设备上安装的"学习通" APP 扫描下列二维码，就可以直接学习"食品原料学慕课" 网站上与该章节配套的电子书/讲课视频、试题库、相关论文、拓展阅读、拓展视频、VR/AR/MR、3D 动画、热门话题、国内外进展、专家讲座等拓展内容（详细方法参见本教材正文前的慕课使用方法）：

0. 配套国家级慕课首页

1. 甘薯、马铃薯和魔芋

果蔬食品原料

我国栽培的果树分属 50 多科，300 多种，品种万余个；我国栽培的蔬菜有 160 多种，种类和产量均位居世界第一。在组成、栽培和采收的方法、贮藏特性及加工等方面，水果和蔬菜之间有很多相似之处，实际上许多蔬菜可看作水果。植物学上的水果是指植物体包括种子的部分，因此，番茄、黄瓜、茄子、胡椒、秋葵、甜玉米及其他蔬菜可以被归入水果。而水果与蔬菜之间的重要区别在于食用方式，一般作主菜食用的植物通常被认为是蔬菜，而在餐后单独食用或作为餐后甜品的被看作是水果。

4.1　果品类食品原料

[本节目录]

　　生产果品类食品原料的果蔬，根据冬季叶幕特性分类可以分为落叶果树和常绿果树。落叶果树有如苹果、桃、核桃、柿和葡萄等，而常绿果树有柑橘类、荔枝、杧果、枇杷和龙眼等；根据果树植株形态特性则分为乔木果树、灌木果树、藤本果树和草本果树，其中乔木果树包括苹果、梨、银杏、板栗、橄榄和木菠萝等，而灌木果树有树莓、醋栗、刺梨、余甘和番荔枝等，藤本果树有葡萄、猕猴桃、罗汉果和西番莲等，草本果树有草莓、菠萝、香蕉和番木瓜等；根据果实结构分类可分为仁果类、核果类、浆果类、坚果类、聚复果类、荚果类、柑果类和荔果类（荔枝、龙眼和韶子等）；根据果树生态适应性分类可寒带果树、温带果树、亚热带果树和热带果树4大类，其中寒带果树有山葡萄、秋子梨、榛子、醋栗和树莓等，温带果树有苹果、梨、桃、李、枣和核桃等。亚热带果树包括落叶性亚热带果树和常绿性亚热带果树。落叶性亚热带果树如扁桃、猕猴桃、石榴和无花果等。常绿性亚热带果树如柑橘类、荔枝、杨梅和橄榄等。热带果树包括一般热带果树和纯热带果树，一般热带果树如番荔枝、人心果、香蕉、菠萝和番木瓜等，纯热带果树如榴梿、山竹子、槟榔和面包果等。

4.1.1　苹　　果

4.1.1.1　苹果种类分布及分类

　　苹果（*Malus pumila* Mill.）是世界四大水果（葡萄、柑橘、苹果和香蕉）之一，也是我国最重要的果树树种，栽培面积、产量和产值均居之首。按原产地分为西洋苹果和中国苹果两大类。西洋苹果原产于欧洲和中亚一带，果实汁多、脆嫩，甜酸适口耐贮藏。中国苹果原产于我国新疆一带，果实色泽鲜美，富有香气，主要产地是新疆、山东、河南、河北、山西、辽宁、甘肃、四川、安徽和江苏等地。由于苹果富含糖分和有机酸，味美可口，有"智慧果"和"记忆果"的美称，还适于制作果酱和果脯等耐贮藏产品。

我国现有苹果品种 400 余种，其中商品量较多的有 30 余种，均属西洋苹果，按果实的成熟期分为伏苹果和秋苹果或早、中和晚熟 3 种。

1. 早熟种（伏苹）

成熟期在 6 月下旬至 7 月下旬，生长期短、肉质松、味多带酸，不耐贮藏，产量较少。主要品种有甜黄魁和早金冠等。新引进品种有早捷、红夏和珊夏等。

2. 中熟种（早秋苹）

成熟期在 8 月至 9 月，较耐贮藏，主要品种有金冠（Golden Delicious）、祝光、红玉（Jonathan）和红星（Starking）等，其中金冠和红星质量较好。新培育和引进的品种有玉华早富、秋红嘎拉和昌红等。

3. 晚熟种（晚秋苹）

成熟期在 10 月至 11 月上旬，质量好，耐贮藏，在产销中占的比重最大，也是广大消费者喜爱的品种，主要品种有国光（Ralls Janet）、青香蕉、甜香蕉（印度苹）、鸡冠、倭锦、胜利、秦冠和富士（Fuji）等。新培育和引进的品种有金富等品种。

4.1.1.2 苹果采后生理特性

苹果属典型的呼吸跃变型果实，在采后会出现明显的呼吸高峰，此时即意味着苹果达到成熟，风味最佳。在成熟过程中呼吸和乙烯产量显著增加，但同时也是衰老的开始。呼吸跃变后，苹果的呼吸速率下降，耐贮性下降。一般来说，晚熟品种的呼吸强度要比早熟品种的低。低温对苹果的呼吸有很明显的抑制作用，品种间的呼吸强度也存在差异。呼吸热是苹果冷藏和冷链运输中重要的基础差异，采用预冷排除田间热和呼吸热可以降低果实的生理活动和抑制病原菌，达到降低果实褐变和腐烂率、延长保鲜期和苹果品质的目的。

4.1.1.3 苹果加工适性

苹果传统加工产品主要有苹果浓缩汁、罐头、果脯和果干等，我国"十二五"以后苹果加工业走向了"苹果栽培–果汁加工—香气回收—果渣利用—废渣再利用"的零排放产业化道路。苹果还也可以生产苹果芳香液、苹果粉和苹果果胶等深加工产品。

1. 苹果脯

制作苹果脯的原料需选用果形圆整、果心小、肉质疏松和成熟适度的果实，通常采用新鲜且成熟度不宜过高的果实，适宜的品种有倭锦、红玉、国光和富士等。

2. 苹果酱

原料选择肉厚、可食部分多、富含果胶物质和有机酸且色、香、味优的品种，要求果实充分成熟、肉质较软和易于加工处理。

3. 苹果罐头

原料选择新鲜饱满、成熟度适中、具有一定的色、香、味且没有虫蛀及各种机械损伤等缺陷的果实，目前没有罐藏的专一品种，一般以果肉致密、果形整齐、果体小、风味浓、果肉白色、耐煮制和不发绵的品种为宜。果肉绵软、煮制后肉色呈淡红色或黄色的品种不宜制作罐头产品。

4. 苹果干

要求果实充分成熟且不发绵，以果体中等大小、外形规则、无明显褐变、果肉黄色、肉质肥厚致密、果心小、果皮薄和可溶性固形物含量不低于 12%，且单宁含量少、含糖量高和甜酸适宜的国光、红玉、倭锦、金帅、胜利、红星、红冠和 沙果等为宜。

5. 苹果汁

苹果汁大多需要在果实成熟时采收加工，以获得最佳的品质和最高的出汁率。原料要求新鲜完好和无污染，糖和酸含量高，且香味浓、出汁率高。不得使用落果、裂果和残次果。适宜加工果汁的苹果品种有君袖、红魁、红玉、初笑、黄魁、亚历山大、元帅和富士等。

6. 苹果酒

果实在采收和运输中的任何损害都会影响果酒的质量。选用完好无损的鲜果，剔除腐败霉变的烂果，果实的大小和形状没有严格的要求，但要充分成熟。此外，还要考虑果实的风味及单宁、色素、果胶和酸的含量等。

4.1.1.4 苹果质量标准

苹果质量标准是我国果品中制定最完善的标准体系，涵盖了产前检验检疫、种质资源与苗木、建园及产中产地环境要求、栽培技术、病虫害防治和产后贮藏包装、相关产品、检疫鉴定和检验检测等生产全过程的各个方面。

苹果产前标准涉及苹果检验检疫、种质资源、苗木和建园 4 个方面，苹果部分产前标准如表 4.1-1 所示。产中标准包括不同产区和品种生产技术、高接换种技术、套袋技术、良好农业规范、育果纸袋和采摘技术等，也包括无公害苹果和有机苹果等不同等级产品的栽培技术，苹果部分产中标准见表 4.1-2 所示。产后标准涉及苹果贮藏包装、相关产品、检疫鉴定和检验检测 4 个方面，苹果部分产后标准如表 4.1-3 所示。贮藏包装标准中分别规定了苹果的包装、冷藏技术和采收贮运技术相关产品标准，主要包括不同鲜苹果的品质要求、等级规格、加工用产品、品质指标评价、销售质量标准、地理标志产品及绿色食品。流通规范等产品的相关要求，构成苹果产后标准的主要内容。检疫鉴定类标准均为与果实检疫鉴定相关的出入境检验检疫行业标准。检验检测标准分别涉及可溶性固形物、可滴定酸、酚类物质、碳同位素比值、类黄酮及进出口检验等参数和指标。

表 4.1-1　　　　　　　　　　　苹果部分产前标准

分类	标准编号	标准名称
检验检疫	SNT 1585	进出境苹果属种苗检疫规程
	SNT 2615	苹果边腐病菌检疫鉴定方法
	SN/T 2398	苹果丛生殖原体检疫鉴定方法
	LY/T 2112	苹果蠹蛾防治技术规程
	LY/T 2424	苹果蠹蛾检疫技术规程
	NY/T 1483	苹果蠹蛾检疫检测与鉴定技术规范
	GB/T 28074	苹果蠹蛾检疫鉴定方法
	SN/T 1120	苹果蠹蛾检疫鉴定方法
	GB/T 28097	苹果黑星病菌检疫鉴定方法
	SN/T 2342	草果茎沟病毒检疫鉴定方法
	SN/T 3750	苹果壳色单隔孢溃疡病菌检疫鉴定方法
	GB/T 29586	苹果棉蚜检疫鉴定方法

续表

分类	标准编号	标准名称
检验检疫	SN/T 1383	苹果实蝇检疫鉴定方法
	SN/T 3751	草果树炭疽病菌检疫鉴定方法
	SN/T 3752	苹果星裂克孢果腐病菌检疫鉴定方法
	GB/T 31804	苹果锈果类病毒检疫鉴定方法
	SN/T 3290	苹果异形小卷蛾检疫鉴定方法
	SN/T 23422	苹果皱果类病毒检疫鉴定方法
	SN/T 4333	苹果溴甲烷检疫熏蒸处理操作规程及技术要求
种质资源	NY/T 2424	植物新品种特异性、一致性和稳定性测试指南　苹果
	NY/T 2478	苹果品种鉴定技术规程　SSR 分子标记法
	NY/T 1318	农作物种质资源鉴定技术规程　苹果
	NY/T 2029	农作物优异种质资源评价规范　苹果
苗木	NY/T 403	脱毒苹果母本树及苗木病毒检测技术规程
	NY/T 1085	苹果苗木繁育技术规程
	GB 8370	苹果苗木产地检疫规程
	GB 9847	苹果苗木
	NY/T 2719	苹果苗木脱毒技术规范
	NY/T 2281	苹果病毒检测技术规范
	NY/T 328	苹果无病毒苗木繁育规程
	GB/T 12943	苹果无病毒母本树和苗木检疫规程
	NY 329	苹果无病毒母本树和苗木
建园	NY/T 2136	标准果园建设规范苹果

表 4.1-2　　　　　　　　　　　　苹果部分产中标准

分类	标准编号	标准名称
产地环境	NY/T 856	苹果产地环境技术条件
栽培技术	NY/T 1083	渤海湾地区苹果生产技术规程
	NY/T 1084	红富士苹果生产技术规程
	NY/T 1082	黄土高原苹果生产技术规程
	NY/T 441	苹果生产技术规程
	NY/T 2305	苹果高接换种技术规范
	NY/T 1505	水果套袋技术规程　苹果
	NY/T 1555	苹果育果纸袋
	NY/T 1995	仁果类水果良好农业规范
	NY/T 2411	有机苹果生产质量控制技术规范

续表

分类	标准编号	标准名称
栽培技术	NY/T 5012	无公害食品　苹果生产技术规程
	NY/T 1086	苹果采摘技术规范
病虫害防治	NY/T 2384	苹果主要病虫害防治技术规程
	NY/T 60	桃小食心虫综合防治技术规程
	NY/T 1610	桃小食心虫测报技术规范
	NY/T 2734	桃小食心虫监测性诱芯应用技术规范
	NY/T 2684-2015	苹果树腐烂病防治技术规程

表 4.1-3　　　　　　　　　　苹果部分产后标准

分类	标准编号	标准名称
贮藏包装	NY/T 983	苹果采收与贮运技术规范
	GB/T 13607	苹果、柑橘包装
	GB/T 8559	苹果冷藏技术
产品	GB/T 10651	鲜苹果
	NY/T 1793	苹果等级规格
	GB/T 23616	加工用苹果分级
	NY/T 1072	加工用苹果
	NY/T 1075	红富士苹果
	NY/T 2316	苹果品质指标评价规范
	GB/T 18965	地理标志产品　烟台苹果
	GB/T 22444	地理标志产品　昌平苹果
	GB/T 22740	地理标志产品　灵宝苹果
	SB/T 10892	预包装鲜苹果流通规范
	SB/T 11100	仁果类果品流通规范
检疫鉴定	SN/T 3279	富士苹果磷化氢低温检疫熏蒸处理方法
	SN/T 2077	进出境苹果检疫规程
	SN/T 3289	苹果果腐病菌检疫鉴定方法
	SN/T 3069	苹果和梨果实球壳孢腐烂病菌检疫鉴定方法
	SN/T 4409	苹果蠹蛾辐照处理技术指南
检验检测	NY/T 1841	苹果中可溶性固形物、可滴定酸无损伤快速测定　近红外光谱法
	SN/T 0883	进出口鲜苹果检验规程
	NY/T 2795	苹果中主要酚类物质的测定　高效液相色谱法
	SN/T 3846	出口苹果和浓缩苹果汁中碳同位素比值的测定
	NY/T 2741	仁果类水果中类黄酮的测定　液相色谱法

鲜食苹果标准分级标准和苹果各主要品种和等级的色泽要求分别如表4.1-4所示和表4.1-5所示。

表4.1-4 鲜苹果质量标准

项目	等级		
	优等品	一等品	二等品
果形	具有本品种固有的特征	允许有轻微缺点	果形有缺点，但仍保持本品基本特征，不得有畸形果
色泽	红色品种的果面着色比例的具体规定参照表4.1-5，其他品种应具有本品种成熟时应有的色泽		
果梗	果梗完整（不包括商品化处理造成的果梗缺省）	果梗完整（不包括商品化处理造成的果梗缺省）	允许果梗轻微损伤
果面缺陷	无缺陷	无缺陷	允许下列对果肉无重大伤害的果皮损伤不超过4项
①刺伤（包括破皮划伤）	无	无	无
②碰压伤	无	无	允许轻微碰压伤，总面积不超过1.0cm²，其中最大处面积不得超过0.3cm²，伤处不得变褐，对果肉无明显伤害
③磨伤（枝磨、叶磨）	无	无	允许不严重影响果实外观的磨伤，面积不超过1.0cm²
④日灼	无	无	允许浅褐色或褐色，面积不超过1.0cm²
⑤药害	无	无	允许果皮浅层伤害，总面积不超过1.0cm²
⑥雹伤	无	无	允许果皮愈合良好的轻微雹伤，总面积不超过1.0cm²
⑦裂果	无	无	无
⑧裂纹	无	允许梗洼或萼洼内有微小裂纹	允许有不超出梗洼或萼洼的微小裂纹
⑨病虫果	无	无	无
⑩虫伤	无	允许不超过2处0.1cm²的虫伤	允许干枯虫伤，总面积不超过1.0cm²

续表

项目	等　级		
	优等品	一等品	二等品
其他小疵点	无	允许不超过 5 个	允许不超过 10 个
果锈	各本品种果锈应符合下列限制规定		
①褐色片锈	无	不超出梗洼的轻微锈斑	轻微超出梗洼或萼洼之外的锈斑
②网状浅层锈斑	允许轻微而分离的平滑网状明显锈痕，总面积不超过果面的 1/20	允许平滑网状薄层，总面积不超过果面的 1/10	允许轻度粗糙的网状果锈，总面积不超过果面的 1/5
果径（最大横切面直径）/mm	大型果	≥70	≥65
	中小型果	≥60	≥55

表 4.1-5　　　　　　　　　　苹果各主要品种和等级的色泽要求

品种	等级		
	优等品	一等品	二等品
富士系	红或条红 90%以上	红或条红 80%以上	红或条红 55%以上
嘎拉系	红 80%以上	红 70%以上	红 50%以上
藤牧 1 号	红 70%以上	红 60%以上	红 50%以上
元帅系	红 95%以上	红 85%以上	红 60%以上
华夏	红 80%以上	红 70%以上	红 55%以上
粉红女士	红 90%以上	红 80%以上	红 60%以上
乔纳金	红 80%以上	红 70%以上	红 50%以上
秦冠	红 90%以上	红 80%以上	红 55%以上
国光	红或条红 80%以上	红或条红 60%以上	红或条红 50%以上
华冠	红或条红 85%以上	红或条红 70%以上	红或条红 50%以上
红将军	红 85%以上	红 75%以上	红 50%以上
珊夏	红 75%以上	红 60%以上	红 50%以上
金冠系	金黄色	黄、绿黄色	黄、绿黄、黄绿色
王林	黄绿或绿黄	黄绿或绿黄	黄绿或绿黄

4.1.2　梨

4.1.2.1　梨种类分布及分类

梨属蔷薇科（Rosaceae）苹果亚科（Maloideae）梨属（*Pyrus*）植物，为乔木落叶果树，我国是梨属植物的原产地之一，资源非常丰富，全国都有梨树的分布和栽培，包括中国梨和西洋梨两大类。西洋梨原产于欧洲中部、东南部和中亚等地。梨属植物约有35个种类，我国梨的种类有14~15种，目前作为主要果树栽培的有秋子梨、白梨、沙梨和洋梨4个系统。

1. 秋子梨系统（*Pyrus ussriensis* Maxim）

近200个品种，主要产于辽宁、吉林、京津冀、内蒙古和西北各省区。果实近球形，果皮黄绿色或黄色，果柄短，萼片宿存，果肉石细胞多，品质较差，但耐贮运，绝大多数品种需经后熟方可食用。优良品种有南果梨和京白梨等。

2. 白梨系统（*Pyrus bretschneideri* Rehd）

450个左右品种，优良品种也最多，主要产于辽宁南部、河北、山西、陕西、山东、甘肃及黄河故道地区。果实大，倒卵形或长圆形，果皮黄色，果柄长，萼片脱落或间有宿存，果肉细脆，石细胞少，品质佳且耐贮藏，不需后熟即可食用。优良品种有鸭梨、酥梨、茌梨、雪花梨、秋白梨和库尔勒香梨等。

3. 沙梨系统（*P. pyrifolia* Nakai）

420余个品种，喜温和潮湿气候，多分布于华中和华东沿长江流域各省。果实多为圆形，果皮褐色或绿色，果柄特长，萼片脱落，果肉脆，味甜而多汁，石细胞较多，不需后熟即可食用，但耐贮藏性差；优良品种有四川的苍溪梨、新世纪等和浙江义乌的三花梨，重庆的六月雪和黄花梨等及台湾蜜梨等。

4. 洋梨系统（*P. communis* L.）

原产于欧洲，品种较少，引入我国的约有20余个品种，主要分布在山东半岛、辽宁的旅顺、大连和河南的郑州等地。果实多为瓢形，果梗粗短，萼片宿存，果实经后熟方可食用，但肉质变软而不耐贮藏。优良品种有巴梨（bartlett）、大红巴梨（max red bartlett）和拉法兰西（la France）等。

4.1.2.2 梨采后生理特性

梨属于呼吸跃变型果实，黄花梨在（20±1）℃条件下15d出现明显的呼吸高峰；苍溪雪梨在0℃时的呼吸强度比室温20~28℃时降低64.17%，1℃时呼吸强度比室温20~28℃降低22.9%，而30℃时呼吸强度增加9.34%，0℃低温处理不但降低了呼吸强度还使呼吸高峰推迟；大果水晶梨果实在室温（16~22℃）下贮藏17d后达到呼吸高峰，（5±0.5）℃下在140d时有一跃变高峰，两者峰值相差8.5mg/（kg·h），而在（1±0.5）℃和（3±0.5）℃下呼吸强度比较平缓，无明显的跃变峰出现且其值较低，几乎是室温处理的1/4倍，表明低温明显抑制了大果水晶梨的呼吸作用，且在1℃以上的贮藏条件下，温度越低，抑制的效果越显著。

4.1.2.3 梨加工适性

梨含有丰富的营养物质及独特的风味，梨的果实含有多种营养成分，如蛋白质、脂肪、糖、维生素以及多种矿质元素，具有质脆、多汁、酸甜适口和风味佳等特点。梨除可供生食外，还可以加工成梨脯、梨膏、梨汁、梨干和梨罐头，并可以酿酒和制醋等。我国梨加工产品仍以梨罐头和梨汁为主，并有少量梨干和梨发酵产品如梨醋和梨酒。国外梨加工产品主要是梨罐头、梨浓缩汁和鲜切梨，但部分加工原料来源于我国。雪花梨是梨罐头的主要加工原料；砂梨系统的品种是鲜榨梨汁的理想原料，出汁率高、褐变轻和耐贮藏，且果汁鲜亮透明，具有良好的感官品质；秋子梨系统风味浓郁，果汁糖和酸含量较高，但果汁颜色多为褐色和棕色等，感官品质较差。我国梨汁加工用主要品种有鸭梨、雪花梨、莱阳梨、酥梨和安梨等。梨加工副产品的利用途径主要针对所含的多酚、果胶、多糖、膳食纤维和香气物质的提取利用；另外利用副产品加工梨膏、风味梨醋饮料、口含片、泡腾片、梨粉、润喉糖和速冻梨脆片等。

4.1.2.4　梨质量标准

国家质量监督检验检疫总局于 2008 年在 1989 版基础上修订并年发布实施 GB/T 10650—2008《鲜梨》，适用于鲜梨（鸭梨、雪花梨、酥梨、长把梨、大香水梨、长把梨、苹果梨、早酥梨、大冬果梨、巴梨、晚三古梨、秋白梨、南果梨、库尔勒香梨、新世纪梨、黄金梨、丰水梨、爱宕梨早酥梨和新高梨等品种）的商品收购，规定了优等品、一等品和二等品的等级规格指标（包括基本要求、果形、色泽、果实横径和果面缺陷等）、理化指标（包括果实硬度、可溶性固形物、总酸量和固酸比 4 个指标）和卫生指标（按 GB 2762—2017《食品安全国家标准　食品中污染物限量》、GB 2763—2019《食品安全国家标准　食品中农药最大残留限量》水果类规定指标执行）。具体指标如表 4.1-6、表 4.1-7 所示。

表 4.1-6　　　　　　　　　　　　　鲜梨质量等级要求

项目指标	优等品	一等品	二等品
基本要求	具有本品种固有的特征和风味；具有适于市场销售或贮藏要求的成熟度；果实完整良好；新鲜洁净，无异味或非正常风味；无外来水分		
果　形	果形端正，具有本品种固有的特征	果形正常，允许有轻微缺陷，具有本品种应有的特征	果形允许有缺陷，但仍保持本品种应有的特征，不得有偏缺过大的畸形果
色　泽	具有本品种成熟时应有的色泽	具有本品种成熟时应有的色泽	具有本品种成熟时应有的色泽，允许色泽较差
果　梗	果梗完整（不包括商品化处理造成的果梗缺省）	果梗完整（不包括商品化处理造成的果梗缺省）	允许果梗轻微损伤
大小整齐度	各等级果的大小尺寸不作具体规定，可根据收购商要求操作，但要求应具有本品种基本的大小。而大小整齐度应有硬性规定，要求果实横径差异<5mm		
果面缺陷	允许下列规定的缺陷不超过 1 项：	允许下列规定的缺陷不超过 2 项：	允许下列规定的缺陷不超过 3 项：
刺伤、破皮划伤	不允许	不允许	不允许
碰压伤	不允许	不允许	允许轻微碰压伤，总面积不超过 0.5cm²，其中最大处面积不得超过 0.3cm²，伤处不得变褐，对果肉无明显伤害
磨伤（枝磨、叶磨）	不允许	不允许	允许不严重影响果实外观的轻微磨伤，总面积不超过 1.0cm²

续表

项目指标	优等品	一等品	二等品
水锈、药斑	允许轻微薄层总面积不超过果面的 1/20	允许轻微薄层总面积不超过果面的 1/10	允许轻微薄层总面积不超过果面的 1/5
日灼	不允许	允许轻微的日灼伤害，总面积不超过 0.5cm²，但不得有伤部果肉变软	允许轻微的日灼伤害，总面积不超过 1.0cm²，但不得有伤部果肉变软
雹伤	不允许	不允许	允许轻微者 2 处，每处面积不超过 1.0cm²
虫伤	不允许	允许干枯虫伤 2 处，总面积不超过 0.2cm²	干枯虫伤处不限，总面积不超过 1.0cm²
病害	不允许	不允许	不允许
虫果	不允许	不允许	不允许

表 4.1-7　　鲜梨各主要品种的理化指标参考值

品种	项目指标	
	果实硬度/（kg/cm²）	可溶性固形物含量/% ≥
鸭梨	4.0~5.5	10.0
酥梨	4.0~5.5	11.0
茌梨	6.5~9.0	11.0
雪花梨	7.0~9.0	11.0
香水梨	6.0~7.5	12.0
长把梨	7.0~9.0	10.5
秋白梨	11.0~12.0	11.2
新世纪梨	5.5~7.0	11.5
库尔勒香梨	5.5~7.5	11.5
黄金梨	5.0~8.0	12.0
丰水梨	4.0~6.5	12.0
爱宕梨	6.0~9.0	11.5
新高梨	5.5~7.5	11.5

4.1.3 柑橘类果实

4.1.3.1 柑橘类种类分布及分类

柑橘为芸香科（Rutaceae），栽培的主要有 3 个属，即枳属（Poncirus）、金橘属（Fortunella）和柑橘属（Citrus）。枳属常作砧木。金橘属有山金橘、牛奶金橘、圆金橘、金弹、长寿金橘和华南四季橘等，主产于浙江、江西和福建，结果早，可鲜食、制蜜钱和观赏，栽培量较少。柑橘属根据形态特征在我国分 6 大类，用于栽培的有 4 类：橙类中的甜橙及宽皮柑橘类（其中有柑类和橘类），柚类中的柚和葡萄柚及枸橼类中的柠檬。

1. 甜橙

甜橙（Citrus sinensis）为世界各国主栽品种，产量最大。依季节可分为冬橙和夏橙，按果顶和肉色不同可分为普通甜橙、脐橙和血橙 3 类。果实近于球形或卵圆形，皮薄而光滑，充分成熟时呈橙色、橙红色和橙黄色；果皮与果肉连接紧密，难剥离；果心柱充实，种子呈楔状卵形，胚白色。果实汁液多，味酸甜可口，品质佳，耐贮藏，是适于大量发展的品种。普通甜橙类果顶光滑，无脐，果肉为橙色或黄色，著名的品种有广东的新会橙、血柑和水橙，重庆的先锋橙、锦橙和渝红橙，福建的改良橙等；脐橙类果顶开孔，内有小瓤囊露出而形成脐状，故名脐橙，果肉为橙色。著名的品种有四川的石棉脐橙和浙江的华盛顿脐橙等；血橙类果实无脐，果肉赤红色或橙色带赤红色斑条，故名血橙，著名的品种有四川的红玉血橙和湖南的血橙等。

2. 宽皮柑橘类

柑橘类是我国柑橘属果实中产销较多的品种。柑和橘的共同特点是果实扁圆或圆形，果皮黄色、鲜橙色或红色，薄而宽松，易于剥离，种子小，胚绿色，其不同之处：

（1）柑类（Citrus reticulata） 果实大而近于球形，果皮略粗厚，橘络较多，种子呈卵圆形，耐储藏。著名的品种有芦柑、蕉柑、瓯柑和温州蜜柑等，其中蕉柑更适宜于储藏。

（2）橘类（Citrus tangerina） 果实小而扁，皮薄宽松，比柑类易剥离，橘络较少，种子尖细，胚深绿色，不耐储藏，但早熟，其中依果皮颜色可分为橙黄色品种和朱红色品种两类。橙黄色品种有早橘、天台山蜜橘、乳橘和南丰蜜橘等；朱红色品种有福橘、朱橘、衢橘和大红袍等。除福橘质量较佳外，一般红橘的滋味均较酸，瓤皮较厚，且不耐储藏。

3. 柚类

（1）柚（Citrus grandis） 柚又名文旦、抛、栾，其外形美观，果实很大，皮比较厚，油包大，难剥离，成熟时为淡黄色或橙黄色。果肉白色或粉红色，种子大而多。柚果汁少，富有维生素 C 和糖分，味甜，有的品种带苦味，极耐贮藏。除鲜食外，柚皮可提制果胶或制作蜜钱。著名品种沙田柚主产于广西、广东和湖南，楚门文旦柚主产于浙江玉环县，坪山柚主产于福建，垫江白柚主产于重庆垫江和江津，五布红心柚主产于重庆巴南区，晚白柚主产于我国台湾、四川和福建；官溪蜜柚主产于福建等。

（2）葡萄柚（Citrus paradisi） 主产于美国和巴西等国，果实扁圆或圆形，常呈穗状，且有些品种有类似葡萄的风味，因此得名。果实大，果皮颜色嫩黄，按果肉泽品种区分为白色果肉品种，如邓肯和马叙；粉红色品种，如福斯特粉红和马叙粉红；红色果肉品种，如路比红和红晕；深红色果肉品种，如路比明星和布尔冈迪等。果实含维生素 C 高，具有苦而带酸的独特风味，耐储运，是鲜食和制汁原料，是世界果品市场上的重要产品。

4. 柠檬

柠檬（*Citrus lemon*）有四季开花结果的习性，鲜果供应期特长，是世界重要果品，在国际果品市场上价值很高，但我国生产很少，主要产于四川、重庆、台湾和广东等省市，以四川省安岳县栽培最多，面积和产量均居全国首位。著名的品种有尤力克、里斯本、香柠檬（北京柠檬）、维尔娜、菲诺、麦尔柠檬等。

柠檬果皮色鲜黄，呈椭圆或圆形，顶端有乳头状突起，果汁极酸，含维生素 C 和柠檬酸很丰富，并有浓香，主要用作果汁饮料，又可提取柠檬酸和柠檬油。

4.1.3.2　柑橘类果实采后生理特性

柑橘采后的贮藏过程是一种自我消耗的衰老过程，容易造成果实水分散失和营养成分的变化。当水分大量减少时，柑橘呼吸强度提高，导致果实内有机酸、糖类和维生素等营养物质明显减少。同时由于失水造成果皮严重皱缩，使果实内部形成无氧微环境，果肉无氧呼吸加剧，乙醇和乙醛等逐渐积累而使果实产生异味。常山胡柚在室温条件下贮藏过程中果实可食率、出汁率、可溶性固形物含量（SSC）、固酸比和可滴定酸含量等在贮藏 75～105d 达到最佳，随着贮藏时间延长，品质逐渐下降，腐烂率升高，贮藏 120～135d，胡柚脱水严重，可食率与果汁率都降低，口感干燥无味。贮藏 150 d 以后，腐烂率达 30%～40%；纽荷尔脐橙和红江橙果实中的柠檬酸及苹果酸含量呈下降趋势，顺乌头酸和延胡索酸含量呈上升趋势，丙酮酸含量呈现先升后降的趋势。

柑橘果实采后逐渐成熟衰老，活性氧和自由基也逐渐增多，果实细胞因此会受到毒害，加快果实风味劣变。抗氧化酶对植物体内防御系统具有重要的保护作用，有利于提高其抗氧化性，延缓果实的成熟衰老。因此，果实成熟衰老过程中超氧化物歧化酶（SOD）、过氧化物酶（POD）和过氧化氢酶（CAT）的活性变化可作为果实成熟衰老的重要指标。

4.1.3.3　柑橘类果实加工适性

世界柑橘加工主导产品有橙汁和宽皮柑橘桔瓣罐头二大类产品。我国目前主栽柑橘品种以宽皮柑橘为主，宽皮柑橘和甜橙产量分别占柑橘总产量的 73.1% 和 13.5%。柑橘主要加工品种：

1. 甜橙类

（1）普通甜橙　指除脐橙和血橙以外的大多数甜橙品种，是世界上主要的橙汁加工品种，依成熟期可以分为早、中、晚熟三类，代表品种是凤梨甜橙，哈姆林甜橙和伏令夏橙。中国甜橙的主要品种为锦橙、先锋橙、桃叶橙、雪柑、改良橙、伏令夏橙以及哈姆林等，以鲜食为主，用于加工的比例很少。甜橙除了用于果汁加工外，还用于精油与果胶的提取等多种用途。

（2）脐橙　俗称抱子橘，果顶有脐，着生着一个次生果。果实无核、味甜、肉脆、清香、化渣。脐橙是甜橙类中早熟的品种类型，多在 10～11 月成熟，树势弱，对气候的适应性较窄，脐橙以鲜食为主，出汁率较低，果实容易产生后苦，故不太适合加工橙汁。主要品系有朋娜、纽荷尔、清家和红玉脐橙等。

2. 宽皮柑橘类

较甜橙耐寒，抗柑橘溃疡病，挂果性能好，适应性强，易栽易管，剥皮容易，适宜加工糖水罐头、蜜饯等，近年来也多用于果汁及砂囊加工，其主要品种为椪柑和温州蜜柑等。

按成熟期，温州蜜柑分为特早熟、早熟、普通及晚熟 4 个品系。加工品种以普通及晚熟温州蜜柑为主。温州蜜柑无种子，适于加工糖水橘片罐头，是我国加工糖水橘片罐头的主要品种；砂囊质地较绵软，加工砂囊饮料口感好；果汁不带苦味，适宜于加工果汁，但香味欠佳，可与甜橙加工混合柑橘汁。

椪柑又名芦柑、汕头蜜橘，我国优良柑橘品种。丰产、耐贮藏，在我国的栽培面积仅次于温州蜜柑。成熟期 11 月中下旬。果实扁加圆或高圆形，果实橙黄色，果皮中等厚，有光泽，果皮易剥离，囊瓣肥大，肾形，9~12 瓣，果肉质地脆嫩、化渣、汁多、味甜，有香味，风味浓，品质佳，适于鲜食与加工，其加工特点为砂囊较圆整，砂囊壁厚，特别适合制作柑橘砂囊罐头及其饮料。果皮油胞大，精油含量较高，香气好。

3. 柚类

柚类包括玉环柚和琯溪蜜柚。玉环柚果实梨形、高扁圆形或扁圆形，平均单果质量 1.5kg 左右，果肉脆嫩，酸甜适口，果汁可溶性固形物含量 11.0~ 11.2g/100mL，酸含量 1.0~1.2g/100mL，加工果汁味苦，适宜加工柚子砂囊；琯溪蜜柚果实倒卵形，平均单果质量 1.5kg，果肉柔软多汁，酸甜适口，化渣，品质优。果汁可溶性固形物 9.0~12.0g/100mL，酸含量 0.6~1.0g/100mL，加工果汁味苦，适宜加工柚子砂囊。

4. 葡萄柚

葡萄柚有胡柚和马叙葡萄柚，胡柚原产浙江常山，是柚与甜橙的自然杂种，主产浙江省。胡柚果实美观，呈梨形、圆球形或扁球形，色泽金黄。成熟期 11 月中下旬，平均单果重 150~350g 左右，皮厚约 0.6cm，可食率约 68%，可溶性固形物 11~13g/100mL，含酸量 0.9~1.0g/100mL，甜酸适度，略带苦味，宜鲜食，适合加工砂囊及柚子茶；马叙葡萄柚果实扁圆或亚球形，单果重 300g 以上，果色浅黄，果皮光滑，较薄；肉质细嫩多汁，甜酸可口，微带苦味，肉淡黄色，可食率 64%~76%，糖含量 7.0~7.5g/100mL，酸含量 2.1~2.4g/100mL，可溶性固形物 9~11g/100mL。果实 11 月中下旬成熟。马叙葡萄柚优质丰产，风味独特，果实耐贮运，既可鲜食，又宜加工。

5. 杂柑

杂柑类是由种间自然杂交或人工杂交经选育而成的品种，往往具有多种亲本的优良性状，根据亲本不同，可分为橘橙类、橘柚类及其他多重杂种，如香橙是宜昌橙与宽皮柑橘的杂种，原产我国，性耐寒，日本与韩国种植较多。果扁圆或近似梨形，平均果重 50~100g，果皮粗糙，凹点均匀，油胞大，皮厚 2~4mm，淡黄色，较易剥离，香味浓。瓤囊 9~11 瓣，囊壁厚而韧，果肉淡黄白色，味酸。适合于加工"柚子茶"。

4.1.3.4 柑橘类果实质量标准

GB/T 12947—2008《鲜柑橘》规定果实达到适当成熟度采摘，成熟状况与市场要求一致（采摘初期允许果实有绿色面积，甜橙类≤1/3，宽皮柑橘≤1/2、早熟品种≤7/10），必要时允许脱绿处理；合理采摘，果实完整新鲜，果面洁净，风味正常，按照感官要求分为优等果、一等果和二等果（表 4.1-8）。

表 4.1-8 　　　　　　　　　　　　　柑橘鲜果等级要求

项目	优等果	一等果	二等果
果形	有该品种典型特征，果形端正、整齐	有该品种典型特征，果形端正、较整齐	有该品种典型特征，无明显畸形果

续表

项目		优等果	一等果	二等果
果面及缺陷		果面洁净，果皮光滑。无雹伤、日灼、干疤；允许单果有极轻微的但单果斑点不超过2个，小果型品种品种每个斑点直径≤1.0mm；其他果型品种每个斑点直径≤1.5mm。无水肿、枯水和浮皮果	果面洁净，果皮较光滑。无雹伤、日灼、干疤；允许单果有极轻微的但单果斑点不超过4个，小果型品种每个斑点直径≤1.5mm；其他果型品种每个斑点直径≤2.5mm。无水肿、枯水果，允许有轻微浮皮果	果面较光洁。允许单果有轻微的雹伤、日灼、干疤、油斑、网纹、病虫斑、药迹等缺陷．但单果斑点不超过6个，小果型每个斑点直径≤2.0mm；其他果型品种每个斑点直径≤3.0mm。无水肿果，允许有轻微枯水、浮皮果
色泽	红皮品种	橙红色或橘红色，着色均匀	浅橙红色或淡红色，着色均匀	淡橙黄色，着色较均匀
	黄皮品种	深橙黄色或橙黄色，着色均匀	淡橙黄色，着色均匀	淡黄色或黄绿色，着色较均匀

4.1.4　葡　萄

4.1.4.1　葡萄种类分布及分类

葡萄属葡萄科、葡萄属（*Vitis* L.），在园艺学分类中为浆果类果树，多年落叶藤本植物，种类很多，分类方法也各不相同。按地理分布不同，可分为欧亚种群、北美种群和东亚种群；根据成熟时间，早熟鲜食葡萄包括莎巴珍珠、早玫瑰、京秀、早玛瑙、凤凰号、乍娜、京玉、潘诺尼亚、京秀、紫珍香、高墨、早生高墨和高尾等，中熟葡萄包括葡萄园皇后、力扎马特、白马拉加、玫瑰香、玫香怡、泽玉、泽香、吐鲁番红葡萄、白香蕉、巨峰、奥林匹亚、黑奥林、红瑞宝、龙宝、红蜜、先锋、红伊豆、伊豆锦、藤稔和高妻等，晚熟葡萄包括龙眼、田红葡萄、木纳格、意大利、红意大利、红地球、秋红、秋黑、夕阳红、黑大粒和瑞必尔等；酿酒葡萄可按颜色分为红葡萄（如赤霞珠、品丽珠、蛇龙珠、梅鹿特、黑比诺、色拉、佳美、增芳德、晚红蜜、宝石、法国蓝、桑娇维塞、佳利酿、歌海娜、五月紫、梅郁、味儿多、烟、烟、红汁露、巴柯、黑赛比尔、黑赛比尔号、北醇、公酿一号和公酿二号等）、白葡萄（如霞多丽、雷司令、意斯林、巴娜蒂、白诗南、赛美蓉、缩味浓、琼瑶浆、灰比诺、白比诺、白山坡、米勒、西万尼、白玉霓、鸽笼白、白羽、小白玫瑰、红玫瑰、昂托玫瑰、白佳美、珊瑚珠、麝香葡萄、雪尔西阿、维尔得里奥、福明特、泉白和爱格丽等）；制干葡萄包括无核白、森田尼无核、火焰无核、红宝石无核、京早晶、大无核白、京可竟和无核红等；制汁葡萄包括康可、康早、黑贝蒂、蜜而紫、卡托巴、蜜汁、玫瑰露、紫玫康、柔丁香和尼力拉等。

我国葡萄主要分布在新疆、河北、辽宁、山东、河南、陕西、江苏和四川等地，其鲜食口感酸甜适口，加工品质具多样性。

4.1.4.2　葡萄采后生理特性

晚熟品种的葡萄果实吸收速度要远远低于早熟品种葡萄，且葡萄呼吸速率较低的果实贮藏时间更久。因此，晚熟的葡萄品种可以降低葡萄采摘后的呼吸强度，是提高葡萄贮藏时间和贮藏品质的关键。葡萄的表面无气孔，其呼吸和蒸发作用主要通过葡萄梗进行。葡萄贮藏中出现腐烂、萎蔫和变色都是先从葡萄梗开始。葡萄梗一旦失去营养成分和水分，便从葡萄果肉中补充，所以葡萄贮藏保鲜的关键是有效抑制葡萄梗的呼吸速度，延迟葡萄梗的衰老。

在葡萄采后呼吸代谢过程中果粒属于非呼吸跃变类型，而果穗与果梗则属于呼吸跃变型。葡萄果实中的生长素、细胞分裂素和赤霉素的含量会随着葡萄成熟而逐渐减少。对于大部分水果，乙烯可以促进果实的成熟。葡萄是非呼吸跃变型水果，果肉中的乙烯含量较少，所以，有人认为葡萄果实成熟的过程与脱落酸浓度有直接关系。葡萄贮藏过程中有机酸的代谢与果实褐变有紧密联系。果实中有机酸含量降低可能导致果实中 pH 向碱性方向移动，进而诱发葡萄果实中多酚氧化酶的活性成分，引发果实褐变。当然，葡萄果实发生褐变的主要由多酚氧化酶对酚类底物氧化而引起。同时在褐变的过程中，果实褐变程度与实物组织中的多酚氧化酶活性和酚类物质的含量正相关。

4.1.4.3　葡萄加工适性

葡萄是加工产品最多的一种水果。我国葡萄加工业主要是以酿酒、制汁、制干和鲜食为主。葡萄原料品质基于以下三个方面：

1. 品种

葡萄品种不同，含糖量、细胞组织结构和化学成分等具有明显差异，对加工工艺的适应性各不相同。

2. 成熟度

成熟度不仅影响制品的质量，还会给加工带来困难，增加原料损耗。

3. 新鲜程度

葡萄的新鲜程度反映了葡萄的组织结构变化，新鲜度降低则组织结构疏松和变软，营养成分会大量损失。尽量保证葡萄原料的新鲜度，并根据不同的新鲜度生产不同的产品，例如葡萄酒要求较高的新鲜度，而葡萄干生产则相对较低。

4.1.4.4　葡萄质量标准

GH/T 1022—2000《鲜葡萄》规定鲜葡萄分优等品、一等品和二等品，各等级应符合表4.1-9 鲜葡萄等级指标。商品量较大的十三个品种理化指标如表4.1-10 所示。

表 4.1-9　　　　　　　　　　　　　　　鲜葡萄等级指标

项目等级	优等果	一等果	二等果
品质基本要求	果穗完整，新鲜洁净，外形美观，无任何病斑或裂口，无异常的外部水分，无异常气味和/或滋味，具有适于市场和贮藏要求的生理成熟度		
发育状况	具有本品种的典型特征	具有本品种的典型特征	具有本品种的典型特征
果形	具有本品种的典型特征	具有本品种的典型特征	允许果形有轻微缺点
色泽	具有本品种的典型特征		

续表

项目等级	优等果	一等果	二等果
果粒	粒大而均匀，在主梗上具有均匀排列的间隙，基本上无落粒	粒大而基本均匀，在主梗上具有均匀排列的间院，落粒不超过5%	粒大，尚均匀，落粒不超过10%
果穗	穗重不低于150g、中等紧密的果穗至少占80%以上，稀疏果穗不超过10%	穗重最小不低于100g、中等紧密的果穗至少占75%以上	穗重最小不低于100g、中等紧密的果穗至少占60%以上
果梗	发育良好且强壮，不干燥发脆，质地木质化，无冻伤、发霉	发育良好且强壮，不干燥发脆，质地半木质化，无冻伤、腐烂	不发软或不干燥，不发脆、呈绿色或绿色，无冻伤、腐烂
日灼	不允许	不允许	允许有轻微日灼
转色病	不允许	不允许	不得超过每穗质量的2%
病虫害	无	无	无

表 4.1-10　　　　　　　鲜食葡萄果主要品种各等级的主要质量指标规定

品种			分级		
			优等品	一等品	二等品
凤凰51号	果粒大小/g	≥	8.0	7.0	6.0
	果粒着色率/%	≥	95	85	70
	可溶性固形物/%	≥	17.0	16.5	16.0
	总酸量/%	≤	0.55	0.60	0.65
乍娜	果粒大小/g	≥	9.0	8.0	7.0
	果粒着色率/%	≥	75	66	60
	可溶性固形物/%	≥	17.0	16.5	16.0
	总酸量/%	≤	0.55	0.65	0.70
里扎马特	果粒大小/g	≥	11.0	10.0	9.0
	果粒着色率/%	≥	95	85	70
	可溶性固形物/%	≥	15.0	14.0	13.0
	总酸量/%	≤	0.60	0.70	0.80
巨峰	果粒大小/g	≥	13.0	11.0	9.0
	果粒着色率/%	≥	85	70	60
	可溶性固形物/%	≥	16.0	15.0	14.0
	总酸量/%	≤	0.50	0.60	0.65

续表

品种			分级		
			优等品	一等品	二等品
藤稔	果粒大小/g	≥	18.0	16.0	14.0
	果粒着色率/%	≥	95	85	75
	可溶性固形物/%	≥	18.0	16.5	15.0
	总酸量/%	≤	0.4	0.5	0.6
白香蕉	果粒大小/g	≥	6.5	6.0	5.0
	果粒着色率/%	≥	无要求	无要求	无要求
	可溶性固形物/%	≥	17.0	16.0	15.0
	总酸量/%	≤	0.60	0.70	0.80
玫瑰香	果粒大小/g	≥	5.0	4.5	4.0
	果粒着色率/%	≥	90	80	70
	可溶性固形物/%	≥	18.0	17.0	16.0
	总酸量/%	≤	0.45	0.55	0.65
无核白	果粒大小/g	≥	2.0	1.5	1.2
	果粒着色率/%	≥	无要求	无要求	无要求
	可溶性固形物/%	≥	19.0	17.0	15.0
	总酸量/%	≤	0.40	0.50	0.60
牛奶	果粒大小/g	≥	7.0	6.5	6.0
	果粒着色率/%	≥	无要求	无要求	无要求
	可溶性固形物/%	≥	15.0	14.0	13.0
	总酸量/%	≤	0.35	0.45	0.55
意大利	果粒大小/g	≥	8.0	7.0	6.0
	果粒着色率/%	≥	无要求	无要求	无要求
	可溶性固形物/%	≥	18.0	17.0	16.0
	总酸量/%	≤	0.50	0.60	0.65
红地球	果粒大小/g	≥	14.0	12.0	10.0
	果粒着色率/%	≥	95	85	75
	可溶性固形物/%	≥	17.0	16.0	15.0
	总酸量/%	≤	0.53	0.55	0.58
保尔加尔	果粒大小/g	≥	8.0	7.0	6.0
	果粒着色率/%	≥	无要求	无要求	无要求
	可溶性固形物/%	≥	18.0	17.0	16.0
	总酸量/%	≤	0.45	0.55	0.65

注：（1）各地同一品种因地理条件和栽培措施有别，冬主要质量指标相差很大，各产地要根据该品种在当地的特性，参照本标准按等级自行适当规定；（2）本标准未列品种，各地可参照本标准制定适合本地区地方品种的标准。

4.1.5 桃

4.1.5.1 桃种类分布及分类

桃（*Amygdalus persica* L.）属于蔷薇科（Rosaceae）桃属（*Amygdalus* L.）落叶果树。我国栽培历史悠久，因其结果早、效益较高和管理容易等特点，栽培面积在不断扩大，自 1993 年以来，我国桃种植面积和产量一直居世界第一，栽培品种在 1000 个以上。食用桃是我国桃产业发展的主体，常见有水蜜桃、油桃、油蟠桃、蟠桃和黄桃等。

我国主要品种群可分为北方桃品种群、南方桃品种群和黄桃品种群。

1. 北方桃品种群

北方桃品种群主要分布在黄河流域的华北和西北地区，以山东、河北、山西、河南、陕西、甘肃和新疆等地较多。果实顶部突起，缝合线较深，皮薄而难与果肉剥离，果肉致密。其中蜜桃类柔软多汁，如肥城桃、深州桃、五月鲜、白凤、大久保和冬宝等；硬桃类肉质硬脆，如鹰嘴和中华寿桃等；油桃类果皮无茸毛，如华光、曙光和艳光等。

2. 南方桃品种群

南方桃品种群主要分布在长江流域的华东、华中和西南地区，以江苏、浙江和云南等地较多，果实顶部平圆，果肉柔软多汁，不耐储运。其中水蜜桃类肉柔软，果汁特多，如大久保和橘早生等；蟠桃类果形扁平，两端凹入，肉软多汁，如白芒蟠桃、陈圃蟠桃和瑞蟠 8 号等；硬肉桃类果肉硬脆致密，果汁较少，但较耐储运，如平碑子、吊枝白和云南呈贡的二早桃等。

3. 黄桃品种群

黄桃品种群主产于西北和西南地区，果皮和果肉呈黄色至橙黄色，肉质紧密，含酸较高，黏核，适于制罐头，例如黄露、丰黄、连黄、橙香、橙艳、爱保太黄桃和日本引进的罐桃 5 号及罐桃 14 号等。

4.1.5.2 桃采后生理特性

桃皮薄肉嫩，营养丰富，采摘季节多为高温高湿的夏季，容易造成机械伤，影响采后贮藏和采后品质。桃果采后突出表现在于易出现低温冷害，造成的组织絮化、腐烂和褐变等。

桃果是典型的呼吸跃变型果品，采收后平均呼吸强度比苹果高 1~2 倍，呼吸模式为跃变前期–呼吸高峰–跃变后期，呼吸强度和呼吸高峰出现的时间直接影响贮藏寿命。桃果在贮藏期间随着呼吸跃变的出现，大量乙烯物质释放，果实水解酶活性升高，加快了糖的积累与转变，促进了桃果实的成熟和细胞膜透性的增加，加快桃后熟的到来，使桃果实体内的水分大量蒸发散失，组织质地快速软化。

桃果实随着贮藏时间的延长有机物质（可溶性碳水化合物、糖和酸等）作为呼吸基质逐渐被消耗，营养物质不断减少，果实衰老，细胞内自由基动态平衡遭到破坏，大量自由基积累造成细胞质膜系统损伤，引发细胞质膜上不饱和脂肪酸的脂质过氧化，$O \cdot ^{2-}$、H_2O_2 和 $\cdot OH$ 等活性氧自由基含量增加，导致酶促反应发生，膜脂过氧化程度加深，丙二醛含量增加，膜质发生渗透，电解质外渗，细胞质相对电导率上升，细胞膜系统损伤严重。多酚氧化酶活性增加，桃果实中酚类物质被氧化产生有色物质，导致组织褐变。桃果中过氧化物防御系统中的超氧化物歧化酶、过氧化氢酶和过氧化物酶等重要保护酶活性下降，果肉出现衰老和绵化，严重影响桃使用品质和商品价值。

4.1.5.3 桃加工适性

桃是五果（桃、李、杏、梨、枣）之首，素有"寿桃"和"仙桃"的美誉，主要营养成分是糖类，每100g可食部分中含糖10.7g。桃果实中钙、磷和铁等微量元素丰富，含铁量为苹果和梨的4~6倍。桃果皮和果实中含有多种酚类物质、膳食纤维和果胶物质等。

桃加工产品主要是桃罐头，其次为桃（复合）汁（浆）、桃脯、桃酱、桃干、桃酒和桃醋等。我国市场的桃加工制品以罐头为主，其次为浓缩桃浆（汁）、速冻桃、桃蜜饯和脱水桃干等。桃罐头加工以黄桃为主，用于罐头加工黄桃优良品种主要为NJC83、黄金冠、金童5号、金童6号、罐5和NJC19等，原料多以速冻桃周转暂存为主，占罐头加工用桃的40%左右。桃浆（汁）加工以中晚熟白肉桃品种为主。

4.1.5.4 桃质量标准

NY/T 586—2000《鲜桃》中规定，鲜桃的质量根据果实品质和大小进行等级分级，果实品质等级标准见表4.1-11，果实质量等级标准如表4.1-12所示。

表4.1-11　　　　　　　　　　　　　鲜桃品质等级标准

项目名称		等级		
		特 等	一 等	二 等
基本要求		果实完整良好，新鲜清洁，无果肉褐变、病果、虫果、刺伤，无不正常外来水分，充分发育。无异常气味或滋味，具有可采收成熟度或食用成熟度、整齐度好		
果形		果形具有本品种应有的特征	果形具有本品种的基本特征	果形稍有不正，但不得具有畸形果
色泽		果皮颜色具有本品种成熟时应有的色泽	果皮色泽具有本品种成熟时应有的颜色，着色程度达到本品种应有着色面积的四分之二以上	果皮色泽具有本品种成熟时应有的颜色，着色程度达到本品种应有着色面积的四分之一以上
可溶固形物/%		极早熟品种≥10.0 早熟品种≥11.0 中熟品种≥12.0 晚熟品种≥13.0 极晚熟品种≥14.0	极早熟品种≥9.0 早熟品种≥10.0 中熟品种≥11.0 晚熟品种≥12.0 极晚熟品种≥12.0	极早熟品种≥8.0 早熟品种≥9.0 中熟品种≥10.0 晚熟品种≥11.0 极晚熟品种≥11.0
果实硬度/（kg/cm²）		≥6.0	≥6.0	≥4.0
果面缺陷	（1）碰压伤	不允许	不允许	不允许
	（2）蟠桃梗处果皮损伤	不允许	允许损伤总面积≤0.5cm²	允许损伤总面积≤1.0cm²
	（3）磨伤	不允许	允许轻微磨伤一处，总面积≤0.5cm²	允许轻微不褐变的磨伤，总面积≤1.0cm²

续表

项目名称		等 级		
		特 等	一 等	二 等
果面缺陷	（4）雹伤	不允许	不允许	允许轻微雹伤，总面积≤0.5cm²
	（5）裂果	不允许	允许风干裂口一处，总长度≤0.5cm	允许风干裂口两处，总长度≤1.0cm
	（6）虫伤	不允许	允许轻微虫伤一处，总面积≤0.03cm²	允许轻微虫伤，总面积≤0.3cm²

注：果面缺陷不超过两项。

表 4.1-12　　　　　　　　　　　　果实质量等级标准

果实质量（m）/g	等级代码	果实质量（m）/g	等级代码
350<m	AAAA	150<m<180	B
270<m<350	AAA	130<m<150	C
220<m<270	AA	110<m<130	D
180<m<220	A	90<m<110	E

4.1.6　枣

4.1.6.1　枣种类分布及分类

枣（*Zizyphus jujube* Dates）又名中华大枣、红枣和胶枣等，是鼠李科（Rhamnaceae）枣属植物枣树（*Zizyphus jujube* Mill）的果实。枣是世界上起源最早的水果品种之一，也是我国特有的果蔬资源和独具特色的优势品种。我国除黑龙江和西藏外，各省均有种植，且全世界98%以上的枣资源和近100%的枣产量均集中在我国。

枣分为北方区系（北枣）和南方区系（南枣）两个生态类型和区系。

1. 北方区系

我国主要分布在黄河中下游地区，适于制干枣，产量约占我国枣产量的80%以上。枣按用途可分为生食品种、制干品种和加工品种。生食品种的枣果皮薄且肉质嫩脆，故又名脆枣，汁多、含糖量高、味甜稍酸，如冬枣、梨枣和锦枣等；制干品种的枣果肉厚、汁少且含糖量高，如圆铃枣、金丝小枣和赞皇大枣等；加工品种的枣果型大、汁少、含糖量低，且肉厚而质疏松、皮薄核小，适于加工枣脯，如大泡枣和糠枣等。

2. 南方区系

主要分布在长江流域以南地区的安徽、江苏、浙江、湖北和湖南等省，较北方区系产量小，适于鲜食或加工枣脯。

4.1.6.2　枣采后生理特性

鲜枣水分含量高，呼吸强度大，皮薄肉脆，对环境中的CO_2反应敏感，贮藏期间易发生失水、软化、皱缩和霉烂等现象。鲜枣为呼吸非跃变型果实，鲜枣采后呼吸强度大，刚采的枣果

呼吸强达 $45 \sim 60mg\ CO_2/$（$kg \cdot h$）。低温条件能有效降低鲜枣呼吸强度，但随着贮期的延长呼吸速率逐渐上升。鲜枣呼吸强度与耐藏性呈负相关，呼吸强度越大，越不利于贮藏。贮藏过程中降低温度和减少环境乙烯含量能明显降低呼吸强度，提高贮藏效果。

鲜枣果实中多酚氧化酶（PPO）活性一般呈现为先上升后下降，随着鲜枣成熟度的提高果肉和果皮的 PPO 活性均呈上升趋势，在全红时达到高峰，之后下降。枣果采后抗坏血酸氧化酶（AAO）活性先降低后升高，与维生素 C 含量变化呈负相关。低温、臭氧和减压能明显抑制冬枣 AAO 活性，提高贮藏效果。鲜枣果肉 AAO 活性明显高于果皮，枣果全红期达到高峰。AAO 随环境或激素的变化而改变质体外环境的氧化还原状态，从而影响多种生理功能。

鲜枣维生素 C 含量是评价鲜枣营养价值和新鲜度的重要指标之一，在贮藏期间维生素 C 含量经历一个先上升后下降的过程。枣果进入白熟期以后，随着果实成熟度的提高，维生素 C 大量积累，之后随其衰老软化含量快速下降；鲜枣糖含量的高低与其品质、成熟度、贮藏性密切相关。鲜枣贮期总糖含量在先有小幅上升，后有大幅下降，贮藏 90d 后糖含量在 18% ~ 19%。糖含量变化是动态过程，呼吸作用消耗糖，后熟过程中物质水解生成糖，但在整个贮藏过程中总体呈前期增加后期减少的趋势；鲜枣在贮藏过程中酸含量前期下降较快，后期处于平缓，总体呈下降趋势，鲜枣在贮藏期间电导率逐渐增大的，及时预冷并保持低温条件能延缓贮藏过程中导电率升高。

4.1.6.3 枣加工适性

枣是果品中的"补品王"，除含有糖、蛋白质和脂肪外，还含有丰富的维生素 C、维生素 B_1 以及 Ca、Fe、Zn、P 等微量元素，其中某些品种鲜枣中的维生素 C 含量甚至高达 800mg/100g，是山楂的 6~8 倍，橘子的 13 倍，苹果、葡萄和香蕉的 60~80 倍。此外，枣中还含有大量生物活性成分，如大枣多糖、芦丁、皂苷、cAMP 和 cGMP 等。枣可以加工成干枣、果脯、枣醋、枣乳、枣酒、枣粉、枣片和枣茶等产品。

4.1.6.4 枣质量标准

作蜜枣用时，鲜枣的采收期为白熟期，等级划分如表 4.1-13 所示。未列入表 4.1-13 等级的果实为等外果。

表 4.1-13　　　　　　　　　　作蜜枣用鲜枣质量等级标准

项目	等　级		
	特　级	一　级	二　级
基本要求	白熟期采收；果形完整；果实新鲜，无明显失水；无异味		
品种	品种一致	品种基本一致	果形相似品种可以混合
果个大小*	果个大，均匀一致	果个较大，均匀一致	果个中等，较均匀
缺陷果	≤3%	≤8%	≤10%
杂质含量	≤0.5%	≤1%	≤2%

* 品种间果个差异很大，每千克果个数不作统一规定，各地可根据品种特性，按等级自行规定。

按鲜枣果实大小和色泽等指标将其划分为特级、一级、二级和三级 4 个等级，分级标准如表 4.1-14 所示。未列入以上等级的果实为等外果。

表 4.1-14   鲜食枣质量等级标准

项目	等级			
	特级	一级	二级	三级
基本要求	脆熟期采收；品种纯正，果形完整，果面光洁，无残留物；果肉脆适口，无异味和不良口味；无或几乎无尘土，无不正常的外来水分，基本无完熟期果实；最好带果柄			
果实色泽	色泽好	色泽好	色泽较好	色泽一般
着色面积占果实表面积的比例	1/3 以上	1/3 以上	1/4 以上	1/5 以上
果个大小*	果个大，均匀一致	果个较大，均匀一致	果个中等，较均匀	果个较小，较均匀
可溶性固形物	≥27%	≥25%	≥23%	≥20%
缺陷果 浆烂果	无	≤1%	≤3%	≤4%
缺陷果 机械伤	≤3%	≤5%	≤10%	≤10%
缺陷果 裂果	≤2%	≤3%	≤4%	≤5%
缺陷果 病虫果	≤1%	≤2%	≤4%	≤5%
缺陷果 总缺陷果	≤5%	≤10%	≤15%	≤20%
杂质含量	≤0.1%	≤0.3%	≤0.5%	≤0.5%

* 品种间果个大小差异很大，每千克果个数不做统一规定，各地可根据品种特性，按等级自行规定。

4.1.7 核 桃

4.1.7.1 核桃种类分布

核桃（*Juglans legia* L.）又名胡桃、羌桃，为核桃科（Jugladaceac）核桃属（*Juglans*），是重要的干果和木本粮油产品，在国际市场上同扁桃、腰果和板栗并列为世界四大干果。核桃共有 20 多个种，我国栽培的主要有普通核桃和铁核桃 2 种。

核桃中脂肪含量为 65.1%～68.4%，蛋白质含量为 13.3%～15.6%。脂肪酸组成中不和脂肪酸成分为油酸、亚油酸、亚麻酸和花生四烯酸含量超过 90%。我国出产的核桃出仁率高（23.84%～65.36%）、含油量大（68.10%～76.95%）。著名的品种包括光皮绵核桃（出仁率 40%～56%，含油量 70% 左右）、隔年核桃（出仁率 52.3%、含油量 68%～73%）、露仁核桃（出仁率 60% 以上、含油量 70% 以上）、鸡爪绵核桃（出仁率 50%、含油量 72%）和纸皮核桃（出仁率 65%～69%、含油量 74.42%）等。

4.1.7.2 核桃采后生理特性

核桃果实有明显的呼吸高峰，几乎与乙烯的变化同步；成熟的果实采收后呼吸速率明显增强，采后用乙烯利处理可刺激呼吸明显增加，表现了跃变型果实的特征。成熟后没有采收而留在树上的果实，直至部分果实青皮开裂，呼吸速率一直较低。虽然其乙烯的释放量有所增加，但远不及正常采收后自然堆放的果实增加迅速；成熟的果实采收后堆放 3～5d 青皮即可完全开裂，而仍然生长在树上的果实需 15d 左右才能达到同样程度，表明核桃果实属于跃变型果实中留在母体上成熟期明显延迟的一类。

核桃坚果呼吸速率与坚果含水量密切相关。核桃坚果含水量是影响呼吸速率的主要因子，呼吸速率与坚果含水量呈指数关系，呼吸速率随着坚果失水及贮藏期的延长变小，含水量8%以下时，呼吸速率较低。呼吸速率与环境温度呈抛物线相关，呼吸速率最高值出现在33℃左右。不同时期采收的坚果呼吸速率有明显差异，采收期越迟呼吸速率越高。不同品种的核桃坚果在采收后20d内呼吸速率差异较大，20d后（含水量稳定后）各品种呼吸速率基本一致，贮藏期间呼吸速率较低，变化较小。

影响核桃采后油脂哈败的主要因素包括氧气与水分。冷暗环境中贮藏，裸露桃仁比有壳桃仁哈败重，水分低的比水分高的哈败重。随着贮藏期延长，种仁酸败程度加重，冷藏核桃种仁油脂的酸败程度明显低于室温贮藏。不同品种核桃仁中的油脂理化指标及油脂中各脂肪酸含量差异较大，油脂理化指标与不饱和脂肪酸含量间存在明显的相关性，亚油酸含量高则碘值高，油脂更易氧化变质；不同的油脂理化指标与硬壳结构有一定相关性，其中酸价与缝合线紧密度呈极显著负相关。核桃维生素E含量明显要低于杏仁、榛子和花生等坚果，而维生素E对核桃油脂酸败具有抑制作用，核桃仁的在低温（4℃）贮藏3个月，维生素E含量有较明显的下降。

4.1.7.3 核桃加工适性

核桃被称为"营养丰富的坚果"或"益智果"，也有"万岁子""长寿果"和"养生之宝"的美誉。核桃仁中提炼的核桃油中含有多种生物活性物质，除含量较多的亚油酸、α-亚麻酸和维生素E外，还含有微量的功能性成分，如神经酸、鳕油酸、二十二碳六烯酸（DHA）、二十碳五烯酸（EPA）、角鲨烯、褪黑素、黄酮和胡萝卜素等，其中褪黑素是脑白金的主要功效成分，DHA及α-亚麻酸是脑黄金的主要功效成分。核桃蛋白中8种人体必需氨基酸含量超过国际卫生组织和国际粮农组织规定的氨基酸类人体必需量的标准值。核桃壳50%乙醇提取物中使用石油醚萃取得到粉状核桃壳棕色素，在高温、弱酸弱碱和金属离子条件下稳定性较好，光照不稳定，是一种安全可食用且廉价易得的天然植物色素。核桃壳正己烷及乙酸乙酯提取物的抗氧化能力与茶多酚相当，可作为食品抗氧化剂。核桃壳多糖和蛋白质含量较高，且富含多种矿物质元素，可代替棉籽壳、玉米芯、杂木屑和麦麸等作为新型的食用菌栽培基质，在杏鲍菇、金针菇和平菇的栽培中效果理想。另外，核桃壳通过酸解制备的木糖可以作为风味改良剂。

4.1.7.4 核桃质量标准

GB/T 20398—2006《核桃坚果质量等级》将核桃坚果质量分为4级，分级指标如表4.1-15所示。

表4.1-15　　　　　　　　　　　核桃坚果质量分级指标

项目		特级	Ⅰ级	Ⅱ级	Ⅲ级
基本要求		坚果充分成熟，壳面洁净，缝合线紧密，无露仁、虫蛀、出油、霉变、异味等果。无杂质，未经有害化学漂白处理			
感官指标	果形	大小均匀，形状一致	基本一致	基本一致	
	外壳	自然黄白色	自然黄白色	自然黄白色	自然黄白或黄褐色
	种仁	饱满，色黄白，涩味淡	饱满，色黄白，涩味淡	较饱满，色黄白，涩味淡	较饱满，色黄白或琥珀色，稍涩

续表

项　目		特级	Ⅰ　级	Ⅱ　级	Ⅲ　级
物理指标	横径/mm	≥30.0	≥30.0	≥28.0	≥26.0
	平均果重/g	≥12.0	≥12.0	≥10.0	≥8.0
	取仁难易度	易取整仁	易取整仁	易取半仁	易取四分之一仁
	出仁率/%	≥53.0	≥48.0	≥43.0	≥38.0
	空壳果率/%	≤1.0	≤2.0	≤2.0	≤3.0
	破损果率/%	≤0.1	≤0.1	≤0.2	≤0.3
	黑斑果率/%	0	≤0.1	≤0.2	≤0.3
	含水率/%	≤8.0	≤8.0	≤8.0	≤8.0
化学指标	脂肪含量/%	≥65.0	≥65.0	≥60.0	≥60.0
	蛋白质含量/%	≥14.0	≥14.0	≥12.0	≥10.0

4.1.8　板　栗

4.1.8.1　板栗种类分布

板栗为山毛榉科板栗属果树（*Castanea mollissima* BL.），原产我国河北，其次山东、湖北、浙江、河南、安徽和云南等省。板栗的种仁肥厚甘美，含有丰富的淀粉和糖（62%～70.1%）、蛋白质（5.7%～10.7%）和脂肪（2%～7.4%）。

我国板栗按产区的分布不同可分为北方栗和南方栗两类。北方栗果实个小，每千克120粒左右，种皮极易剥离，果肉含糖量高，含淀粉较低，多为黏质，品质优良，适于作糖炒栗子，著名品种有红油皮栗、红光栗、大油栗和虎爪栗等；南方栗果实个大，每千克60粒左右，种皮稍难剥离，果肉含糖量低，含淀粉量高，多为粉质，适于菜用，著名品种有九家种、魁栗和迟栗子等。

4.1.8.2　板栗采后生理特性

板栗采收后在贮藏期间是否有呼吸跃变国内外研究看法不同，有研究认为板栗坚果贮藏40d时有呼吸跃变的出现，在室温贮藏一个半月内其呼吸强度呈上升趋势。也有研究报道板栗坚果在室温下贮藏90～110d时呼吸强度呈下降趋势，无呼吸跃变峰的出现。板栗冰点为-3℃，但有研究认为充分成熟的板栗经过预冷后冰点范围在-5～-4℃。温度对板栗的呼吸强度有一定的影响，板栗果实在室温或（1±1）℃条件下贮藏，呼吸强度处于下降趋势，到第二年2～3月份，其休眠状态渐渐解除，呼吸强度又很快上升。但于-3℃左右贮藏能显著降低板栗的呼吸强度并一直维持较低水平，有利于板栗的保鲜贮藏。

板栗种壳结构从电子显微镜观察为纤维状结构，无阻碍水分蒸发的功能，极易通过纤维状结构而失去水分，因此板栗在贮藏中很易失水。据调查新鲜板栗在通风良好的环境中24h内的失水率高达2%～3%，第一个月失水率约占贮藏期（150d）总失水率的50%，以后的失水率较小，且趋于平稳。失水越多，果实中的淀粉酶和呼吸酶类活性越强，加速淀粉水解，有利于微生物侵染，加重果实腐烂，也促进了呼吸作用。

板栗淀粉水解速率与淀粉水解酶活性成正相关，而酶活性又受多种因素制约，其中主要是温度和失水程度。贮藏期温度高，失水多，淀粉水解酶活性急剧上升，大量淀粉水解。贮藏期间，板栗果实中蛋白质和脂肪含量基本不变，总糖量相对增加，维生素 C 含量不断减少。

4.1.8.3 板栗加工适性

板栗果实中除含有淀粉、蛋白质和氨基酸外，还含有丰富的胡萝卜素（维生素 A）、硫胺素（维生素 B_1）、核黄素（维生素 B_2）、烟酸（维生素 B_3）、泛酸（维生素 B_5）、生物素（维生素 B_6、维生素 B_7）和生育酚（维生素 E）等维生素，富含 Ca、Fe、P、K、Mg 和 Zn 等矿物质元素，有"干果之王"的美称。

板栗中的蛋白质含量高于稻米，蛋白质中赖氨酸、异亮氨酸、蛋氨酸、半胱氨酸、苏氨酸、缬氨酸、苯丙氨酸和酪氨酸等氨基酸的含量超过 FAO/WHO 的标准，而赖氨酸是水稻、小麦和玉米的第一限制性氨基酸，苏氨酸是水稻和小麦的第二限制性氨基酸，色氨酸和蛋氨酸分别是玉米和豆类的第二限制性氨基酸。由此可见，食用板栗可以补充禾谷类和豆类中限制性氨基酸的不足，有利于改良谷物和豆类的营养品质。板栗可以加工糖水板栗罐头和炒板栗传统制品，还有风味炒栗、板栗脆片、板栗酥和速溶营养栗粉等产品。

4.1.8.4 板栗质量标准

GB/T 22346—2008《板栗质量等级》规定板栗质量基本要求是具有本品种达到采收成熟度时的基本特征（果实颜色、光泽等），果形良好，果面洁净，无杂质，无异常气味，具体质量分级指标如表 4.1-16 所示，理化指标如表 4.1-17 所示。

表 4.1-16　　　　　　　　　　　　板栗质量分级感官指标

类型	等级	每千克坚果数量/（粒/kg）	整齐度/%	缺陷容许度
炒食型	特	80~120	>90	霉烂果、虫蛀果、风平果，裂嘴果 4 项之和不超过 2%
	1	121~150	>85	霉烂果、虫蛀果、风平果，裂嘴果 4 项之和不超过 5%
	2	151~180	>80	霉烂果、虫蛀果、风平果，裂嘴果 4 项之和不超过 8%
菜用型	特	50~70	>90	霉烂果、虫蛀果、风平果，裂嘴果 4 项之和不超过 2%
	1	71~90	>85	霉烂果、虫蛀果、风平果，裂嘴果 4 项之和不超过 5%
	2	91~120	>80	霉烂果、虫蛀果、风平果，裂嘴果 4 项之和不超过 8%

表 4.1-17　　　　　　　　　　　　板栗质量分级理化指标

类型	等级	糊化温度/℃	淀粉含量/%	含水量/%	可溶性糖含量/%
炒食型	特		<45.0	<48.0	>18.0
	1	<62.0	<50.0	<50.0	>15.0
	2		<50.1	<52.0	>12.0
菜用型	特		<50.0	<52.0	>15.0
	1	<65.0	<55.0	<57.0	>12.0
	2		<55.1	<65.0	>10.0

4.1.9 香 蕉

4.1.9.1 香蕉种类分布

香蕉（*Musa nana* Lour）又名弓蕉、甘蕉、蕉果、大蕉、金蕉等，原产于东南亚，为芭蕉科芭蕉属多年生长绿草本植物的果实，由两个物种之间的自然杂交形成，通常食用的香蕉为三倍体。

香蕉的淀粉含量高，我国主要产地在广东、广西、台湾、福建、海南和云南等地，其中广东产量为全国之冠。香蕉系由花托发育而成的无籽果实，果肉软嫩而滑腻，味甘美、芳香，富含淀粉和糖分，主要为鲜食，还可以加工成果干或果粉。我国的香蕉可分为香蕉、大蕉和粉蕉（包括龙牙蕉）3 类。

香蕉果肉黄白色，味甜，香浓，著名品种有大种高把、油蕉、天宝蕉和贵妃蕉等。大蕉又名鼓槌蕉，主要产于广东，果实大而直，皮厚易剥离，成熟时果皮黄色、肉柔嫩、甜中带酸，无香气，著名品种有牛奶蕉和暹罗大蕉等；粉蕉类（包括龙牙蕉）主要产于广东和福建，果肉柔软而甜滑、乳白色、水分少、含淀粉多，充分成熟后才适于食用，具有特殊香气，著名品种有糯米蕉和西贡蕉等。

香蕉采收后，需经催熟方可食用。香蕉以果实肥大、皮薄肉厚、色厚、香味浓的为上等佳品。

4.1.9.2 香蕉采后生理特性

香蕉是一种典型的跃变型果实，由于采后乙烯的大量释放果实内部发生一系列成熟与衰老的生理变化，香蕉果皮变黄，果肉变甜软，严重时影响采后香蕉的贮运保鲜及可售性。

采后香蕉受到外界环境的胁迫或在贮藏过程中果皮细胞膜的结构和功能受到影响，果皮细胞膜发生膜脂过氧化，其程度高低可用丙二醛含量衡量。贮藏过程中香蕉果皮丙二醛（MDA）的含量显著上升，且在低温（8℃）时果皮丙二醛含量明显高于25℃时果皮丙二醛含量。细胞膜脂过氧化诱发细胞膜通透性增大，从而导致果皮的相对电导率增大，细胞膜选择透过性功能减弱，会导致果肉发生变质。

在香蕉贮藏期间，酶促褐变是导致香蕉褐变的主要原因。发生酶促褐变物质基础是酚类物质、褐变相关酶类和氧气等。正常状态下植物依靠酶促保护系统和抗氧化物质清除氧自由基，维持有机体内代谢平衡。多酚氧化酶是参与酶促褐变最主要的酶之一，可以催化果实表面形成酚类化合物，在经过一系列的反应而聚合形成色素。香蕉在整个贮藏期间多酚氧化酶活力及活性均呈现出上升趋势，与褐变趋势一致。香蕉利用抗氧化酶体系（主要包括过氧化物酶，超氧化物歧化酶，过氧化氢酶等）清除氧自由基，维持代谢平衡，抵御细胞衰老；水杨酸处理提高抗氧化酶活力和果实硬度，降低果实 H_2O_2 含量、淀粉的水解速率及果实腐烂指数，减少果实丙二醛含量，延长保鲜期；脂氧合酶是一种具有非血红素铁的蛋白质，与植物衰老相关，通过形成具有共轭双键的不饱和脂肪酸氢过氧化延伸物，导致果蔬风味丧失，品质下降。香蕉贮藏的过程中，脂氧合酶呈现先升高后下降趋势。香蕉受到冷害时，果皮通过增加脂氧合酶活力减少丙二醛含量增加，用 $0.03kJ/m^2$ 剂量的短波紫外线（UV-C）辐照能够降低脂氧合酶的活性，减少丙二醛含量，从而减少冷害损伤。

4.1.9.3 香蕉加工适性

香蕉深加工产品包括各种香蕉脆片、香蕉冰淇淋与各种香蕉冷饮、香蕉粉、香蕉奶、香蕉奶粉、香蕉酱、香蕉汁和香蕉糖果，以及发酵加工产品香蕉酒、香蕉醋和香蕉酸奶等。

香蕉多糖包括总糖、抗性淀粉、果胶和膳食纤维等，主要由阿拉伯糖、半乳糖、葡萄糖、木糖和甘露糖等单糖组成。香蕉中富含抗性淀粉颗粒（RS2），占湿重15%以上，属常见食物中抗性淀粉含量最高的几种食品之一。香蕉皮中的酚类化合物比果实的含量更高，香蕉果皮提取物中大部分的多酚物质是黄酮类化合物，例如花色素苷化合物含量为（434±97）μg CY-GLC/（100g DW）、原花色素约3952mg/kg、黄酮醇苷（主要是3-芦丁糖苷和槲皮素为基础的结构）约129mg/kg、B型的原花青素二聚体和单体黄烷-3-醇共约126mg/kg。在香蕉果肉中，90%以上的类胡萝卜素是反式α-胡萝卜素和反式β-胡萝卜素，10%的为顺式类胡萝卜素、叶黄素和其他化合物。香蕉果肉颜色强度与β-胡萝卜素浓度有显著正相关。香蕉果皮的类胡萝卜素主要包括反式β-胡萝卜素（174.87±7.86）μg/（g DW）、反式α-胡萝卜素（164.87±10.51）μg/（g DW）、顺式β-胡萝卜素（92.21±5.37）μg/（g DW）、叶黄素（39.70±9.06）μg/（g DW）和玉米黄质（7.21±1.07）μg/（g DW）。

4.1.9.4 香蕉质量标准

GB 9827—1988《香蕉》将香蕉质量指标分为条蕉和梳蕉，依品质分为优等品、一等品和合格品3个等级（表4.1-18、表4.1-19）。

表4.1-18　　　　　　　　　　　　　　　　　条蕉规格质量

等级指标	优等品	一等品	合格品
特征色泽	香蕉须具有同一类品种的特征。果实新鲜，形状完整，皮色青绿，有光泽，清洁	香蕉须具有同一类品种的特征。果实新鲜，形状完整，皮色青绿，清洁	香蕉须具有同一类品种的特征。果实新鲜，形状尚完整，皮色青绿，尚清洁
成熟度	成熟适当，饱满度为75%~80%	成熟适当，饱满度为75%~80%	成熟适当，饱满度为75%~80%
重量、梳数、长度	每一条香蕉重在18kg以上，不少于七梳，中间一梳每只长度不低于23cm	每一条香蕉重量在14kg以上，不少于六梳，中间一梳每只长度不低于20cm	每一条香蕉重量在11kg以上，不少于五梳，中间一梳每只长度不低于18cm
每千克只数	尾梳蕉每千克不得超过12只。每批中不合格者以条蕉计算，不得超过总条数的3%	尾梳蕉每千克不得超过16只。每批中不合格者以条蕉计算，不得超过总条数的5%	尾梳蕉每千克不得超过20只。每批中不合格者以条蕉计算，不得超过总条数的10%
伤病害	无腐烂、裂果、断果。裂轴、压伤、擦伤、日灼、疤痕、黑星病及其他病虫害不得超过轻度损害 果轴头必须留有头梳蕉果顶1~3cm	无腐烂、裂果、断果。裂轴、压伤、擦伤、日灼、疤痕、黑星病及其他病虫害不得超过一般损害 果轴头必须留有头梳蕉果顶1~3cm	无腐烂、裂果、断果。裂轴、压伤、擦伤、日灼、疤痕、黑星病及其他病虫害不得超过重损害 果轴头必须留有头梳蕉果顶1~3cm

表 4.1-19　　　　　　　　　　　　　梳蕉规格质量

等级指标	优等品	一等品	合格品
特征色泽	香蕉须具有同一类品种的特征。果实新鲜，形状完整，皮色青绿，有光泽，清洁	香蕉须具有同一类品种的特征。果实新鲜，形状完整，皮色青绿，清洁	香蕉须具有同一类品种的特征。果实新鲜，形状尚完整，皮色青绿，尚清洁
成熟度	成熟适当，饱满度为75%~80%	成熟适当，饱满度为75%~80%	成熟适当，饱满度为75%~80%
每千克只数	梳型完整，每千克不得超过 8 只。果实长度 22cm 以上。每批中不合格者，以梳数计算，不得超过总梳数的 5%	梳型完整，每千克不得超过 11 只。果实长度 19cm 以上。每批中不合格者，以梳数计算，不得超过总梳数的 10%	梳型完整，每千克不得超过 14 只。果实长度 16cm 以上。每批中不合格者，以梳数计算，不得超过总梳数的 10%
伤病害	不得有腐烂、裂果、断果。允许有压伤、擦伤、折柄、日灼、疤痕、黑星病及其他病虫害所引起的轻度损害	不得有腐烂、裂果、断果。允许有压伤、擦伤、折柄、日灼、疤痕、黑星病及其他病虫害所引起的一般损害	不得有腐烂、裂果、断果。允许有压伤、擦伤、折柄、日灼、疤痕、黑星病及其他病虫害所引起的重损害
果轴	去轴，切口光滑。果柄不得软弱或折损	去轴，切口光滑。果柄不得软弱或折损	去轴，切口光滑。果柄不得软弱或折损

4.1.10　菠　　萝

4.1.10.1　菠萝种类分布

菠萝属凤梨科凤梨属（Bromeliaceae *Ananas comosus* Merr.），本属中只有菠萝作为经济作物栽培，为多年生常绿草本植物的果实。我国主要产于台湾、广东、海南、广西、福建和云南等地，其中广东产量最大。

我国栽培的品种有 30 余种，其中台湾就有 20 余种，主要类型有 3 个：一是皇后类，果小卵圆形，适宜鲜食，品种有巴厘、神湾种和金皇后等；二是卡因类，果大圆筒形，适宜制罐，品种有无刺卡因（夏威夷）和粤脆；三是西班牙类，果球形，品种有红西班牙和有刺土种等。菠萝的果实为圆锥形，外有鳞片状小果约百个以上。当花序轴上的小花脱落后，花苞、萼片、子房、花柱和花序轴便膨大而成肉质化的松球状复果。果肉为淡黄色，成熟后肉质松软，稍有纤维，味酸甜，多汁，有特殊的香气。果汁不仅含有糖和有机酸，而且还含有丰富的菠萝蛋白酶，有助于人体对蛋白质的消化吸收。

4.1.10.2　菠萝采后生理特性

菠萝属无呼吸高峰型水果，没有明显的成熟变化，但采收时成熟度愈高的菠萝耐贮性越差，而未成熟的果实肉质坚硬而脆，缺乏果实固有的风味，一般八成熟左右的菠萝最适于贮藏和远运。波萝果实的耐贮性与贮藏条件关系也极为密切。波萝易受冷害，在7℃以下即有冷害的危险。果实遭受冷害后果色变暗，果肉呈水渍状，果心变黑。当果实从贮藏库中移出时特别易受病菌侵染而腐烂。若在常温下用普通篷车装载的可作4~5d短途运输；若需长途运输则需进行化学药剂杀菌处理，或采用冷藏车进行控温贮运。另外不同的品种耐贮性也不同，神弯较耐贮藏，菲律宾次之，沙捞最耐贮藏。采后波萝容易腐烂变质，主要是由于波萝采后容易发生病害，世界范围内采后波萝的主要病害有黑心病、黑腐病和小果芯腐病。

4.1.10.3 波萝加工适性

波萝含有丰富的营养物质，还具有一定的药用价值和减肥功效。波萝传统加工产品主要有罐头和果汁。波萝罐头曾被誉为"罐头之王"，波萝果汁也因其独特的保健功能深受消费者喜爱。加工剩余的果皮、果心和头尾则可用于制取原汁、酒、醋或提取乳酸、柠檬酸、酒精和波萝蛋白酶等。波萝叶片可用于制作缆绳或经粉碎后直接还田作肥，也可用于提取纺织用纤维。

4.1.10.4 波萝质量标准

NY/T 450—2001《波萝》规定各等级的波萝除要符合各自等级的特定要求和安全卫生要求外，要完整和新鲜，无影响其食用的损害或腐烂，几乎无可见异物，无黑心病，几乎无寄生物损害，无明显沾污物，无低温造成的损害，果实表面干燥。

果柄长度不超过2cm，切口平盘，发育充分，生长良好，无因滥用生长调节剂引起的不正常现象，结实且能经受得起运输和装卸。波萝等级及指标分如表4.1-20和表4.1-21所示，果实大小分级如表4.1-22所示。

表4.1-20　　　　　　　　　　　　感官分级

项目		优级	一级	二级
果形		果实端正，无影响外观的果瘤及瘤芽		果形较端正
果面		具有相似的品种/品牌特征，果眼发育良好，无裂口，果面洁净。允许有不影响外观和贮藏质量的其他缺陷，但总面积不得超过果面总面积的2%	具有相似的品种/品牌特征，果眼发育良好，无裂口，果面洁净。不影响外观和贮藏质量的前提下，允许有轻微伤害，但总面积不得超过果面总面积的4%。允许有少量不明显的非细（真）菌和/或非毒害性的污染物，但总面积不得超过果面总面积的5%	具有相似的品种/品牌特征，果眼发育良好，无裂口，果面洁净。不影响外观和贮藏质量的前提下，允许有轻微伤害，但总面积不得超过果面总面积的6%。允许有少量不明显的非细（真）菌和/或非毒害性的污染物，但总面积不得超过果面总面积的10%
冠芽	有	单个，直形，长度为10cm至果实长度的1.5倍	单个，允许稍有弯曲，长度为10cm至果实长度的1.5倍	单个，允许稍有弯曲和个别双芽
	无	摘冠芽留下的伤口应愈合良好（可以带有簇叶）。如果是加工用果，冠芽可以用刀具削去，但不能伤及果皮		
果肉		具有相似的品种/品牌特定的成熟度特征和风味		

续表

项目	优级	一级	二级
果柄	修整良好，切口干爽，无发霉或腐败现象，长度不超过 2cm		
一致性	每箱产品（或一批散果）应来自相同产地，品种、品质和规格亦要相同。优果级的果色和成熟度应该一致		

表 4.1-21　　　　　　　　　理化指标分级

项目	优级	一级	二级
可食率,% （无顶芽，成熟度 3）	≥62	≥58	≥55
可溶性固形物,% （成熟度 3）	≥12	≥11	
可滴定酸度,% （成熟度 3）	0.6~1.1		
可溶性总多糖,% （成熟度 3）	≥9		

表 4.1-22　　　　　　　　　果实大小分级

称量法		横径法	
规格	质量/g	规格	横径/cm
A	500~1000	Ⅰ	<10
B	1001~1200	Ⅱ	10~11
C	1201~1500	Ⅲ	11~12
D	1501~1800	Ⅳ	>12
E	>1800		

4.1.11　其他果品

4.1.11.1　荔枝

荔枝是典型亚热带常绿果树，我国有 2000 多年的种植记载历史，主产于南纬 17°~北纬 23°的两条狭长的生态气候带内，但现已广泛种植于亚热带 20 多个国家和地区，而中国仍是世界上种植最多的国家。

由于荔枝特殊的果实结构，加之成熟期为高温季节，采后极易变质，是较难贮藏的水果之一。据统计，每年荔枝因保存不当损失达 20% 以上。荔枝采后生理代谢活动仍然非常旺盛，呼吸作用是荔枝采后的主要生理活动，消耗大量的水分、可溶性糖和有机酸等，使果实内部水分和营养物质流失，导致荔枝果实衰老变瘪。荔枝采后在成熟过程中会释放出少量的乙烯，加速了果实的成熟与衰老。荔枝的果皮稀薄，成熟的荔枝果皮中的叶绿素会很快被分解，使果皮中过氧化物酶的活性变强，促进果实内的多种化学反应，加速果实成熟衰老。

荔枝果皮的结构特殊，从外到内共三层，依次是外果皮、中果皮和内果皮。外果皮的细胞和角质层过于单薄，不容易锁住果实的水分；中果皮化为栅状组织和海绵组织，海绵组织结构疏松，最里层的果皮为3~4层较小的薄壁细胞和一层内表皮，保护能力较差。荔枝果皮之间架构疏松，彼此之间没有紧密的衔接，所以防止水分散失的能力较差。另外，荔枝整体结构上果肉和果皮是完全分开的，尽管荔枝的含水量高，但由于完全分离的特殊结构，果皮没有水分供给，时间长则容易失水褐变。

荔枝的外观品质主要包括果皮的色泽、大小以及果实的形态特征。果皮色泽是荔枝最重要的外观品质，与荔枝果肉口感直接相关，可用色差仪进行测定，色泽鲜艳的荔枝通常更适宜鲜食。荔枝果皮色泽与果皮失水率、褐变指数、花色素苷含量、果实失重率以及感官评定值等具有线性相关性。当果实内糖酸比达到最高值时果实达到成熟状态，果皮成全红状态，果皮着色和果肉风味品质发育同步。

荔枝的内在品质主要由果实的风味和果肉的质地等来衡量。果实的风味与果实的香气、含糖量、含酸量以及糖酸比有关，果肉的质地则取决于可溶性固形物、粗蛋白、粗纤维和维生素C等指标。

1. 香气

香气能客观地反映不同果实的风味特点和成熟程度，是评价荔枝品质的重要指标，常用气相色谱/气相色谱-质谱进行鉴定。成熟的观音绿荔枝中香气成分总共有66种，烯类的种类和相对含量可能是观音绿品质与众不同的原因之一。有报道，毛里求斯品种荔枝风味物质主要是香茅醇和香叶醇，且香气留存时间不长。

2. 糖分

糖含量及糖酸比是构成果实风味品质的主要因素。荔枝果实中糖分以葡萄糖、果糖和蔗糖为主，且不同品种荔枝所积累的糖分及含量有较明显的差异。只有当滋味物质含量大于味感阈值时，该糖组分才会对果实风味产生影响。单从含糖量角度来讲，还原糖含量较高，蔗糖含量较低的品种评价得分更高。遗传因子、内源激素和生产措施等均会对荔枝果实的糖代谢产生一定的影响，不同地区的微环境和管理措施能在一定程度上影响荔枝果实的糖分积累及组成，但并不能改变不同品种荔枝的糖积累类型。

3. 有机酸

根据有机酸的种类和含量可划分为苹果酸优势型、柠檬酸优势型和酒石酸优势型。荔枝为苹果酸优势型水果，苹果酸与酒石酸之比在2.6~5.7。荔枝中还有其他少量的有机酸构成了荔枝的独特风味。荔枝中含有8种有机酸，主要包括草酸、酒石酸、苹果酸和抗坏血酸等。速冻荔枝中的主要有机酸为苹果酸和抗坏血酸，还含有一定量的柠檬酸和乳酸。酸荔枝和白荔枝的维生素C含量显著高于其他荔枝品种，其中"丁香"含量最高，"三月红"和"荔枝王"含量最低。

4. 可溶性固形物

评价水果质地的重要指标，也是水果风味物质的重要组成。岭丰糯品质介于糯米糍和怀柔荔枝，但可溶性固形物含量高于两者。可溶性固形物与总酸的比值构成了果蔬的糖酸比。妃子笑和怀枝的糖酸比在62~118，远高于苹果、柑橘和甜樱桃的糖酸比，主要是由于荔枝的可溶性固形物含量高，且其可滴定酸的值较其他水果低，因此了糖酸比较高，荔枝较甜。

4.1.11.2 龙眼

龙眼（*Dimocarpus longan* Lour.）又名桂圆、益智，原产于我国的亚热带常绿果树，是我国南方著名的经济作物，属于无患子科、龙眼属、龙眼种。我国龙眼栽培面积和产量均居世界首位，主产地福建、广东、广西和台湾等沿海地区，其中福建产量占全国总产量的50%。另外海南、四川、云南和贵州南部等地也有小规模种植栽培。龙眼是著名食药兼用的热带特色水果，自古被视为滋补的珍品。龙眼不仅能通过剥皮后直接食用鲜果果肉，也能干制后加工的龙眼干，其肉、核、皮及根均可入药。龙眼的营养物质主要包括糖类、氨基酸、蛋白质、维生素、有机酸、萜类、黄酮类物质、脂类、甾体组分和酚类等。

龙眼成熟于7~9月份高温季节，待果实颜色由青绿转化呈黄褐或灰黄色，皮壳从粗糙颗粒感转变成滑而细薄即可采摘。龙眼采后生理代谢旺盛，常温下1周左右完全腐烂变质。龙眼果实采收于高温高湿季节，旺盛的呼吸作用引起劣变是限制龙眼采后保鲜的重要因素。龙眼果实采收后，无论是常温贮藏还是冷藏均未出现明显的呼吸高峰，呼吸作用不具有呼吸跃变型水果的典型特征，比较倾向于末端上升型。果实呼吸强度的变化基本呈上升趋势，到后期趋于缓慢时果实开始腐烂；乙烯的释放也没有明显的高峰，始终保持在较低水平，可见乙烯不是龙眼果实主要衰老激素。

龙眼采后果皮褐变是果皮失水、低温伤害、机械损伤及多酚氧化酶作用的结果。龙眼果肉中超氧化物歧化酶含量较少，随着果实贮藏期的延长，超氧化物歧化活性变化微弱，丙二醛含量呈上升趋势，过氧化氢酶活性降低，过氧化物酶活性则逐渐增强。超氧化物歧化酶含量少，不能起到有效催化、清除 O_2^{2-} 和降低衰老速度的作用。丙二醛含量增加，表明膜脂过氧化作用加强，加速了细胞膜被破坏的进程。过氧化氢酶活性下降，表明其防御或延缓活体衰老的作用在逐步减弱。过氧化物酶活性增强，与果实衰老过程中大量有毒自由基产生而诱导了酶活性的提高有关。龙眼采后果实自身防御类酶如超氧化物歧化酶和过氧化氢酶等的功能逐步减弱，破坏类酶活性在增强，果实贮藏期温度条件的变化对这些酶的作用效果又有不同。龙眼贮藏期间温度为4℃条件和温度为20℃条件相比较，超氧化物歧化酶和过氧化氢酶的活性及丙二醛的含量相差不大，但4℃条件下过氧化物酶的活性显著降低，表明低温能有效抑制过氧化类酶的活性，减缓膜脂过氧化作用的进程。

可溶性蛋白质含量的变化可作为植物衰老的生化指标。采后龙眼果实在常温条件下，果肉中可溶性蛋白质含量1~3d内无明显变化，3d以后则快速下降，至第5天其可溶性蛋白质含量仅为第2天的43.1%。由此可见，常温条件下龙眼果实采收3d后果肉便开始加速衰老变质。龙眼贮藏过程中果肉主要营养成分如总糖、还原糖、可溶性固形物、可滴定酸和维生素C的含量经1~2次波动后均呈连续下降趋势。龙眼果肉含糖量高，糖是呼吸作用的主要底物来源，适宜的低温可抑制果实呼吸强度，减缓糖度下降速度。

龙眼果实贮藏期间果皮褐变或凹陷、硬化或破裂是果实衰老的外部表现，而果肉自溶流汁直至腐败则是果实衰老的内部表现形式。对于龙眼果肉自溶较为认同的观点是：由于降解酶的作用导致龙眼果肉自溶，龙眼的腐烂最先是由果肉内部自身溶解开始，其腐烂进程依次为果肉流汁、果蒂周围的果肉腐烂、果肉全部腐烂、整个果实腐烂并滋生霉菌。随着贮期延长，果肉霉（腐）变加剧，进而迅速腐烂。

4.1.11.3 杧果

杧果（*Mangifera indica* Linn.）我国已有培育和引进的品种100多个，是我国第四大热带水果，与苹果、葡萄、柑橘和香蕉并称世界五大水果，主产地云南、海南、广东、广西、福建和台湾。杧果外形圆形或者椭圆形，果肉金黄、橘红或者绿色，每百克鲜果中含有维生素 C14~56mg，含糖量为 11~19g，胡萝卜素含量为 897~2080μg。同时还有丰富的维生素 A、维生素 B_1、维生素 B_2 和叶酸等。

杧果采摘之后代谢旺盛，果实容易因后熟而导致变黄和变软等。同时杧果在其生长过程中极易受到微生物污染、低温贮藏也容易发生冷害。杧果既是典型的呼吸跃变型水果，也是典型冷敏型水果，一旦进入跃变阶段，成熟进程便难以调控。商业采收后的杧果在常温下 3~4d 启动跃变，4~7d 达到完熟，完熟后的果实迅速衰老，品质下降，逐渐失去商品价值。

杧果果实采后贮藏过程中由于淀粉酶的催化，淀粉被水解并转化为可溶性糖，从而引起细胞膨胀力下降，导致果实的软化。此外，多聚半乳糖醛酸酶、纤维素酶和果胶酶活性的增加，导致细胞壁的膨胀松软，而使果实软化。杧果贮藏温度低于 8~10℃ 时即可能发生冷害，冷害首先发生在果皮，严重时可蔓延至果肉。果皮的冷害症状体现为灰褐色烫伤样冷害斑，果肉的冷害症状则体现为出斑部位皮下果肉组织发生褐变。程度较轻的冷害具有一定的潜伏性，即果实的冷害症状需在从低温条件下取出后方才逐渐呈现；遭受严重冷害的果实在低温下即可明显地看到针尖状的暗绿色至浅褐色下陷斑，而轻度冷害的果实褐斑较小且稀，随着冷害加重，褐斑变大并连成片，以致整个果面都凹凸不平。果皮的冷害斑在后熟过程中并不增多，颜色却会加深，后熟完成后变为黑褐色。此外冷害对杧果的后熟也会产生影响，冷害严重的果实从低温转入常温后不能正常成熟。

4.1.11.4 蓝莓

蓝莓（*Vaccinium* spp.）又称越橘、蓝浆果，属杜鹃花科越橘属多年生落叶或常绿灌木，因其独特风味及极高的营养价值，被国际粮农组织列为人类五大健康食品之一和世界第 3 代水果。全世界蓝莓种类有 400 多种，主要分布于北美、南美、东南亚和欧洲等地区，我国 1981 年开始引进试栽。

蓝莓含有的多酚类化合物，如花青素、黄烷-3-醇、原花青素和黄酮醇等生物活性成分有预防血管老化和强心抗癌及明目等功能。

蓝莓在离开树体之前表现出典型的呼吸跃变行为，采后主要进行呼吸作用产生能量以维持果实生命状态，但自身储存的有机物质会被不断消耗，加速蓝莓衰老。蓝莓果实在晚熟阶段才开始大量积累糖，因此蓝莓一般达到全蓝后再进行采摘。蓝莓成熟过程中总水溶性果胶含量降低，细胞壁和中间层降解是造成果肉硬度下降的主要原因。硬度是表征采后蓝莓软化的主要特性，不仅影响果实品质，也影响贮藏寿命、运输性和抗病性。蓝莓采后硬度的下降主要与细胞壁降解、失水率以及表皮硬度有关。细胞壁降解主要与细胞壁的成分，如水溶性果胶（WSP）、碱溶性果胶（SSP）、半纤维素及纤维素含量的变化及水解酶，例如果胶甲酯酶（PME）、纤维素酶（Cx）以及多聚半乳糖醛酸酶（PG）活性相关。

蓝莓采收后开始迈入衰老。关于蓝莓衰老的研究多集中在生物大分子蛋白质等的合成和降解，而对具体主导蓝莓衰老机制中的何种功能尚不清楚。细胞中的活性氧（ROS）介导蓝莓衰老的许多相关反应。当蓝莓采收后受到生物胁迫或非生物胁迫时，活性氧平衡被打破，核酸结构、蛋白质合成及膜脂均受到破坏。果实体内可通过酶促防御系统和非酶类自由基清除剂 2 种方式清除活性氧，达到延缓衰老和提高抗病性的目的。蓝莓富含的花青素和维生素 C 等抗氧化物质和多种抗氧化酶，均可有效清除各类活性氧，且花色苷在蓝莓贮藏期间可不断积累和合成。

各种真菌病原体可侵袭蓝莓果实，其中最常见的腐烂病害主要有由 *Botrytis cinerea* 引起的灰霉病，由 *Alternaria sp* 引起的黑斑病和由 *Colletotrichum acutatum* 引起的炭疽病。

4.1.11.5　西番莲

西番莲又称鸡蛋果（*Passiflora edulis* Sims），又称洋石榴等，属西番莲科西番莲属多年生常绿草本植物，原产于南美洲，现广泛分布于热带和亚热带地区。西番莲果实含有 130 多种香味物质，几乎涵盖了热带和亚热带大部分水果的香型，在国外又称为"百香果"。

我国从 20 世纪 90 年代初开始引种西番莲，主要是紫果种（即紫果西番莲）、黄果种（即黄果西番莲）和黄果与紫果杂交种 3 大类，在江苏、福建、台湾、湖南、广东、海南、广西、贵州和云南等地栽培。

西番莲属于典型的呼吸跃变型水果，由于呼吸作用强，水分损失严重，乙烯应答快，采后物理化学品质迅速下降，极易出现皱缩和腐烂，产生发酵异味等腐败变质现象，影响其外观、果质量、风味和营养价值，进而降低商品价值，货架期很短。

4.1.11.6　猕猴桃

猕猴桃（*Actinidia chinensis*）原产于中国，为猕猴桃科（Actinidiaceae）猕猴桃属（*Actinidia*）雌雄异株的多年生藤本果树。全世界猕猴桃属有 66 种，其中我国有 62 种。我国几乎全国都能种植，主要的猕猴桃栽培品种为美味猕猴桃和中华猕猴桃，软枣猕猴桃和毛花猕猴桃也有少量栽培。中国猕猴桃种植面积和产量均为世界第一。

猕猴桃果实营养成分的含量因品种、成熟度、栽培技术和地域等而异，其果肉中维生素 C 含量是其他水果的几十倍甚至上百倍，每 100g 果实含维生素 C 100~420mg，被称为"维生素 C 宝库"。同时，钙、钾、硒、食用纤维及氨基酸等含量也较高，并含有猕猴桃碱、胡萝卜素、蛋白水解酶、多种无机盐、单宁果胶和糖类有机物。

猕猴桃果实属于呼吸跃变型果实，对乙烯比较敏感。当果实的呼吸峰与乙烯峰同时出现时，熟软化进程会随之加快，果实的硬度迅速下降，从而失去贮藏性。猕猴桃皮薄汁多，易受机械损伤和病菌感染而腐烂，失水萎缩，软化变质，十分不耐贮藏。采收后在常温下耐贮藏品种最多可贮藏 10~20d，不耐藏的只有 7~10d，因此有"7 天软、10 天烂"的说法。

采收期是影响猕猴桃贮藏的重要因素。衡量猕猴桃是否适宜采收的标准主要有生育生殖时间、可溶性固形物含量、硬度和干物质含量等指标，一般晚熟品种较早熟品种耐贮，美味猕猴桃比中华猕猴桃耐贮，淀粉含量高的果实比含量低的耐贮。从可溶性固形物指标看，以果汁可溶性固形物含量 6.5%~7.0% 时采收为宜。过早采收果实成熟度不够，不能达到果实固有的风味；过晚采收则会在贮藏中很快失去风味和变质，不耐长期贮藏（表 4.1-23）。

表 4.1-23　　　　　　　　　　不同品种猕猴桃适宜的采收期和采收指标

品种	果实采摘地点	采收时期	适宜采收期指标
海沃德	陕西周至县	盛花期后 159~171d	可溶性固形物含量达 6.5%
金艳	四川成都浦江县	盛花期后 187~194d （10 月下旬）	可溶性固形物含量达 6.5%~7%

续表

品种	果实采摘地点	采收时期	适宜采收期指标
金魁	江西奉新县	谢花后 189~196d	可溶性固形物含量 6.6% 以上，干物质含量 19% 以上
徐香	陕西杨凌	盛花期后 125~132d（9 月下旬至 10 月上旬）	可溶性固形物含量达 6.67%~8.00%，干物质含量 20.0% 以上
贵长	贵州修文县	谢花后 125~132d	可溶性固形物达 6.5%~7.5%，干物质达 16.5%~17.5%

一般认为猕猴桃适宜的贮藏温度为 0~2℃，极端温度不宜低于 -0.5℃，以免冻伤。相对湿度不低于 90%，否则会引起果实失水，果皮皱缩。猕猴桃贮藏的气体条件一般为 2%~5% 氧气和 2%~4% 二氧化碳，环境二氧化碳超过 6% 就会造成二氧化碳生理伤害，应采用乙烯吸收剂或通风换气及时清除环境中的乙烯。

4.1.11.7　橡子

橡树是除板栗以外壳斗科植物的统称，全世界有 8（7）属 900 余种，我国有 7（6）属 300 多种（包括 164 种特有种）。我国种植橡树已经有三千多年的历史，产量较高的地区是南部和西南部，北方橡树的产量和南方相比相对较少。辽东栎和蒙古栎等一般分布在我国北方，而青冈栎和高山栎等基本生长在我国南方，但是像栓皮栎、麻栎、槲栎和柞栎等适应环境能力比较强的在南北方都有分布。

橡子外表硬壳，棕红色，内仁白色，橡子淀粉含 50%~70%、可溶性糖 2%~8%、单宁 0.26%~17.74%、蛋白质 1.17%~8.72%、油脂 1.04%~6.86%、粗纤维 1.13%~5.89%、灰分 1.30%~3.40%，还含有丰富的维生素 B_1、维生素 B_2、维生素 C、维生素 A 等。橡子中蛋白质含有 18 种氨基酸，脯氨酸含量最高，而且不同品种的橡子所含的氨基酸种类不同，例如栓皮栎橡子比蒙古栎橡子少含有一种氨基酸。橡仁中还含有钾、钙、镁、铁、锰和铜等微量元素。橡子中含有其他植物体或者果实中含量极少的微量黑色金属元素钒，可以对磷脂氧化过程和该过程所需要的酶的活性产生影响，从而延缓或控制机体衰老。

4.1.11.8　椰子

椰子（*Cocos nucifera* L.）为棕榈科椰子属的单子叶植物，虽有 66 种植物，但作为重要经济植物的只有椰子。椰子原产于东南亚热带雨林地区，主要分布在南北纬 20° 间的热带地区，全世界有 90 多个国家和地区种植。我国椰子种植已有 2000 多年的历史，主产地海南省，在广东、广西、云南和我国台湾有少量种植。

椰肉可食，可加工成椰汁、蜜饯、糖果、点心、果酱和椰干，亦可榨油并制成化妆品、机械润滑油和蜡烛，而椰子水（胚乳）可为饮料。椰壳可制器皿、乐器、玩具和活性炭，椰衣（纤维）可制船缆、床垫、袋子和扫帚等。另外椰的壳、根、汁和油均可入药。

图文并茂电子书/拓展资源获得方法：用移动终端设备上安装的"学习通" APP 扫描下列二维

码，就可以直接学习"食品原料学慕课"网站上与该章节配套的电子书/讲课视频、试题库、相关论文、拓展阅读、拓展视频、VR/AR/MR、3D动画、热门话题、国内外进展、专家讲座等拓展内容（详细方法参见本教材正文前的慕课使用方法）：

0. 配套国家级
慕课首页

1. 果蔬原料的种类

2. 果蔬原料的
组织结构

3. 果蔬的化学
组成及特性 I

4.2　蔬菜类食品原料

[本节目录]

4.2.1　瓜类蔬菜
　4.2.1.1　黄瓜
　4.2.1.2　西瓜
　4.2.1.3　甜瓜
　4.2.1.4　南瓜
　4.2.1.5　冬瓜
　4.2.1.6　其他瓜类
4.2.2　茄果类蔬菜
　4.2.2.1　番茄的种类及品种
　4.2.2.2　茄子的种类及品种
　4.2.2.3　辣椒的种类及品种
4.2.3　白菜类蔬菜
　4.2.3.1　结球白菜
　4.2.3.2　不结球白菜
　4.2.3.3　芥菜类
4.2.4　甘蓝类蔬菜
4.2.5　芥菜类蔬菜
4.2.6　根菜类蔬菜
　4.2.6.1　白萝卜
　4.2.6.2　胡萝卜
　4.2.6.3　芜菁

4.2.6.4　根用芥菜
4.2.6.5　根甜菜
4.2.7　葱蒜类蔬菜
　4.2.7.1　大葱
　4.2.7.2　洋葱
　4.2.7.3　大蒜
　4.2.7.4　韭菜
　4.2.7.5　薤
　4.2.7.6　分葱
4.2.8　绿叶菜类蔬菜
　4.2.8.1　菠菜
　4.2.8.2　芹菜
　4.2.8.3　莴苣
　4.2.8.4　茼蒿
　4.2.8.5　苋菜
　4.2.8.6　蕹菜
　4.2.8.7　香菜
　4.2.8.8　冬寒菜
4.2.9　豆类蔬菜
　4.2.9.1　菜豆
　4.2.9.2　豌豆

4.2.9.3 豇豆   4.2.11.1 竹笋

4.2.9.4 蚕豆   4.2.11.2 金针菜

4.2.9.5 扁豆   4.2.11.3 石刁柏

4.2.9.6 刀豆   4.2.11.4 百合

4.2.10 薯芋类蔬菜   4.2.11.5 香椿

4.2.10.1 马铃薯   4.2.11.6 朝鲜蓟

4.2.10.2 芋   4.2.11.7 食用大黄

4.2.10.3 豆薯   4.2.12 水生蔬菜

4.2.10.4 薯蓣   4.2.12.1 莲藕

4.2.10.5 姜   4.2.12.2 茭白

4.2.10.6 草石蚕   4.2.12.3 荸荠

4.2.10.7 菊芋   4.2.12.4 慈姑

4.2.11 多年生蔬菜   4.2.12.5 菱

蔬菜来源于植物的不同部位，所以根据其采收部位（比如根、叶、茎和芽等）的不同来划分蔬菜种类（表4.2-1）。

表4.2-1 蔬菜分类

类别	举例	类别	举例
根菜类		叶柄（叶茎）	芹菜、大黄
根	甘薯、胡萝卜	花苞	花菜、羊蓟
变茎类		幼枝、嫩芽（嫩茎）	芦笋、竹笋
球茎	结球甘蓝	果实蔬菜	
块茎	马铃薯	豆类	豌豆、青豆
变芽类		谷类	甜玉米
鳞茎	洋葱、大蒜	藤本	南瓜、黄瓜
草本蔬菜		浆果	番茄、茄子
叶	卷心菜、菠菜		

依生活周期长短的蔬菜分类法可分为一年生蔬菜、两年生蔬菜和多年生蔬菜。一年生蔬菜如豆类、瓜类和茄果类，生活周期（自种子发芽至成熟）可以在一个生长季节内完成，所需时间的长短，视蔬菜种类而定；两年生蔬菜如白菜、芥菜、甘蓝、白萝卜、胡萝卜、芜菁、大葱和甜菜，自种子发芽至种子成熟须经过两个生长季节和一个冬天，在第一年形成储藏营养素的器官，第二年才结种子。洋葱春播多为两年生，但晚秋播的生活周期需跨越3年；多年生蔬菜如石刁柏、菊芋、草石蚕、百合、韭菜、茭白、藕和金针菜等，一般每年能完成一个生长周期，栽培在同一地方可连续生存数年，待生长势力衰退另行分株或重新播种，才能恢复它的生长势力。

依生产特点的蔬菜分类法可分为瓜类、茄果类、白菜类、甘蓝类、芥菜类、根菜类、葱蒜类、绿叶菜类、豆类和薯芋类10类蔬菜。

4.2.1 瓜类蔬菜

4.2.1.1 黄瓜
黄瓜依果实的形状可分为短圆筒形、细长圆筒形和细小圆筒形。

（1）短圆筒形（椭圆形） 无刺或少刺，如杭州的白皮胡瓜，我国栽培不普遍。

（2）长圆筒形 果实长圆筒形，多有刺，长33cm左右，如黑汉腿、刺瓜、北京的早熟黄瓜和上海黄瓜等。

（3）细长圆筒形 果形细长，可达66~100cm，多有刺，成熟较晚，如北京的鞭瓜、东北的水黄瓜和四川伞把子黄瓜等。

（4）细小圆筒形 果小，充分长大也不过数寸，一株可采果数十条，专供加工酱渍用，如锦州的二虎头。

4.2.1.2 西瓜
（1）大型种 北方栽培较多，如山东德县喇嘛瓜（西洋枕），河北、山东、浙江和江苏等省的三白瓜。另外还有异瓜，其瓜、瓤和种子有不同的颜色，如花皮三异（花皮、红瓤、白子）、白皮三异（白皮、红瓤、黑子）和大黑皮（浓绿色皮、沙瓤、黑子）等。

（2）小型种 南方栽培较多，上海、杭州和南京一带产的浜瓜和瓜小，略带椭圆形，皮薄、色浅绿，有绿色网状条纹，质量为1.0~2.5kg，种子赤褐色；浙江栽培较多得马铃瓜，又名枕头瓜，晚熟种，长椭圆形，外皮黑绿色，有花纹，瓤橙黄色，种子黑色。甘露为日本种，果圆形，皮绿色，有浓绿的纹云，皮薄，果肉鲜红。广东和广西栽培较好的太和瓜为日本种，果圆形，外皮淡绿，能抵抗潮湿。冰淇淋为美国种，果皮淡绿色，有深绿条纹，间以绿色网纹，瓤乳黄色，味甘多汁，种子较小，乳黄色，结果早，但皮薄易裂是其缺点。

4.2.1.3 甜瓜
（1）番瓜 果实圆筒形或卵圆形，外表光滑，多数品种果肉爽脆而甜，香味浓厚。以山东益都的银瓜为最著名，其他如北京的三白甜瓜、济南及泰安的白糖罐、杭州及成都的黄金瓜、各地栽培的竹笋青、面瓜（肉质酥软发面）等。

（2）网纹甜瓜 果实圆球形，果面有网纹，如兰州的猪皮绿肉醉瓜、猪皮红肉醉瓜和白皱绸醉瓜。

（3）兰州甜瓜 果实长卵圆形，表面光滑，果肉外层绿色，内层黄红色，极香甜，种子小如芝麻，如兰州金塔寺瓜和黄蛤蟆瓜。

（4）哈密瓜 新疆特产，果实较大，橄榄形，亦有网纹，种子形大而曲折，极甜，宜加工制瓜干。

4.2.1.4 南瓜
我国栽培的南瓜主要有普通南瓜、笋瓜及西葫芦。

（1）普通南瓜 果实成熟后干物质含量最高，主要品种类型如下。

①扁圆形至圆形：如北京大磨磐、小磨磐，湖南的柿饼南瓜，济南的墩碑等。

②梨形：果实上小下大，上部突心，下部有种子腔，如山东的大肚子方瓜和湖南的甄蓬南瓜。

③细颈形：果实上中部细长而实心，下部膨大，如北京的大金钩和山东的牛腿南瓜。

④扁椭圆形：如湖南的枕头瓜。

（2）笋瓜　我国盛产，主要品种如下。

①厚皮笋瓜：果实纺锤形，外皮光滑，深绿色，上有黄白色纵条纹，味甘美。

②金瓜：果形奇异，果面光滑，肉色黄或深黄，味甘，肉厚耐贮藏。

③尖头笋瓜：主要分布于黄河以北地区，果实短圆锥形，中等大，果面光滑，灰蓝色，肉质致密，深黄色，甜绵。

（3）西葫芦　主要分布于山东和河北等地，优良品种有面茭瓜、小白皮和青皮西葫芦等。

4.2.1.5　冬瓜

冬瓜全国分布均有，以湖南和广东两省著称，分小型和大型两种。

（1）小型冬瓜　果小，多扁圆形或圆形，每株结果多，成熟早，多采用嫩瓜，果重0.5~1.0kg。

（2）大型冬瓜　果实大，迟熟，较耐贮藏，例如长圆筒形种有湖南粉皮冬瓜和独山大冬瓜，果重15~25kg。另外短圆筒形种有北京东头冬瓜，扁圆形种有北京和济南的柿饼冬瓜。

4.2.1.6　其他瓜类

（1）葫芦　葫芦也称扁蒲，果实长圆筒形，果面淡绿色，肉质纯白而柔软。各地栽培的短颈葫芦及长颈葫芦幼嫩时可食，老熟后可制作为瓢及勺等。

（2）越瓜　越瓜与甜瓜同属，果实不香，味同黄瓜，其中长形越瓜及小椭圆越瓜各地都作为腌制或酱制用。生食的多为圆筒形及大椭圆形越瓜。

（3）丝瓜　丝瓜中长丝瓜细长筒形，可达16.5~20.0cm；棱丝瓜纺锤形，有棱，肉质柔嫩；而短丝瓜呈棍棒状，蒂部肥大。

（4）苦瓜　苦瓜果实表现有瘤状突起，幼嫩时为青色而苦，成熟时变红色而甜，同时开裂。

4.2.2　茄果类蔬菜

茄果类蔬菜主要包括番茄、茄子及辣椒，属于茄科，极不耐寒，须在高温季节生长，需肥沃的土壤，用种子繁殖，育苗移栽，须多施磷肥。

4.2.2.1　番茄的种类及品种

番茄依据果实大小、叶形及植株特性等分为下列5个变种。

（1）普通种　果实圆球形或扁圆形，果肉多汁，产量高，经济价值大，大多数的栽培品种都属于这个变种。

（2）直立种　又称矮生番茄，茎矮粗壮，能直立，无须支架，叶厚而皱纹，果实扁圆，果肉细密且品质佳。

（3）大叶种　茎高大强壮，叶形大，似马铃薯的叶子，叶数少，果实紫红色，果实形状与普通番茄相似。

（4）樱桃种　果实小而圆，似樱桃，果色红或黄。

4.2.2.2　茄子的种类及品种

我国栽培的茄子分为下列3种类型。

（1）圆茄种　晚熟种，产量高，品质好，肉质较硬。我国华北各地栽培的大部分都属于这一类，如北京圆茄、荷包茄、济南大红袍和重庆白茄等。

（2）长茄种　生长性质和圆茄相似，中熟或早熟，产量高，品质佳，肉质软，长江以南各地多栽培。主要品种如江苏红长茄、浙江藤茄、四川竹丝茄、南京白长茄子、东北羊角茄和上海线条落苏等。

（3）矮茄种　早熟矮性种，果小而多，卵圆形，产量较低。南北各地均有栽培，如南京油瓶寒、北京早生真黑茄和灯泡茄等。

4.2.2.3　辣椒的种类及品种

辣椒为我国西北及西南一带的重要蔬菜，椒可制酱或干制。辣椒含有的维生素C在蔬菜中占第一位，维生素A的含量接近于胡萝卜，还含有挥发性的辣椒素，能助消化和增进食欲。辣椒品种很多，普遍栽培品种可分5个类型。

（1）樱桃椒　果向上直立或斜生，圆形、心脏形或扁圆形，小如樱桃，红色或紫色，辣味极强，如四川的扣子椒。

（2）圆锥椒　果实为圆锥形或长圆筒形，长约3.3cm，辣味强。

（3）族生椒　果实向上直立，族生成群，形细小，色红，味极辣，如湖南及四川的朝天椒。

（4）长形椒　又名羊角椒或大红辣椒，前端尖，弯曲成羊角形，下垂生长，产量高，品质优，辣味强，如北京的大青椒。

（5）灯笼椒　又名甜椒，生长强健，植株高大，果实大，基部凹入，边缘有沟，长圆形，色红，肉质肥厚，味微甜，少辣味，产量高，如德县柿子辣椒。

4.2.3　白菜类蔬菜

白菜类蔬菜原产我国，属十字花科，芥属（*Brassica*），每1亩（约667m²）产量可达1000kg以上。

4.2.3.1　结球白菜

结球白菜北方秋季和冬季最主要的蔬菜，一般在生长前期生长十几片肥大的外叶，至生长后期，在适宜的环境下，生长的叶片重叠包被，有的越过叶球的半径，形成叶球，其外部的叶子呈浅绿色，

4.2.3.2　不结球白菜

不结球白菜叶直立生长，不结球，叶片多有光泽，并无茸毛，是江南最主要的绿叶蔬菜，生长期短，可随时供应，并可在秋季和冬季大量腌制及干制。

4.2.3.3　芥菜类

芥菜类包括叶用芥菜、茎用芥菜和根用芥菜3类，多制成腌渍品，其中广东的大芥菜、浙江一带的雪里蕻和四川榨菜等在国内外颇负盛名。芥菜类叶片为绿色及深绿色，叶面多皱缩，多数种类的叶片带有紫色，并都有酸辣味。

4.2.4　甘蓝类蔬菜

与白菜类基本相似，甘蓝类蔬菜比较耐寒，用种子繁殖，如结球甘蓝、菜花、球茎甘蓝、抱子甘蓝和芥蓝等。甘蓝类蔬菜对外界环境适应性强，我国南北各地均能栽培，多数地区一年可栽培两季，且耐运输和贮藏。甘蓝类菜可供鲜食、腌渍和酸渍等。结球甘蓝与球茎甘蓝在华北、西北和东北等地较多，而菜花则在南方如福建和广东等省较多。

4.2.5 芥菜类蔬菜

芥菜（*Brassica juncea*）原产于中国的古老十字花科芸薹属重要蔬菜，中国西北地区是芥菜的原生起源中心或起源中心之一，四川盆地是芥菜类蔬菜的次生起源及多样化中心。芥菜种类繁多，栽培也十分广泛。在漫长的自然演变进化及人们的选择驯化栽培过程中，芥菜的各器官特别是各营养器官产生了多向而强烈的分化，形成了包括根、茎、叶和薹4大类16个变种以及众多的变异类型。

芥菜在中国除高寒和干旱地区外均有种植。秦岭渭河以南、青藏高原以东至东南沿海地区是中国芥菜的主要栽培区域，但以西南、华中、华东和华南的15个省、自治区、直辖市种植栽培最为集中。中国大面积栽培的芥菜种类主要包括茎瘤芥（榨菜）、大头芥（根芥）、分蘖芥（雪菜）、宽柄芥（酸菜）、结球芥（梅菜）、大叶芥（冬菜）、小叶芥（芽菜）、抱子芥（儿菜）和笋子芥（棒菜）9个变种，并已形成了诸如重庆、四川和浙江的榨菜，湖北、江苏和云南的大头芥，浙江、湖南和湖北的雪菜或梅干菜，四川、广东和贵州的酸菜和盐酸菜，四川冬菜及芽菜等众多名特产品，其中"涪陵榨菜"被誉为世界三大名腌菜（涪陵榨菜、欧洲酸菜、日本酱菜）之一。

芥菜既是重要的鲜食蔬菜，也是重要的农副加工产品。芥菜除常规营养成分外，丰富的食用纤维能促进结肠蠕动，有预防便秘的作用。芥菜叶中分离得到的化学成分以烃类居多，还含有少量的烷醇类和酯类物质。脂肪酸主要存在于芥菜籽中，少部分源于叶内。芥菜中的酚酸类成分主要是带酚类基团的有机酸及少数黄酮类成分，芥菜中还含有硫代葡萄糖苷及葡萄糖、果糖、半乳糖、阿拉伯糖和木糖等多糖。

4.2.6 根菜类蔬菜

根菜类蔬菜直根类主根肥大的两年生植物，是酱制、腌渍和干制加工的重要原料，能耐低温，包括白萝卜、芜青、胡萝卜和根甜菜等。

4.2.6.1 白萝卜

白萝卜的品种很多，依其栽培特性可分为3大类。

（1）秋冬萝卜 秋冬萝卜适于秋冬时期栽培，耐寒性强，产量高，耐贮藏，品质优良。

①熟食用种：外表及肉均极洁白，质细致，粗纤维少，肉质比重小，组织较松，煮熟后肉质柔软而收缩少，有甜味或味变淡，各地都有栽培，如济南大红袍和美浓早生，杭州白圆萝卜等。

②生食用种：形状美观，色泽鲜明，外皮光洁，大小适中，肉质根中糖分和淀粉含量比较高，肉质比重大，组织致密，脆嫩多汁、味甜，没有苦味和辣味，如北京心里美。

③加工用种：组织比较致密，含干物质多，如二缨系萝卜、露八分和罐萝卜等品种。

（2）夏萝卜 能耐炎热气候，可以提早播种于夏季栽培，根红色或白色，不耐贮藏，对调节蔬菜供应有重要意义，如北京的锥子把、爆竹筒和四川热萝卜及南京五月红等。

（3）四季萝卜 小型早熟种，白色或红色，不耐贮藏，如上海小红萝卜和杨花萝卜等。

4.2.6.2 胡萝卜

胡萝卜富含胡萝卜素，肉质根可制干（脱水菜）、腌渍、酱渍、胡萝卜脯（红参脯）及胡萝卜汁。

胡萝卜适应性强，易栽培，病虫害少，更耐贮藏和运输。依据根的长度可分为长根种和短根种；依据根形又可分为长圆柱形（南京红、常州胡萝卜等）、短圆柱形（西安胡萝卜、安阳胡萝卜等）、长圆锥形（山头红、蜡烛台、北京鞭杆红等）、短圆锥形（烟台五寸、二金红胡萝卜等）。

4.2.6.3 芜菁

芜菁外形颇似萝卜，但不宜生食，可分为饲用种及食用种两类。食用种包括 3 种。

（1）扁圆种　浙江永嘉、瑞安等县的盘菜和上海的海萝卜。

（2）圆形种　北京的光头蔓菁。

（3）圆锥种　北京的两道脸蔓菁及济南的红蔓菁等短圆锥种，山东安邱和高密所产的猪尾巴蔓菁等长圆锥种。

4.2.6.4 根用芥菜

根用芥菜是生成肥大根部的芥菜变种，不同于芜菁的主要特点为辛辣味重，肉质紧密，直根外皮较粗糙等。从根形上可分为圆筒种（如四川的花叶子大头菜和大叶子大头菜）和圆锥种（如山东的辣疙瘩）。

4.2.6.5 根甜菜

根甜菜分为食用种、饲用种及制糖种 3 大类。在蔬菜食用种根的外皮及肉质皆为深紫红色，肉质有同心环纹，根有扁圆形、圆球形及圆锥形 3 类。

4.2.7　葱蒜类蔬菜

百合科蔬菜均属于本类，如洋葱、大葱、韭葱、韭菜、大蒜、薤等，既可作为一般蔬菜，也是重要的调味品。大葱、大蒜、洋葱、韭菜在长江以北地区有大量栽培。葱蒜类含有丰富的碳水化合物和硫、磷、铁等矿物质及维生素 C，在幼嫩的叶片中含有胡萝卜素，鳞茎及叶等组织中含有油脂性的挥发液体——硫化丙酯，使葱蒜类植物具有辛辣味，且具有消灭多种病菌及增进食欲的功效。

葱蒜类蔬菜采用各种栽培法能获得多种产品，如大蒜可获得蒜头、蒜薹、青蒜（蒜苗）、蒜黄等产品。大葱、洋葱、大蒜都耐储藏和运输。大蒜、蒜薹、薤、韭花等可制成糖渍或腌渍品。

4.2.7.1 大葱

大葱幼株可食，称为小葱，以山东为主产区。其主要品种可根据假茎高度和形态分为长葱白类型（如章邱梧桐葱、西安矮葱、洛阳笨葱、北京高脚白等）、短葱白类型（如寿光八叶齐、西安竹节葱）和鸡腿葱类型（基部显著膨大，呈鸡腿状或蒜头状，如莱芜鸡腿葱、大各鸡腿葱等）。

4.2.7.2 洋葱

洋葱适应性强，耐储运，也可加工成脱水蔬菜供出口贸易。洋葱品种按鳞茎形态可分为以下 3 种类型。

（1）普通洋葱　普通洋葱主要的栽培类型包括以下 3 种。

①白色品种：早熟，球小，肉质柔软，水分少，不耐储藏，易抽薹。常用作脱水蔬菜原料或罐头食品配料。

②黄色品种：中熟或晚熟，球中等大，肉质致密，耐储藏。

③紫色品种：多为晚熟种，球大，每个可重250g，辣味强，组织致密，耐储藏。

（2）顶生洋葱　顶生洋葱栽培很少，但极耐储藏，主要作腌渍用。

（3）分蘖洋葱　分蘖洋葱鳞茎小、品质差，由于抗寒性极强且很耐储藏，故在冬季严寒地区仍有种植价值。

4.2.7.3　大蒜

大蒜有白皮、紫皮两个类型。白皮类型成熟晚，适于腌渍，如苍山蒜（耐储）、大马芽、杭州白皮大蒜等。紫皮类型辣味浓郁，如蔡家坡大蒜、定县紫皮蒜、嘉祥大蒜等。

4.2.7.4　韭菜

韭菜是我国特有的蔬菜，一年可多次收获，包括宽叶种和窄叶种。

4.2.7.5　薤

薤在我国西南及华南一带栽培最普遍，叶短，呈管状，长圆锥形的鳞茎称为薤头。鳞茎重生，约10余个，薤头可用作生食、腌渍或糖渍。

4.2.7.6　分葱

分葱在我国四川及江南栽培较多，鳞茎呈长圆锥形，绿叶及鳞茎均可食用。

4.2.8　绿叶菜类蔬菜

除芹菜、莴苣外和绿叶菜类生长期均较短，一般在播种后60d内可以采收，柔嫩味美，富有多种维生素和矿物盐以及挥发性芳香物质。

4.2.8.1　菠菜

菠菜为一年生或两年生的草本植物，根据菠菜果实上刺的有无为有刺种和无刺种两种类型，含有丰富的铁盐是其特色之一。

4.2.8.2　芹菜

芹菜以叶柄为主要食用部分，依其叶柄的性状可分为两种类型。

（1）绿色种　叶较大，叶柄细，呈绿色，植株高大，产量高，但软化品质较差，如福建福州的青种芹菜和山东淮县的青苗芹菜。

（2）白色种　叶较小，淡绿色，叶柄黄白色，植株较短小，易生病害，但食用品质优良，易于软化，如福建福州的白苗芹菜。

4.2.8.3　莴苣

莴苣有叶用莴苣和茎用莴苣两种，前者宜生食，故名生菜，后者又名莴笋，可生食、熟食、腌渍及干制。

莴苣包括结球莴苣、皱叶莴苣、直立莴苣和莴笋4个变种，其中莴笋的叶狭长，茎直立而肥大，为主要产品部分，是我国主要的栽培种类。

4.2.8.4　茼蒿

茼蒿以幼嫩的茎叶为食用部分，有特殊香气，一般栽培上可分为大叶种和小叶种。大叶种叶大而缺刻浅，不甚耐寒，食用品质良好。小叶种叶细小，缺刻多而深，较耐寒，但香气品质较差。

4.2.8.5　苋菜

苋菜为一年生草本植物，幼苗及嫩茎叶食用，主要品种有绿苋和红苋两种。绿苋茎叶青绿色，红苋茎叶红色，但食用品质较差。

4.2.8.6 蕹菜

蕹菜为一年生蔓性植物，茎中空柔软，采取嫩梢叶食用。品种有大叶种、小叶种和水蕹菜及旱蕹菜之分，以小叶种、旱蕹菜的食用品质较好。

4.2.8.7 香菜

香菜有大叶种和小叶种之分，在我国南、北方栽培均较普遍，含有挥发性芳香油，嫩茎幼叶供作生食调味之用。

4.2.8.8 冬寒菜

冬寒菜在我国东北、华北、长江流域、华南和台湾均有栽培，以采取嫩梢嫩叶作食用，汁甚黏滑，有紫梗冬寒菜和白梗冬寒菜之分。

4.2.9 豆类蔬菜

豆类蔬菜以鲜豆荚、鲜豆、干豆及豆芽等作为食用，鲜豆苗及鲜豆还可做成腌制品和罐制品等。

4.2.9.1 菜豆

菜豆分硬荚（荚壳内有一层粗而厚的纤维质膜）、半软荚（纤维质膜形成迟且少）和软荚（无纤维质膜）等，每个豆荚含有 1~8 粒种子，多呈肾脏形，色泽依品种而异，有红、黄、黑以及各色斑纹。

4.2.9.2 豌豆

豌豆包括菜用豌豆和粮用豌豆，前者主要食用其鲜豆及豆粒，后者主要食用其干豆。菜用豌豆又可分为软荚种和硬荚种。

（1）软荚种 又称甜豌豆，豆荚的内果皮纤维质不发达，柔软多汁，是主要的食用部分，其幼嫩的种子也可做菜用，一般菜用豌豆多属此种。

（2）硬荚种 豆荚纤维质发达，不能作为食用，但豆粒大而质地较嫩，成为食用部分。依豆粒的性质又可分为圆粒种和皱粒种两类。

①圆粒种：干燥后成为饱满的圆形，含水多，糖分较少。

②皱粒种：干燥后皱缩，在成熟过程中乳熟期较长，含水分、糖分较多，但因对气候条件的要求严格，因此栽培较不普遍。

4.2.9.3 豇豆

豇豆可炒食、凉拌或腌泡，老熟豆粒可作粮用，或制作糕点和豆沙馅用。豇豆较耐热，对解决晚夏淡季缺菜具有重要作用，按果荚长短、质地和食用部分不同分为豇豆、饭豇豆（食用籽粒，供粮用栽培）和长豇豆（主供菜用栽培）3 个栽培种。优良品种有红嘴燕、罗裙带、小白豇和铁线豆等。

4.2.9.4 蚕豆

蚕豆为一年生或两年生的半耐寒性植物，种子小扁圆或大扁平形，嫩时白色或绿色，成熟后为绿褐色或赤褐色。蚕豆依豆粒大小分为大粒种和小粒种两类。大粒种有成都大白胡豆和上海白皮等优良品种，小粒种多作为制酱或饲料用。

4.2.9.5 扁豆

扁豆为一年生蔓性植物，形态与菜豆相似，荚果扁平，宽短而大，绿白色或紫红色。种子扁短圆形，黑褐色、白色或赤褐色。

4.2.9.6 刀豆

刀豆为蔓性植物（洋刀豆为直立性），荚果极多而长，形弯曲扁平似刀状，种子肥大肾脏形，呈红色、粉红色或淡红色，种脐狭长。

4.2.10 薯芋类蔬菜

薯芋类是以块茎、根茎、球茎和块根为产品的蔬菜，均含有丰富的淀粉。马铃薯的淀粉含量可达 20%~25%，是酒精制造等发酵工业中最好的一种原料。薯芋类蔬菜的产品除含有淀粉外，还含有糖、蛋白质、维生素 B 和维生素 C 等。

4.2.10.1 马铃薯

马铃薯块茎的形状有圆形、椭圆形、卵圆形和长筒形等，表皮颜色有白色、黄色、红色及紫色等。薯肉有黄、白和淡黄等色。在块茎的表面有许多芽眼，每个芽眼通常具有 3 个以上的幼芽，通常只有中央的一个芽可以发育，两侧的芽都停留在休眠状态中。当中央的芽受到伤害时，侧芽才能萌发生长。

4.2.10.2 芋

芋为天南星科芋属的多年生草本植物，地下茎膨大成圆球形至长椭圆形块茎，外皮褐色，其生长习性可分为水芋和旱芋两种，芋耐储运。

4.2.10.3 豆薯

豆薯豆科一年生蔓性草本植物，其块根可肥大成为长纺锤形或扁圆形，表皮褐黄色，果实为荚果。豆薯的肥大块根洁白脆嫩多汁，可生食也可熟食。茎叶和种子都含有鱼藤，对人畜有毒害，可用作杀虫剂。

4.2.10.4 薯蓣

薯蓣为薯蓣科薯蓣属的植物，根肥大成棍棒状、掌状或块状，外皮黄褐色或紫红色，密生许多很细的须根，耐贮藏、耐运。

4.2.10.5 姜

姜为襄荷科的多年生草本植物，地下茎肥大成根状茎，外皮灰白色，含有辛香浓郁的挥发油和姜辣素，是重要的调味品，还可加工成姜干和糖姜片等食品。此外，姜还是医药上良好的健胃、去寒、发汗和解毒剂。

4.2.10.6 草石蚕

草石蚕为唇形科一年生草本宿根植物，块茎形似蚕蛹、宝塔、螺丝，故又名螺丝菜、宝塔菜。食用部分是地下茎，肉质洁白脆嫩，无纤维，盐渍酱制，为酱菜中珍品。

4.2.10.7 菊芋

菊芋为菊科向日葵属一年生草本植物，秋季在地下形成肥大不规则的球形或椭圆形的块茎，可供食用及繁殖，其块茎质地细致、脆嫩，最宜腌渍食用。

4.2.11 多年生蔬菜

4.2.11.1 竹笋

常见的食用竹笋有毛竹笋（孟宗竹）、淡竹笋和苦竹笋等，刚竹、刺竹、麻竹和绿竹等也可食用，其中以毛竹笋品质最好，数量最多。作为蔬菜食用的竹笋必须组织柔嫩、无苦味或其他恶味，或虽稍带苦涩味，经加工后除去后仍具有美好的滋味。

4.2.11.2 金针菜

金针菜花蕾即将开放时采收供应食用最好，花开放后呈淡黄色，以花蕾干制品供食用。

4.2.11.3 石刁柏

石刁柏为百合科天门冬属植物，有白色嫩茎和绿色嫩茎两种类型，以嫩茎供食用，既可鲜食，也可制罐头。富含天门冬酰胺和天门冬氨酸等，对心脏病、高血压和疲劳症等均有疗效。

4.2.11.4 百合

我国作蔬菜用百合主要有卷丹、山丹和山百合3种，食用部分由多数肥厚鳞片构成，甘肃兰州及南京陵园一带栽培较多，为当地名产。

4.2.11.5 香椿

香椿为楝科多年生落叶乔木，春季采取嫩梢幼叶作蔬菜，具有特殊的香味。

4.2.11.6 朝鲜蓟

朝鲜蓟可供食用的是巨大的头状花序，花盘富含碳水化合物，并含有特殊风味的芳香物质。

4.2.11.7 食用大黄

食用大黄有粗壮的叶柄和肥大的叶，含多量的苹果酸，可供煮汤及制果酱用。

4.2.12 水生蔬菜

水生菜类除作蔬菜食用外，莲藕、荸荠及菱的幼嫩产品含有糖分而且多汁，可以作为水果生食。成熟产品中又富含淀粉，可以当作粮食或加工提取淀粉作为工业原料及食用。水生蔬菜一般均耐储运，供应时期较长，茭白5~11月都可生产，莲藕和荸荠可以周年供应。

4.2.12.1 莲藕

莲藕为睡莲科多年生水生草本植物，我国栽培食用的莲藕为两类：一类为藕用种，其根茎肥大，外皮白色，肉质脆嫩，味甜，产量高，花多白色，结实不多，其藕入土较浅，病害较少；另一类为莲用种，藕小，肉质稍带灰色，深入土中，品质较差，花多红色，结果多，主要采用莲子。在蔬菜栽培上常以藕用种为主。

4.2.12.2 茭白

茭白为生于浅水中的禾本科多年生水生宿根草本植物，呈长纺锤形，外皮淡绿色，它的内部白色，质软味甘。

4.2.12.3 荸荠

荸荠属沙草科多年生草本植物，食用部分为肥大的球茎，呈紫红色或紫黑色，有光泽，肉质纯白多汁，可作水果或蔬菜食用。

4.2.12.4 慈姑

慈姑属泽泻科多年生水生草本植物，在华南地区和长江流域栽培普遍，风味佳，供食用，也可制作淀粉。

4.2.12.5 菱

菱为菱科水生一年生草本植物，果实中具有一大一小的子叶，食用部分是其大子叶，如按角的多少来分类，有四角菱、三角菱和无角菱3种。果实幼嫩时壳薄多汁，味甘而美，最宜生食。果实到成熟期，叶壳坚硬，不易剥开，种子中淀粉质增加，只宜于熟食。

图文并茂电子书/拓展资源获得方法：用移动终端设备上安装的"学习通" APP 扫描下列二维码，就可以直接学习"食品原料学慕课" 网站上与该章节配套的电子书/讲课视频、试题库、相关论文、拓展阅读、拓展视频、VR/AR/MR、3D 动画、热门话题、国内外进展、专家讲座等拓展内容（详细方法参见本教材正文前的慕课使用方法）：

0. 配套国家级慕课首页	1. 蔬菜的种类	2. 果蔬的化学组成及特性Ⅱ	3. 果蔬的化学组成及特性Ⅲ	4. 果蔬的化学组成及特性Ⅳ

4.3　果蔬品质及其品质评定

4.3.1　果蔬品质的概念和构成

4.3.1.1　果蔬品质的概念

水果和蔬菜品质是指果蔬满足某种使用价值的全部，主要是指食用时果蔬外观、风味和营养价值的优越程度。根据不同用途，果蔬品质可分为鲜食品质、加工品质、内部品质、外观品质、营养品质、销售品质和运输品质等。对不同种类或品种的果蔬均有具体的品质要求或标准，因此品质要求有其共同性，也有其差异性。

外观品质是引起消费者购买欲望的直接因素，但不是唯一因素。果蔬是鲜活商品，采收后的外观品质、内部品质、营养品质以及风味品质的特征随时间的推移均会逐渐下降，只是不同品质特征的下降程度不同而已。多数果蔬的营养品质，尤其是维生素 C 含量下降速率比风味品质下降的速率更快，而风味品质比质地品质和外观品质下降得更快。因此果蔬外观品质保持的时间通常比风味品质保持的时间更长。果蔬质地对鲜食和加工来说是非常重要的，也是承受运输压力的影响因素。

4.3.1.2 果蔬品质的构成

果蔬品质的构成主要包括感官特性和生化属性两大部分，具体如表4.3-1所示。

表4.3-1　　　　　　　　　　　　　　新鲜果蔬的品质构成要素

主要素		构成要素
（1）感官特性	①外观（视觉）	大小：面积、重量和体积 形状/形式：果形指数＝纵径/横径，光滑度，坚实度，一致性 颜色：一致性，强度（深浅） 光泽：光面蜡质状况 缺陷：内部和外部缺陷；形态、物理和机械缺陷；生理、病理和昆虫学缺陷
	②质地（触觉）	坚实度，硬度，软度 脆性 多汁性 粉性，粗细度 韧性，纤维量
	③风味（味觉）	甜度 酸度 涩度 苦味 芳香味 异味
（2）生化属性	①营养价值	碳水化合物（含膳食纤维） 蛋白质 脂肪 维生素 矿物质 水
	②生物活性成分	类胡萝卜素 多酚类化合物 植物甾醇 含硫化合物 活性多糖等
	③安全性	天然有毒物（苦杏仁苷等） 化学污染物（农药、重金属、N-亚硝胺等） 生物污染（病原微生物，寄生虫或卵等） 微生物毒素（真菌毒素等）

4.3.2　果蔬原料的品质评定与检验

果蔬原料的品质评定与检验是指依据一定的标准、运用一定的方法，对果蔬加工原料的质量优劣进行鉴别或检测。对加工原料进行品质评定与检验在加工实践中具有重要意义，也是加工技术人员必须掌握的基本技能，因为果蔬加工原料质量的好坏不仅对所加工出的果蔬制品质量有着决定性的影响，而且若原料遭到污染则可能会危及人体健康。

4.3.2.1　感官评定

感官评定主要是凭借人体自身的感觉器官，即凭借眼、耳、鼻、口和手等，对原料的品质好坏进行判断。

1. 视觉评定

视觉评定是利用人的视觉器官来鉴别原料的形态、色泽和清洁程度等判断原料质量的方法。如新鲜的蔬菜大都茎叶挺直、脆嫩、饱满、表皮光滑、形状整齐、不抽薹、不糠心，而不新鲜的蔬菜则会干缩萎蔫、脱水变老或抽薹发芽等。视觉检验应在白昼的散射光线下进行，以免灯光隐色发生错觉。检验时应注意整体外观、大小、形态、块形的完整程度、清洁度、表面有无光泽、颜色的色调深浅程度等。

2. 嗅觉评定

嗅觉评定就是利用人的嗅觉器官来鉴别原料的气味，进一步评定其质量。果蔬原料有正常的气味。当果蔬原料发生变质时就会产生异味，如西瓜变质会带有馊味、核桃仁变质后产生哈喇味、梨变质会嗅到腐烂的异味等。

原料中的气味是一些具有挥发性的物质所产生的，因此在进行嗅觉评定时可适当加热，以增加挥发性物质的散发量和散发速度，最好在15~25℃的常温下进行，因为原料中的挥发物常随温度的高低而增减，从而影响到检验结果的准确性。嗅觉评定时应该注意检验的顺序"先淡后浓"，以免影响嗅觉的灵敏度。

3. 味觉评定

味觉评定是利用人的味觉器官来评定原料的滋味，从而判断原料品质的好坏。例如，新鲜的柑橘柔嫩多汁，滋味酸甜可口，若受冻变质的柑橘则绵软浮水，口味变苦；品质好的葡萄味甜而浓，而品质差的葡萄则味淡且显酸涩。味觉检验的准确性与温度有关，在进行味觉检验时，最好使原料处于24~25℃，以免因温度变化而影响检验结果的准确性。对几种不同味道的原料在进行感官评定时，要求"先淡后浓"。

4. 听觉评定

听觉评定是利用人的听觉器官鉴别原料的振动声音来检验其品质的。原料内部结构的改变，可以从其振动时所发出的声音中表现出来。例如可以通过手拍打或手指弹西瓜听其发出的声音评定西瓜的成熟度。

5. 触觉评定

触觉评定是通过手的触感检验原料的重量、质感（弹性、硬度、膨松状况）等，从而判断原料的品质。例如成熟的西瓜用手摸表皮时光滑且稍硬，而未成熟的西瓜用手摸表皮时发涩、发黏或发软。

4.3.2.2　理化检验

理化检验是指利用设备和化学试剂对原料的品质好坏进行判断。理化检验包括理化方法和生物学方法。理化方法可分析原料的营养成分、风味成分和有害成分的含量等，而生物学方法主要是测定原料中有无毒性和生物污染程度。

理化检验能具体而深刻地分析其成分和性质，做出对原料品质和新鲜度的科学结论，还能查出其变质的原因，结果比较准确可靠，但需要相应的设备仪器和专业技术人员，且检验周期较长，故实际生产应用较少。

4.3.2.3　无损伤检测

果蔬品质无损检测技术是利用光、声、电、磁和力等的传感特性，在不损伤或者不影响检测对象物理化学性质的前提下，对果蔬产品的外部和内部品质信息进行获取和分析评价的一种新技术，其最大特点是可以保证检测对象的完整性、避免检测过程中样品成分和营养的损失，同时还具有检测速度快、检测成本低、能够实时在线检测等优点。

果蔬品质无损检测技术主要包括光谱分析技术、机器视觉技术、光谱成像技术、介电性质分析检测技术、声学特性检测技术、核磁共振检测技术和、电子鼻技术等。

1. 近红外光谱检测技术

依照美国材料与试验协会（American Society for Testing and Materials，ASTM）规定，近红外光是指波长在 780~2526nm 波段的一段电磁波，习惯上又分为近红外短波（780~1100nm）和近红外长波（1100~2526nm）两个区域。当近红外光照射在物体上时，物质内部的分子会吸收光子，从基态跃迁至激发态，产生吸收光谱。在这些物质分子中，含氢基团或官能团的倍频和合频吸收是近红外光谱信息的主要来源。因此，绝大多数的化学和生物样品在近红外区域均有相应的吸收带，通过分析这些吸收信息，可以实现对样品的定性或定量检测。

果蔬品质的近红外无损检测始于 20 世纪 50 年代，至 21 世纪初，近红外光谱检测技术在果蔬的水分含量、蛋白质含量、维生素 C 含量、糖度、酸度和硬度等指标的定量分析和机械损伤、内部病变、褐变、新鲜度和成熟度的定性判别分析中已经取得了广泛的应用研究成果。

近红外光谱检测技术具有简单、快捷、方便和低成本，以及可同时测定多项指标、能够实现在线无损检测等优点，但也存在对样品均匀性要求高、易受样品温度及检测部位影响等的局限。未来，在近红外光谱检测方法的开发上，需要增加对待测成分标准品的光学特性和特征吸收波段研究，同时针对不同品类果蔬的差异，开发针对性的检测方法并形成标准，以提高检测技术的实用性和推广性；在近红外光谱检测装备的研发上，需要研究和制定台间差消除、温度修正、波长和能量校正的措施，在满足检测要求的同时降低仪器成本，提高果蔬企业对仪器的接受度。商业便携式近红外分析仪在检测中的应用研究如表 4.3-2 所示。

表 4.3-2　　　　　商业便携式近红外分析仪在果蔬品质检测中的应用研究

便携式近红外分析仪		检测对象	检测指标	检测结果
型号	公司			
SupNIR-1000	聚光科技（杭州）	苹果	酸度、抗坏血酸	$R_p \geqslant 0.9$ RMSEP$\leqslant 0.45$
SupNIR-1520	聚光科技（杭州）	红枣	水分含量	平均偏差 0.41%
MicroNIR TM 1700	美国捷迪讯公司（JDSU）	无花果	糖度 硬度	$R_p^2 = 0.51$ $R_p^2 = 0.57$

续表

便携式近红外分析仪 型号	公司	检测对象	检测指标	检测结果
Phazir-1018	美国赛默飞公司（Thermo Fisher Scientific）	南非鳄梨	成熟度	$R_p = 0.732$ RMSEP = 1.83
LabSpec 4	美国 ASD 公司（Analytical Spectral Devices Inc.）	橙	可溶性固形物含量	RMSEP = 0.87
			酸度	RMSEP = 0.13
			可滴定酸度	RMSEP = 2.47
			成熟度指数	RMSEP = 1.54
			果肉硬度	RMSEP = 1.82
			果汁体积	RMSEP = 8.38
			水果质量	RMSEP = 43.51
			果皮质量	RMSEP = 16.07
			果汁体积与水果质量比	RMSEP = 6.48
			水果和果汁颜色指数	RMSEP = 55.69
Luminar 5030	美国 Brimrose Corp 公司		可溶性固形物含量	RMSEP = 1.12
			酸度	RMSEP = 0.40
			可滴定酸度	RMSEP = 2.07
			成熟度指数	RMSEP = 2.57
			果肉硬度	RMSEP = 1.53
			果汁体积	RMSEP = 12.13
			水果质量	RMSEP = 32.63
			果皮质量	RMSEP = 14.71

2. 机器视觉检测技术

机器视觉检测技术是用计算机模拟人类视觉功能进行检测的技术，主要是以计算机和图像获取设备为工具，由图像获取设备将检测对象的外部特征信息高速输送给计算机进行图像处理、分析和模式识别，从而实现对检测对象外观品质的综合评价。

机器视觉不会有人眼的疲劳，却有着比人眼更高的精度和速度，在果蔬检测领域多用于实现不同品质果蔬的分级分选检测。近年基于机器视觉的果蔬品质分级分选技术已经取得了许多重要成果，检测指标主要有果蔬的颜色、表面缺陷、尺寸和形状、种类、成熟度和损伤度等。机器视觉检测技术主要依赖于图像处理算法来进行图像分析。因此，改进算法、提高图像特征对农产品样本表征的准确性、提高机器视觉系统的处理效率和鲁棒性是机器视觉检测技术急需解决的问题。同时，由于机器视觉的商业化应用多搭载于自动分选系统上，因此，获取快速动态状态下果蔬的全方位扫描信息、提高检测准确度和检测速度也是需要不断深入研究的课题。

3. 高光谱成像检测技术

高光谱成像（hyperspectral imaging, HSI）检测技术是将光谱技术和成像技术结合，通过光谱仪或检测样品的移动，以紫外至近红外波段的光同时对物体进行连续扫描，采集样品的空间信息、光谱信息和光强度信息，获得样品在每一有效波长下的图像信息和每一检测位置的光谱信息，实现对待测样品的快速无损检测。高光谱成像检测技术适合用于传输带上的样品品质检测和分级。

在果蔬品质检测方面，高光谱反射成像是最常见的类型，通常在可见/近红外（visible/near-infrared，Vis/NIR）（400~1000nm）或短波红外（1000~2500nm）范围内，用于对果蔬内部品质和外部缺陷的检测，高光谱成像技术能够实现对果蔬内外部品质的有效检测和判断。高光谱成像技术在采集和处理图像数据的过程中，受限于仪器性能和处理速度的影响，目前主要应用于基础性研究，并未广泛应用于工业的在线实时检测中。因此需要从如下两方面进行改进：一方面是改进并升级高光谱成像技术的相关设备，提升其性能并降低其生产成本；另一方面是针对全波段高光谱图像进行特征波长选取，以降低数据冗余量，减少高光谱图像的获取以及处理时间。

将高光谱技术与荧光技术和投射技术进行结合，进而对农产品内外品质进行综合评价也会成为高光谱成像技术的一个主要研究方向。

4. 声学分析检测技术

声学分析检测技术是利用检测对象的声学特性与其品质参数间的相应联系，从而根据声学特性对检测对象进行品质判断的一种技术。果蔬的声学特性是指果蔬产品在声波作用下的透射特性、散射特性、吸收特性、反射特性、衰减系数和传播速度及其本身的声阻抗与固有频率等。由于声学特性的不同，不同样品对声波吸收和散射会不同，导致声音的衰减程度不同，利用该规律可以实现果蔬内部品质的无损检测。

超声波检测技术，超声波是指频率大于20kHz的声波，因其频率下限大于人的听觉上限而得名。超声波检测技术将已知的超声波能量传输到被测物料中，由于物料的组织结构特性、物理化学质量指标和质量属性会对超声波的传播产生影响，通过测量反射或透射的超声波信号可以检测物料的品质。

通常果蔬品质检测均利用小于500kHz的低频超声波进行，其特点是频率高、能量低，可实现无损检测。超声波对气泡非常敏感，果蔬产品中存在的空隙和毛孔会通过散射而减弱穿过植物组织的声波，使超声检查数据复杂化，影响检测结果。另外，由于空气和超声探头之间的声阻相差较大，需要探针和产品之间直接接触或在二者之间使用凝胶。因此，目前超声波在很大程度上仍然是一种研究工具，在果蔬品质检测中的商业应用暂未成熟。

振动声学检测技术是指通过收集物体撞击待测物质而产生的声音信号，提取有效的声音特征信息，将这些特征信息与待测物质自身的品质特性建立模型，从而实现利用声学信息对物质品质特性进行检测的技术。在果蔬产品的品质检测中，振动声学检测技术多用于样品内部品质的检测，只适用于具有一定硬度或脆度的果蔬产品检测，对于较为柔软、敲击或碰撞不易产生声音且易受损伤的果蔬产品和硬度差异较大的果蔬产品则不适用。同时该技术并不能完全保证敲击或碰撞产生声音信号的过程不会对产品造成损伤。因此，振动声学技术在果蔬品质检测的应用中存在一定的局限性，暂未实现商业化生产和推广。

5. 电子鼻检测技术

电子鼻检测技术又称智能仿生嗅觉检测技术，是通过模拟生物嗅觉功能来实现对检测对象进行分析评价的一种技术。电子鼻系统主要由气体采样系统、传感器阵列、信号预处理、模式识别和气味表达5部分组成，其中传感器阵列中的每个传感器对被测气体均有不同的灵敏度，当被测气体与传感器阵列发生作用时，便形成该气体的特征响应谱。通过分析所获取的特征响应谱，电子鼻能够实现对气体或挥发性成分的定性或定量检测，为果蔬品种的判别及品质检测提供一种检测手段。

电子鼻在果蔬品质检测中的应用主要集中在果蔬新鲜度、成熟度和腐烂程度的检测以及果蔬的品种、产地、损伤和病害判别。优化传感器和电子鼻硬件设计、开发手持式产品是电子鼻未来研究的热点。

6. 介电性质分析检测技术

一般的果蔬产品都是介于导体和绝缘体之间的电介质，其内部存在大量的带电粒子而形成生物电场。在外加电场作用下，果蔬内部各类化学物质所携带电荷的空间分布情况及数量均会发生变化，从而导致果蔬产品生物电场的分布及强度发生变化。因此，果蔬含水率、糖度、酸度、成熟度、新鲜度和损伤度等品质因素均会对其介电特性产生影响。

介电性质分析检测技术就是通过筛选对果蔬品质指标变化敏感的介电性质参数，建立品质指标参数与介电性质参数间的相关关系模型，从而实现对果蔬品质的检测。目前，介电性质分析检测技术的应用研究主要集中在对果蔬产品的水分含量、硬度、成熟度、糖度和病虫害等内部品质情况的检测判别，基于介电特性方法评价果蔬品质在原理上和技术上都具有可行性，但相关应用研究还未达到实用阶段。

7. 核磁共振检测技术

核磁共振检测技术是利用原子核在特定磁场中能够从低能级跃迁到高能级时产生共振吸收现象，而对原子核进行探测的一种技术。目前，可用于核磁共振检测的原子核主要有 ^1H、^{11}B、^{13}C、^{17}O、^{19}F、^{31}P，最常用的为氢核。果蔬产品中的水、糖、油和淀粉等物质中都具有氢核，因此，核磁共振图像可以提供水分子、糖、类脂和脂肪的自旋密度分布信息以及自旋和细胞组织间的关系信息，利用核磁共振技术可以实现对果蔬成分的检测。

目前多数的果蔬品质检测都是将样品置于恒定磁场强度低于 0.5T 的磁场中进行低场核磁共振检测。从目前的研究现状来看，核磁共振成像技术对果蔬品质的检测主要集中在水分的分布及流动性研究方面，具有穿透力强、分辨率高、不受样品状态、形状、大小的限制，检测结果准确度高、重复性好等优点，但也存在设备成本高、信号分析具有专门性和复杂性等缺点，限制其在果蔬领域中的应用推广。

图文并茂电子书/拓展资源获得方法：用移动终端设备上安装的"学习通" APP 扫描下列二维码，就可以直接学习"食品原料学慕课" 网站上与该章节配套的电子书/讲课视频、试题库、相关论文、拓展阅读、拓展视频、VR/AR/MR、3D 动画、热门话题、国内外进展、专家讲座等拓展内容（详细方法参见本教材正文前的慕课使用方法）：

0. 配套国家级慕课首页　　　1. 果蔬品质与品质评定　　　2. 历史经典、最新进展与思考

水产食品原料

　　占地球表面70%的水域蕴藏着丰富的水产生物资源，其营养成分的组成往往与陆上动植物不同，甚至含有陆上动植物未见的生理活性物质，但水产动物却比陆生动物更易腐败变质。

　　按生物学分类法，水产食品原料可分为水产动物和水产植物两大类。水产动物包括爬行类动物、鱼类、棘皮动物、甲壳动物、软体动物和腔肠动物等。水产植物原料主要为藻类，包括大型海藻类和微藻类植物。爬行类有中华鳖和海龟等，鱼类包括海水鱼和淡水鱼，棘皮动物中有海参、海胆和海星等，甲壳动物主要是虾和蟹，软体动物主要有瓣鳃类的文蛤、贻贝和毛蚶等，腹足类有鲍鱼和香螺等，头足类有章鱼和乌贼等，藻类植物有海带、裙带菜和紫菜等。

　　本章主要论述鱼贝类为代表的水产动物和藻类为代表的水产植物两大类水产食品原料的食品化学及其加工特性，以及在加工贮藏过程中发生的成分变化和机理，为水产食品原料的保鲜和后期加工和功能性产品开发提供依据。

5.1　鱼贝类食品原料

[本节目录]

5.1.1 鱼贝类食品原料的种类及特性

5.1.1.1 海水鱼类

1. 带鱼 [*Trichiurus haumela* (Forsskl)]

带鱼科，又名刀鱼、牙鱼、白带鱼。鱼体侧扁、延长呈带状，尾细似鞭、口大，下颌突出，牙齿发达尖锐，侧线在胸鳍上方显著弯曲，眼间隔平坦，背鳍很长，占鱼体整个背部，臀鳍不明显，无腹鳍，体表光滑，鳞退化呈表皮银膜，体长 60~120cm。带鱼属暖水性中下层结群性洄游鱼类，我国沿海均有分布，东海和黄海分布最多。东南沿海春夏汛为 5~7 月，冬汛为 11 月~次年 1 月。

带鱼系多脂鱼类，肉质肥嫩，是我国最主要的海产经济鱼类之一，除鲜销外，可加工成罐头制品、鱼糜制品、盐腌品及冷冻小包装食品。从表皮银膜中提取咖啡因可供医药和工业用，从鱼鳞中提取 6-硫代鸟嘌呤制成药可治急性白血病、胃癌及淋巴肿瘤等。

2. 大黄鱼 [*Pseudosciaena crocea* (Richardson)]

石首鱼科，又名黄鱼、大王鱼、大鲜、大黄花鱼、黄金龙、桂花黄鱼等。鱼体长椭圆形，侧扁，尾柄细长，头大而尖突，体色金黄，一般体长为 30~40cm，体重为 400~800g。属暖性中下层结群性洄游性鱼类，分布在我国黄海南部、福建和江浙沿海。春汛为 4 月下旬~6 月中旬，秋汛在 9 月，俗称桂花黄鱼汛，但是由于资源变化该鱼几乎形成不了鱼汛。

大黄鱼是我国主要的海产经济鱼类之一，目前主要供市场鲜销或冷冻小包装流通，淡干品和盐干品等也是餐桌上的佳肴，其耳石具清热作用，鳔有润肺健脾和补气活血之功能。

3. 小黄鱼 [*Pseudosciaena polyactis* (Bleeker)]

石首鱼科，又名黄花鱼、小鲜、花鱼、小黄瓜、古鱼、黄鳞鱼、小春鱼、金龙、厚鳞仔。与大黄鱼外形相似，但是两个独立种，其主要区别是大黄鱼的鳞较小，背鳍起点到侧线间有 8~9 个鳞片，而小黄鱼的鳞片较大，在背鳍起点间有 5~6 个鳞片。其次大黄鱼的尾柄较长，长度为高度的 3 倍多，而小黄鱼的尾柄较短，长度仅为高度的 2 倍多，一般体长为 16~25cm。小黄鱼属温水近海底结群性洄游鱼类，分布于我国渤海、黄海和东海，春汛为 3~5 月，秋冬汛为 9~12 月。

小黄鱼的加工利用与大黄鱼相似，在日本是生产高级鱼糜制品的原料，也是婴幼儿疾病后体虚者的滋补和食疗佳品。

4. 蓝点马鲛 [*Scomberomorus niponius* (Cuvier)]

鲅科，又名鲅鱼、条燕、板鲅、尖头马加、竹鲛、马鲛、青箭。体长而扁侧，呈纺锤形，一般体长为 25~50cm、体重 300~1000g，最大个体长达 1m、重 4.5kg 以上。尾柄细，每侧有 3 个隆起脊，以中央脊长而且最高。头长大于个体高。口大，稍倾斜，牙尖利而大，排列稀疏。体被细小圆鳞，侧线呈不规则的波浪状。体侧中央有黑圆形斑点，鳍 2 个，第一背鳍长，有 19~20 个鳍棘，第二背鳍较短，背鳍和臀鳍之后各有 8~9 个小鳍；胸鳍、腹鳍短小无硬棘；尾鳍大、深叉形。

蓝点马鲛分布于北太平洋西部，我国产于东海、黄海和渤海，主要渔场有舟山、连云港外海及山东南部沿海。每年 4~6 月为春汛，7~10 月为秋汛，5~6 月为旺季。肉坚实味鲜美，营养丰富。除鲜食外，也可加工制作罐头和咸干品，其肝是提炼鱼肝油的原料。

5. 鲐鱼 ［*Pneumatophorus japonicus*（Houttyn）］

鲭科，又名鲐巴鱼、鲭鱼、青花鱼、油胴鱼、花池鱼、花巴、花鳀、青占、花鲱、巴浪。鱼体呈纺锤形，粗壮微扁，头中大，前端尖细，呈圆锥形，尾柄两侧各具有一个隆起嵴，背侧青黑色，有深蓝色不规则斑纹，腹部微带黄色，体长一般为 25~47cm。属暖水性中上层结群洄游鱼类，分布于太平洋西部。我国近海均产，系我国重要的中上层经济鱼类之一。东海春汛 4~5 月，夏秋汛 8~11 月，黄海 5~9 月。

鲐鱼产量较多，油脂含量高，适于加工油浸、茄汁类罐头和腌制品等。

6. 竹荚鱼 ［*Trachurus japonicus*（Temminck et Schlegel）］

鲹科，又名巴浪、刺鲅、山鲐鱼、黄占、大目鲭、竹签、吹鱼、大目鳀、阔目池、山舌鱼、豹目鳀、刺公等。体呈纺锤形，稍侧扁，一般体长 20~35cm，体重 10~300g。脂眼睑发达。体被小圆鳞，侧线上被高而强的棱鳞，所有棱鳞各具一向后的锐棘，形成一条锋利的隆起脊。体背部青绿色，腹部银白色，腮盖骨后缘有一黑斑。有 2 个分离背鳍；胸鳍特别大，镰刀状；胸及尾鳍土黄色，背及臀鳍淡黄色。

竹荚鱼分布于太平洋西部。我国沿海均产，且渔场分布广。主要渔场和渔期为南海的万山群岛一带为 12 月至次年 4 月，东海的马祖、大陈岛和嵊山等渔场为 4~10 月，黄海的大沙、海洋岛及烟台威海渔场为 4~9 月，尤以 9 月为旺汛。可供鲜食，也可加工制罐头或咸干品。

7. 银鲳 ［*Pampus argenteus*（Euphrasen）］

鲳科，又名平鱼、白鲳、长林、车片鱼、鲳鱼、鳊鱼、乌伦、枫树等。体呈卵圆形，侧扁，一般体长 20~30cm，体重 300g 左右。头较小，吻圆钝略突出。口小，稍倾斜，下颌较上颌短。体被小圆鳞，易脱落，侧线完全。体背部微呈青灰色，胸、腹部为银白色，全身具银色光泽并密布黑色细斑。无腹鳍，尾鳍深叉形。

银鲳分布于印度洋和太平洋西部。我国沿海均产，东海与南海较多。渔期自南往北逐渐推迟，广东及海南岛西部渔场为 3~5 月，闽东渔场为 4~8 月，舟山及吕泗渔场为 4~6 月，渤海各渔场为 6~7 月。银鲳系名贵的海产食用鱼类之一，每百克肉含蛋白质 15.6g、脂肪 6.6g。肉质细嫩且刺少，尤其适于老年人和儿童食用。加工制品有罐头、咸干、糟鱼及鲳鱼鲞等。对于消化不良、贫血和筋骨酸痛等病症有辅助疗效。

8. 海鳗 ［*Muraenesox cinereus*（Forsskl）］

海鳗科，又名狼牙鳝、牙鱼、鳗鱼、门鳝、长鱼、即勾、勾鱼等，在我国常见的还有星鳗。海鳗体延长，躯干部分近圆形，尾部侧扁，肛门位于体中部前方，背鳍后连尾鳍与臀鳍，无腹鳍。头长，吻突出。牙尖锐，全身光滑无鳞，有侧线。体背侧银灰色，腹部近乳白色，一般体长 35~45cm，大者可达 100cm 以上，质量 10kg 以上。海鳗属近海底层鱼类，我国沿海均有分布。辽宁、山东和浙江沿海，夏、秋、冬均有捕获，渔期以冬至前后为最盛。

海鳗除鲜销外，其干制品"鳗鲞"驰名中外，还可用于加工油浸、烟熏鳗鱼罐头及冷冻鳗鱼片出口等。由鳗鱼制成的鳗鱼鱼糜制品色白、弹性好、口味鲜美。对面部神经麻痹、神经衰弱及贫血等症有辅助疗效。

9. 绿鳍马面鲀 ［*Navodon septentrionalis*（Gavodon）］

革鲀科，又名象皮鱼、剥皮鱼、孜孜鱼、面包鱼、烧烧鱼、老鼠鱼、沙猛等。鱼体扁平，呈长椭圆，体长为体高的 2 倍多，鳞细小，具小刺，无侧线，口小，牙呈门状，第一背鳍有二鳍棘，第一鳍棘粗大，有倒刺，腹鳍退化成一短棘。体呈蓝灰色，各鳍呈绿色，体长一般不超过 20cm。马面鱼鲀属外海暖水性底层鱼类，有季节洄游性，分布在北太平洋西部，我国沿海均有，具有从北向南的洄游规律，1~5 月均可捕获，一般 2~4 月为旺汛。近年资源下降幅度较大。

马面鱼鲀肉质结实，多制成调味干制品（马面鱼鲀鱼片干）。此外，还可以加工为罐头食品及鱼糜制品。鱼肝占体重的 4%~10%，且出油率高，可达 50% 以上，多用于鱼肝油制品的油脂来源。

10. 河豚

河鲀，鲀科。又名艇巴鱼、腊头鱼、街鱼、乖鱼、鸡抱、龟鱼、乌狼。种类很多，常见的有以下几种：弓斑东方鲀 ［*Fugu ocellatus*（Linnaeus）］、暗纹东方鲀 ［*Fugu obscurus*（Abe）］、虫纹东方鲀 ［*Fugu vermicularis*（Temminck et Schlegel）］、铅点东方鲀 ［*Fugu alboplumbeus*（Richardson）］、星点东方鲀 ［*Fugu niphobles*（Jordan et Snyder）］、条纹东方鲀 ［*Fugu xanthopterus*（Temminck et Schlegel）］、黑鳃兔头鲀 ［*Lagocephalus inermis*（Temminck et Schlegel）］。

河豚一般体呈长椭圆形，不侧扁，无鳞，而是着甲鳞变成的小刺。头体粗圆，唇发达。上下锋颌明显，上下颌骨成四大牙状，无真正牙齿，有气囊，遇敌害时，能使腹部相当膨胀。体长一般为 15~35cm。

河豚为底层鱼类，生活在海洋港湾的咸水域中，少数品种也能进入江湖等淡水中。我国沿海各个海域和内陆各大河流均有河豚分布。一年四季均可捕到，但从惊蛰到春分是旺季。河豚肉质鲜美，但其肝脏和卵巢等内脏有毒，误食会中毒，故各国都有规定，河豚必须经专人处理，除去内脏、血液和表皮，整条河豚不得上市场出售。河豚经过严格去毒处理后，可加工成鲜鱼片、腌干制品和熟食品等。河豚毒素是一种珍贵的药品。

11. 鳕鱼 ［*Gadus macrocephalus*（Tilesius）］

鳕科，又名大头鱼、大口鱼、大头青、明太鱼、阔口鱼、石肠鱼等。鱼体长，稍侧扁，尾部向后渐细，头长大，下颌有一触须，腹鳍喉位鳞细小，侧线不明显，体灰褐色，具有不规则的暗褐色斑点和斑纹。体长一般为 20~70cm。为冷水性底层鱼类。分布于北太平洋，我国产于黄海和东海北部。夏汛 4~7 月，冬汛 12 月~次年 2 月。

鳕鱼除鲜销外，可加工成鱼片、鱼糜制品、咸干鱼和罐头制品等。肝含油量为 20%~40%，并富含维生素 A、维生素 D，是制作鱼肝油的原料。鳕鱼加工的下脚料是白鱼粉的主要原料。

12. 鲻鱼 （*Mugil cephalus* Linnaeus）

鲻科，又名乌支、田鱼、乌头、脂鱼、白眼、丁鱼、黑耳鲻等。体延长，前部近圆桶形，后部侧扁，一般体长为 20~40cm，体重为 500~1500g。全身被圆鳞，眼大、眼睑发达。牙细小成绒毛状，生于上下颌的边缘，背鳍两个，臀鳍有 8 根鳍条，尾鳍深叉形。体、背和头部呈青灰色，腹部白色。鲻鱼外形与梭鱼相似，主要区别是鲻鱼肥短，梭鱼细长；鲻鱼眼圈大而内膜与中间带黑色，梭鱼眼圈小而眼睛液体呈红色。

鲻鱼广泛分布于大西洋、印度洋和太平洋。我国沿海均产，尤以南方沿海较多，而且鱼苗资源丰富，是南海及东海的养殖对象。主要渔场在沿海各大江河口区，汛期自 10 月至次年 12 月。鲻鱼是优质经济鱼类之一，肉细嫩，味鲜美，多供鲜食。鱼卵可制作鱼子酱。此外，鲻鱼肉味甘平，对消化不良、小儿疳积和贫血等病症有一定的辅助疗效。

13. 沙丁鱼类

沙丁鱼类包括远东拟沙丁鱼 ［*Sardinops melanostictus*（Temminck et Schlegel）］、脂眼鲱 ［*Etrumeus micropus*（Temminck et Schlegel）］和日本鳀［*Engraulis japonicus*（Temminck et Schlegel）］。

（1）远东拟沙丁鱼　体形扁平，沿体侧面有 7 个黑点，2 年成鱼，体长 18~25cm，主食植物性浮游动物，沿海岸表层面群体洄游，春季产卵。主要分布在东海、日本沿海和朝鲜东部沿海等。

（2）脂眼鲱　眼泡肿大，体呈圆形，2 年成鱼，体长可达 30cm，背鳍比腹鳍长得靠前很多，主食动物性浮游生物。产卵期 4~6 月，虽群体洄游，但结群比拟沙丁鱼要小，主要分布在朝鲜、中国、澳大利亚和南非等沿海。

（3）日本鳀　成鱼体长只有 15cm，上颌比下颌突出，背侧呈青黑色，腹部呈银白色，主食浮游生物，在沿海岸表层群体洄游，产卵期从春季可延伸到夏季，暖水性鱼，主要分布在日本、朝鲜和中国沿海等地。

（4）小沙丁鱼　可用于制作煮干品和鱼露，成鱼可加工生鱼片、酒渍鱼、罐头制品、熏制品和鱼糜制品等，而鱼油可提取 EPA 和 DHA。

14. 鲱鱼［*Clupea pallasi*（Cuvier et Valenciennes）］

鲱科，又名青条鱼、青鱼、红线、海青鱼。体延长而侧扁，口小而斜，眼有脂膜，体鳞为圆形，无侧线。腹缘有弱小棱鳞，尾鳞呈叉形，背侧蓝黑色，腹侧银白色，体长一般为 25~36cm，体重 20~80g。属冷水性中上层鱼类，分布于西北太平洋，我国产于黄海和渤海。渔期为 12 月至次年 4 月。

鲱鱼产量大，肉质肥嫩，脂肪含量高。主要用于加工罐头、熏制品、盐干品及鱼松等，鲱鱼籽的加工品味美价高。

15. 石鲽［*Kareius bicoloratus*（Basilewsky）］

鲽科，又名石板、石岗子、石江子、石镜、石夹。石鲽鱼与高眼鲽外形近似。一般体长 20~30cm，体重 250~400g，其区别于高眼鲽背鳍腹鳍边缘均有坚硬状不规则的石骨数块，故名"石岗鱼"。石骨与鱼体大小有关，鱼大则石骨大，一般大者如蚕豆大。牙小，上下颌各一行。头小，略扁。两眼均在头的右侧。侧线较直、明显、前部微突起。有眼一侧被栉鳞、呈褐色或灰褐色；无眼一侧被圆鳞，呈银白色，有的身上和鳍上有小型暗色斑纹。

石鲽鱼主要分布于温带及寒带地区，我国主要产于黄海和渤海，以海洋岛渔场、石岛渔场和辽东湾渔场产量较多。生产季节为春秋两季，以秋季产量较大。辽宁长海县盛渔期为 9 月~10 月，产量颇丰。石鲽鱼肉质细嫩，以鲜食为主。鲜鱼比较耐贮藏。食用方法多以红烧、清蒸和清炖为主，尤以清蒸味道鲜美。石鲽鱼也是出口创汇商品。

16. 鲨鱼

鲨鱼属于软骨鱼类，种类较多，常见的有以下几种：扁头哈那鲨［*Notorynchus platycephalus*（Tenore）］、欧氏锥齿鲨［*Carcharias owstoni*（Garman）］、灰星鲨［*Mustelus griseus*（Pietschmann）］、白斑星鲨［*Mustelus manazo*（Bleeker）］、黑印真鲨［*Carcharinus menisorrah*（Marcharinus Men）］、白斑角鲨［*Squalus acanthias*（Linnaeus）］、皱唇鲨［*Triakis scyllium*（Mriakis Scylliu）］、双髻鲨［*Sphyrna lewini*（Griffith）］和鲸鲨［*Rhincodon typus*（Smith）］。

鲨鱼由于种类大小不同，体重可由数千克到数吨重（鲸鲨），体表为盾鳞覆盖（皮齿），皮较粗厚，口位于头的腹面。在头的两侧各有 5~7 个鳃裂，无鳃盖，内骨骼为软骨，鳍条为角质软条，无鳔也无肺。卵大，体内受精，卵生、卵胎生或胎生。在我国沿海均有分布，一般长年均可捕到，以 3~5 月捕获较多。

鲨鱼的经济价值较高，肉可鲜食或加工成鱼糜制品及其他制品，鳍可制成鱼翅（名贵海味），软骨可制明骨（名贵食品），皮可制革和制胶，鱼肝中脂肪含量高，并含有维生素 A 和维生素 D，是生产鱼肝油制品的原料。最近还用鲨鱼油提炼出保健药品角鲨烯，具有抗衰老功效。鲨鱼软骨也有抗癌作用。

5.1.1.2 淡水鱼类

我国的淡水鱼主要有青鱼、草鱼、鲢鱼、鳙鱼、鲤鱼、鲫鱼、凤尾鱼、鲥鱼和鲶鱼等。现就有加工价值的鱼种分述如下：

1. 青鱼 [*Mylopharyngodon piceus* (Richardson)]

鲤科，又名乌青鱼、青鲩、黑鲩、青棒、钢青，是我国淡水养殖的"四大家鱼"之一。体延长，躯干圆筒形而略侧扁，鳞片大而薄，侧线完全。体背青黑色，腹部灰白色。大者可长 1m 多，重 50kg，常见个体 3~4kg。

青鱼生活在水中下层，主食螺蛳、蚌等软体动物和水生昆虫。分布于我国各大水系，主产于长江以南平原地区水域。青鱼肉质鲜美，除鲜销外，可加工成罐头、熏制品及其他调味熟食品，鳞可制胶，皮可制革。

2. 草鱼 [*Ctenopharyngodon idellus* (Cuvier et Valenciennes)]

鲤科，又名鲩、草鲩、草棍、白鲩、草包鱼、白鲜等，是我国淡水养殖的"四大家鱼"之一。体近圆筒形，头部扁平，腹部圆。鳞稍大，背部青黄色，腹部灰白色，鱼体长可达 1m，重 35kg 以上，一般也有 2.0~2.5kg。

草鱼栖于中下层和近岸多水草的水域，以食草得名，是淡水养殖的主要品种。草鱼与青鱼相似，但其肉质稍逊于青鱼。其鱼头在广东比鱼肉更受欢迎。

3. 鲢鱼 [*Hypophthalmichthys molitrix* (Cuvier et Valenciennes)]

鲤科，又名白鲢、鲢子、白胖头、竹叶鲢、跳鲢、家鱼等，是我国淡水养殖的"四大家鱼"之一。体侧扁，背部圆，腹部窄有腹棱、鳞小，侧线完全。背部青灰，腹部银白，各鳍均呈灰白色。鱼体一般在 1~2kg，大者可达 15~20kg。

鲢鱼栖息于水的中上层，以浮游生物为食，为我国淡水养殖的主要品种。鲢鱼以鲜食为主，也可加工成罐头熏制品及鱼糜制品。用鲢鱼加工的鱼糜制品色白、弹性好。

4. 鳙鱼 [*Aristichthys nobilis* (Richardson)]

鲤科，又名花鲢、胖头鱼、大头鱼、黑胖头、黄鲢、黑鲢等，是我国淡水养殖的"四大家鱼"之一。体侧扁而厚，腹部自腹鳍后有棱。头特大，背部及体两侧上半部暗黑色，有不规则小黑斑，腹部银白色。鱼体一般为 1~2kg，大者可达 30kg。一般生活在中上层，以浮游生物为食，是淡水养殖的主要品种。

鳙鱼以鲜销为主，也有加工成熏制品、盐干品、鱼糜制品和罐头制品。

5. 鲫鱼 [*Carassius auratus* (Linnaeus)]

鲤科，又名鲫瓜子、鲋鱼、刀子鱼、鲫壳子等，一般体长 15~20cm。体侧扁而高，腹部圆，头短小，无须。背鳍长，外缘较平直。背鳍、臀鳍第 3 根硬刺较强，后缘有锯齿。胸鳍末端可达腹鳍起点。尾鳍深叉形。一般体背面灰黑色，腹面银灰色，各鳍条灰白色。因生长水域不同，体色深浅有差异。

我国除西部高原之外，全国各地水域均有分布。鲫鱼为我国重要食用鱼类之一。肉质细嫩，肉味甜美。鲫鱼性味甘、平、温，具有和中补虚、除湿利水、补虚赢、温胃进食和补中生气之功效，尤其是活鲫鱼氽汤有通乳作用。

6. 鲤鱼 ［*Cyprinus carpio*（Linnaeus）］

鲤科，又名鲤拐子、朝仔、毛鱼、花鱼等。体长，略侧扁，背部在背鳍前稍隆起。有吻须一对，较短；颌须一对，其长度为吻须的 2 倍。鳃耙短，腹部圆，鳞片大而圆。侧线明显，微弯，侧线鳞 36 枚。背鳍长，臀鳍短。

鲤鱼适应性强，是我国分布范围最广、养殖历史最悠久的淡水鱼养殖品种，全年均有生产，以春秋两季产量较高。鲤鱼为我国主要淡水经济鱼类之一，也是淡水鱼中总产量最高的一种，其外形美观，营养丰富，整条、切块烹调均佳，盐渍和风干也别有风味。鲤鱼药用价值也高，其性味甘、平，具有清热解毒、健胃止咳、利尿消肿和安胎通气之功效。药用一般做汤淡食或配某些中药同服。

7. 凤鲚 ［*Coilia mystus*（Linnaeus）］

鳀科，又名凤尾鱼、黄鲚。雌体也称籽鲚、拷籽鱼，雄体亦称小鲚鱼。体延长侧扁，向后渐细长，鳞呈圆形，无侧线。腹部棱鳞显著。体背淡绿色，两侧及腹部银白色。雌体体长一般 15~18cm，雄体长一般 10~13cm。

凤尾鱼是洄游性小型鱼。平时栖息于浅海，春末夏初由海集群游向河口产卵，形成鱼汛。渤海、黄海、东海均有分布。为我国河口区的主要经济鱼类，它与银鱼、鲚鱼等同属海淡水洄游性经济鱼类。凤尾鱼怀卵饱满，美味可口，除鲜销外，多用于冷冻小包装、罐头制品等，上海鱼品厂的凤尾鱼罐头闻名于国内外市场。

8. 鳗鲡 ［*Anguilla japonica*（Temminck et Schlegel）］

鳗鲡科，又名青鳝、河鳗、淡水鳝。体细长，蛇形，前端近圆筒形，尾部稍侧扁。背部为深灰色，腹部银灰色。养殖的鳗鲡体重一般为 200~600g，最大的可达 75cm。

鳗鲡分布在我国、朝鲜和日本沿海，是降河性洄游鱼类。人工养殖主要集中在福建、广东、江苏和浙江等省，近年江西、广西和湖南等省区也相继引进养殖。鳗鲡为高级食用鱼，除保活运销外，可加工成罐头制品、烤鳗和冻鳗，是淡水鱼制品中经济价值最高、出口创汇最多的品种之一。

9. 鲥鱼 ［*Hilsa reevesii*（Richdson）］

鲱科，又名时鱼、三黎鱼、池鱼、鲥刺等。此外，本属鱼还有花点鲥，但较少。体呈长椭圆形，较侧扁，一般体长为 25~40cm。口大，脂眼睑发达，几乎遮盖眼的一半。体背和头部为灰色，略带蓝色光泽，体两侧和腹部为银白色。腹鳍、臀鳍灰白色，其他各鳍暗蓝绿色。

鲥鱼为洄游性鱼类，入江河产卵时鱼群集中，形成捕捞旺季。主要产地在长江流域，以下游镇江、南京产量较多，产季为 4~5 月；芜湖和安庆等地水域产季为 5~6 月；鄱阳湖产季为 6 月。鲥鱼肉细嫩，脂肪厚，味鲜美，每百克肉含蛋白质 16.9g、脂肪 17g，是我国的名贵经济鱼类之一。

10. 太湖新银鱼 ［*Neosalanx taihuensis*（Chen）］

银鱼科，又名小银鱼、面丈鱼、面条鱼，个体小，细长近圆筒状，一般体长 6~8cm，体裸出透明。头很平扁，吻短，吻的两侧稍向内凹。眼小，似嵌在鱼体上的两个黑点。侧线平直。

背鳍位于臀鳍和腹鳍中间的上方。有一极小脂鳍。尾鳍叉形。

银鱼分布于长江中下游及附属湖泊,如太湖、洪泽湖、鄱阳湖、巢湖和洞庭湖以及云南滇池,产季多在5~8月。银鱼个体小但繁殖力强,产量大。无骨无刺,100%可食,味鲜美。鲜品多与鸡蛋同炒或氽汤。冻品和淡干品都畅销国内外。

11. 尼罗罗非鱼 [*Tilapia nilotica* (Linnaeus)]

丽鱼科,又名非洲鲫鱼,原产于约旦的坦噶尼喀湖,已广泛为其他地区所引进,我国于1978年从泰国引进并推广养殖,外形类似鲫鱼。体侧扁,背较高。头中等大小,鳞大,圆形。侧线分上下两段,背、胸、腹、臀、尾鳍都较大。背鳍发达,尾鳍末端钝圆形。体色因环境(或繁殖季节)而有变化,在非繁殖期间为黄棕色。头下侧、口下面、体下半部为白色。体侧有8~10条不明显的黑色纵纹带。尾鳍上有10条左右黑色条纹。在繁殖期间,雄鱼的纵斑带消失,体色呈灰黑色,腹部黑色,头部淡红色,背、胸、尾鳍的边缘呈淡红色。大型雌鱼的尾鳍也是淡红色。

尼罗罗非鱼是长江以南的高产养殖品种,南方9~10月起水,北方更早。尼罗罗非鱼是罗非鱼中最大型的品种,而且骨刺少,肉质细嫩且富于弹性,味道鲜美,其风味可与海洋鲷鱼、比目鱼媲美,近年冷冻鱼片大量出口欧美。

12. 短盖巨脂鲤 [*Colossoma brachypomum* (Cuvier)]

脂鲤科,又名淡水白鲳,淡水鲳。体侧扁,盘状,形似海产银鲳。背部较厚,头较小,口端位,眼中大。背部有脂鳍,起点与腹鳍起点相对。尾鳍上叶稍长于下叶,边缘呈黑色。体呈银灰色,胸、腹、臀鳍呈红色,体被细小圆鳞。原产于南美洲亚马逊河,1985年引入广东等地进行人工养殖,目前已在广东、浙江、福建和河南等近10个省市区进行商业性养殖生产。生产季节与青、草、鲢相近,一般放养时间为5~6月,商品鱼起捕上市为9~10月。

淡水白鲳是热带和亚热带食用和观赏兼备的大型热带鱼类,属名贵淡水鱼类,除了具有罗非鱼的优点外,还有比罗非鱼生长快、耐低氧和易捕捞等特点。淡水白鲳可用汽车、轮船和飞机进行长距离活鱼运输,一般运输成活率都很高。

13. 大麻哈鱼 [*Oncorhynchus keta* (Walbaum)]

鲑科,又名麻哈鱼、马哈鱼、鲑鱼、麻糕鱼。一般体长60cm左右。体延长而侧扁,头后逐渐隆起。头大而侧扁,口大,眼小,鳃孔大,鳞细小,侧线明显。体色变化较大,自海洋进入淡水之初,背和体侧黄绿色,逐渐转为青黑色,腹部银白色,两侧有10~12条橙红色斑纹。

大麻哈鱼洄游进入我国黑龙江和、图们江等水系,乌苏里江较多,9~10月为生产旺季,是名贵的大型经济鱼类。体大肥壮,可鲜食也可腌制、熏制及加工罐头,都有特殊风味。盐渍鱼卵即有名的"红鱼子",营养价值很高,为出口品种,在国际市场上享有盛誉。

14. 鲶鱼 [*Silurus asotus* (Linnaeus)]

鲶科,又名土鲶、鲇鱼、年鱼、塘虱鱼等。体延长,一般体长25~40cm,前部呈圆筒形,后部侧扁。头大,宽而扁平。口宽大,弧形,口角唇褶发达。眼小,眼间距宽。须2对,上颌须长达胸鳍末端。体无鳞光滑,侧线平直,有黏液孔。体背面及侧面为灰黑色或黑褐色,腹面灰白色,背鳍、臀鳍、尾鳍灰黑色,胸鳍、腹鳍灰白色。

鲶鱼分布于全国各主要水系,全年均有生产,以春秋两季较多。鲶鱼刺少肉多,脂肪多,营养价值较高,身体虚弱者、老人、手术后的病人食之对恢复体力有较好的辅助作用,产妇食用可起催乳和增乳作用。

15. 泥鳅 ［*Misgurnus anguillicaudatus*（Cantor）］

鳅科，又名鳅、鳝、土溜、长鱼。小型鱼。体圆筒形，后部侧扁，腹部圆。须有 5 对，口须最长。鳞小，埋于皮下，头部无鳞。侧线不显著，尾鳍圆形。体背及两侧灰黄色或暗褐色，体侧下半部白色或浅黄色。头、体及各鳍均有许多不规则的黑色斑点，背鳍及尾鳍膜上的斑点排列成行。

泥鳅除西部高原外，各地淡水水域中均产，以南方河网地带较多。一年四季均可捕到，春季较多。泥鳅肉质细嫩，每百克肉含蛋白质 22.6g、脂肪 2.9g。家常食用红烧、打卤和炖豆腐均宜。

16. 鲈鱼 ［*Lateolabrax japonicus*（Cuvier）］

鲈鱼称花鲈、寨花、鲈板、四肋鱼等，俗称鲈鲛，与黄河鲤鱼、鳜鱼及黑龙江兴凯湖大白鱼并列为"中国四大淡水名鱼"。我国的鲈鱼品种以松江鲈为主，又名四腮鲈鱼，也称虎头鱼。体长、侧扁。口大、倾斜。下颌长于上颌，上颌骨长，末端到眼后下缘。两颌、犁骨、腭骨具绒毛状齿。前鳃盖骨的后缘有细锯齿，后角有一个大棘，下缘向后下方有 3 个大棘，鳃盖骨有一个大棘。具两个背鳍，第一背鳍以第 5 鳍棘最长。幼体的体侧及背鳍棘部有若干黑色斑点，成熟个体逐渐消失。

鲈鱼分布于太平洋西部，我国沿海均产，以黄海和渤海较多，渔期为春、秋两季，每年的 10~11 月份为盛渔期。鲈鱼肉质洁白肥嫩，细刺少、无腥味，味极鲜美，富含丰富的蛋白质和维生素，可入药，是一种极其珍贵的补品。

17. 鳊鱼 ［*Parabramis pekinensis*（Basilewsky）］

鳊鱼又名鳊，还称长身鳊、鳊花、油鳊。在中国，鳊鱼也为三角鲂、团头鲂（武昌鱼）的统称。鳊鱼体高，侧扁，全体呈菱形，体长约 50cm，为体高的 2.2 ~2.8 倍。体背部青灰色，两侧银灰色，腹部银白；体侧鳞片基部灰白色，边缘灰黑色，形成灰白相间的条纹。体侧扁而高，呈菱形。头较小，头后背部急剧隆起。眶上骨小而薄，呈三角形。口小，前位，口裂广弧形。上下颌角质不发达。背鳍具硬刺，刺短于头长；胸鳍较短，达到或仅达腹鳍基部，雄鱼第一根胸鳍条肥厚，略呈波浪形弯曲；臀鳍基部长，具 27~32 枚分枝鳍条。腹棱完全，尾柄短而高。鳔 3 室，中室最大，后室小。

鳊鱼主要分布于中国长江中、下游附属中型湖泊。生长迅速、适应能力强、食性广。因其肉质嫩滑，味道鲜美，是中国主要淡水养殖鱼类之一。鳊鱼肉质嫩滑，味道鲜美，具有补虚、益脾、养血、祛风和健胃之功效。

5.1.1.3 贝类

1. 扇贝

虾夷扇贝 ［*Patinopecten yessoensis*（Jay）］，扇贝科，又名帆立贝，双壳类贝类，下壳表面有 25~36 根放射肋，灰白色，上壳表面呈紫褐色，内侧呈白色，肉呈柱状。

扇贝性寒，一般生长在北方沿海 10~30m 水深处的沙底，一半身躯埋在沙底内。产卵期为 2~3 月，幼贝一般附着于海藻上，一年后栖入沙底，4 年成熟，我国渤海和黄海沿海盛产。扇贝肉，特别贝柱肉是十分受欢迎的高档水产食品，加工多用于冻制品、干制品、熏制品和其他调味制品。近年，贝柱肉加工的半干食品在国外很受欢迎。

2. 牡蛎

长牡蛎 ［*Crassotrea Gigas*（Thunberg）］，牡蛎科，属软体动物，双壳类贝类，上下两壳不对称，鼓胀的面贴在岩礁上，分幼生种和卵生种两类，幼生种在体内受精，卵生种在水中受精，壳呈椭圆形，表面呈深灰色或灰褐色，有紫色放射带。我国沿海地带均有分布。

牡蛎肉中糖原含量高达 4% 以上，加工成蚝油被誉为调味料中的极品，其牛磺酸和微量元素等含量高，是海洋功能食品的原料。也可用于制作罐头、熏制品和冷冻制品。

3. 贻贝

紫贻贝 [*Mytilus edulis* (Linnaeus)]，贻贝科，又名海红。双壳贝类，体成楔形，壳薄呈黑紫色。壳内表面呈灰白色。为寒温带种类，分布于我国黄海、渤海东海，一般生活在水深 3m 左右清澈的岩礁上，为我国养殖贝类之一，产量最高。

翡翠贻贝 [*Perna viridis* (Linnaeus)]，贝壳较大，壳长达 13~14cm。壳长，壳长是壳高的 2 倍。壳顶位于贝壳的最前端，喙状。背缘弧形，腹缘直或略凹。壳较薄，壳面光滑，翠绿色，前半部常呈绿褐色，生长纹细密，前端具有隆起肋。壳内面呈瓷白色，或带青蓝色，有珍珠光泽。铰合齿左壳 2 个，右壳 1 个。分布于东海南部和南海沿岸，是我国南方养殖贝类之一。

鲜活贻贝是大众化的海鲜品，可以蒸、煮食之，也可剥壳后和其他青菜混炒，味均鲜美。其煮熟晒干品为淡菜，蒸煮贻贝的汤汁经浓缩制成"贻贝油"可作为调味料。贻贝还用于冷冻等加工品的生产。

4. 栉江珧 [Pinna (*Atrina*) *pectinata* (Linnaeus)]

江珧科，又名大海红、大海荞麦，贝壳极大，一般长达 30cm，壳呈直角三角形。壳顶尖细，位于壳的最前端。背缘直或略弯；腹缘前半部较直，后半部逐渐突出；后缘直或略呈弓形。壳表面一般约有 10 余条放射肋，肋上具有三角形略斜向后方的小棘。棘状突起在背缘最后一行多变成强大的锯齿状。壳表面颜色，幼体多呈白色或浅黄色，成体多呈浅褐色或褐色。壳顶部常被磨损而露出珍珠光泽。壳内颜色与壳表略同，其前半部具珍珠光泽。韧带发达，淡褐色，其高度与背缘相等，从壳顶至背缘 2/3 处韧带较宽，颜色也较深。闭壳肌巨大。我国黄海、东海、南海均有分布，以福建东南海域产量较多。渔民多在 1~3 月采捕生产。

栉江珧是一种很有加工利用的贝类，其后闭壳肌（肉柱）极发达，约占体长的 1/4 和体重的 1/5，且味鲜美，除鲜食外，可加工干制成著名的"干贝"，也可制作罐头。贝壳可做贝雕原料。

5. 文蛤 [*Meretrix meretrix* (Linnaeus)]

帘蛤科，属软体动物，双壳类贝类，壳表面有光泽，呈淡黄色或淡褐色，多栖于 10m 以上的浅水沙泥中。我国沿海均有分布。文蛤适用于加工罐头制品、调味品及带壳鲜销，其冻煮肉和冻文蛤肉串是出口日本的创汇产品。

6. 鲍鱼

我国主要有皱纹盘鲍、耳鲍和杂色鲍 3 种。

（1）皱纹盘鲍 [*Haliotisdiscus hannai* (Linnaeus)] 鲍科，又名鲍鱼、紫鲍，贝壳大，椭圆形，较坚厚。向右旋。螺层 3 层，缝合不深，螺旋部极小。壳顶钝，微突出于贝壳表面，但低于贝壳的最高部分。从第二螺层的中部开始至体螺层的边缘，有一排以 20 个左右凸起和小孔组成的旋转螺肋，其末端的 4~5 个特别大，有开口，呈管状。壳面被这排突起和小孔分为右部宽大、左部狭长的两部分。壳口卵圆形，与体螺层大小相等。足部特别发达肥厚，腹面大而平，适宜附着和爬行。壳表面深绿色，生长纹明显。壳内面银白色，有绿、紫和珍珠等彩色光泽。

皱纹盘鲍分布于我国北部沿海，山东和辽宁产量较多，产季多在夏秋季节。近年人工养殖发展，威海、长岛及长山岛等地已成为鲍鱼养殖基地，一年四季出产。

（2）纹耳鲍 ［*Haliotis asinine*（Linnaeus）］ 鲍科，又名海耳，贝壳狭长，螺层约 3 层，螺旋部很小，体螺层大，与壳口相适应，整个贝壳扭曲成耳状。壳面左侧有一条螺肋由一列约 20 个左右排列整齐的突起组成，其中 5~7 个突起有开口。肋的左侧至贝壳的边缘具 4~5 条肋纹。生长纹细密。壳表面光滑，为绿色、黄褐色，并布有紫色、褐色、暗绿色等斑纹。壳内银白色，具珍珠光泽。足极发达，不能完全包于壳中。主要产于我国台湾、海南等地，产季多在夏秋季。

（3）肋杂色鲍 ［*Haliotis diversicolor*（Reeve）］ 鲍科，又名九子螺、九孔鲍，贝壳坚硬，螺旋部小，体螺层极大。壳面的左侧有一列突起，约 20 余个，前面的 7~9 个有开口，其余皆闭塞。壳口大，外唇薄，内唇向内形成片状边缘。壳表面绿褐色，生长纹细密，生长纹与放射肋交错使壳面呈布纹状。壳内面银白色，具珍珠光泽。足发达。杂色鲍我国东南沿海有分布，以海南岛及广东的硇州岛产量较多，产期多在秋季，不少地方已进行人工养殖。

鲍鱼肉特别鲜美，多用于高档宴席及鲜销，也可制成罐头制品及干制品。皱纹盘鲍是我国所产鲍中个体最大者，鲍肉肥美，为海产中的珍品；耳鲍、杂色鲍虽不及皱纹盘鲍口感好，但也是鲍中较好的品种。鲍贝壳即有名的中药石决明，也是制作贝雕的重要材料。

7. 竹蛏 ［*Solen strictu*］

竹蛏为瓣鳃纲竹蛏科的大竹蛏、长竹蛏、弯竹蛏等贝类的通称，其共同特征为贝壳长，质薄脆，两片合抱成竹状。贝壳表面被有一层发亮的黄褐色外皮，盲铜色斑纹，壳表面光滑无放射肋，生长线明显。足部肌肉发达，前端尖，左右扁，水管短粗，具环节；末端有触手，表面有相间排列的黑色和白色条纹。我国沿海均产，穴居，沿海渔民常以铁钩钩取。

（1）长竹蛏 ［*Solen goulddi*（Conrad）］ 贝壳细长，两壳合抱呈竹筒状，前后两端开口；壳质薄脆，两壳相等。贝壳前缘为截形、略倾斜，后缘近网形；壳顶不明显，位于壳的最前端。壳表光滑，被黄褐色壳皮，有时有淡红色彩带；生长线明显，沿后缘及腹缘方向排列。壳内面白色或淡黄褐色；铰合部小，两壳各具主齿 1 枚；前闭壳肌痕极细长，后闭壳肌痕近拉长的三角形，外套痕明显，前端向背缘凹入，外套窦半圆形。

（2）大竹蛏 ［*Solen grandis*（Dunker）］ 贝壳长形，两壳合抱前后端开口，呈竹筒状。一般壳高 29mm，壳长 127mm，壳宽 17mm，大者壳长达 140mm，一般壳长为壳高的 4~5 倍。贝壳背缘与腹缘平行，只有腹缘的中部稍向内凹。贝壳表面凸出，被有一层发亮的黄褐色外皮，有铜色斑纹，壳表平滑无放射肋，生长线明显，有时有淡红色的彩色带。贝壳内面白色或可见到淡红色的彩带。足部肌肉很发达，前端尖，左右扁，水管短而粗。两水管愈合，由若干环节组成，末端有触手，表面有相间排列的灰黑色和白色条纹。两壳各具主齿 1 枚。前闭合肌痕长，后闭合肌痕三角形。外套窦三角形。

（3）直线竹蛏 ［*Solen linearis*（Spengler）］ 壳细长，壳长约为壳高的 8~9 倍，呈筒状。壳质薄。背腹缘直。前后均开口。壳顶位于贝壳的最前端，外韧带小。壳表生长纹细密。贝壳淡黄色有光泽的外皮，由壳顶上角至末端腹缘的对角浅将壳面分成上下两部分。上部具紫红色与白色相间排列的彩带约 30 条；下部没色带。铰合部细小，左右两壳各具主齿 1 枚。

5.1.1.4 头足类

1. 乌贼

曼氏无针乌贼［*Sepiella maindroni*（Rochebrune）］，乌贼科，又名墨鱼、目鱼。乌贼分头、足和胴体三部分，头部前端中央有口，周围有 8 条腕，4 列吸盘。另有较长的触腕一对，上有许多小吸盘。头部两侧各有一极发达的眼睛，头颈之腹面有一漏斗形喷水孔。体内有墨囊，遇敌就喷出墨汁逃走。胴体呈卵圆形，长为宽的 2 倍，左右参称，两侧全缘有肉鳍。整个背部有埋没在外套膜下的略呈椭圆形的石灰质内壳，胴体背部白花斑显著，雄性斑大，雌性斑小。

乌贼为暖水性中下层动物，我国沿海均有分布，以东海产量最高。乌贼的可食比高达 92%，除鲜销外，可加工冻品罐头和鱼糜制品，其干制品"螟哺鲞"是我国传统特产。调味干制品鱿鱼丝是受欢迎的休闲食品。缠卵线干品"目鱼蛋"是名贵海味，海鳔蛸亦是重要的中药原料。

2. 章鱼

章鱼种类也很多，至少有 30 种以上，以真蛸［*Octopus vulgaris*（Cuvier）］最多，属软体动物头足纲。章鱼有 8 只足，体色暗褐色，体表有褐色、黄色、青色的斑点。多栖于 20m 左右的海底岩礁地带，主食鱼类和甲壳类，太平洋沿岸、红海和地中海均有分布。

章鱼可以加工为冷冻品、煮干品、熏制品及其他调味品。

3. 柔鱼类［*Ommastrephes*］

柔鱼类又名"鱿鱼"，是头足纲，枪形目，柔鱼科的总称，已开发利用的主要有日本枪乌贼、太平洋褶柔鱼和茎柔鱼等。

柔鱼除鲜食外，因其肉质较硬，经过干制、熏制或冷冻发酵加工后风味甚佳，如香辣鱿鱼丝、鱿鱼干、冷冻鱿鱼卷和油炸鱿鱼卷等。也可以利用有用眼球提炼维生素 B_1，用肝脏提炼鱼肝油，用其他内脏制作酱油等。

5.1.1.5 虾蟹类

1. 中国对虾［*Penaeus*（*Fenneropenaeus*）*chinensis*（Osbeck）］

对虾科，又名大虾、对虾、黄虾（雄）、青虾（雌虾）、明虾等，体长大而侧扁。雌体长 18~24cm，雄体长 13~17cm。甲壳薄，光滑透明，雌体呈青蓝色，雄体呈棕黄色。通常雌虾个体大于雄虾。对虾全身由 20 节组成，头部 5 节、胸部 8 节、腹部 7 节。除尾节外，各节均有附肢一对。有 5 对步足，前 3 对呈钳状，后 2 对呈爪状。头胸甲前缘中央突出形成额角。额角上下缘均有锯齿。

中国对虾主要分布于我国黄渤海和朝鲜西部沿海，辽宁、河北、山东省及天津市沿海是对虾的重要产地。捕捞每年有春、秋两季，10 月中下旬为旺汛期。20 世纪 70 年代开始进行养殖，虾干和虾米等干品为上乘的海珍品，其带头、无头或虾仁的冷冻品是我国出口的主要水产品。虾头可生产味道鲜美的海鲜调味料，虾壳可提取甲壳素和壳聚糖。

2. 斑节对虾［*Penaeus monodon*（Fabricius）］

对虾科，又名草虾、花虾、牛形对虾，联合国粮农组织通称大虎虾。体被黑褐色、土黄色相间的横斑花纹。额角上缘 7~8 齿，下缘 2~3 齿。额角侧沟相当深，伸至胃上刺后方，但额角侧脊较低且钝，额角后脊中央沟明显。有明显的肝脊，无额胃脊，是对虾中个体最大的一种，发现的最大个体长达 33cm，体重 500~600g。成熟虾一般体长 22.5~32.0cm，体重 137~211g。

斑节对虾分布区域甚广，日本南部、韩国、我国沿海、菲律宾、印度尼西亚、澳大利亚、泰国、印度至非洲东部沿岸均有分布。我国沿海每年有 2~4 月和 8~11 月两个产卵期。斑节对虾生长快，适应性强，食性杂，为当前世界上养殖最普遍的品种，我国南方沿海可以养两茬，广东湛江地区养殖产量达全国总产量的 1/4。

斑节对虾味鲜美，鲜食为桌上佳肴。冷冻斑节对虾是我国外销的大宗虾类品种。

3. 日本对虾 ［*Penaeus（Marsupenaeus）japonicus* Bate］

对虾科，又名花虾、竹节虾、花尾虾、斑节虾、车虾。体被蓝褐色横斑花纹，尾尖为鲜艳的蓝色。额角微呈正弯弓形，上缘 8~10 齿，下缘 1~2 齿。第一触角鞭甚短，短于头胸甲的 1/2。成熟虾雌大于雄。

日本对虾分布极广，日本北海道以南、中国沿海、东南亚、澳大利亚北部、非洲东部及红海等均有栖息。我国沿海 1~3 月及 9~10 月均可捕到，产卵盛期为每年 12 月至次年 3 月。虾汛旺季为 1~3 月。常与斑节对虾及宽沟对虾混栖。日本对虾是日本最重要的对虾养殖品种，我国福建和广东等南方沿海也有养殖。日本对虾甲壳较厚，适于活体运销，利润较高。

4. 墨吉对虾 ［*Penaeus（Fenneropenaeus）merguiensis（De Man）*］

对虾科，又名大虾、明虾、黄虾、大白虾、大明虾，联合国粮农组织统称香蕉虾，体淡棕黄色，透明甲壳较薄。额角上缘 8~9 齿，下缘 4~5 齿。额角基部很高，侧视呈三角形。额角后脊伸至头胸甲后缘附近，无中央沟。第一触角鞭与头胸甲大致等长。性成熟的雌虾大于雄虾。墨吉对虾分布甚广，在南半球由东非至澳大利亚，北半球由东南亚及印度洋，我国广东、海南及广西沿海均有分布，主要产卵期为 3~6 月，产卵盛期为 4~5 月，虾汛旺季为 10 月至次年 1 月。我国广东湛江市沿海为主要产区，也是广东沿海的主要养殖品种之一。

日本对虾生长较快，160~180d 体长可达 12cm 以上。自然捕捞大者体长 20cm，体重 100g，体离水后很快死亡，销售活虾较难，因此主要为冷冻虾。

5. 南美白对虾 ［*Penaeus vannamei（Boone）*］

对虾科，又名白对虾、万氏对虾、凡纳对虾，虾体外形洁白透明，尾伞最外缘带状红色，前端两条长形为粉红色，额角上缘有 8~9 齿，而下缘为 2 齿。野生原种分布于北至墨西哥、南至智利的太平洋沿岸海域，栖息深度为 30~70m 深的大陆架，栖息水域水温常年在 20℃ 以上。具有环境适应力强、成长速度最快、抗病能力强等优点。1988 年引进我国，目前养殖规模仅次于斑节对虾。

冷冻白对虾主要出口欧美市场，经济价值比同类虾高，是出口创汇的优良品种。

6. 鹰爪虾 ［*Trachypenaeus curvirostris（Stimpson）*］

对虾科，又名鸡爪虾、厚壳虾、红虾、立虾等，体较粗短，甲壳很厚，表面粗糙不平。体长 6~10cm，体重 4~5g。头胸甲的触角刺具较短的纵缝。腹部背面有脊。尾节末端尖细，两侧有活动刺。体红黄色，腹部各节前缘白色，后背为红黄色，弯曲时颜色的浓淡与鸟爪相似。我国沿海均有分布，东海及黄渤海产量较多。东海虾汛期为 5~8 月，黄渤海虾汛期为 6~7 月（夏汛）及 10~11 月（秋汛）。

鹰爪虾出肉率高，产区以鲜销为主，运销内地则多数为冻虾仁。鹰爪虾是加工虾米的主要原料，经过煮熟晾晒去壳后便是颇负盛名的"金钩海米"。

7. 中国毛虾 ［*Acetes chinensis（Hansen）*］

樱虾科，又名毛虾、红毛虾、虾皮、水虾、小白虾等，体形小，侧扁，体长 2.5~4cm。甲壳薄。额角短小，侧面略呈三角形，下缘斜而微曲，上缘具两齿。尾节很短，末端圆形无刺；侧缘的后半部及末缘具羽毛状。仅有 3 对步足并呈微小钳状。体无色透明，第六腹节的腹面微呈红色。我国沿海均有分布，尤以渤海沿岸产量最多，产地主要有辽宁、山东、河北、江苏、浙江和福建沿海。虾汛期渤海为 3~6 月及 9~12 月，浙江为 3~7 月，福建为 1~4 月和 11~12 月。

中国毛虾因体小壳薄肉嫩，适于加工成干品虾皮或调味料虾酱。儿童常食之有助于骨骼和牙齿的发育生长，老年人多食用也有良好的保健作用。

8. 口虾蛄 ［*Oratosquilla oratoria*（De Haan）］

虾蛄科，又名皮皮虾、虾耙子、虾公驼子、东方虾蛄。头部与腹部的前四节愈合，背面头胸甲与胸节明显。腹部 7 节，分界亦明显，而较头胸两部大而宽，头部前端有大型的具柄的复眼 1 对，触角 2 对。第 1 对内肢顶端分为 3 个鞭状肢，第 2 对的外肢为鳞片状。胸部有 5 对附肢，其末端为锐钩状，以捕挟食物。胸部 6 节，前 5 节的附属肢具鳃，第 6 对腹肢发达，与尾节组成尾扇。虾蛄雌雄异体，是沿海近岸性品种。虾蛄喜栖于浅水泥沙或礁石裂缝内，我国南北沿海均有分布。口虾蛄为渤海湾特有品种，产量较多，产期为每年 4~5 月。

虾蛄味道鲜美，价格低廉，为沿海群众喜爱的水产品，现在也成为沿海城市宾馆饭店餐桌上受欢迎的佳肴。

9. 中华绒螯蟹 ［*Eriocheir sinensis*（H. Milne Edwards）］

方蟹科，又名河蟹、螃蟹、毛蟹、清水蟹，身体分两部分：头胸部和腹部，附有步足 5 对。头胸部的背面为头胸甲所包盖。头胸甲墨绿色，呈方圆形，俯视近六边形，后半部宽于前半部，中央隆起，表面凹凸不平，共有 6 条突起为脊，额及肝区凹陷，其前缘和左右前侧缘共有 12 个棘齿。额部两侧有一对带柄的复眼。头胸甲的腹面，除前端为头胸甲所包裹外，大部分被腹甲，腹甲分节，周围密生绒毛。腹部紧贴在头胸部的下面，周围有绒毛，共分 7 节。雌蟹的腹部为圆形，俗称"团脐"；雄蟹的腹部呈三角形，俗称"尖脐"。第一对步足呈棱柱形，末端似钳，为螯足，强大并密生绒毛；第四、五对步足呈扁圆形，末端尖锐如针刺。广泛分布于我国南北沿海各地湖泊，以江苏阳澄湖所产最著名。20 世纪 60 年代以后产量锐减，近年实行人工移苗放流，产量有所恢复，7~9 月为生产旺季。

中华绒螯蟹肉味鲜美，每 100g 含蛋白质 14g、脂肪 5.9g。中华绒螯蟹只可活食，因死蟹体内的蛋白质分解后会产生蟹毒碱。

10. 三疣梭子蟹 ［*Portunus trituberculatus*（Miers）］

蝤蛑科，又名梭子蟹、枪蟹、海蟹。蟹体分头胸部和腹部。外壳呈菱形，稍隆起，前侧左右缘各有 9 个锯齿，最后一个锯齿特别大，背面有 3 个隆起，甲壳呈茶绿色，腹面扁平，呈灰白色，蟹足 1 对，步足 4 对，成蟹体长 17~19cm。三疣梭子蟹为近海底栖动物，我国沿海均有分布，一般全年可捕到，而以春夏之交产量最大。

三疣梭子蟹肉多，脂膏肥满，除鲜销外，可加工成枪蟹、蟹酱、蟹糊和蟹肉干等海味极品，活蟹出口经济价值更高。

11. 锯缘青蟹 ［*Scylla serrata*（Forskl）］

蝤蛑科，又名青蟹、闸蟹，头胸甲长 9~10cm，宽 13~14cm。外形近似梭子蟹。头胸甲隆起而光滑，呈青绿色，胃区与心区间有明显的外形凹痕。螯足强大，不对称。前 3 对步足指节的前、后缘具刷状短毛。锯缘青蟹分布于东海和南海。以浙江、福建、台湾、广东等地沿海产量较多。产期多在 9~11 月。

锯缘青蟹捕捞未怀卵和体质瘦的天然蟹，经过短时间的人工饲养，促使雌蟹怀卵成熟，称为"膏蟹"，雄蟹增肉称为"肉蟹"。锯缘青蟹的最大特点是离水后不易死亡，可就近或远销活蟹，是传统的出口水产品。

5.1.1.6 其他类

1. 海胆

海胆种类很多，我国主要产紫海胆［*Anthocidaris crassispina*（A. Agassiz）］，长海胆科。体半球形，棘长，壳径 3~10cm，高 1.5~5cm。体色暗紫色，生殖巢为黄白色，食海藻，产卵期为 6~8 月，太平洋沿岸均有分布。海胆食用生殖巢，生食或盐渍罐藏作调味料，加工成海胆酱风味独特。

2. 海参

海参种类繁多，我国主要产刺参［*Apostichopus*（*Stichopus*）*japonicus*（Selenka）］，刺参科，体圆柱形，似黄瓜。前端口周生有 20 个触手，背面略隆起，有圆锥形肉刺排列成 4~6 不规则行。腹面有三行管足。体色黄褐、黑褐或绿褐，长 20~40cm。海参栖息于水流缓慢、海藻丰富的细沙底或岩礁底。我国北方沿海产量较高，目前人工养殖刺参发展很快。海参干制品是名贵海味，经济价值高，也可用于罐头制品。从刺参中提取的多糖具有抗肿瘤作用。

3. 海蜇［*Rhopilema esculenta*（Kishinouye）］

根口水母科，又名水母，属腔肠动物类，全身分伞体和口腕两部，伞体半球形，伞径一般为 30~45cm，大者可达 1m。口腕在伞体的下面，依靠口腕上的吸口及周围的小触指捕食，体色变化很大，多为青蓝色，触指呈白色。海蜇暖水性，生活在河口附近，自泳能力很差，常随潮汐、风向、海流而漂流。我国沿海均产。广东渔期为 4~6 月，福建、浙江和江苏为 6~8 月，山东、河北和辽宁为 8~9 月。

由于新鲜海蜇体内水分一般在 90% 以上，渔期又在气温较高的夏秋季节，因此必须用强力脱水剂明矾和食盐混合腌渍，腌渍 3 次者称之为"三矾海蜇"。加工后的伞体部分叫海蜇皮，口腕部分叫海蜇头。加工后的海蜇皮畅销国内外。

4. 鳖［*Trionyx Sinensis*（Wiegmann）］

鳖科，属爬行类，又名中华鳖、甲鱼、团鱼、王八等。全身分为头、颈、躯干、四肢和尾五部分。头部略呈三角形，眼小，颈长。躯干略呈圆形。背部隆起有骨质甲，甲外裹以柔软的皮，皮肤上有颗粒状小疣，排成纵行棱起。腹面由竖骨一根、横骨数根组成，骨间由肌肉连成一体；表层也裹有软皮。体边缘部分柔软，称裙边。头和颈能完全缩入甲内。四肢肥壮，各有 5 指（趾），其中 3 指（趾）有爪，指（趾）间有发达的蹼。尾短小，四肢和尾也有较强的伸缩力。背部橄榄色，有黑斑；腹面肉黄色，有浅绿色斑；颈、尾及四肢的背面为褐色。

全国各地均有出产，以湖南、湖北、安徽和江西等省为多，每年春秋为生产捕捞旺季，已可进行人工养殖。鳖肉是滋补珍品，鳖甲可入药。

5.1.2 鱼贝类食品原料的化学成分及特性

鱼贝类食品原料的化学组成和组织结构的名称与陆地动物差异不大，但其种类性质上的多样化、化学组成上的种特异性、易腐败和变质、有毒种类及生理活性物质等方面差异甚大。

5.1.2.1 肌肉组织

1. 体侧肌和肌节

鱼体的肌肉组织是主要的可食部分，对称地分布在脊背的两侧，一般称为体侧肌。每侧体侧肌再由水平隔膜划分为背肌和腹肌。如图5.1-1所示，从鱼体前部到尾部连续排列成M型的很多肌节，每一肌节是由无数平行的肌肉纤维纵向排列，并前后连接在许多称为肌隔的结缔组织膜上形成的。各种鱼体所具有的肌节数量是一定的，从体侧肌的断面（图5.1-2）看，背肌和肌节都是作同心圆形状排列的。

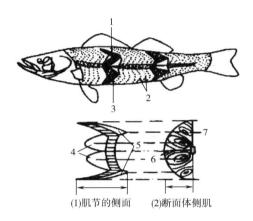

(1)肌节的侧面　(2)断面体侧肌

图 5.1-1　鱼类的体侧肌和肌节

1—肌节　2—肌隔膜　3、6—水平隔膜

4—前向锥体　5—向后锥体　7—垂直隔膜

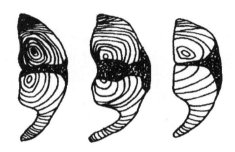

图 5.1-2　鱼类体侧肌组织断面

2. 暗色肉与红色肉

暗色肉存在于体侧线的表面及背侧部和腹侧部之间，其肌纤维稍细，富含血红蛋白和肌红蛋白等色素蛋白质及各种酶蛋白。鱼体暗色肉的多少因鱼种而异。一般活动性强的中上层鱼类，如鲱、鲐、沙丁鱼和鲣和金枪鱼等的暗色肉多，由鱼体侧线下沿水平隔膜两侧的外部伸向脊骨的周围。分布在外侧的称为表层暗色肉，靠近脊骨的为深层暗色肉。活动性不强的底层鱼类的暗色肉少，并限于为数不多的表层暗色肉，如鳕、鲽、鲷和鲤等。在运动性强的洄游性鱼类，如鲣和金枪鱼等的普通肉中也含有相当多的肌红蛋白和细胞色素等色素蛋白质，因此也带有不同程度的红色，一般称为红色肉，有时也把这种鱼类称为红肉鱼，而把带有浅色普通肉或白色肉的鱼类称为白肉鱼类。暗色肉除比普通肉含有较多的色素蛋白质之外，还含有较多的脂质、糖原、维生素和酶等，在生理上可以适应缓慢持续性的洄游运动；而普通肉则与此相反，主要适宜于猎食、跳跃和避敌等的急速运动。在食用价值和加工贮藏性能方面，则暗色肉低于白色肉。

鱼类等脊椎动物的肌肉是由横纹肌组成的，鱼类以外的水产无脊椎动物中，虾和蟹等同样为横纹肌，其他如贝类、乌贼和章鱼等的肌肉组织中，既存在着横纹肌，也存在着斜纹肌和无纹肌（平滑肌），如扇贝等的闭壳肌是由横纹肌组成的，而乌贼的外套膜、牡蛎的半透明闭壳肌则主要是由斜纹肌所组成。

5.1.2.2 蛋白质

海产动物的肌肉及其他可食部分富含蛋白质，并含有脂肪、多种维生素和无机质，含少量的碳水化合物（表5.1-1）。

表5.1-1 常见鱼类和其他水产动物一般营养成分 单位:%

种类	名称	水分含量	粗蛋白质含量	粗脂肪含量	碳水化合物含量	无机盐含量
海水鱼类	大黄鱼	81.1	17.6	0.8	—	0.9
	带鱼	74.1	18.1	7.4	—	1.1
	鳓	73.2	20.2	5.9	—	1.1
	鲐	70.4	21.4	7.4	—	1.1
	海鳗	78.3	17.2	2.7	0.1	1.7
	牙鲆	77.2	19.1	1.7	0.1	1.0
	鲨鱼	70.6	22.5	1.4	3.7	1.8
	马面	79.0	19.2	0.5	0.0	1.7
	蓝圆	71.4	22.7	2.9	0.6	2.4
	沙丁鱼	75.0	17.0	6.0	0.8	1.2
	竹鱼	75.0	20.0	3.0	0.7	1.3
	真鲷	74.9	19.3	4.1	0.5	1.2
淡水鱼类	鲤	77.4	17.3	5.1	0.0	1.0
	鲫	85.0	13.0	1.1	0.1	0.8
	青鱼	74.5	19.5	5.2	0	1.1
	草鱼	77.3	17.9	4.3	0	1.0
	白鲢	76.2	18.6	4.8	0	1.2
	花鲢	83.3	15.3	0.9	0	1.0
	鲂	73.7	18.5	6.6	0.2	1.0
	鲥	64.7	16.9	17.0	0.4	1.0
	大麻哈鱼	76.0	14.9	8.7	0.0	1.0
	鳗鲡	74.4	19.0	7.8	0.0	1.0
甲壳类	梭子蟹（海产）	76.0	20.0	0.5	1.5	2.0
	中华绒螯蟹	71.0	14.0	5.9	7.4	1.8
	对虾	77.0	20.6	0.7	0.2	1.5
	青虾	81.0	16.4	1.3	0.1	1.2
贝类	文蛤	84.8	10.0	0.6	1.8	2.2
	鲍鱼	73.4	23.5	0.4	0.7	2.0
	牡蛎	80.5	11.3	2.3	4.3	1.6
	蚶	88.9	8.1	0.4	2.0	0.6
其他	乌贼	80.3	17.0	1.0	0.5	1.2
	海参	91.6	2.5	0.1	1.5	4.3
	中华鲟	79.3	17.3	4	0.0	0.7

一般鱼肉含有15%~22%的粗蛋白质，虾和蟹类与鱼类大致相同，贝类含量较低为8%~15%。鱼类和虾、蟹类的蛋白质含量与牛肉、半肥瘦的猪肉、羊肉相近，不同的是脂肪和碳水化合物含量低。因此水产品是一种高蛋白、低脂肪和低热量食物。

1. 鱼贝类蛋白质的组成

$$鱼贝类蛋白质 \begin{cases} 细胞内蛋白 \begin{cases} 肌原纤维蛋白 \\ 肌浆蛋白 \end{cases} \\ 细胞外蛋白——肌基质蛋白 \end{cases}$$

鱼贝类肌肉蛋白质大致分为肌原纤维蛋白、肌浆蛋白和肌基质蛋白三大部分，也可根据其对不同溶剂的溶解性而分为水溶性蛋白、盐溶性蛋白和不溶性蛋白（表5.1-2）。

表5.1-2　　　　　　　　　　　鱼贝类肌肉的蛋白质组成　　　　　　　　　　单位:%

种类	肌浆蛋白	肌原纤维蛋白	肌基质蛋白
鲐	38	60	1
远东拟沙丁鱼	34	62	2
鳕	21	70	3
星鲨	21	64	7
鲤	33	60	4
鳙	28	63	4
团头鲂	32	59	4
乌贼	12~20	71~85	2~3
文蛤闭壳肌	41	57	2
文蛤足肌	56	33	11
蝾螺足肌	12	36	39
蝾螺鳃肌	15	45	27

（1）肌原纤维蛋白　肌原纤维蛋白由肌球蛋白、肌动蛋白以及称为调节蛋白的原肌球蛋白与肌钙蛋白所组成。肌球蛋白和肌动球蛋白是构成肌原纤维粗丝与细丝的主要成分。两者在ATP的存在下形成肌动球蛋白，与肌肉的收缩和死后僵硬有关。肌球蛋白的相对分子质量约为5.0×10^5，肌动蛋白约为4.5×10^4，是肌原纤维蛋白的主要成分。其他属于调节蛋白的原肌球蛋白等数量较少，与加工贮藏中鱼肉质量变化的关系不大。肌球蛋白分子由重链与轻链两个部分所组成，每一肌球蛋白分子上有2根或3根（白色肉为3根，暗色肉为2根）相对分子质量不同的轻链。将从肌肉制备的肌原纤维用十二烷基硫酸钠-聚丙烯酰胺（SDS-PAGE）凝胶电泳进行分离测定，可以看到按相对分子质量大小次序排列的肌原纤维蛋白组分的电泳谱。不同鱼类的3根轻链的相对分子质量大小不尽相同，但对于同一鱼种是一定的。利用这种轻链的种特异性可以进行鱼种分类的鉴别。作为肌球蛋白和肌动蛋白的重要生物活性之一，是它具有分解腺苷三磷酸酶（ATPase）的活性，是一种盐溶性蛋白。当两种蛋白质在冻藏、加热过程中产生变性时，会导致ATP酶活性的降低或消失。同时，肌球蛋白在盐类溶液中的溶解度降低。这

两种性质是用于判断肌肉蛋白变性的重要指标。在鱼糜制品加工过程中加 2.5%~3.0% 的食盐进行擂溃的作用，主要是利用氯化钠溶液从被擂溃破坏的肌原纤维细胞溶解出肌动球蛋白使之形成弹性凝胶。此外，在贝类和乌贼等无脊椎动物肌肉的肌原纤维蛋白中还存在一种副肌球蛋白，相对分子质量约 1.0×10^5，与肌球蛋白共同构成肌原纤维的粗丝，与贝类闭壳肌的收缩作用有关。

（2）肌浆蛋白　肌浆蛋白是存在于肌肉细胞肌浆中的水溶性的（或稀盐类溶液中可溶的）各种蛋白的总称，种类复杂，其中很多是与代谢有关的酶蛋白。常利用一些如乳酸脱氢酶、磷酸果糖激酶和醛缩酶等同工酶的种类特异性进行鱼种或原料鱼的种类鉴定。各种肌浆蛋白的相对分子质量一般在 1.0×10^4~3.0×10^4。在低温贮藏和加热处理中，较肌蛋白稳定，热凝胶温度较高。此外，色素蛋白的肌红蛋白亦存在于肌浆中。运动性强的洄游性鱼类和海兽等暗色肌或红色肌中的肌红蛋白含量高，是区分暗色肌与白色肌（普通肌）的主要标志。

（3）基质蛋白　基质蛋白包括胶原蛋白和弹性蛋白，是构成结缔组织的主要成分。两者均不溶于水和盐类溶液，在一般鱼肉结缔组织中的含量，前者高于后者 4~5 倍。胶原是由多个原胶原分子组成的纤维状物质，当胶原纤维在水中加热至 70℃ 以上温度时，构成原胶原分子的 3 条多肽链之间的交链结构被破坏而成为溶解于水的明胶。在肉类加热或鳞皮等熬胶的过程中，胶原被溶出的同时，肌肉结缔组织被破坏，使肌肉组织变得软烂和易于咀嚼。此外，在鱼肉细胞中还存在一种称为结缔蛋白的弹性蛋白，以及鲨鱼翅中存在的类弹性蛋白，都同样是与胶原近似的蛋白质。

2. 鱼贝类蛋白质的营养价值

鱼贝类蛋白质含有的必需氨基酸的种类、数量均一平衡。以食物蛋白质必需氨基酸化学分析的数值为依据，FAO/WHO 1973 年提出了氨基酸计分模式（AAS），对各种鱼类和虾、蟹和贝类蛋白质营养值的评定结果显示（表 5.1-3），多数鱼类的 AAS 值均为 100，和猪肉、鸡肉和禽蛋相同，而高于牛肉和牛乳。但鲣、鲉、鰤、鲆和鲽等部分鱼类以及部分虾、蟹和贝类的 AAS 值低于 100，在 76~95 的范围。它们的第一限制氨基酸大多是含硫氨基酸，少数是缬氨酸，鱼类蛋白质的赖氨酸含量特别高。因此，对于米和面粉等第一限制氨基酸为赖氨酸的食品，可以通过互补作用，有效地改善食物蛋白的营养。此外，鱼类蛋白质的消化率达 97%~99%，和蛋和奶相同，而高于畜产肉类。鱼肉基质蛋白质中 8 种必需氨基酸含量相对较少，缺少色氨酸和胱氨酸等，是一种不完全蛋白质（表 5.1-4）。

表 5.1-3　　　　　　　几种鱼虾蟹贝的氨基酸含量（mg/g 氮）和氨基酸计分值

品种	异亮氨酸	亮氨酸	赖氨酸	蛋氨酸+胱氨酸	酪氨酸+苯丙氨酸	苏氨酸	色氨酸	缬氨酸	AAS** 值（1973）
沙丁鱼	371	575	680	223*	563	346	80	458	100
竹荚鱼	379	566	665	224*	596	348	81	442	100
真鲷	395	562	618	229*	581	352	86	426	100
狭鳕	441	508	673	220*	502	355	73	349	—
鲉	463	463	625	200*	525	325	75	488	—
鲣	408	551	693	217*	538	359	80	582	100

续表

品种	异亮氨酸	亮氨酸	赖氨酸	蛋氨酸+ 胱氨酸	酪氨酸+ 苯丙氨酸	苏氨酸	色氨酸	缬氨酸	AAS**值 （1973）
对虾	239	539	589	248	532	256	63	274	88（val）
梭子蟹	291	560	556	290	591	323	101	310	100
柔鱼	378	568	602	304	598	334	92	318	100
蛤蜊	321	558	506	282	562	306	99	339	100
蝾螺	262	516	461	252	439	280	50	267	83（Trp）
鲍	251	514	425	231	462	293	44	260	73（Trp）

＊号为缺胱氨酸分析值，鲐、鲣因缺胱氨酸分析值未计算 AAS 值；＊＊ AAS 值后括号内为第一限制氨基酸。

表 5.1-4　　几种鱼、虾、蟹、贝肌肉蛋白质的氨基酸组成（g/100g 蛋白质）

种类	鱼肉蛋白质平均氨基酸含量			
	鱼肉	肌球蛋白	肌动蛋白	基质蛋白
半胱氨酸	1.4	0.9	1.4	0.0
组氨酸	3.6	2.1	3.3	1.2
异亮氨酸	5.0	4.6	7.7	1.7
亮氨酸	9.2	9.4	6.6	3.2
赖氨酸	10.6	10.6	6.5	3.7
蛋氨酸	2.7	3.0	4.1	2.0
苯丙氨酸	4.7	3.9	4.6	2.0
苏氨酸	5.5	4.3	6.9	0.6
色氨酸	1.4	0.8	1.6	0.0
缬氨酸	5.2	5.3	5.9	2.3

5.1.2.3　脂肪

　　鱼贝类组织中的脂肪一般分为积累脂肪（depot lipid）和组织脂肪（tissue lipid）。积累脂肪主要分布于皮下组织和肠等，其主要成分为甘油三酯，作为动物的能源积累或消耗，易随季节、年龄和营养状态的变化而变化。图 5.1-3 所示为沙丁鱼脂肪含量的周年变化。鱼类脂肪积累的方式因鱼种而异，金枪鱼、鲐鱼和秋刀鱼等红肉鱼的肌肉中含脂肪量高，肝脏含量少，而鳕鱼、鲨鱼和乌贼等肝脏中脂肪含量高，肌肉中含量少。鱼类的脂肪含量不仅因鱼种而异，即便是同种鱼，也因季节、年龄和营养状态而异，一般洄游性鱼类比底栖鱼类的季节变化来得大，但两者均在产卵之后其脂肪含量达到最低水平。鱼肉的水分和脂肪的增减是逆相关关系，脂肪积累时水分减少，脂肪减少时水分增多，二者之和约为 80%。沙丁鱼肌肉中水分与脂肪之间的关系如图 5.1-4 所示。

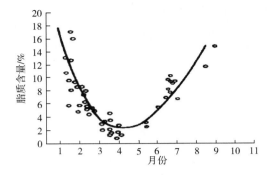

图 5.1-3　沙丁鱼脂肪含量的周年变化

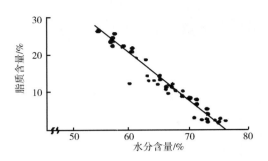

图 5.1-4　沙丁鱼肌肉中脂肪含量同水分的关系

组织脂肪主要分布于肌肉细胞膜和脑等组织中，包括磷脂、糖脂和胆固醇等复合脂肪，同季节和营养状态等无关，基本上是按一定量分布于组织中。海产动物的脂质在低温下具有流动性，并富含多不饱和脂肪酸和非甘油三酯等。同陆上动物的脂质有较大的差异，也是海产动物脂质的重要特性之一。

1. 脂质成分的种类

鱼贝类脂质大致可分为非极性脂质（nonpolar lipid）和极性脂质（polar lipid），或积累脂肪和组织脂肪。非极性脂质中含有中性脂质（neutral lipid，单纯脂质），衍生脂质（Derived Lipid）及烃类。中性脂质是甘油三酯（triglyceride，TG）、甘油二酯（diglyceride，DG）及甘油单酯（monoglyceride，MG）的总称。衍生脂质是脂质分解产生的脂溶性衍生化合物，如脂肪酸、多元醇、固醇和脂溶性维生素等，但是鱼贝类的脂质中也有以游离状态存在的。

极性脂质又称复合脂质（conjugated lipid），磷脂（甘油磷脂）、鞘磷脂、糖脂质、磷酰脂及硫脂等属此类。大部分的脂质组成中含有脂肪酸形成的酯。鱼贝类的器官和组织内的脂质也有以游离状态存在，但也有和其他物质结合存在的如脂蛋白（lipoprotein）、蛋白脂（proteolipid）和硫辛酰胺（lipoamide）等具有亲水性的复合脂质。

2. 脂肪酸

鱼贝类中的脂肪酸大都是 $C_{14} \sim C_{20}$ 的脂肪酸，大致可分为饱和脂肪酸、单烯酸和多烯酸（表 5.1-5）。一般将具有 2 个以上双键结合的脂肪酸称作多不饱和脂肪酸（polyunsaturated fatty acids，PUFA）。

表 5.1-5　　　　　　　　　　　　　　鱼贝类脂质的脂肪酸组成　　　　　　　　　　　　单位：%

脂肪酸	香鱼背肌		鱼背肌（天然）	真鲷背肌（天然）	狭鳕鱼肝油	乌贼肝油	日本列虫（天然）	蛤仔
	天然	养殖						
14：0	4.0	5.6	6.6	1.6	5.8	5.7	0.7	3.6
16：0	26.0	29.5	24.0	21.6	10.8	16.2	15.6	19.1
16：0	16.7	16.2	8.8	5.4	7.7	6.5	3.6	8.4
18：0	3.4	4.6	3.0	7.6	3.3	1.8	9.2	6.3
18：1	25.6	13.1	16.1	14.7	13.7	18.6	0.9	9.0

续表

脂肪酸	香鱼背肌		鱼背肌（天然）	真鲷背肌（天然）	狭鳕鱼肝油	乌贼肝油	日本列虫（天然）	蛤仔
	天然	养殖						
18：2	10.0	3.5	1.3	1.0	0.8	1.9	6.6	0.7
18：3	4.9	8.6	0.9	1.9	0.3	1.4	0.5	0.9
20：1	—	—	3.5	—	20.1	5.7	0.9	5.6
20：4	1.5	1.0	1.9	4.7	0.3	0.9	9.9	—
20：5	1.9	5 0	10.8	8.5	9.7	12.5	14.0	11.8
22：1	—	—	1.4	—	14.6	6.3	—	—
22：5	0.4	4.0	3.5	6.0	0.6	0.6	2.5	1.0
22：6	2.3	1.7	11.2	19.3	5.7	13.3	11.7	8.4

脂肪酸的组成因动物种类和食性而不同，也随季节、水温、饲料、生息环境和成熟度而变化。脂肪酸大都为直链脂肪酸，含奇数碳原子数的脂肪酸和侧链脂肪酸的量甚微。不饱和脂肪酸的双键大都为顺式（Cis）的，多烯型酸都具有庚二烯共轭双键的结构。

鱼贝类脂质的特征之一是富含 $n-3$ 多不饱和脂肪酸（PUFA），如二十碳五烯酸（EPA，$C_{20:5}n-3$）、二十二碳六烯酸（DHA，$C_{22:6}n-3$），且这种倾向海水性鱼贝类比淡水性鱼贝类更显著。此外，磷脂中 $n-3$ PUFA 的含有率比中性脂质高。因此，越是脂质含量低的种属，其脂质中的 $n-3$ 多不饱和脂肪酸的比例就越高。1970 年以来 EPA 和 DHA 在降低血压、胆固醇和防治心血管病等方面的生理活性被逐步认识，大大提高了鱼贝类的利用价值。

3. 磷脂

磷脂可分为甘油磷脂（glycerophospholipid）和鞘磷脂（sphingophospholipid）。磷脂质和胆固醇作为组织的脂肪分布于细胞膜和颗粒体中。磷脂质的组成，不因动物种类而有大的变动。鱼贝类存在的主要磷脂质也同其他动物一样，有磷脂酰胆碱（phosphatidylcholine，PC）、磷脂酰乙醇胺（phosphatidylethanolamine，PE）、磷脂酰丝氨酸（phosphatidylserine，PS）、磷脂酰肌醇（phosphatidylinositol，PI）和鞘磷脂（sphingomyelin，SM）等。鱼类肌肉磷脂质的 75% 以上是 PC 和 PE。PC 的 1 位多为 16：0、18：1 等饱和脂肪酸和单烯酸；2 位往往结合 20：5、22：6 等 $n-3$ PUFA。贝类的复合脂质中检出具有磷酸肌酸（CP）结合的磷酸脂（Phosphonolipid，PnL）。磷酸脂又可分为甘油磷酸酯和鞘磷脂（sphingophosphonolipid，SPnL）。牡蛎、鲍鱼和扇贝等含有大量的鞘磷脂（占磷脂中的 9%～36%），主要分布于内脏、外套膜腮等组织，而闭壳肌含量最多。

4. 其他成分

（1）烃类　硬骨鱼类和动物性浮游生物的脂质中烃的含量低，一般在 3% 以下。拟灯笼鲨和尾鲨等深海鲨类的肝脏除含有大量的角鲨烯之外，还发现姥鲛烷（pristane，$C_{18}H_{38}$）、鲨烯（zamene，$C_{19}H_{38}$，有双键结合位置不同的异构体）和植物烷（phytane，$C_{20}H_{42}$）等烃类。桡足类（copepods）含有丰富的姥鲛烷等烃类。

（2）蜡酯　生息于表层的鱼类热能储存形式多为中性脂肪，而中层及深层鱼类的甘油三酯含量低，以脂肪酸和高级醇形成的蜡酯（WE）来取代甘油三酯作为主要的储藏脂质。如桡虫类、南极磷虾类（euphausilds）、糠虾类（mysids）、甲壳类、矢虫类及乌贼的体组织中存在着大量的脂质及维生素 E。

（3）二酰甘油醚　甘油醚（GE）是甘油 1 位的—OH 基同一元醇形成的醚。醚脂质在自然界以二酰甘油醚型和磷脂型而存在。在板鳃类的体油及肝油的不皂化物中存在着多量的甘油醚（glyceryl ether）。各种鱼类肌肉中所含有的二酰甘油醚其结构脂肪酸及醇类的组成，无论何种都是以鲨油醇（selaehyl alcohol）和银鲛肝醇（chimyl alcolhol）为主的甘油醚，其次鳐肝醇（batyl alcohol）也比较多。此外，长鲳科的 *Seriollela* sp. 和 *S. punctata* 等中含有 $C_{20:1}$ 醇的甘油醚也比较多。作为特殊的甘油醚，Hayashi 等在深海鱼 Seriollelasp. 肌肉脂质的不皂化物中检查出有 1-O-（2-甲氧基-十六烷基）-甘油-［1-O-（2methoxyhexadecyl）-glycerol］。二酰甘油醚的脂肪酸组成与甘油三酯有许多类似之处。甘油醚通常在深海鱼的肌肉中含量比较多，食用这种鱼肉有时会引起腹泻。

（4）固醇及固醇脂　固醇在鱼贝类中以游离形或脂肪酸的形式存在。鱼类固醇成分大都是 C_{27} 的胆固醇（cholesterol）。海产无脊椎动物的固醇因种类而异，有些含复杂的固醇混合物。乌贼、章鱼、龟及虾类的胆固醇含量较鱼肉高。

5.1.2.4 碳水化合物

鱼贝类组织中碳水化合物主要是糖原（glycogen）和黏多糖，也有单糖和二糖。

1. 糖原

鱼贝类和高等动物一样，糖原储存于肌肉或肝脏中，其含量同脂肪一样因鱼种生长阶段、营养状态和饵料（饲料）组成等而不同。鱼类组织中糖原和脂肪是能源储存形式，而贝类特别是双壳贝却以糖原作为主要能源储存，所以贝肉的糖原含量高于鱼肉。一般如鲣和金枪鱼一类的洄游性鱼类在肌肉中含 1% 糖原，而如牙鲆和鳕鱼等低栖鱼类只有 0.3%～0.5%。鱼类肌肉糖原含量还与其致死方式密切相关，速杀时较高，而挣扎致死时会消耗体内储存的糖原，而使含量下降。此外，暗色肉比普通肉糖原含量低，而贝类含量有的比鱼类高出 10 倍。常见贝类的糖原含量中最高的为牡蛎（4.2%）。贝类的糖原含量有显著的季节性变化，一般在产卵期最少，产卵后急剧增加。

鱼类运动时体内的糖原在酶的作用下，有氧氧化生成丙酮酸和乳酸，并供给能量。生成的乳酸等产物经血液至肝脏，再次合成为糖原而储存。刚捕获的鱼激烈挣扎，死后体内糖原在无氧状态下经糖酵解而分解生成乳酸。鲣和金枪鱼等红肉鱼的乳酸生成量较多。因此，肌肉的 pH 也急剧下降，死后僵硬最盛期，肌肉的 pH 达 5.6～5.8；而牙鲆和鳕鱼等白肉鱼乳酸生成最少，肌肉的 pH 在 6.0～6.4。贝类糖原糖酵解后生成的代谢物为琥珀酸，且和乳酸一样随贝类采捕后的时间及放置时间的不同含量差异显著。

2. 其他糖类

海洋动物的碳水化合物中除了糖原之外，还有黏多糖（mucopolysaccharide 或者 glycosaminoglycan）一类的动物性多糖类，包含甲壳类的壳和乌贼骨中所含的甲壳质（chitin，几丁质、甲壳素、壳多糖）一类的中性黏多糖，以及硫酸软骨素（chondroifin sulfate，ChS）、硫酸乙酰肝素（heparan sulfate）、乙酰肝素（heparan）、多硫酸皮肤素（dermatan sulfate，ChS-B）、硫酸角质素（keratan sulfute）、透明质酸（hyaluronic acid）和软骨素等酸性多糖。酸性黏多糖中又按硫酸基的有无分为硫酸化多糖和非硫酸化多糖。

硫酸软骨素因硫酸基的含量和结合位置不同，存在着多种化合物。如 ChS-A 主要存在于哺乳类软骨，ChS-C 主要存在于软骨鱼类的软骨中，ChS-D 在鲨鱼软骨中，ChS-E 在鱿鱼软骨中，ChS-K 在鲨软骨中，七鳃鳗外皮、鲨鱼外皮分别含有 ChS-B、ChS-H 和硫酸角质素。非硫酸化黏多糖的透明质酸和软骨素存在于金枪鱼眼球的玻璃体和鲨鱼皮中。另外，软骨素大量存在于头足类的外皮中。黏多糖一般与蛋白质以共有键形成一定的架桥结构，以蛋白多糖（proteoglycan）的形式存在，作为动物的细胞外间质成分广泛分布于软骨、皮、结缔组织等处，同组织的支撑和柔软性有关。

5.1.2.5 抽提物成分

一般将游离氨基酸、低分子肽、核苷酸关联化合物、有机盐基类、有机酸和低分子碳水化合物等水溶性成分总括为抽提物成分，也称为提取物成分和浸出物成分。抽提物成分包括含氮成分和非含氮成分，含氮成分即非蛋白氮的部分，与呈味和腐败变质等有关。

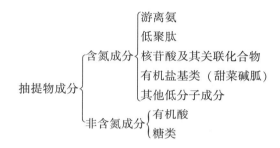

1. 含氮成分

鱼贝类抽提物中发现含氮成分比无氮成分高得多，且含氮成分中含有各种呈味物质，因此，抽提物的氮往往作为抽提物量的指标。

表 5.1-6 所示为有代表性鱼贝类的抽提氮的含量，其软骨鱼类含量最高，在 1000～1500mg/100g，红肉鱼在 500～800mg/100g，白肉鱼为 200～400mg/100g，软体动物、甲壳类为 600～900mg/100g，贝类为 300～500mg/100g。鱼贝类抽提物成分的组成因种类而异，有如下特征：

（1）软骨鱼类中含有大量的尿素和氧化三甲胺，因此含氮量高；

（2）脊柱动物肌酸多，而无脊柱动物精氨酸含量多；

（3）洄游性鱼类中组氨酸含量高，但因种类不同，有的存在大量的鹅肌肽和肌肽，这些咪唑化合物含量可达非蛋白氮总量的 50% 以上；

（4）软体动物和甲壳类的游离氨基酸和甜菜碱含量高，牛磺酸含量亦高等。除上述组成上的特征之外，鱼贝肉肌肉抽提物成分的组成往往因季节（渔期）、年龄（大小）、环境（渔场）、部位和性别等而异。

表 5.1-6		水产动物的抽提氮含量	单位：mg/100g
鱼类	抽提氮含量	贝类甲壳类	抽提物
鲣鱼	745～820	长枪乌贼	884
金枪鱼	680～800	斯氏鱿鱼	728
犬目金枪鱼	652	日本栉江珧	787

续表

鱼类	抽提氮含量	贝类甲壳类	抽提物
黄鳍金枪鱼	614～739	蝾螺	507
鰤鱼	474～700	鲍鱼	506
鲐鱼	434～581	墨鱼	831
马鲛鱼	447	牡蛎	311
远东拟沙丁鱼	516	文蛤	450
日本鲲鱼	481	蛤蜊	311
竹荚鱼	385～423	翡翠贻贝	326
鲻鱼	321	马氏珠母贝	365
真鲷	355～396	波纹巴非蛤	664
河豚	300～442	龙虾	803
鲛鳒	253	日本对虾	766
鲈	383	雪蟹	618
牙鲆	348	三疣梭子蟹	564
鲤鱼	359	鲜沙虫	576
香鱼	300～381		
鳗鲡	290		
星鲨	1010～1420		
灰星鲨	1410		
鼠鲨	1450		
角鲨	1470		
赤鲨	1400		
抹香鲸	440～780		

（1）游离氨基酸　水产动物中的抽提氮成分中游离氨基酸（free amino acid，FAA）是最主要的成分，一般各种水产动植物或多或少都能检出构成蛋白质的 20 种氨基酸以及牛磺酸等特殊氨基酸。鱼贝类常见的非蛋白质构成氨基酸的有牛磺酸、β-丙氨酸、肌氨酸、α-氨基丁酸、β-氨基丁酸、γ-氨基丁酸、鸟氨酸和瓜氨酸。

无脊柱动物与鱼肉肌肉相比，所有的种类都富含游离氨基酸，其中呈味性氨基酸如 Glu、Ala、Gly 等含量较高，赋予了无脊柱动物丰富的呈味性。此外，精氨酸含量较多，这是因为磷酸原（phosphagen）和磷酸精氨酸（phcsphoarginine）在储存和供给高能磷酸的代谢过程中生成。牛磺酸在软体动物、甲壳类中含量较高，鱼类的含量低，白肉鱼略高于红肉鱼。组氨酸含量在红肉鱼特别是洄游性的金枪鱼、鲣鱼中要高于其他鱼贝类和甲壳类。红色鱼肉中的组氨酸及其他咪唑化合物是作为支撑鱼类活泼运动时的缓冲物质而发挥作用。

（2）肽　已知鱼贝类肌肉中含有二肽和三肽，由 β-丙氨酸与组氨酸或甲基组氨酸构成的二肽有肌肽、鹅肌肽及鲸肌肽，分布具有特异性，且因动物种类的不同，某些鱼类大量含有其中的一种或两种。三肽常见的为谷胱甘肽。这些咪唑化合物一般在游泳能力强的鱼类及鲸类肌肉中含量较多，因为咪唑环的 pK 在生理 pH 附近，具有作为缓冲物质的作用。即在捕食或逃避等激烈的厌气运动时，由糖酵解反应过程中生成的 ATP，进一步水解生成的氢离子会使肌肉 pH 下降。为了抑制 pH 变动使厌气运动能力维持在一定水平，咪唑化合物可以起到缓冲物质的作用。但在贝类、乌贼、章鱼类和虾蟹类中几乎没有这类二肽物质的检出。

（3）核苷酸及其关联化合物　水产动物中分布着各种核苷酸及其关联化合物，最有代表性的是腺苷三磷酸（ATP）、腺苷二磷酸（ADP）、腺苷一磷酸（AMP）、肌苷酸（IMP）和腺苷（HxR），次黄嘌呤（6-hydroxypurine），这些物质是在鱼贝类死后由 ATP 分解途径产生。

1 分子 ATP 含有 2 个高能磷酸键，水解时所放出的能量与体内成分的代谢和肌肉的运动有关。鱼类与陆上脊椎动物一样，死后由 ATP 或 ADP 经脱氨基分解生成 IMP，再进一步分解为 HxR 和 Hx，而无脊柱动物则大多经脱磷酸生成腺嘌呤核苷（adenosine）后分解为 HxR 和 Hx。但最近的研究发现在贝类和虾蟹类中也存在着经由 IMP 途径的。因此，不能单纯地把 ATP 代谢途径分为鱼类型和无脊柱动物型。

（4）甜菜碱类　狭义的是指甘氨酸甜菜碱，广义的是指季铵和硫碱等以分子内盐而形成两性离子的化合物。鱼类肌肉中常见的属于广义甜菜碱类有直链化合物的甘氨酸甜菜碱、环状化合物的龙虾肌碱。此外，还有 β-丙氨酸甜菜碱 [β-alanine betaine，别名为 β-高甜菜碱（β-homobetaine）]、γ-丁氨酸甜菜碱（γ-butyrobetaine）、肉碱（carnitine）、江珧肌碱（atrinine）、海鞘肌碱（halocynine）、N-甲基烟酰内盐（葫芦巴碱，trigonelline）、脯氨酸二甲基内盐（水苏碱，stachvdrine）等。甘氨酸甜菜碱在海产甲壳类、软体类肌肉中含量较多，也广泛分布于内脏中，是重要的含氮抽提成分之一（表 5.1-7）。鱼类中海产软骨鱼含量较高。β-丙氨酸甜菜碱以前曾在海鞘肌肉中发现过，之后在江珧、扇贝、几种虾蟹类和一部分鱼类肌肉中也检出过。γ-丁氨酸甜菜碱则在毛蚶、河鳗、江珧和雪蟹等肌肉中有少量存在。肉碱又名为维生素 BT，是在脂肪酸代谢中起重要作用的成分，许多水产动物中都含此成分。江珧肌碱是肉碱的异构体，最早从江珧闭壳肌中分离得到。海鞘肌碱则是由海鞘肌肉分离而得的，具有和狭叶海带中分离出的甜菜碱——海带氨酸相似的结构。

表 5.1-7		无脊椎动物肌肉的甘氨酸甜菜碱含量	单位：mg/100g	
无脊椎动物	含量	无脊椎动物	含量
龙虾	343	章鱼	821
日本对虾	640	斯氏鱿鱼（外套膜肌）	571
三疣棱子蟹	646	日本栉江珧（闭壳肌）	1052
雪蟹	357	巨虾夷扇贝（闭壳肌）	339
毛蟹	711	文蛤（闭壳肌）	808

龙虾肌碱是 N-甲基嘧啶甲酸的甜菜碱，广泛分布于海产动物中（表 5.1-8），可看出内脏和脑中含龙虾肌碱量比肌肉多，精巢的含量高于卵巢。淡水产动物几乎不含有龙虾肌碱。N-甲基烟酸内盐是龙虾肌碱的异构体，是 N-甲基烟酸的甜菜碱。它在海产无脊椎动物中的含量比龙虾肌碱低，生殖腺中含量较多。在淡水产动物中含有 N-甲基烟酸内盐，含量比龙虾肌碱的含量高。

表 5.1-8　　　　　　　　　无脊椎动物的龙虾肌碱和 N-甲基烟酸内盐含量　　　　单位：mg/100g

无脊椎动物		龙虾肌碱	N-甲基烟酸内盐	无脊椎动物		龙虾肌碱	N-甲基烟酸内盐
龙虾	肌肉	294	19	文蛤	闭壳肌	66	+[①]
	中肠腺	204	15		中肠腺	142	16
三疣梭子蟹	脚肉	146	32	日本沼虾[②]	肌肉	+[①]	13
	中肠腺	136	24		内脏	4	23
章鱼	足肌	141	14	韩氏溪	脚肉	+[①]	13
	肝脏	156	12		中肠腺	9	13
斯氏鱿鱼	外套膜肌	111	3	背角无齿蚌	闭壳肌	16	0
	肝脏	103	1		中肠腺	2	0

注：①"+"表示 1mg/100g 以下；②表示淡水产。

已知甘氨酸甜菜碱是蛋氨酸的甲基供给体、氧化三甲胺的前体以及调节体内渗透压的物质。龙虾肌碱及 N-甲基烟酸内盐也参与渗透压的调节，但甜菜碱类的生理作用还有许多不明之处。

此外，有一种特殊的甜菜碱，是以砷代替了甘氨酸甜菜碱中氮的偶砷甜菜碱（arsenobetine），这种物质从施氏黄盖鲽、章鱼、一种蛾螺（buccinum striatimum）、樱虾（sergestes lucens）、刺参等中分离得到。

（5）胍基化合物　鱼贝类中具有胍基的一类物质，如精氨酸、肌酸（creatlne）和肌酸酐（creatinine）等称为胍基化合物（guanidino compourds）。

如前所述，精氨酸多存于无脊柱动物肌肉中，参与能量的储存和释放过程。肌酸则多分布于脊柱动物中，也是同能量储存和释放相关的重要物质。肌酸来自于磷酸肌酸（phosphocreatine），在鱼类肌肉中含量较高，血合肉比普通肉含量低。环状动物、棘皮动物、软体动物和甲壳类亦有检出。休息肌肉中的大部分肌酸及精氨酸，分别以磷酸肌酸和磷酸精氨酸作为磷酸原储藏和提供高能磷酸。

肌酸酐是由肌酸脱水而成，在新鲜肌肉中肌酸酐的含量显著比肌酸少，但发现在加热肉中，随着肌酸的减少而增加。

（6）冠瘿碱类　冠瘿碱类是指分子内具有共同的 D-丙氨酸骨架，并分别与 L-精氨酸、L-丙氨酸、甘氨酸、牛磺酸及 β-丙氨酸以共有亚氨基的形式相结合的结构的一类物质，有的书译为奥品类。除棘皮动物和节足动物之外的无脊柱动物，特别是软体动物、环形动物一类的海产种类中存在着章鱼肌碱、丙氨奥品（alanopine）、甘氨奥品（strombine）、牛磺奥品（tauropine）及 β-丙氨奥品（β-alanopine）等，这 5 种物质均具有 D-丙氨酸骨架，并分别与 L-Arg、L-Ala、Gly、Tau 及 β-Ala 以共有的亚氨基形式相结合的结构。章鱼肌碱在乌贼、章鱼类、扇贝、滑顶薄壳乌蛤和贻贝等组织中含量高。当强制性地使乌贼或扇贝运动时，磷酸精氨酸急剧减少，精氨酸和章鱼肌碱随之增加；当疲劳消失时，又恢复到原来水平。这些冠瘿碱类同维持嫌气条件下细胞内的氧化还原平衡、抑制渗透压的上升和 pH 变化等方面相关，其生理作用尚有许多未明之处。

（7）尿素及氧化三甲胺　在软骨鱼类，如鲨鱼和鳐鱼中富含氧化三甲胺（TMAO）和尿素。在肌肉中，前者14～21g/kg，后者10～15g/kg，对维持鱼体渗透压起重要作用。

在海产软骨鱼类中，除通过肝脏尿素循环之外，有部分是通过嘌呤循环所合成的尿素，大部分由肾脏的尿细管再吸收而分布于体内。在其他鱼贝类组织中仅有微量检出。动物宰后，尿素由细菌的脲酶（urase）分解而生成氨。鲨和鳐鱼等软骨鱼类随鲜度下降生成大量的氨和氧化三甲胺生成的TMA一起使鱼体带有强烈的氨臭味。同尿素不同的是氧化三甲胺广泛分布于海产动物组织中，除软骨鱼类外，乌贼类富含氧化三甲胺的种类较多。在虾和蟹类中含量也较高，在鱼肉中一般白肉鱼比红肉鱼多，而贝类有的多量，有的几乎未检出，淡水鱼中也几乎不含氧化三甲胺。氧化三甲胺在动物宰后，主要被细菌的氧化三甲胺还原酶还原而生成三甲胺产生鱼腥味，但在一部分鱼种的暗色肉中也含有该酶，因此暗色肉更易于带有鱼腥味。此外，在鳕鱼中由于组织酶的作用，氧化三甲胺分解生成二甲胺（DMA）而产生特殊的臭气。此外高温加热鱼肉时也会生成二甲胺。由于海产软骨鱼类在鲜度很好的条件下也因含有大量的尿素和氧化三甲胺而极易生成挥发性含氮成分，因此作为鲜度指标的挥发性盐基氮（VBN）法不适于这类鱼种。

2. 非含氮成分

（1）糖　提取物中的糖主要有游离糖和磷酸糖苷，同时含有糖原，在讨论提取物同呈味关系时，往往归入提取物成分中，但通常不作为提取物成分。许多鱼体内都含有游离的葡萄糖，太平洋鲱和鳕鱼肌肉中为3～32mg/100g，罗非鱼为2～70mg/100g，5种煮熟的蟹为3～9mg/100g，双壳贝为300mg/100g。此外，还含有微量的核糖、阿拉伯糖和半乳糖等。另外，还存在糖酵解过程中产生的葡萄糖-1-磷酸（G1P）和葡萄糖-6-磷酸（G6P）等磷酸糖苷。

（2）有机酸　鱼贝类中已知的有机酸有醋酸、丙酸、丙酮酸和乳酸等，其主要成分是丙酮酸、乳酸和琥珀酸。丙酮酸及乳酸主要由糖原经糖酵解反应生成，是鱼类死后的化学反应之一，而糖原在贝类死后的代谢中则生成琥珀酸。

5.1.2.6　维生素

水产动物的可食性部分含有的维生素主要包括脂溶性维生素A、维生素D、维生素E和水溶性维生素B族和维生素C，是维生素的良好供给源，其分布依种类和部位而异。

维生素A在鱼类各类组织中的含量以肝脏为最多，因此鱼肝曾是鱼肝油维生素A、维生素D的供给源。一般肌肉较少，但也有个别例外，如八目鳗为15000～80000IU/100g，河鳗为700～12000IU/100g，白斑角鲨为1000～5000IU/100g。海水鱼的肝脏多含维生素A_1，而淡水鱼多含维生素A_2。鱼类肝油中维生素D的含量也较高（80～264000μg/kg），而且肌肉中的含量也相当高，特别是远东拟沙丁鱼、鲣、鰤、秋刀鱼和鲐等红肉鱼类，而在白肉鱼类肌肉中含量较少，软骨鱼类、圆口类、软体动物和甲壳类可食部的维生素D也较低。香鱼、河鳗、蝾螺、长枪乌贼和甲壳类中的总生育酚（维生素E）含量较高。海产鱼中α生育酚的含量占90%以上，但淡水鱼中γ-生育酚的比例最高，有的贝类含δ-生育酚比率高。维生素B_1在鱼类组织的肝脏、卵巢和暗色肉中含量较多，普通肉中含量较少，眼球中含量高达10～200mg/kg，但因鱼种不同含量有相当大的差异，但一般都在10mg/kg以下。许多鱼、贝类、甲壳类中含有维生素B_1分解酶——硫胺酶（thiaminase），特别是在蛤子、真蚬和丽文蛤等贝类及鲤、鲫和泥鳅等淡水鱼内脏中含量很高，会使维生素B_1失去生理功能，该酶加热则失去活性。维生素B_2在鱼类的肝脏、肾脏和卵巢等处含量较多，在肌肉中含量较低，肝脏中的含量在鱼种之间也无太大差异，一般在 10mg/kg 左右。维生素 B_5 在鱼类肌肉中的含量要比肝脏中高，肝脏含量通常为 30~100mg/kg，但在乌贼中则相反，中肠腺的含量较高。维生素 B_6 在肝脏的含量是 2~20mg/kg，通常比肌肉中含量高，在生物体内吡哆胺型存在的为多。已知金枪鱼、鲐、鰤和沙丁鱼等红肉鱼的肝脏中泛酸含量高达 10~30mg/kg。

5.1.2.7 无机质

鱼贝类的无机质含量在骨、鳞、甲壳和贝壳等硬组织含量高，特别是贝壳高达 80%~99%，而肌肉相对含量低，一般为 1%~2%，但作为蛋白质和脂肪等组成的一部分，在代谢的各方面发挥着重要的作用。体液的无机质主要以离子形式存在，同渗透压调节和酸碱平衡相关，是维持鱼贝类生命的必需成分。

一般而言 Na 的含量软体动物和甲壳类高于海水鱼，海水鱼又高于淡水鱼。K 的含量各鱼种都较高。Ca 的含量鱼类中真鲷含量最高，达 186mg/100g；贝类的鲍鱼和牡蛎分别达 266mg/100g 和 131mg/100g；甲壳类的梭子蟹为 280mg/100g，青蟹为 228mg/100g。Mg 的含量各鱼种差异不大，在 20~80mg/100g 范围内。P 的含量除个别如鲷（304mg/100g）和乌贼（19mg/100g）之外，在 130~250mg/100g 范围。此外，贝类中富含 Zn、Se、Fe、Mn 等微量元素。

贝类中有一定量的铁、锰和硒等微量元素，较为突出的是锌。除翡翠贻贝外，珍珠贝肉和牡蛎肉中锌的含量较高。已知锌具有参与酶和核酸等的合成，可促进机体的生长发育、性成熟和生殖过程及生血等多种生理功能。国外生产的牡蛎保健食品锌含量是其重要指标之一。

5.1.2.8 色素物质

1. 体色

在海水表层游泳的鱼类大都是背侧深蓝绿色而腹部为银白色，深海鱼一般为黑褐色和红色，而沿岸鱼类则往往色彩缤纷，且具有斑纹。此外，无脊柱动物的体表则各具独特的体色。鱼类的体色由存在于皮肤的真皮或鳞周围的色素胞和存在于真皮深处结合组织周围的光彩胞，二者的排列收缩和扩张使鱼体呈现出微妙的不同色彩。色素胞主要有黑色色素胞、胞黄色色素胞和红色色素胞，其主要成分有黑色素、叶黄质、虾黄质和类胡萝卜素。光彩胞主要有银白光彩胞、蓝青光彩胞和绿青光彩胞，其主要成分有鸟嘌呤、腺嘌呤和嘌呤。

（1）黑色素及眼色素　黑色素是分布于鱼皮和乌贼墨囊中的黑色或黑褐色的色素，已知有 2~3 种。一般的真黑色素（Eumelanin）是以酪氢酸为出发点，经多巴吲哚醌聚合而成的复杂化合物与蛋白质结合而存在。当黑色素细胞向皮肤深层扩散时，经白光照射发生漫反射，肉眼仅能辨出蓝色。鲣和鲐等所有鱼类的蓝色就是由此产生的，这种色调称作构造色（structural color）。在鰤的皮中与含有大量的金枪鱼黄质等黄色类胡萝卜素共存时往往呈绿色。皮中的黑色素起吸收过量光线的作用。栖息在较深水域的真鲷，如在浅水域内养殖，皮内就会合成大量的黑色素，可以防止强烈的阳光照射。养殖真鲷比天然真鲷色黑的原因就在于此。过剩的黑色素沉积在肌肉毛细血管壁上，使养殖的真鲷的肌肉也变黑。

此外，乌贼和章鱼的表皮过去也认为是黑色素，最近研究发现，它与昆虫中的眼色素是同样的物质。眼色素的母体也是以酪氨酸为出发物质的 3-羟基犬尿氨酸。类胡萝卜素类（carotene）虾青素又称甲壳黄质（astaxanthin），是甲壳类以及真鲷一类红色鱼类体表的重要色素，它的两个紫罗酮环上各有一个酮基和醇基，一般呈鲜红色，但在虾蟹壳中与蛋白质结合的复合体称为甲壳蓝蛋白（也称虾青蛋白）。在甲壳类壳中存在着游离的虾青素和甲壳蓝蛋白，两者以不同的比例存在而使甲壳呈现黄、红、橙、褐、绿、蓝和紫等不同颜色。加热时由于蛋白质的变性，虾青素游离出来而呈现原有的红色，这就是为什么虾蟹加热后变红的缘故。真鲷等红肉鱼类皮肤中，除多量的虾青素之外，还有 1/3～2/3 的金枪鱼黄质，在多数呈黄色的海鱼中，主要是叶黄素（lutein）、玉米黄质（zeaxanthin）和别黄质（alloxanthin）。鲑鱼和鳟鱼的红色主要是虾青素和鲑黄质以及叶黄素和玉米黄质等。淡水鲤科体表的黄红色，主要是叶黄质、别黄质、玉米黄质和金枪鱼黄质等。

（2）其他体表色素　光彩胞中含有大量的胍、嘌呤和尿酸等物质以结晶的形式存在，使带鱼体表或其他一些鱼类的腹部呈银色，多数嘌呤还会发荧光。海胆的棘和壳中存在的海胆色素是一种萘醌衍生物，可呈红、蓝和紫等不同颜色。

2. 肌肉色素

鱼类的肌肉色素主要是由肌红蛋白（myogobin，Mb）和血红蛋白（hemoglobin，Hb）构成，绝大部分是肌红蛋白，极个别鱼类的肌肉色素是 β-胡萝卜素类，如鲑和鳟等。肌红蛋白和血红蛋白都是由色素部分的血红素（hemo）和蛋白质部分的珠蛋白（globin）构成的色素蛋白质（chromoprotein）。

红肉鱼的色素蛋白质比白肉鱼的多，同一种鱼的暗色肉的色素蛋白质比普通肉要多得多，无论哪种情况都是肌红蛋白占了色素蛋白质的大部分。肌红蛋白和血红蛋白两者的化学性质相似，以肌红蛋白为例来说明鱼类肌肉的颜色变化。刚捕获的极为新鲜的金枪鱼和鲣鱼等的肌肉内部呈深的红紫色，这是肌红蛋白以脱氧肌红蛋白（deoxymyoglobin）的形式存在的缘故。将肌肉切开后接触到空气，肌肉的颜色很快就变为鲜红色，这是由于还原型肌红蛋白同氧结合形成氧合肌红蛋白（oxymyoglobin），但继续长时间在空气中放置的话，氧合肌红蛋白会自动氧化形成变肌红蛋白（metmyoglobin），肉色又变为暗褐色。这种肉色的变化温度越高越易发生，酸类和光线等会促进这种变色。一般这类肌红蛋白容易被氧化，其速度达到牛及马的 2.5～4.0 倍。

鲑和鳟类的肌肉呈红色，其色素同其他鱼类不同，大部分为虾青素，其异构体中全反式型约占 90%，9-顺式型占 2%～7%，13-顺式型占 3%～9%，且这种组成在鱼种及雌雄个体间不存在差别，其体内不能合成类胡萝卜素，一般均来自饵料。因此可以对虹鳟和银大麻哈鱼等养殖鱼类投入含有胡萝卜素类的饵料来增强体色，提高其商品价值。

贝类肌肉中主要含类胡萝卜素，但因种类而异，且极其多样化。在螺类的蝾螺中，β-胡萝卜素和叶黄素是主要成分。在盘鲍中玉米黄质是主要成分。此外，在双壳贝的魁蚶中检出有扇贝黄酮（pectenolone）和扇贝黄质（pectenoxanthin = alloxanlhin，别黄质）；在贻贝中检出有扇贝黄质和贻贝黄质（mytiloxanthin）；在蛤子和中国蛤蜊中，检出有岩藻黄醇（fucoxanthinol）。此外，螺的肌肉往往也呈绿色或淡绿色，这种绿色素被认为是胆汁色素或其近缘化合物。

3. 血液色素

海产动物的血液色素因种类而显著不同。鱼类的血液色素与哺乳动物相同，是含铁的血红蛋白（Hb）。软体动物和节足动物的血液色素是含铜的血蓝蛋白，占动物体液（血液、淋巴液）中总蛋白的 90%～95%，含有铜且每 1 分子中含铜的量为甲壳类 0.18%、软体动物 0.25% 左右。相对分子质量的大小因种类而异，为 38 万～900 万的巨大分子。生理上和血红蛋白相同，是具有运送氧功能的呼吸色素蛋白质，2 个铜原子和 1 个氧分子可逆结合，没有结合氧的血蓝蛋白无色，结合氧后呈蓝色，在可见光吸收光谱 345nm 及 580nm 处有最大吸收峰。捕捞后缺氧状态的乌贼和蟹的体液为无色，死后逐渐吸收空气中的氧而带有蓝色。

5.1.2.9 挥发性物质

一般刚从海上捕获的鱼大多不带气味，即使有也不难闻。有些淡水鱼往往带有清淡的植物性的气味，但随着放置时间的推移，鱼的鲜度下降，产生了难闻的特殊气味，一般将鱼类的这种气味称为鱼腥味。鱼腥味大致可分为海水鱼气味和淡水鱼气味，或非加热鱼香味及加热鱼香味等，这里仅仅讨论原料原有的气味来加以论述。目前已知的鱼腥味成分包括挥发性含硫化合物、挥发性含氮化合物、挥发性脂肪酸、挥发性羰基化合物等和非羰基中性化合物 5 类。这些物质以不同的浓度和阈值，构成了鱼类的各种特征气味。

1. 含硫化合物

含硫化合物一般阈值较低，因此即便含量较低也易被感知。鱼贝类随着鲜度下降，生成各种挥发性含硫化合物，如硫化氢、甲硫醇和二甲基硫等。有人推测鳕鱼贮藏中生成的硫化氢、甲硫醇和二甲基硫是由前体物质半胱氨酸、胱氨酸和蛋氨酸等含硫氨基酸生成，这些含硫化合物在无菌贮藏时不产生，因此可以认为是由于微生物的作用产生的。有发现所生成的挥发性含硫化合物因细菌种类而异，如腐败假单胞菌生成甲硫醇、二甲基硫、二甲基三硫和硫化氢，而荧光假单胞菌与无色杆菌却只生成甲硫醇和二甲基硫。

二甲基硫除了上述在微生物作用下由含硫氨基酸生成外，主要还有从二甲基-β-丙基噻亭（dimethyl-β-propiothetin，DMPT）生成的途径。DMPT 是在单胞藻类中合成的，经食物链被摄入鱼贝类体内，DMPT 很容易被分解为二甲基硫。二甲基硫微量时产生矾香，但多食海产浮游植物的鱼类，如鳕鱼和鲐等二甲基硫浓度高，往往形成异臭。

2. 挥发性含氮化合物

挥发性含氮化合物包含了最具鱼腥味特征的三甲胺、二甲胺和氨等胺类物质。即便是在刚死的新鲜鱼贝类中也存在氨，这是 ATP 死后变化过程中，由 AMP 转变为 IMP 时产生的，而在其后的贮藏过程中，由于微生物的作用，发生游离氨基酸脱氨基反应而使氨逐渐增加。

三甲胺和二甲胺是由海产鱼贝类抽提物中广泛分布的氧化三甲胺生成的。这些胺类的阈值低，所以是同鱼臭相关的重要成分。由氧化三甲胺生成三甲胺主要是由于微生物酶的还原作用，也有由暗色肉或内脏各器官的酶作用下生成的。而二甲胺的生成对与微生物是否相关尚不很明确，大都是暗色肉等组织酶作用下生成的。

在鲜度降低的持续阶段胆碱也可以成为生成二甲胺和三甲胺的母体。甲胺、丙胺和二乙胺等直链胺及哌啶、吡啶类、吡嗪类和吲哚等环状胺在各种鱼贝类中均有检出。

哌啶呈腥味，主要分布于鱼皮中，是河鱼臭的主体。吡啶类及吡嗪类在南极磷虾的新鲜冻品及煮熟冻品中均被检出，而且新鲜冻品中居多。吲哚以色氨酸为主体分解生成，带有粪臭与腐败臭。

3. 挥发性脂肪酸

非常新鲜的鱼贝类中只有微量的乙酸存在，但随着鲜度下降，挥发性酸增加，如即杀的虹鳟只检出 10mg/100g 左右的乙酸、约 1mg/100g 的甲酸、0.4mg/100g 的丙酸，一般认为挥发性酸的总量超过 25mg/100g 时，就可以感到异臭，但挥发性酸的阈值差别显著，酸的组成似乎比量显得更为重要。这些挥发性酸是在鲜度下降过程中，因微生物的脱氨作用，由游离氨基酸分解生成，也可以由脂质的氧化分解物醛的氧化而生成。有关挥发性酸类和胺类与鱼肉的鲜度低下臭和腐败臭之间的关系如下：

当将金枪鱼、鲭的新鲜肉保存于 5～7℃，测定其挥发性盐基氮（volatile basic nitrogen，VBN）量和挥发性酸（volatile acid，VA）量时，发现当挥发性盐基氮超过 300mg/kg、挥发酸超过 250mg/kg 时，明显地感到有不快臭。另一方面，当金枪鱼、鲭和大麻哈鱼等水煮罐头的挥发性盐基氮相当于生鲜鱼肉初期腐败值的 200～400mg/kg，而挥发酸低于 100mg/kg 时，并没有不快臭味。但在其中加进醋酸，使挥发性盐基氮与酸的量比接近 1∶1 时，则产生生鲜鱼肉鲜度低下时的不快臭。因此可知，挥发性酸的共存是产生不快臭的重要因素。事实上在鲜度低下、开始产生不快臭的鲭肉中，甲酸、醋酸、丙酸和异戊酸的量比新鲜肉增多，其中醋酸占了主要部分。若用这些酸类及挥发性胺类的含量对阈值的比，求其对臭气所起的作用大小程度，醋酸为 158/34.2，异戊酸为 5/1.7，三甲胺为 20/0.6。异戊酸尽管含量低，但对臭气有相当大的作用。在胺类中，三甲胺的阈值较低，故其作用也大。由于这些挥发性成分的挥发性大小因 pH 而异，故对臭气的作用大小也因 pH 而不同。pH6～8 时，各种胺在 pH6 以下不挥发。

4. 挥发性羰基化合物

大多数新鲜的鱼贝类中几乎未检出挥发性羰基化合物，因此有关羰基化合物的研究大都同鱼贝类的贮藏、加热和干燥等各种处理条件有关。冷冻鱼品质的主要问题是冷冻臭，这种气味是由脂质自动氧化而产生的醛类、酮类、醇类和酸类等挥发性物质形成的。在 -15℃、贮藏 2 年的鳕鱼中检出饱和和不饱和醛 53 种，其中反-4-庚烯醛（E-4-heptenal）、顺-2-庚烯醛（Z-2-heptenal）、反-2、顺-4-庚二烯醛等，可能是其冷冻臭的主要相关物质。沙丁鱼和鲐鱼中的烘臭成分主要是 $C_2～C_9$ 的饱和及不饱和醛，这些醛类对特有烘臭的发生起重要作用。由于在焙烧沙丁鱼的脂质时也检出有同样的羰基化合物，故可知这些成分是脂质热分解而生成的。

此外，香鱼和胡瓜鱼等淡水鱼在生鲜状态时就具有一种清香，这些香气成分的主要相关物质是 C_9 的羰基化合物，即反-2-壬烯醛（E-2-nonenal）、反-2，顺 6-壬二烯醛（E、Z-2，6-nanadienal），其中后者同香鱼和胡瓜鱼的香味最为相关。其他淡水鱼，如虹鳟、白鲢和鲫鱼等在鲜度良好的状态下，也可以感到强烈的植物性气味，而与之相关的主要成分是 $C_5～C_8$ 的羰化合物，如 1-戊烯-3-酮（1-penten-3-one）、2,3-戊二酮（2,3-petanedione）、反-2，顺-4 庚二烯醛（E、Z-2,4-heptadinal）和己醛（Hexanal）等，而己醛被认为是同这些淡水鱼的草臭味最为相关的物质。已有实验证明同香鱼相关的 C_9 化合物是在类脂肪酸氧合酶（lipoxygenase like）作用下，由 n-3 系的 EPA 或 DHA 生成，而 C_6 等同白鲢、鲫鱼气味呈主要相关的气味物质的生成途径尚不清楚。

5. 非羰基中性化合物

各种调味加工品及熏制品中往往检出高浓度的醇类和酚类，但这大都是在处理加工过程中二次生成，大部分鲜鱼中很少检出醇类，但在生鲜状态就具有特殊芳香的牡蛎和香鱼等都能检出醇类。

淡水鱼具有的香菇味和青瓜味等植物性气味物质包括了羰基化合物和醇类，主要是己醛、1-辛烯-3-醇、1,5-辛二烯-3-醇（1,5-octen-3-ol）、2,5-辛二烯-1-醇（2,5octen1ol）等。也有研究表明，除前述的 C_9 羰基化合物之外，C_9 的醇类如反-2-壬烯醇（E-2-nonend）、3,6-壬二烯-1-醇也是其主要的香气构成成分。此外，$C_6、C_8$ 羰基化合物和醇类也同样被检出，对植物性气味形成也有贡献。新鲜白鲢、鲫鱼中也检出许多种 $C_5～C_8$ 的羰基化合物和醇类。从阈值来看，一般醛类低于醇类，所以在这些淡水鱼类中，往往以某几种具有特征气味的羰基化合物形成了其独特的气味特征，而醇类起到协同作用。如香鱼和胡瓜鱼主要是以 C_9 羰基化合物为主、C_9 醇类为辅而形成其特有的青瓜香味的。香鱼和胡瓜鱼的 C_8、C_9 醇类与 C_8、C_9 的羰基化合物一样，由 $n-3$ 脂肪酸在脂肪氧化酶作用下生成。

5.1.2.10　呈味物质

鱼贝类的呈味物质主要有游离氨基酸、低分子肽及其核苷酸关联化合物、有机盐基化合物和有机酸等，其中鱼类呈鲜味的是谷氨酸（Glu）和肌苷酸（IMP），无脊椎动物的鲜味主要是 Glu 和腺苷酸（AMP）。各种鱼有其自身特有的呈味特征是因为其各自的呈味成分的组成不同，对鲜味所起的作用不同。如贝类有高含量的琥珀酸，与贝类的鲜味有十分重要的关系。此外，甲壳类肌肉多呈甘味，这也是同其富含甘氨酸、丙氨酸和甜菜碱等甘味成分相关的。

除了上述的呈鲜和呈甘物质之外，无机离子如 Na^+ 和 Cl^- 等对味的呈现也是必需的。此外，蛋白质、脂质和糖原等高分子成分虽然大都无味，但对食物的质构（texture），如舌感、咀嚼感、黏弹性以及味的综合感觉起着非常重要的作用，特别是鱼肉的鲜味同脂肪含量关系密切。如金枪鱼含脂高的腹侧肉比含脂低的背肌肉更为美味，两者的呈味成分的分布并无本质上的不同，只是在脂质含量上有差异。此外，蚝油因含有较多的糖原，使得鲜味更加浓醇和持久。

1. 鱼类的味

鱼类的呈味性取决于肌苷酸、游离氨基酸和有机酸等的组成，一般红肉鱼类肉味浓厚，而白肉鱼类肉味淡泊，而实际上两者呈味差异在于组氨酸含量的不同。但组氨酸本身并不呈鲜味。组氨酸虽然不是呈鲜物质，但其与味的强化有关。此外，鱼肉中存在肌肽和鹅肌肽，带有微弱的甘味和少许苦味，其作用也在于使鲜味突出和味变浓厚。鱼虾中带有 Glu 和 Asp 的酸性肽具有类似 Glu 的鲜味，并可增加味的浓厚感。

鱼类风味因大小、季节和鲜度而异。新鲜的鱼类肌肉坚实，色泽好，美味，没有鱼腥臭。但鲜度差的鱼类，肉质松软，且有腥味。此外，鱼的味道大都因季节而异，其理由之一是随着不同的季节，饵料的质和量影响了鱼的肥满度。鱼的肥满度增大，其脂肪量增加。同季节相关的另一个重要因素是产卵期，一般鱼类在产卵期前后味道显著不同，产卵后的鱼无一例外味差，因为生殖腺的发达和产卵活动而使鱼体的美味成分消耗。

2. 贝类和甲壳类

贝类具有特殊的风味，贝类抽提物中富含糖原、有机酸（主要为琥珀酸）和游离氨基酸（Glu、Gly、Ala、Arg 等）等。牡蛎在贝类中含糖原最高达 4.2%，其他贝类在 1% 左右。蚝油是利用煮蚝得到的浓缩蚝水经调配而成的海鲜调味料，其特有的风味同糖原含量也有一定的关系。

琥珀酸被认为是贝类中重要的呈鲜成分，Glu、Ala、Arg、AMP、琥珀酸、Na^+、K^+、Cl^- 为其呈味的有效成分。但也有研究结果认为琥珀酸是否是鲜味剂还需进一步探讨，但对琥珀酸是构成贝类风味的重要成分这一点并无非议。扇贝闭壳肌（干贝）的主要呈味成分为 Gly、Ala、Glu、Arg、AMP、Na^+、K^+ 和 Cl^- 等，盘鲍的主要呈味物质是 Gly、Glu、甘氨酸、甜菜碱和 AMP 等。

虾蟹的抽提物含有较多的 Gly、Ala、Pro、甘氨酸和甜菜碱之类具有甘味的成分，是构成虾蟹肉甘味的主体，而 Gly、Glu、Arg、AMP、GMP、Na^+、K^+ 和 Cl^- 等为蟹肉呈味的主体，其他成分如 Ala、甘氨酸、甜菜碱起协同作用。

无脊柱动物中富含牛磺酸和氧化三甲胺，但被判定同呈味无关，但甘氨酸和甜菜碱不仅同甘味有关，而且还有赋予水产品特有风味的作用。此外，精氨酸在无脊动物中含量高，其本身为一种苦味氨基酸，但在各种呈味成分中，精氨酸的存在反而使鲜味突出。雪蟹的肉和扇贝贝柱的混合提取物中，精氨酸不呈苦味，却有增加呈味的复杂性程度以及提高鲜度的作用。

3. 其他海产品

海胆生殖腺的盐产品具有浓厚的独特风味，其呈味的主要成分是 Gly、Ala、Val、Glu、Met、IMP 和 GMP。Val 赋予海胆特有的苦味，如果缺少，其味的性质则完全不同。Met 的作用也非常重要，可以说是海胆独有风味的关键物质。此外，含量较多的糖原起调和呈味的功能。乌贼类的味同 Gly 的含量密切相关，其他成分，如核苷酸、糖和有机酸等抽提物组成同呈味之间的关系还有待进一步研究。

4. 主要呈味成分的作用

谷氨酸和核苷酸都是呈味构成的主要成分，两者不仅因相乘作用而使鲜味增强，而且赋予了食品味道的持续性和复杂性，产生浓厚圆和之感，具有提高整体呈味效果的作用。精氨酸尽管本身呈苦味，但大量加入时不会产生苦味，所以说它和上述鲜味成分一样，对味道的持续性、复杂性和浓厚感的产生具有重要作用。无机成分，特别是 Na^+ 和 Cl^- 的作用如前所述，它们的存在与否对呈味影响很大。对食品的呈味成分，往往只注重有机成分，但实际上有机无机成分的共存才能充分发挥有机成分的呈味效果。

水产无脊椎动物抽提液中所含的成分种类大致相同，起呈味作用的有氨基酸中的甘氨酸、丙氨酸、谷氨酸、精氨酸和核苷酸中的 IMP、GMP、AMP 等，Na^+、Cl^-、K^+ 和 PO_4^{3-} 等无机成分也几乎一样。

图文并茂电子书/拓展资源获得方法： 用移动终端设备上安装的"学习通" APP 扫描下列二维码， 就可以直接学习"食品原料学慕课" 网站上与该章节配套的电子书/讲课视频、 试题库、 相关论文、 拓展阅读、 拓展视频、 VR/AR/MR、 3D 动画、 热门话题、 国内外进展、 专家讲座等拓展内容（ 详细方法参见本教材正文前的慕课使用方法 ）：

0. 配套国家级慕课首页

1. 水产动物原料特性 I

2. 水产动物原料特性 II

3. 水产动物的肌肉组织

4. 水产动物的蛋白质

5. 水产动物的脂肪

6. 水产动物的抽提物

7. 水产动物的呈味物

5.2 鱼贝类死后的变化和保鲜

了解鱼贝类死后肌肉中发生的各种变化，不仅有利于判定鱼贝类鲜度，还有利于采用适当的保鲜方法来控制鱼贝类的品质。

5.2.1 鱼贝类死后的变化

5.2.1.1 鱼贝类死后的僵硬

1. 死后僵硬和生物化学的变化

鱼贝类的死后肌肉由柔软而有透明感变得硬化和不透明感，这种现象称为死后僵硬（rigor mortis）。鱼类肌肉的死后僵硬受到生理状态、疲劳程度和渔获方法等影响，一般死后几分钟至几十小时僵硬，其持续时间为 5~22h。肌肉在僵硬过程中发生的主要生物化学变化是磷酸肌酸（CrP）以及糖原含量的下降。由于 CrP 和糖原的消失，ATP 的含量开始显著下降，而肌肉也开始变硬。

同时，由于糖原和 ATP 分解产生乳酸和磷酸，使得肌肉组织 pH 下降而酸性增强。一般活鱼肌肉的 pH 在 7.2~7.4，洄游性的红肉鱼因糖原含量较高（0.4%~1.0%），死后最低 pH 可达到 5.6~6.0，而底栖性白肉鱼中糖原较低（0.4%），最低 pH 为 6.0~6.4；pH 下降的同时，还产生大量热量，从而使鱼贝类体温上升促进组织水解酶的作用和微生物的繁殖。因此当鱼类捕获后，如不能立即进行冷却，抑制其生化反应热，就不能及时有效地延缓以上反应。

2. 死后僵硬的机理

鱼体肌肉中的肌动蛋白和肌球蛋白在一定 Ca^{2+} 浓度下，借助 ATP 的能量释放而形成肌动球蛋白。肌肉中的肌原纤维蛋白——肌动蛋白和肌球蛋白的状态是由肌肉中 ATP 的含量所决定。鱼刚死后，肌动蛋白和肌球蛋白呈溶解状态，因此肌肉是软的。当 ATP 分解时，肌动蛋白纤维向肌球蛋白滑动，并凝聚成僵硬的肌动球蛋白。由于肌动蛋白和肌球蛋白的纤维重叠交叉，导致肌肉中的肌节增厚短缩，于是肌肉失去伸展性而变得僵硬。此现象类似活体的肌肉收缩．不同的是死后的肌肉收缩缓慢，而且是不可逆的。

3. 影响死后僵硬的因素

鱼类死后僵硬期的长短、僵硬开始的迟早及僵硬强度的大小取决于许多因素：

（1）鱼的种类及生理营养状况　上层洄游性鱼类，如鲐和鲅鱼等所含酶类的活性较强，死后僵硬开始得早，僵硬期较短；活动性较弱的鳕和鲽等底层鱼类则一般死后僵硬开始得迟，僵硬期也较长。鱼类在死前的营养及生理状况对死后僵硬也有显著的影响。一般肥壮的鱼比瘦弱的鱼僵硬强度大，僵硬期也长。

（2）捕捞及致死条件　经长时间挣扎窒息而死的鱼，较捕捞后立即杀死的鱼，肌肉中糖原或 ATP 的含量较少，乳酸或氨的含量较多，因此死后僵硬开始较早，僵硬强度较小，僵硬期亦较短。底拖网所捕获的鱼类，一般滞网时间较久，在网中经过长时间的剧烈挣扎，所以死后僵硬开始得早，僵硬持续的时间也较短。反之，钓获后立即杀死的鱼，僵硬开始得迟，僵硬期也较长。

（3）鱼体保存的温度　鱼体死后保存的温度越低，僵硬期开始得越迟，僵硬持续期时间越长。一般在夏天气温中，僵硬期不超过数小时，在冬天或尽快地冰藏条件下，则可维持数天（表 5.2-1）。

表 5.2-1　　　　　　　　　　不同温度对鳕鱼死后僵硬时间的影响

鱼体温度/℃	35	15	10	5	1
死后僵硬开始时间	3~10min	2h	4h	16h	35h
僵硬持续时间	30~40min	10~24h	36h	2~2.5d	3~4d

5.2.1.2　鱼贝类死后的自溶

1. 自溶的过程

当鱼体肌肉中的 ATP 分解完后，鱼体开始逐渐软化，这种现象称为自溶（autolysis），但与活体时的肌肉放松不同，因为活体时肌肉放松是由于肌动球蛋白重新解离为肌动蛋白和肌球蛋白，而死后形成的肌动球蛋白是按原体保存下来，只是与肌节的 Z 线脱开，从而使肌肉松弛变软，促进自溶。

（1）自溶的机理　自溶是指鱼体自行分解（溶解）的过程，主要是水解酶积极活动的结果。水解酶包括蛋白酶和脂肪酶等。

经过僵硬阶段的鱼体，由于组织中的水解酶（特别是蛋白酶）的作用，使蛋白质逐渐分解为氨基酸以及较多的低分子碱性物质，所以鱼体在开始时由于乳酸和磷酸的积累而成酸性，但随后又转向中性，鱼体进入自溶阶段，肌肉组织逐渐变软，失去固有弹性。实际上自溶的本身不是腐败分解，因为自溶并非无限制地进行，在使部分蛋白质分解成氨基酸和可溶性含氮物后即达平衡状态，不易分解到最终产物。但由于鱼肉组织中蛋白质越来越多地变成氨基酸之类物质，则为腐败微生物的繁殖提供了有利条件，从而加速腐败进程。因此自溶阶段的鱼货鲜度已在下降。

（2）影响自溶的因素　鱼肉自溶过程中达到平衡状态所需的时间，以及达到平衡状态时其蛋白质、氨基酸及可溶性氮等成分的含量比率不仅随动物的种类而异，且随温度的高低、氢离子的浓度及盐类的存在与否而异。传统的鱼露生产就是利用高浓度食盐来抑制微生物生长，使其自溶缓慢进行，加温则可加快自溶反应速度。

①种类：冷血动物自溶速度大于温血动物，因前者的酶活性大于后者。在鱼类中远洋洄游性的中上层鱼类的自溶速度一般比底层鱼类为快，因为前者体内为适应其旺盛的新陈代谢需要而含有多量活性强的酶类之故。如鲐和鲣等鱼类一般自溶速度比黑鲷、鳕和鲽等鱼类为快，甲壳类的自溶比鱼类快。

②pH：自溶在 pH4.5 时强度最大，分解蛋白质所产生的可溶性氮、多肽氮和氨基酸含量最多；而高于或低于 pH4.5 时，自溶均受到一定的限制；而虾类的研究则表明其自溶的最适 pH 在 7 附近。

③盐类：添加多量食盐可以阻碍其自溶的速度，但即使鱼肉是浸泡在饱和盐水中，其自溶仍能缓慢地进行。各种盐类对鱼肉自溶的影响情况是不同，当 $NaCl$、KCl、$MnCl_2$ 和 $MgCl_2$ 等盐类微量存在时，可以促进自溶的进行，但当其大量存在时则起阻碍作用；而 $CaCl_2$、$BaCl_2$、$CaSO_4$ 和 $ZnSO_4$ 等盐类只要存在微量也能对自溶产生阻碍。虾类自溶反应时，$NaCl$ 起较大的激活酶的作用。

④温度：鱼肉自溶在一定的适温范围内，温度每升高 $10℃$，其分解速度也增加一定的倍率，通常以其速度的温度系数表示，如下式所示：

$$Q_{10} = K_{t+10}/K_t$$

式中　Q_{10}——自溶速度的温度系数

　　　K_t——在 $t℃$ 时自溶的速度

　　K_{t+10}——在 $(t+10)℃$ 时的自溶的速度

鱼肉自溶速度的温度系数在高温范围与低温范围是有所区别的。表 5.2-2 所示为列出了几种鱼类在一定温度范围内的自溶的温度系数和最适温度。

表 5.2-2　　　　　　　　不同温度情况下几种鱼类的自溶速度

鱼种类	温度范围/℃	温度系数	最适温度/℃
鲐	19.1~28.4	2.8	45
	28.4~45.3	7.8	
鲽	18.2~28.5	3	45
	28.5~44.9	8.4	
鲤	9.7~14.5	3.1	27
	14.5~26.1	5.4	
鲫	9.7~14.4	4.2	23
	14.4~21.6	7	

鱼类自溶的适温范围随鱼种而异，大致海水鱼类在 $40~50℃$ 范围内，淡水鱼类在 $23~30℃$ 范围内。

5.2.1.3　鱼贝类死后的腐败

1. 腐败

鱼类在微生物的作用下，鱼体中的蛋白质、氨基酸及其他含氮物质被分解为氨、三甲胺、吲哚、组胺和硫化氢等低级产物，使鱼体产生具有腐败特征的臭味，称其为腐败。

由于自溶，体内组织蛋白酶分解蛋白质为氨基酸和低分子的含氮化合物，为细菌的生长繁殖创造了有利条件。细菌的大量繁殖加速了鱼体腐败的进程，因此自溶阶段鱼类的鲜度已经开始下降。大型鱼类或在气温较低的条件下，自溶阶段可能会长一些，但实际上多数鱼类的自溶阶段与由细菌引起的腐败进程并没有明显的界限，基本上平行进行。

随着微生物的增殖，通过微生物所产生的各种酶的作用，食品的成分逐渐被分解：

（1）蛋白质的分解　蛋白质大分子无法透过微生物的细胞膜，不能被微生物直接利用。当微生物从其周围取得低分子化合物，将其作为营养源繁殖到某一程度时，便分泌出蛋白酶（protease），分解蛋白质。产生蛋白酶的菌属分布广泛，具有代表性的菌属有 *Pseudomonas*、*Vibrio*、*Flauobacterium*、*Micrococus*、*Bacillus* 等。

（2）氨基酸的分解　组织中的游离氨基酸以及蛋白质分解产生的游离氨基酸，通过微生物的酶产生脱羧作用（decarboxylation）或脱氨作用（deaminaion）。

（3）氧化三甲胺的还原　氧化三甲胺通过细菌的氧化三甲胺还原酶的作用，产生三甲胺。三甲胺是鱼腥臭具有代表性的成分之一。

（4）尿素的分解　通过细菌具有的尿素酶（urease）的作用分解成氨和二氧化碳。

鲨和鳐类的组织中含有大量的尿素和氧化三甲胺，随着鲜度的下降产生显著的氨臭。

（5）脂肪的分解　含脂量高的食品随着贮藏时间延长，脂肪便自动氧化和分解，产生不愉快地臭气和味道。脂肪的劣化（酸败）除了受到空气、阳光、加热和混入金属等的影响自动地进行之外，还受到食品以及微生物的酶促。

2. 影响鱼类腐败速度的因素

（1）鱼的种类　鱼类腐败速度因品种而异。例如鮨和鲣等鱼类其腐败开始的时间以及开始腐败以后的分解速度都比鲷和鲆等鱼类快，因为不同种类的鱼，其化学组成，尤其是含氮浸出物的种类和数量的不同以及酶活性之间的差别甚大。

（2）温度　在一定的温度范围内，温度增高腐败速度加快。尽管海水鱼和淡水鱼自溶的最适温度有很大的差别，但其腐败的最适温度几乎都在 25℃ 左右，因为附着于淡水鱼鱼体上的大部分细菌的适温范围都在 25℃ 附近，而许多海水细菌在此温度条件下其对数期持续时间较短。

（3）pH　附着于鱼体表面的细菌生长发育的最适 pH 范围在 6.5~7.5，pH 低于 5.2 或高于 8.0 的时候细菌的发育受到很大的影响，而鱼体 pH 的变动是由鱼类死后僵硬及代谢产物的积累所造成。死后僵硬阶段鱼肉的 pH 常可下降至不适合于一般细菌的生长 5.0~5.5，大部分细菌被抑制，菌总数增加较慢。当腐败达到后期时，由于蛋白质中的氨基酸脱氨作用产生碱性物质的结果，使鱼肉的 pH 上升，常可达到 8.0 以上，使细菌的生长也受到了抑制并逐步死亡。

（4）最初细菌数　鱼体上附着的细菌数量对于鱼类的腐败速度影响很大，由于鱼体的营养有一定的限止，所以细菌生长发育到一定的阶段要被它自身的代谢产物所抑制，也就是细菌增殖到一定阶段后，菌数总数相对恒定。当鱼体最初细菌数较高而其他条件相同时，达到此值的时间较短。因此，保持渔轮、鱼箱（盘）、工具和场地等的卫生，防止微生物污染，对于延缓鱼类的腐败变质是有重要意义。

5.2.2 水产食品原料鲜度判定

原料鲜度的鉴定方法包括感官法、化学法、物理法和细菌学法等四类。

5.2.2.1 感官法判定水产食品原料鲜度

通过人们的感觉（视觉、味觉、嗅觉、听觉、触觉五种感觉），判定鱼贝类鲜度的方法称为感官检查法（organoleptic test，sensory test）。鱼类鲜度的一般感官质量指标如表 5.2-3 所示，其中 GB/T 18108—2019《鲜海水鱼通则》对海水鱼的感官要求如表 5.2-4 所示。

表 5.2-3　　　　　　　　　　　　鱼类鲜度感官质量指标

等级标准 检查项目	Ⅰ	Ⅱ	Ⅲ	Ⅳ
体表	具有鲜鱼固有的鲜明本色与光泽，黏液透明	色泽暗淡，光泽差，黏液透明度较差	色泽暗淡无光黏液混浊	色全晦暗，黏液污秽或干燥
鳞	鳞完整或稍有花鳞，但紧贴鱼体不易剥落	鳞不完整，较易剥落	鳞不完整、松弛，易剥落	鳞易擦落
鳃	鳃盖紧合，鳃丝鲜红（或紫红色）清晰、黏液透明无异味	鳃盖较松，鳃丝呈紫红、淡红或暗红色，腥味较重	鳃盖软弛，鳃丝粘连，呈淡红、暗红或灰红色，有显著腥臭味	鳃丝黏结，被覆有脓样黏液，有腐败臭味
眼睛	眼球饱满，角膜光亮透明	眼球平坦或稍有凹陷，角膜暗淡或微混浊	眼球凹陷，角膜混浊或发糊	眼球完全凹陷，角膜模糊或呈脓样封闭
肌肉	肌肉坚实或富有弹性、肌纤维清晰有光泽	肌肉组织紧密，有弹性，压出凹陷能很快复平。肌纤维光泽较差	肌肉松弛，弹性差，压出凹陷后，复平较慢，有异味，但无腐臭味	肌肉纤维模糊，有腐败臭味

表 5.2-4　　　　　　　　　　　　海水鱼感官要求

项目	一级	二级	三级
鱼体	鱼体硬直，完整，无破肚，具有鲜鱼固有色泽，色泽明亮，花纹清晰，有鲜鱼的鳞片紧贴鱼体无脱落	鱼体稍软，完整，无破肚，具鲜鱼固有色泽，色泽稍暗，花纹较清晰，有鳞鱼的鳞片略有脱落	鱼体较软，基本完整，允许中上层鱼稍有破肚，鱼体色泽较暗，花纹较清晰，有鱼的鳞片局部脱落，与鱼体连接稍松弛

续表

项目	一级	二级	三级
肌肉	肌肉组织紧密有弹性，切面有光泽，肌纤维清晰	肌肉组织较紧密，有弹性，肌纤维清晰	肌肉组织尚紧密，弹性较差，肌纤维较清晰
眼球	眼球饱满，角膜清晰明亮	眼球平坦，角膜较明亮	眼球略有凹陷，角膜稍混浊
鳃	鳃丝清晰，色鲜红，有少量黏液	鳃丝清晰，色暗红，有些黏液	鳃丝较清晰，色粉红到褐色，有黏液覆盖
气味	具海水鱼特有腥味		允许鳃丝有轻微异味，但无臭味、氨味
杂质	无外来杂质，去内脏鱼腹部无残留内脏		
蒸煮实验	具鲜鱼固有的鲜味，口感肌肉组织紧密有弹性，滋味鲜美	气味正常，口感肌肉组织稍松弛，滋味较鲜	气味较正常，口感肌肉组织较松弛，滋味稍鲜

5.2.2.2 化学法判定水产食品原料鲜度

为了进一步确定鱼的鲜度，或对鱼的品质鉴定有特殊需要时，在感官鉴定的基础上化学鉴定法。鱼体鲜度的化学测定法包括两种：一种是鱼贝类鲜活时在肌肉中几乎或完全不存在，但随着鲜度下降而产生或增加的物质为指标；另一种是以蛋白质的变性为指标，其中前者作为判定鱼贝类一般鲜度为目的，而后者用于判定鱼类肌肉用作鱼糜制品的加工适应性。

1. 以鱼肉成分分解产物为指标的方法

（1）K 值　K 值是以核苷酸的分解物作为指标的判定方法，能从数量上反映出鱼的"鲜活的程度"。

鱼肉中的 ATP 是循 ATP→ADP→AMP→IMP→HxR→Hx 的途径而分解，随着鲜度的下降，反应向右进行，但这些与 ATP 有关的化合物的总量几乎是一定的，以 HxR 和 Hx 占核苷酸及其关联化合物总量的百分率作为鱼肉的鲜度指标，称为 K 值。

$$K 值（\%）=（HxR+Hx）/（ATP+ADP+AMP+IMP+HxR+Hx）\times 100\%$$

即杀鱼为 10% 左右，生鱼片为 20%，新鲜鱼为 <40%，初期腐败鱼为 60%~80%。

实际上 K 值的大小反映鱼体在僵硬至自溶阶段的不同鲜度。因为鱼死后至僵硬这段时间，ATP 迅速分解，K 值增加很快。因此 K 值比挥发性盐基氮更能准确地反映出鱼体的鲜度，因为在这段时间蛋白质分解速度缓慢。如果鱼体处于腐败阶段，再去测 K 值或以 K 值来表示"鲜度"，则失去实际意义。

（2）挥发性盐基氮　挥发性盐基氮来源于氨、三甲胺和二甲胺等的挥发性盐基氮，且随着鲜度的下降而增加。在鱼体死后的前期，挥发性盐基氮的增加主要是由于 AMP 的脱氨反应而产生的氨造成，随后通过氧化三甲胺的分解产生三甲胺和二甲胺，再加上氨基酸等含氮化合物的分解产生的氨或各种氨基。

鱼肉的挥发性盐基氮为 5~10mg/100g 时属于极新鲜，15~25mg/100g 时属于一般新鲜，30~40mg/100g 时属于初期腐败，50mg/100g 以上时属于腐败。该方法广泛用于判定鱼类的鲜度，严格来讲是其腐败度，但对于含有大量尿素和氧化三甲胺的板鳃类不适用。

活鱼的肌肉中不存在三甲胺，即使存在也是极微量的，因为三甲胺随着细菌的增加而增加，所以是鉴别鱼肉腐败的理想指标，有时单独进行测定。初期腐败的临界值因鱼种而异，一般为2~7mg/100g，但该方法不适于氧化三甲胺含量低的淡水鱼。同时必须注意加热过的肉，由于氧化三甲胺的热分解会产生三甲胺；此外，即使是新鲜肉，有时氧化三甲胺由于酶的作用也会产生三甲胺。

（3）pH 一般活鱼肌肉的 pH 为 7.2~7.4，鱼死后随着酵解反应的进行，pH 逐渐下降，达到最低后，随着鲜度下降，由于碱性物质的产生而再回升。因此，根据此原理可从 pH 判断鲜度。pH 的测定也可用玻璃电极简单而正确地进行，但由于鱼种和鱼体部位不同，pH 变化的进程也不同，所以得到一个判定鲜度的共同临界值是较困难的，需要结合其他鲜度判定法作出判断。

（4）其他方法 最常用的有根据鱼肉鲜度下降时测定产生的甲酸、丙酸和丁酸等挥发性有机酸的方法；根据高锰酸钾的消耗量测定挥发性还原物质（volatile reducing substance，VRS）的方法，也有以非蛋白氮、氨态氮、酪氨酸、组胺和吲哚等为指标的方法，这些方法因鱼种不同其测定值有差异，而且测定的操作也较复杂，因此一般不采用。

2. 以蛋白质变性为指标的方法

当蛋白质变性时将引起溶解性及酶活性下降。所以当鱼肉冷藏或冻结贮藏时，除从食品卫生的角度出发判断是否适用于食用外，还应进行鱼肉是否具有加工鱼糜制品（鱼糕形成能）的鲜度的判断。为此，常常测定盐溶性蛋白质的溶解性和肌原纤维蛋白质的 ATP 酶活性。

5.2.2.3 物理法判定水产食品原料鲜度

水产食品原料品质的物理鉴定法主要是根据原料肌肉的弹性，鱼肉或浸出液的电导率，鱼肉浸出物的折射率等物理参数来判别原料鲜度的一种鉴定方法。常用的物理学的鲜度指标有以下两种：

1. 鱼肉的弹性

新鲜鱼的肌肉有一定的弹性，随着鲜度的降低，鱼肉的弹性也下降。一般鱼肉的弹性可以采用弹性仪进行测定，当用弹性仪在鱼体肌肉上按压时，鱼肉产生一定形变的压力值，可由指示仪表给出，根据指示的鲜度等级或弹性值即可直接确定被测鱼的鲜度等级或由标准曲线查得鲜度等级。

2. 鱼肉的电导率

鱼体在死后僵硬的过程中，随着糖原的降解及乳酸的生成，其氢离子浓度也发生变化。鱼体肌肉的氢离子浓度与其电导率有密切关系，采用鱼肉电导率这种物理学指标来判别鱼体进入腐败阶段之前的商品质量是一种简便有效的方法，设备简单，可以立即获得结果。

5.2.2.4 细菌总数判定水产食品原料鲜度

细菌数可以反映鱼体污染程度。鱼体在僵硬阶段细菌繁殖慢，但到自溶后期由于含氮物分解增多，细菌繁殖很快。因此测定细菌数的多少大致反映鱼体鲜度。一般细菌总数小于 10^4 个/g 作为新鲜鱼，大于 10^6 个/g 作为腐败开始。由于微生物学质量指标的测定要有一定的设备条件，且要有比较熟练的人员操作，测定结果需 2~3d 后才知道，故除了进行对比研究及特殊需要外，生产上使用受到一定限制。

5.2.3 鱼贝类的保鲜

鱼贝类比陆上动物更易腐败变质，其保鲜就显得尤为重要。鱼贝类等水产品的低温保鲜技术是将其体温度降低，从而抑制、减缓酶和微生物的作用，使水产品在一定时间内保持良好的鲜度。目前最常用的是低温保鲜技术，还有化学保鲜、脱水与干藏保鲜、气调保鲜、高压保鲜和辐照杀菌保鲜技术等。本节主要讲述鱼贝类低温保鲜技术。

5.2.3.1 鱼贝类的冷却保鲜

1. 冰冷却法

冰冷却法即碎冰冷却，又称冰藏或冰鲜，是水产品贮藏保鲜最常用的方法。冰冷却包括"撒冰法"和"水冰法"，淡水鱼可用淡水加冰，也可用海水加冰，而海水鱼只许海水加冰以防色变。一般冰冷却保冷温度0~3℃，保鲜期限为7~12d。冷却速度越快温度越低，保鲜效果越好，如3℃冰藏大黄鱼保鲜期7~8d，而0.2℃冰藏大黄鱼保鲜期约13d。

2. 冷却海水法

冷却海水保鲜是把水产品保藏在-1~0℃的冷却海水中的方法，一般水产品与海水的比例为7∶3，保鲜期为9~12d，最为适用于品种较为单一、渔获量高度集中的围网作业和运输船上。然而冷却海水保鲜使水产品在冷却海水中吸取水分和盐分，鱼体膨胀，鱼肉略咸，体表稍有变色以及由于船身的摇动而使鱼体损伤和脱鳞现象。另外海水还产生泡沫造成污染，鱼体变质的速度比同温度的冰藏鱼要快，加上冷却海水系统要有初始设备，一定程度上影响了冷却海水保鲜技术的推广和发展。

近年来国外研究了用CO_2改善的冷却海水来保藏水产品，即用CO_2去饱和冷却海水，使海水的pH接近4.2，通过抑菌和杀菌大大延长了鱼货的保鲜期，提高鱼品的质量并妥善处理海水。

5.2.3.2 鱼贝类的微冻保鲜

微冻是将水产品保藏在-3℃左右介质中的轻度冷冻的保鲜方法，其基本原理是在略低于冻结点以下的微冻温度下保藏，鱼体内的部分水分发生冻结，更有效抑制微生物，和延长保鲜期。

1. 冰盐混合微冻

冰盐混合物是一种有效的起寒剂。当盐掺在碎冰里，盐就会在冰中融解而发生吸热作用，使冰的温度降低。冰盐混合在同一时间内会发生两种作用：一种是冰的融化热，另一种是盐的溶解吸收溶解热。因此，在短时间能吸收大量的热，从而使冰盐混合物温度迅速下降，它比单纯冰的温度要低得多。

冰盐混合物的温度高低取决于冰中掺入盐的百分数。要使鱼贝类达到微冻温度-3℃，一般可在冰中掺入占其重量3%的食盐，且冰盐混合要均匀。由于冰融化快，冷却温度也低，冰融化后冰水吸热温度回升，鱼贝类温度的回升也快。因此，在冰盐微冻过程中需要逐日补充适当的冰和盐。

2. 低温盐水微冻

由于盐水传热系数大，将鱼贝类浸在-5~-1℃盐水中冷却与冻结速度较快，关键在于选择适当的盐水浓度。如果盐水浓度高但在共晶点范围内，则凝固温度低于盐水温度，不会堵塞制冷系统。但浓度过高会使水产品偏咸，影响水产品的风味。同时由于水产品中的蛋白质大部分是盐溶性肌球蛋白，含盐量的增加会使蛋白质保水能力下降而沉淀析出以及产生蛋白质变性。但浓度过低，就会发生凝固点高于盐水温度，出现结冰现象，造成制冷系统堵塞，严重时还会冻裂管道和容器。

5.2.3.3 鱼贝类的冻结保鲜

水产品中心温度冷冻-18℃、90%的水分冻结成冰后贮藏在-18℃冷库的方法称为冻结保鲜。由于水产品液态水分大大降低，微生物无法获取营养和排出代谢产物，且鱼体组织酶活性减弱，加之低温大大减缓了水产品体内的生化反应，极大延长了水产品保质期。

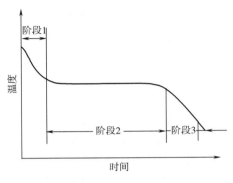

图 5.2-1　鱼体的冻结曲线

在冻结过程中鱼体的冻结曲线可分三个阶段（图 5.2-1）：第 1 阶段是鱼体温度从初温降至冻结点，放出显热。此热量与全部放出的热量相比其值较小，故降温快，曲线较陡；第 2 阶段是鱼体中大部分水分冻结成冰。由于冰的潜热大于显热 50 ~ 60 倍，整个冻结过程中绝大部分热量在此阶段放出，故降温慢，曲线平坦；第 3 阶段是鱼体温度继续下降，直到终温。此阶段放出的热量，一部分是冰的继续降温，另一部分是残留水分的冻结。水变成冰后，比热显著减小，但因为还有残留水分冻结，其放出热量较大，所以曲线不及第一阶段陡峭。

冻结速度越快冻品的质量越好，因为组织内结冰层推进的速度大于水分移动的速度，产生冰结晶的分布接近于组织中原有液态水的分布状态，并且冰结晶微细，呈针状晶体，数量多且均匀，对水产品的组织结构无明显损伤。

1. 冻结方法

一般有空气冻结法、盐水浸渍冻结法、平板冻结法和液氮喷淋冻结法。

（1）空气冻结法　空气冻结法是利用空气作为介质冻结鱼类，其装置有管架式鼓风和隧道式送风两种。隧道式单冻机是目前冷冻水产品的常用方法，冻结速度比平板冻结机快。

（2）盐水浸渍冻结　盐水浸渍冻结分为直接接触和间接接触两种。

（3）平板冻结　平板冻结是借平板机的冻结平板同水产品直接接触换热的一种冻结方法。平板冻结机分为立式和卧式两种，其优点是冻结速度快，缺点是卧式劳动强度大，且无法冻结大型鱼；立式虽能减轻劳动强度，但由于散装，水产品容易变形，影响外观。

（4）液氮喷淋冻结　液氮喷淋冻结装置是水产品直接与喷淋的液氮接触而冻结的方法。液氮在大气压下的沸点为-195.8℃，当其与水产接触时可吸收 198.9kJ/kg 的蒸发潜热，如果再升温至-20℃，其比热容以 1.05kJ/（kg·K）计，则还可吸收 183.8kJ/kg 的显热，二者合计可吸收 382.7kJ/kg 的热量。

用液氮喷淋冻结装置冻结水产品时冻结速度快、冻品质量好、干耗小、抗氧化、装置效率高、占地面积小和设备投资省等优点，因此液氮冻结在工业发达的国家中被广泛使用。但由于冻结速度极快，水产品表面与中心产生极大的瞬时温差容易造成龟裂。所以冻品厚度应控制60mm 为限。另外液氮冻结的成本较高。

2. 冻结过程中的品质变化与控制

在冻结时由于水结成了冰晶，可能会引起物理变化、化学变化、生物和微生物的变化等。

（1）冻结时的物理变化　水产品冻结时会发生体积膨胀、比热减小、导热性增加、干耗等现象并造成体液流失。水产品经冻结后如果发生解冻，内部冰结晶融解形成的水如果不能被肉质吸收重新回到原来状态时，这部分水就分离出来形成流失液。水产品体内物理变化越大则流失液越多。流失液不仅是水，而且还包括溶于水的蛋白质、盐类和维生素等，所以流失液不仅使重量减少而且风味营养成分也损失，水产品量和质方面都受到损失。

产生流失液的原因是肉体受冻结使蛋白质等成分的保水性变成脱水性，且这一过程不可逆，因此融化的水不能与蛋白质等成分重新结合，水通过肉质中的空隙流到体外。这种空隙是由于肉质组织受冻结的机械损伤所致，如果损伤轻微，因毛细管作用，流失液被保留在肉质内，加压才能挤出。

（2）冻结时的化学变化　主要表现为肌球蛋白凝固变性造成质量和风味下降。造成蛋白质变性的原因目前尚不十分清楚，主要由下述的一个或几个原因共同造成的。

①盐类、糖类及磷酸盐的作用：冰晶生成使无机盐浓缩，盐析作用或盐类直接作用使蛋白质变性。盐类中 Ca 和 Mg 等水溶性盐类能促进蛋白变性，而磷酸盐等则能减缓蛋白质变性。冷冻鱼糜生产时按此原理将鱼肉搅碎，水洗以除去水溶性的 Ca 和 Mg 盐类，然后再加 0.5%磷酸盐（焦磷酸钠和多聚磷酸钠的等量混合）、蔗糖 4%和山梨醇 4%，调节 pH 到 6.5~7.2 进行冻结时效果较好。

②冰结晶挤压作用：冻结和冻藏过程中会产生大型冰结晶，而冰结晶形成时体积膨胀产生了对周围分子的挤压作用，使具有正常空间结构的蛋白质分子链互相紧挨着，引起空间结构变化，甚至破坏，引起蛋白质变性。

③脱水作用：冰结晶生成时蛋白质分子失去结合水，蛋白质分子受压集中，互相凝集；

④脂类分解氧化产物的作用：脂肪对肌肉蛋白的变性也有影响。脂肪水解产生游离脂肪酸但很不稳定，氧化结果产生低级的醛和酮等产物，促使蛋白质变性，因为脂肪的氧化水解是在磷脂酶的作用下进行，而磷脂酶在低温下仍然有活性。

另外，冻结后的水产品会有褐变、黑变和褪色等，鱼类变色的原因包括自然色泽的分解和产生新的变色物质。

（3）冻结对生物和微生物的影响　寄生虫和昆虫等小生物经冻结都会死亡，因此鱼类的腐败菌一般由低温菌引起，因为低温菌在 0℃ 以下仍然能够缓慢繁殖，直到−10℃ 以下才停止繁殖。虽然冻结阻止了细菌的发育和繁殖，但由细菌产生的酶还有活性，其生化过程仍在缓慢进行，导致降低冷冻水产品的品质。因此冻结食品的贮藏期仍有一定的期限。

冻结的水产品在冻结的状态下贮藏，冻结前污染的微生物数随着贮藏时间的延长会逐渐减少，但品种不同差别很大。对冻结的抵抗力细菌比霉菌和酵母强，不能期待利用冻结低温来杀死污染的细菌。因此要求在冻结前尽可能减少污染或杀灭细菌后再冻结。

3. 冻藏过程中的品质变化与控制

冻结后的水产品应立即出冻、脱盘和包装，送往冻藏间冻藏。

即使将冻水产品贮藏在最适宜的条件下，也不可能完全阻止随着时间的积累而增加品质劣化。

（1）水产品在冻藏期间的品质变化　水产品在冻藏期间的变化主要有脂肪氧化、色泽变化、重量损失（干耗）及冰结晶长大等。

①干耗：水产品冻藏中的干耗是由于冻藏库中水产品表面温度、冷库气温和配管表面温度三者之间存在温差，形成了水蒸气压差。冻水产品表面因蒸汽压差而丧失水分，转移到室内空气，出现了表面干燥。水产品在冻藏中所发生的干耗，除了经济上的损失外，更重要的是引起品味和质量下降。

②冰结晶长大：水产品经过冻结以后组织内的水结成冰，体积膨胀。冰结晶的大小与冻结速度有关，冻结速度快，冰结晶细小，分布也均匀。但在冻藏过程中，往往由于冷库温度波动使冰结晶长大，因为当温度升高时，水产品组织中冰结晶部分融化形成水，并附在未融化的冰晶体表面或留在冰晶体之间。当温度再次下降时，融化的水再度结冰，则附在未融化冰晶体表面这部分水自然地冻结，导致冰结晶长大；而留在冰晶体之间那一部分水冻结时，则会把冰晶体之间连接起来，使小晶体长成大晶体。冻藏时间越长，温度波动次数越多，反复融解冻结的次数也就越多，这就使小晶体越来越多地长成大冰晶体。

另外，大小不同的冰晶体周围的水蒸气压也不同，小冰晶体的相对表面积大，因而其周围的水蒸气压力总是比大冰晶体周围的水蒸气压力大。压力差促使水分从小冰晶体向大冰晶体转移，成为组织中发生再结晶使冰晶长大的原因。冰晶体长大，往往会挤破细胞原生质膜，解冻时汁液流失，且营养下降。

③色泽变化：水产品一经冻结色泽就会明显变化，冻藏一段时间以后更为严重。水产品变色的原因包括自然色泽的分解和新的变色物质的产生两个方面，变色反应的机制是复杂的，具体有以下几种变化：

a. 褐变。褐变是还原糖与氨化合物的氨基羰基发生的美拉德反应，例如，鳕鱼的褐变是鱼死后肉中核酸系物质反应生成核糖，然后与氨化合物反应产生褐变；

b. 酪氨酸酶的氧化造成虾的黑变。虾类在冻结及冻藏时，头、胸、足和关节处会发生黑变，其原因主要是氧化酶（酚酶、酚氧化酶）使酪氨酸产生黑色素。黑变与虾的鲜度关系密切。冻结的新鲜虾酚酶无活性，因此不会变黑，但在冻藏中由于质量不断下降，酚酶活性化，冻藏一段时间虾就会发黑。防止的办法是煮熟使酶失去活性，然后冻结，或去内脏、头、壳、血液，水洗后冻结，或用水溶性抗氧化剂浸渍后冻结以及真空包装等；

c. 血液蛋白质的变化造成的变色。金枪鱼肉在-20℃冻藏2个月以上其肉色从红色—深红色—红褐色—褐色，因为鱼色素中肌红蛋白氧化产生氧化肌红蛋白，但当温度降到-35℃下冻藏可以防止金枪鱼肉变色；

d. 旗鱼类的绿变。冻旗鱼类为淡红色，在冻藏时变绿色。将鱼切开时在脊骨处可看到绿变，且异臭和发酸，严重时有似阴沟的臭气，究其原因是在贮藏中细菌生长产生硫化氢后，与血红蛋白和肌红蛋白反应生成硫血红蛋白与硫肌红蛋白造成。目前尚无防止的有效方法，只能注意冻前防止鲜度下降；

e. 红色鱼的褪色。有些鱼，如红娘鱼等的体表有红色素，在冻结和冻藏时会发生褪色现象，是脂溶性红色色素在酯酶作用下使不饱和脂质产生二次氧化造成。用不透紫外光的玻璃纸包装，或用0.1%~0.5%的抗坏血酸钠、山梨酸钠液浸渍或用此液镀冰衣均有防止褪色效果。

④脂肪氧化：在长期冻藏过程中脂肪酸往往在冰的压力作用下由内部转移到表层，容易同空气中氧气作用产生酸败。脂肪氧化又往往同蛋白质的分解产物，如氨基酸、盐基氮以及冷库中的氨共存，从而加强了酸败，造成色、香和味严重恶化，俗称"油烧"。

⑤酶类的分解作用：鱼肉在冻藏过程中仍然发生酶类的分解作用，直接或间接地影响水产品的质量。

a. 脂类的分解。由于脂解酶在很低的温度（$-30 \sim -20℃$）下仍能保持其活性，所以鱼肉在冻藏过程中脂类的分解仍在进行，这种分解作用磷脂类比中性脂为甚。脂类分解使游离脂肪酸含量增高，影响食品的风味并促进蛋白质的变性，导致鱼品质下降；

b. 核苷酸的分解：由于酶的作用，鱼肉在冻藏过程中肌苷酸（IMP）会逐渐减少，而肌苷及次黄嘌呤则逐渐增加，这种分解的程度因鱼的种类及冻藏温度而异，冻藏温度愈低则分解程度也愈低。由于肌苷酸是一种重要的呈味成分，所以肌苷酸的分解必然会影响冻藏鱼的风味。

（2）表面保护处理　冻结水产品在长期冻藏过程中，因物理和化学变化导致冻品表面干燥和变色，甚至发生油烧，冻品的风味变差，商品价值和营养价值都下降。为了保持冻品的质量，除尽量低并稳定的冻藏温度外，可对冻结水产品实施保护处理，抑制这些理化变化。

由于冻藏鱼的品质变化主要发生在离表皮 1mm 的范围内，表面的干燥和变色会引起肉质内部的品质变化。同时表面的恶化还直接导致了商品价值的下降。因此保护表面是极其重要的。冻结水产品的表面保护处理方式如下。

①镀冰衣：冻结水产品表面附着一层薄的冰膜，冻藏过程中冰衣的升华替代了冻品本身的冰晶升华，使冻品表面得到保护。隔绝了冻品与周围空气的接触，就能防止脂类和色素的氧化，可以延长期贮藏。

②抗氧化剂处理：在冻前将水产品浸渍在抗氧化剂溶液中，让抗氧化剂附着并浸透水产品的表层。水溶性抗氧化剂使用较多的是 L-抗坏血酸及其钠盐，代表性的应用是防止冻结虾类的黑变，但很少用于防止冻结鱼的氧化变质。在冻结前将原料虾浸渍在 L-抗坏血酸及其钠盐的 $0.1 \sim 0.5\%$ 溶液中即可抑制虾的黑变，如果冻结后用同一溶液包冰衣，则取得更好的效果。

③脂溶性抗氧化剂：丁基羟基茴香醚（BHA）和二丁基羟基对甲酚（BHT）对多脂肪鱼种（鲐鱼、沙丁鱼等）因脂类氧化引起酸败和油烧等的防止有效果。冻结前将多脂鱼浸渍在 BHA 和 BHT 的分散液（$0.01\% \sim 0.02\%$）中，冻结后用同样的分散液包冰衣，可增强效果。但如果原料鱼的鲜度不好，已超出了脂类变化的诱导期阶段，使用抗氧化剂效果不好。

④包装：常用的内装材料包括聚乙烯、聚丙烯、聚乙烯与玻璃纸复合、聚乙烯与聚酯复合、聚乙烯与尼龙复合及铝箔等。冻鱼块的码垛整齐，在货堆外面用塑料布包起可减少水产品暴露在空气中的而积，从而减少冻品的干耗。

5.2.3.4　超冷保鲜

超冷保鲜技术（super quick chilling, SC）是一种新型保鲜技术，也称超级快速冷却。具体的做法是把捕获后的鱼立即用$-10℃$的盐水作吊水处理，根据鱼体大小的不同，在 $10 \sim 30min$ 之内使鱼体表面冻结而急速冷却，这样缓慢致死后的鱼处于鱼仓或集装箱内的冷水中，体表解冻时要吸收热量，从而使得鱼体内部初步冷却。然后再根据不同保藏目的及用途确定贮藏温度。

超冷保鲜与非冷冻和部分冻结有着本质上的不同。鲜鱼的普通冷却冰藏保鲜、微冻保鲜和部分冻结保鲜等技术是保持水产品的品质，而超级快速冷却是将鱼即杀死和初期的急速冷却同时实现，可以最大限度地保持鱼体原本的鲜度和鱼肉品质。

图文并茂电子书/拓展资源获得方法： 用移动终端设备上安装的"学习通" APP 扫描下列二维码， 就可以直接学习"食品原料学慕课" 网站上与该章节配套的电子书/讲课视频、 试题库、 相关论文、 拓展阅读、 拓展视频、 VR/AR/MR、 3D 动画、 热门话题、 国内外进展、 专家讲座等拓展内容 （详细方法参见本教材正文前的慕课使用方法）：

0. 配套国家级
  慕课首页

1. 鱼贝类的死后变化

2. 鱼贝类的鲜度判定

5.3 藻类食品原料

5.3.1 藻类食品原料的种类及特性

海洋藻类多数为单细胞个体， 少数为多细胞群体或叶状体， 没有真正意义上的根、 茎、 叶器官分化。迄今知道的藻类约有 4 万余种， 其中微藻约占 80%， 有 3 万余种。目前世界上以各种形式利用的海藻有 221 种， 其中绿藻 32 种， 褐藻 64 种， 红藻 125 种。藻类为人类认识并用作食品已有近 3000 年历史，工业化利用也已有 300 多年。并且随着对藻类认识的深入，藻类应用也越来越广。本节主要介绍常见的大型海藻和目前在国内外大量培养、利用的微藻。

5.3.1.1 褐藻

1. 海带

海带品种也有多种， 我国的海带是属真海带 [*Laminaria japonica* （Aresch）]， 海带科， 又名昆布。海带分为叶片、叶柄和固着器 3 个部分。藻体叶片呈带状，褐色有光泽，表面附着胶质层。叶片边缘呈波褶状，薄而软，叶柄粗短，圆柱状。固着器位于叶柄基部，由许多从叶柄基部生出的分枝假根组成，用以附着于海底岩石或其他固定物上，一般长 2~4m，最长可达7m。海带生活在水温较低的海中，我国沿海由北至南方的福建均产，为主要养殖品种。海带收割期，北方沿海一般在 6~7 月，南方为 5~6 月。

海带一般在收割期时晒干成干制品、盐渍制品及加工成各种食品（佃煮食品、调味干制品、即食海带等），由于富含碘和碣藻胶质，可用于工业提取碘、褐藻胶、甘露醇等。可防治动脉硬化、甲状腺肿大等。

2. 裙带菜 ［*Undaria pinnatifida*（Harv.）Suringar］

翅藻科，又名海芥菜、裙带。叶似破芭蕉叶扇子，生长在大连、山东沿海的，叶上缺刻深，叶形较细长；生长在浙江海区的则反之。叶基部也是叶柄和固着器，固着器多叉状假根。叶高 1~2m，宽 50~100cm。叶中央由柄延伸成中肋直抵叶端，叶面上散布着许多黑色小斑，叶表生有无色丛毛。藻体快成熟时，柄边缘狭长的龙根部生长快速，形成许多木耳状重叠皱褶。鲜藻体浓褐色、褐绿色，加工脱水后呈茶褐色、黑褐色。

裙带菜在辽宁、山东沿海及浙江省舟山嵊泗列岛均有分布，有些地区现已发展养殖。收割期从 3 月中旬前后开始，4 月中旬结束。裙带菜是一种美味适口、营养丰富的海藻，其中除含碘量较海带少外，其他成分均不亚于海带，适宜于鲜食。加工品种主要为盐渍品、即食裙带菜、汤料等。

3. 羊栖菜 ［*Sargassum fusiforme*（Harv.）Setch］

马尾藻科，又名海大麦、海栖、海菜。藻体棕褐色，以主干分枝、互生细叶及气囊形成藻体，由于其气囊为麦粒状，故沿海居民多俗称“海大麦”。羊栖菜为马尾藻科的中小型海藻，成体长 0.4~0.8m，大的可超过 1m。多生长在风浪较大、水质清净的低潮带岩石上，全年可见，生长盛期在春夏季。为北太平洋西部特有的暖温带海藻，我国南北沿海均有分布。目前浙江、山东沿海均有人工养殖。羊栖菜为传统的海洋生物药物，中药名称作海菜，具有软坚散结、利水消肿、泄热化痰等功效，可用于治疗甲状腺肿大、颈淋巴结肿、浮肿、脚气病等。

5.3.1.2 红藻

1. 紫菜

紫菜属红藻门、红毛菜料、紫菜属，常见的有坛紫菜和条斑紫菜。坛紫菜 ［*Porphyra haitanensis*（Rhodophyta）］，红毛菜科，藻体片状膜质，呈紫红色或青紫色，藻体较薄。我国长江以南沿海均有分布，为江南主要养殖品种。条斑紫菜（*Porphyra yezoensis*），藻体卵形，一般呈紫黑色，长江以北均有分布，为江北的主要养殖品种。

福建、浙南沿海多养殖坛紫菜，北方则以养殖条斑紫菜为主。紫菜是分期采割的。叶长15~20cm 即可采收一次，从秋后开始可持续到次年 3~5 月。紫菜采收期：初期从 9 月中旬至11 月下旬；中期从 12 月上旬至次年 2 月下旬，后期从 3 月上旬至 4 月上旬。条斑紫菜则从 12 月上旬开始到次年 5 月止。

紫菜味鲜美，蛋白质含量高，营养丰富。一般加工成紫菜干品或调味紫菜食用，亦可加工成佃煮食品。具有降低人体血清中胆固醇、预防动脉硬化、补肾利尿、清凉宁神、防治夜盲、发育障碍等功效。也可用于提取琼胶。

2. 江篱 ［*Gracilaria verrucosa*（Huds.）Papenfuss］

江篱科，又名龙须菜、海面线、粉菜、海菜、蚝菜、沙尾菜。藻体呈圆柱形、线形分枝，分枝互生、偏生，其基部稍有缢缩（这是鉴定不同品种的特征）。每株基部为小盘状固着器，主枝较分枝粗，直径0.5~1.5mm，大的可达4mm，株高10~50cm，高的可达1m，人工养殖的更高。藻枝肥厚多汁易折断。颜色有红褐、紫褐色，有时带绿或黄，干后变为暗褐色，藻枝收缩。

我国沿海各地均有江篱资源，现广东、广西等南方沿海已发展养殖。采收江篱在两广从3月开始，福建沿海要推迟1个月才开始收获。江篱体内充满胶质，含胶达30%以上，是制造琼胶的重要原料之一。广泛应用于工、农、医药业，作为细菌、微生物的培养基。沿海群众用其胶煮凉粉食用，或直接炒食。煮水加糖服用，具有清凉、解肠热、养胃滋阴的功效。

3. 石花菜［*Gelidium amansii*（Lamouroux）］

石花菜科，又名鸡毛菜，藻体分主枝、分枝、小枝，直立丛生。枝体扁平，分枝渐细，呈羽状互生、对生，枝端急尖。主枝基部是固着器。每株高10~20cm，大者可达30cm。颜色随海区环境、光照的不同而有变化，有紫红色、棕红色、淡黄色等。

石花菜分布于我国北部沿海，浙江、福建、台湾也有生长。人工筏式养殖的石花菜，春茬在7月上旬收获，秋茬在12月初收获。自然增殖的石花菜多在6~7月采收。石花菜也是一种重要的经济藻类，藻体细胞空隙间充满胶质，是制作凉粉、琼胶的理想原料。

4. 角叉菜［*Chondrus ocellatus*（Holmes）］

属杉藻科。藻体丛生，深紫红色或稍带棕绿色，固着器壳状；藻体的基部呈亚扁形，向上则扁平叉开，数回叉状分枝，腋角宽圆，顶端钝形。藻体革质型，具光泽。角叉菜多生长在潮间带岩石上，属暖温带海藻。广东、福建和海南省沿海均有分布，是制作卡拉胶的主要原料。

5.3.1.3 绿藻

1. 孔石莼［*Ulva pertusa*（Kjellm）］

石莼科，又名海波菜、海条、猪母菜。藻体有卵形、椭圆形、圆形和披针形。叶片上有形状、大小不一的孔，这些孔可使叶片分裂成几个不规则裂片。叶边缘略有皱褶或呈波状。叶基部有盘状固着器，但无柄。株高10~40cm。颜色碧绿，干后浓绿色。辽宁、河北、山东和江苏省沿海均有分布，长江口以南沿海虽也有生长，但逐渐稀少。孔石莼全年均有，繁殖生长期主要在冬春季，春末夏初是采收盛期。

孔石莼的化学成分很复杂，是药用海藻，在福建、广东各地的中药店内称昆布。其性味咸寒，能清热解毒、软坚散结、利水降压，可治中暑、水肿、小便不利、颈部淋巴结肿、单纯性甲状性肿、疮疖和高血压，也可做菜吃。

2. 条浒苔［*Enteromorpha clathrata*（Roth）Greville］

石莼科，又名海青菜、苔菜、苔条。藻体管状中空，分枝细长众多，主干不明显。株高可达40cm。鲜藻鲜绿色，干后暗绿色、浓绿色。我国沿海均有出产，但东海沿岸产量最大。藻体全年生长，春季为旺期，这时可以开始采收。

条浒苔可以鲜食，也可晒干贮藏，还可以腌食。江浙、上海等地把苔条拌入面粉中作苔条饼，既增色又具独特的清香味。闽南一带以苔条作为春饼的调味剂。浒苔藻含有大量的抗溃疡性物质，对胃溃疡患者和十二指肠患者有疗效，还有解毒、增强肝脏机能的作用。

3. 刺松藻［*Codium fragile*（Sur.）Hariot］

松藻科，又名鼠尾藻、软软菜、刺海松。藻体深绿至墨绿色，呈树枝状，多为鹿角形分枝、圆柱形枝体，内部为海绵性结构，由管状丝状体交织组成，成直立或匍匐状生长，高20~40cm。多生长在中、低潮带岩石上或石沼中，为多年生绿藻，生长盛期7~9月。我国沿海均有分布，为浙江沿海优势藻种。

可供食用和药用。过去我国南方沿海渔民常用其炖水煎服，以驱蛔虫、清肠胃等，还有清热解毒等功效。

5.3.1.4 微藻

微藻不是分类学上的名称，而是对那些肉眼看不到，需在显微镜下才能辨别其形态的微小的藻类类群的统称。目前有大量培养和生产的微藻分属于4个藻门：蓝藻门、绿藻门、金藻门和红藻门。

1. 螺旋藻（*Spirulina sp.*）

属于蓝藻门、颤藻目、螺旋藻属，是一种多细胞的丝状蓝绿藻。螺旋藻属于原核生物，细胞结构简单，个体成螺旋形丝状，藻丝长50~500藻门，直径1~12μm。丝状体一般没有覆盖黏性鞘，因而藻体细胞上没有附着细菌或其他微生物。细胞内有气泡，因而易上浮，易于采集；螺旋藻的形状受环境影响较大，形状多变。根据化石分析，螺旋藻距今已生存了约35亿年。其分布范围很广，在土壤、沼泽、淡水、海水和温泉中都有发现，在一些高盐碱度的湖泊也能生长。目前国内外工厂化生产的螺旋藻有钝顶螺旋藻［*S. plantensis*（Geitl）］、极大螺旋藻［*S. maxima*（Setch. et Gardn）］等。

2. 小球藻

小球藻［*Chlorella vulgaris*（Beij.）］，属绿藻门的绿球藻目、小球藻科。为小型单细胞，呈球形，壁很薄；色素体杯状，占细胞的大部分，有1个蛋白核有时不很明显，直径5~10μm，生殖个体直径可达23μm。

小球藻是一种营养全面的微藻。藻体中蛋白质含量40%~50%、脂肪含量10%~30%、碳水化合物含量10%~25%、灰分含量6%~10%，并含有8种必需氨基酸和高含量的维生素。与富含维生素的普通陆生植物相比，小球藻中维生素A的含量通常要高出500倍，维生素B_2和维生素B_6高出4倍，维生素C高出800倍。小球藻细胞壁薄，纤维素量低，易于消化吸收，是一种优良的功能性食品资源。

3. 杜氏藻［*Dunaliella salina*（Teod.）］

属于绿藻门团藻目，多毛藻科。由于有些种类能在含盐量很高的水体中生存，又称盐藻。杜氏藻为无细胞壁的单细胞，形态多变，有卵形、球形、圆柱形、椭圆形、梨形、纺锤形等，顶端有两条等长鞭毛，具1个杯状色素体。嗜盐的海产种类有一个中央位的蛋白核，色素体前端有1个红色眼点，在高浓度盐水中无收缩泡，但在低浓度盐水中有收缩泡存在。

目前，全世界大多数的天然胡萝卜素产品都是通过大面积培养盐生杜氏海藻后提取制得，澳大利亚、以色列和美国已进入商业化生产阶段。光强增加超过正常生长所需，以及在缺N、P和低溶解氧的条件下，杜氏藻都会积累大量的类胡萝卜素，以保护细胞免受高光强辐射引起的损伤。由此，杜氏藻生产 β-胡萝卜素的条件应包括强辐射、较高的温度、高盐、低营养和低溶解氧等，因此非常适合于进行大规模培养，那些靠近盐湖或海边具有强烈光辐射的干旱、沙漠地区，均可作为杜氏藻培养的场地。

5.3.2 藻类食品原料的化学成分及特性

大多数藻类的水分含量在65%~90%的范围。碳水化合物含量占干物质的50%以上，是除水分外最重要的成分。其次是灰分，在不同种类的藻类中灰分的含量变动较大。蛋白质含量一般较少，大多占干物质重的15%。藻类中脂肪含量极低，绿藻和红藻大多低于0.1%，褐藻的脂肪含量稍高。

藻类化学组成往往随着藻的种类、生长水域、季节变化及环境因子（如生长基质、温度、光照、盐度、海流、潮汐及人为的条件等）不同而有显著的变化。近10多年来，藻类化学的发展尤为迅速，所取得的研究成果为藻类的利用提供了重要的依据。

5.3.2.1 碳水化合物

海藻中的碳水化合物占其干物质重的50%以上，是海藻的主要成分，其中不仅含有红藻淀粉、绿藻淀粉、海带淀粉等不同于陆上植物的储藏多糖，也含有琼胶、卡拉胶、褐藻酸等陆上植物未见的海藻多糖。海藻多糖类分为最外层支撑细胞壁的骨架多糖类（structural polysaccharide），细胞间质的黏质多糖类（mucilaginous polysaccharide）及原生质内的储藏多糖（storage polysaccharide）。

1. 骨架多糖类

海藻的骨架多糖类因海藻种类不同存在一些差别。一般绿藻与陆地植物相同，葡聚糖分子平行排列，以X光衍射像明显的纤维素 I 为主要成分。褐藻和红藻中，有些葡聚糖分子为反向排列，含有较多X光衍射像不明显的纤维素 II。但是，绿藻类水松中代替纤维素的是甘露聚糖（maannan），岩藻、羽藻中含有木聚糖（xylan）。红藻的紫菜其骨架多糖也是由甘露聚糖和木聚糖构成的。

2. 黏质多糖类

孔石莼、浒苔等绿藻内除有硫酸酯外，还含有D-葡萄糖醛酸和D-木聚糖、L-鼠李糖为主要成分的水溶性糖醛酸多糖。裙带菜、海带等褐藻的细胞间，存在着能用稀碱萃取的岩藻聚糖（fucoidan）。

红藻的石花菜科、江蓠科分布有黏质多糖的琼胶，琼胶中糖的组成以 D-半乳糖（52.5%）、3，6脱水 L-半乳糖（34%）为主要成分，也含有少量6-O-甲基 D-半乳糖、硫酸酯基等。琼胶不是单一的多糖，而是由约70%的琼脂糖和约30%的琼脂胶两种多糖组成的。琼脂糖是由 D-半乳糖和3，6-脱水-D-半乳糖组成的琼脂二糖为构成单位组成的。石花菜科的琼脂含量相当于干物质的33%~35%，并随季节而变化。

卡拉聚糖（carrageenan，卡拉胶）广泛分布于杉藻目的麒麟菜、角叉藻属及杉藻属中。化学结构类似于琼胶，但其不同点在于脱水半乳糖在琼脂中是 L 型，而在卡拉胶聚糖中为 D 型；硫酸基的含量高达 20%~30%等。卡拉聚糖因硫酸基的位置、数量可分为 κ 型、λ 型、μ 型、τ 型、ν 型等数种。曾有报告提出角叉藻属和杉藻属的卡拉聚糖含有 40% κ-卡拉聚糖，60% λ-卡拉聚糖。

褐藻酸是由糖基的 C_6 位上形成—COOH 的酸性多糖，由 D-甘露糖醛酸和 L-古罗糖醛酸组成的聚糖醛酸苷。褐藻酸分子包括以下三部分，仅由 D-甘露糖醛酸基（M）组成的部分（M 块），仅由 L-古罗糖醛酸基（G）组成的部分（G 块）及两个基团交错组成的部分（MG 块）。褐藻酸的含量，因藻种、生长场所、季节、部位的不同而有所差异。但海带、裙带菜、黑海带、鹅掌菜等的含量为各自干物质的 10%~30%，夏季其含量更高。

将裙带菜的有孢子叶体和根海带等用水萃取就会得到黏稠液。浸出液中的主要成分为岩藻聚糖，这种物质以 L-岩藻糖和硫酸酯为主要成分，但因种类不同，其组成有所差别，并含有半乳糖、木聚糖及少量的葡萄糖醛酸。以裙带菜为例，岩藻糖为 13%～27%，硫酸基为 5%～25%，糖醛酸为 3%～11%，半乳糖为 23%～24%，另外还含有少量的木糖、甘露糖及鼠李糖。以在 L-岩藻糖-4 硫酸的 1,2-位上结合为主体，也含有在 1，3-位、1，4-位结合的，相对分子质量为 133000±20000。紫菜属的海藻中含有大量的具有硫酸基半乳糖的紫菜聚糖（Porphyran），它是由 3，6-脱水 L-半乳糖（5%～19%），D-半乳糖（24%～45%），L-半乳糖、6-O-甲基-D-半乳糖（3%～38%）及 L-硫酸半乳糖（6%～11%）构成的。紫菜聚糖的数量和各个组成糖的比率与个体、季节或生长的环境有关。从某种紫菜中检出的紫菜聚糖的含量约为干物质的 36%。

3. 储藏多糖

绿藻的储藏多糖是淀粉，它与陆上植物在直链淀粉和支链淀粉组成方面及其化学结构方面等本质上是相同的。褐藻的储藏多糖是 D-葡萄糖的 β-1,3 结合构成的海带聚糖，在黑海带中约为 1%。红藻的储藏多糖与淀粉相似，能发生碘变色反应，故被称为红藻淀粉（Floridean Starch）。红藻淀粉可能具有支链淀粉和糖原的中间构造，占干燥藻体的 2%～3%。

5.3.2.2　色素

绿藻的主要色素是叶绿素（chlorophyll），其中叶绿素 a 是负责光合作用的主要色素，叶绿素 b、叶绿素 c、叶绿素 d 和类胡萝卜素、藻胆色素（phycobilin）等都作为辅助色素，在接受光照的能量后，高效率地将光能传递给叶绿素 a。叶绿素 a 是所有藻类都含的成分，但其他色素在不同种的藻类之间有显著的差异。叶绿素 a、b、c、d 都是以镁配位的金属卟啉色素，卟啉的丙酸侧链和多烯醇——叶绿醇（phtol）形成酯的结构。此外，叶绿素 b 只存在于绿藻中。深海型的绿藻的叶绿素 a/b 比值比浅海型生长的绿藻高。

海带、裙带菜等褐藻中含有大量类胡萝卜素的衍生物——岩藻黄质，吸收了绿蓝色，故显其互补色褐色。此外，含有叶绿素 a 和叶绿素 c。褐藻经醋渍后带青色是由于岩藻黄质被分解而变为青绿色的缘故。

红藻中有叶绿素 a，个别测出有叶绿素 d，类胡萝卜素有 β-胡萝卜素和叶黄素。红藻的主要特征是含有水溶性的藻胆色素，藻胆色素和水溶性蛋白质牢固结合，可见光中的蓝绿色和橙色被鲜红色的藻红蛋白（phycoerythrin）、蓝色的藻蓝蛋白（phycocyanin）、蓝绿色的异藻蓝蛋白（allophycocyalin）3 种色素所吸收的结果，使藻体的颜色变为紫红色。

5.3.2.3　抽提物含氮成分

1. 游离氨基酸

藻类中检出许多特殊氨基酸，主要有 L-a-红藻氨酸、异红藻氨酸、软骨藻酸、海带氨酸、肉质蜈蚣藻氨酸等，这类特殊氨基酸往往具有一定的生理或药理功能。

2. 肽

海藻中分离得到一些特殊结构的肽，如石纯目的孔石纯、绿管浒苔中含有精氨酰谷氨酰胺，是孔石纯的主要成分。褐藻中发现羽叶藻肽及帚状鹿角菜肽。红藻的蜈蚣藻属中存在着一种二肽——L-瓜氨酸-L-精氨酸（Cit-Arg），此外还存在 Cit-Cit-Arg、Cit-Cit-Cit-Arg、Cit-Orn-Arg 等以瓜氨酸、精氨酸及鸟氨酸为构成成分的多种瓜氨酸肽。海藻中的这些肽的生理活性尚不清楚。

5.3.2.4　脂类物质

海藻中发现的最简单形式的甘油基类脂物是三甘油酯，其中 3 个羟基都被脂肪酸所酯化。

海藻的细胞膜主要是甘油基类脂物，在甘油上的 C_1 和 C_2 羟基被脂肪酸酯化成二甘油酯。而 C_3 羟基被一个磷脂酰酯化成一个配糖体。海藻中主要磷脂是磷脂酰胆碱（PC），并含有少量的磷脂酰乙醇胺（PE）、磷脂酰甘油（PG）、磷脂酰丝氨酸（PS）、磷脂酰肌醇（PI）和二磷脂甘油（DPG）。因含量少，鉴定比较困难。海藻中含有 3 种主要糖脂，它们是单半乳糖二酰甘油酯（MGDG）、双半乳糖二酰甘油酯（DGDG）和植物硫脂（SL）。在蓝绿藻中只包括含磷脂酰甘油、单半乳糖二酰甘油酯、双半乳糖二酰甘油酯和植物硫脂。

5.3.2.5 无机质

藻类灰分含量 10%～20%，在日本常食用的海藻类中无机质含量多在 30% 以上。藻类的无机质成分中，以 Na、Mg、Ca、K 含量较高，藻体内 Na、K 主要是以氯化物或硫酸盐的形式存在，与细胞内的生理功能有关。钙在褐藻中特别多，12～31.9mg/g 干物质。Mg 是陆地植物中含量较多的元素，绿藻类的镁含量也较高，为 11.3%～36.5%。海藻中的这些无机质是从海水元素中吸附浓缩得来的。不破等研究了部分海藻的无机质浓缩系数，发现海水中含量较多的 Na、K、Ca、Cl 等元素的浓缩系数是 0.1%～100%，而含量较少的微量元素的浓缩系数却相差悬殊。藻体吸收离子，不仅仅是简单的浓度差引起的扩散渗透作用，而应看作是对特定的离子具有高度选择性，并通过细胞膜功能的传递，即一种不可逆的吸收，但有关各种元素的吸收机理尚不清楚。

海藻是碘（I）的重要来源，海带的总碘量为 1.45mg/g 干物质，腔昆布为 3.15mg/g，裙带菜为 0.06mg/g，其含碘量因种类不同而有明显的差别，但比起陆上动植物都要高上几十甚至几百倍，碘在人体内主要参与甲状腺的生成。缺碘在成年人可引起甲状腺肿大，胎儿期和新生儿期可引起呆小症。

海藻中的 Se、Zn 含量也较高，堀口对多种海藻的风干品进行的分析表明硒的含量在 0.1～1.1μg/g，而粗蛋白含量高的海藻中硒含量也高，两者之比在 1.04～1.31，可以推定藻体中的 Se 大部分是与蛋白质结合而存在的。硒具有抗肿瘤、抗氧化、抗衰老、抗毒性等重要作用，是人体内重要的必需微量元素之一，吃海藻即可得到硒的补充。此外，Zn 和 Se 一样同蛋白质含量呈正相关，锌具有参与酶、核酸的合成，可促进机体的生长发育、性成熟和生殖过程，参与人体免疫功能，维护和保持免疫细胞的复制等多种生理功能。

5.3.2.6 维生素

海藻主要以富含水溶性维生素为特征。红藻中维生素 B_1 含量较多，褐藻类中较少，干海藻含量在 0.3～4.6mg/kg。维生素 B_2 在一般藻类中低于 10mg/kg，但一等紫菜中的含量与酵母中含量相当，海藻中的维生素 B_2 大都是以 FAD（flavin adenine dinudeotide）形式存在。海藻中还含有维生素 B_{12}，不同藻类中含量相差较大，但大多数海藻的 B_{12} 含量相当于一般动物内脏中的含量。此外，海藻中富含维生素 C，在 1000mg/kg 以上。关于维生素 E，Jensen 以北欧产的 18 种海藻做了分析，发现大部分海藻只有 α-生育酚，含量为 7～92mg/kg。但褐藻墨角科的海藻中存在有 α-、γ-、δ-三种生育酚，而且维生素 E 的总量也多。维生素 E 在海藻中含量的季节性变化十分显著。

5.3.2.7 苯酚化合物

海藻的苯酚组分可分为两大类，即褐藻的多间苯三酚和红藻的溴苯酚。在大部分褐藻中都存在着多间苯三酚，主要的多间苯三酚有 9 种，除此之外，更复杂的多间苯三酚也存在于某些海藻中。现在分析多间苯三酚的方法只达到测四聚体的水平。较高聚合物的异构体至今还不能色谱分离。例如在墨角藻和泡叶藻中，大多数多间苯三酚是复杂的高相对分子质量的聚合物，至今尚未能分析。据报道，在等鞭金藻和舟形藻中酪氨酸通过一系列的苯酚中间体进行生物代谢作用。从已经分类的褐藻、红藻、蓝藻、绿藻、硅藻、黄藻和金藻中已发现约50种苯酚化合物。

红藻的溴苯酚主要以硫酸酯形式存在，但游离苯酚硫酸酯是相当困难的，所以只研究水解硫酸酯后游离的苯酚。目前已报道了大约20种红藻的溴苯酚。

图文并茂电子书/拓展资源获得方法：用移动终端设备上安装的"学习通"APP扫描下列二维码，就可以直接学习"食品原料学慕课"网站上与该章节配套的电子书/讲课视频、试题库、相关论文、拓展阅读、拓展视频、VR/AR/MR、3D动画、热门话题、国内外进展、专家讲座等拓展内容（详细方法参见本教材正文前的慕课使用方法）：

0. 配套国家级慕课首页

1. 藻类的种类及特性

5.4　海洋生物活性物质

海洋生物中存在着广泛的生理活性物质，有研究发现，400多种分离的天然产物中具有各种生理活性的物质约占25%，研究较多的海洋活性化合物主要有氨基酸类、多肽类、多不饱和脂肪酸类、多糖类、甾醇类、萜类、皂苷类、糖蛋白类、氨基糖苷类和生物碱类等大类。

5.4.1　海洋生物活性肽和氨基酸

活性肽（activated peptide）是指那些有特殊生理功能的肽。目除了从天然蛋白质获得多种活性肽之外，借助生物工程技术的研究开发倍受重视，如利用蛋白酶作用于蛋白质形成一种低分子量的活性肽。已知的活性肽包括促钙吸收肽、降血压肽、降血脂肽、免疫调节肽和抗肿瘤活性肽等。

5.4.1.1　降血压肽

鱼贝类中已被证实具有降血压作用的肽包括以下几种：

C3 肽（南极磷虾）Leu-Lys-Tyr

（鲣鱼内脏）Lys-Glu-Tyr

C8 肽（沙丁鱼）Leu-Lys-Val-Gly-Val-Lys-Gln-Thr

（金枪鱼）Pro-Tyr-His-Ile-Lys-Trp-Gly-Asp

C11 肽（沙丁鱼）Tyr-Lys-Ser-Phe-Ile-Lys-Gly-Tyr-Pro-Val-Met

这些活性肽通常是由体内蛋白酶在温和条件下水解蛋白质而获得的，食用安全性高，其降血压作用主要是通过抑制血管紧张素转换酶（angtotensin corverting enzyne，ACE）的活性实现。因为 ACE 可使血管紧张素 X 转化为血管紧张素 Y，后者会使末梢血管收缩而导致血压升高。海洋生物中的这类活性肽最大的优点是对正常血压的人无降压作用。有降血压活性肽的构成氨基酸均含有 1~2 个 Lys 残基，但也有动物实验表明：Lys 不仅有一定的降血压作用，而且对抑制脑溢血的发生非常有效。

5.4.1.2　抗肿瘤活性肽

海洋生物是新型的肽类次级代谢的丰富来源，现已从多种生物中发现一系列高活性的抗肿瘤、抗病毒、抗微生物及抗心血管病的活性多肽，以抗肿瘤活性肽尤为引人注目。

1. 海兔活性肽

从印度洋产的耳状截尾海兔分离出具有强力抗肿瘤活性的截尾海兔肽 1~15，其中活性最强的是 dolastatin 10。

最近有学者从海兔中提取并合成了新的海兔毒素 dolastatin H 与 isodolastatin H，前者的活性较差，后者对 P338 的活性只有 dolastatin 10 的千分之一。

2. 海绵活性肽

海绵是一类最原始、最低等的多细胞动物，品种繁多，许多微生物寄生于其中，因此海绵的代谢物主要是来自于共生的微生物。目前已从海绵中提取了 70 多种肽类，均具有显著的抗肿瘤和抗菌活性，大部分为环肽与脂肽，分子中富含特殊氨基酸，如羟基氨基酸、α-酮基氨基酸及烯键和炔键等。海绵肽对肿瘤的抑制活性总体上比海兔肽低，且抑制作用机理还不清楚，但从活性较高的环肽结构来看，Pro、Phe 和 Leu 等出现的频率很高，与某些 DNA 靶向剂结构有关。

3. 海藻活性肽

20 世纪 80 年代以来，从蓝绿藻（*Lyngbya majuscula*）中分离到抗癌活性的环肽 majusculamide C、D 和 deoxymajusculamided 等，其中 majusculamide 对骨髓瘤阻断效果达 35%。20 世纪 90 年代，从蓝绿藻分离到中等细胞毒性的十八肽 westiel lamide，也有从委内瑞拉水域中巨大鞘丝藻中分离到结构新颖的脂肽 micrlcolin A、B，它们能抑制双向小鼠混合淋巴细胞反应，micrl-

colin A 的有效浓度（EC_{50}）和相关浓度（TC_{50}）分别为 1.5nmol/L 和 22.6nmol/L，microcolin B 分别为 42.7nmol/L 和 191.1nmol/L。红藻的肉质蜈蚣藻肽具有抗肿瘤活性。迄今为止，从海藻中获得的抗癌肽较少，对其作用机制的研究更少。

4. 海鞘活性肽

20 世纪 80 年代初从加勒比海鞘（*Caribbean tunicates*）中分离出具有显著抗病毒和抗肿瘤活性的 5 种肽，命名为膜海鞘肽（didemnin）A、B、C、D、E，其中研究最多的是 didemnin B，可抑制黑色瘤、卵巢癌、乳腺癌和肾癌等，目前处于 Ⅱ 期临床试验阶段。药理研究表明 didemnin B 抑制蛋白质合成的作用比抑制 DNA 与 RNA 的更强，属周期性非特异药，又可抑制 G_1 期向 S 期过渡。最近研究显示，didemnin B 主要阻止真核延长因子 2（eEF-2）的转移。对氨酰 RNA 运输或肽转移酶活性没有抑制作用。

5.4.1.3 牛磺酸

牛磺酸（taurine，Tau）最早是 1827 年从牛的胆汁中发现了这种含硫氨基酸，故称为牛胆碱、牛胆素，是一种非蛋白质结构氨基酸的特殊氨基酸。其分子式 $C_2H_7NO_2S$，相对分子质量为 125，柱状结晶体，熔点 310℃，以游离氨基酸的形式普遍存在于动物体内各种组织，并以小分子二肽或三肽的形式存在于中枢神经系统，但不参与蛋白质合成。

牛磺酸在鱼贝类中含量十分丰富，软体动物中尤甚（表 5.4-1）。此外，一些海藻中也含有不少牛磺酸，因此海洋生物是牛磺酸的天然宝库。

表 5.4-1　　　　　　　　　　　水产动植物中的牛磺酸含量

名称	水分含量/%	含量/（mg/100g）	名称	水分含量/%	含量/（mg/100g）
竹荚鱼	77.8	206	枪乌贼	77.9	342
黄鲷	76.3	347	赤贝	85.4	427
鲱鱼	60	106	蛤蜊	85.9	211
多春雨	76.4	65	紫贻贝	78.9	440
绿鳍包	74.2	227	蝾螺	78	945
远东多线鱼	71.6	216	扇贝	82.4	116
真鲷	77.4	230	姥蛤	79.4	571
日本对虾	76.9	199	海松贝	81.7	638
雪蟹	81.8	450	牡蛎		800~1200
沙虫干	11.8	1837	马氏珠母贝	80.9	1383
稠密刚毛藻*		225	翡翠贻贝	82.4	802
红鱿鱼	80.6	160			

* 为 *Cladop horadensa*。

贝类、鱿鱼和甲壳类等的牛磺酸含量较高，其中马氏珠母贝中含量更是高达 1383mg/100g，牡蛎、沙虫干和翡翠贻贝中含量也丰富。按干基比，牛磺酸含量由高至低分别为马氏珠母贝、牡蛎、蝶螺和沙虫干等。鱼类的牛磺酸含量在 $100 \sim 300mg/100g$，干基为 $0.5\% \sim 1.5\%$。

牛磺酸在鱼贝类的不同组织内含量也有所不同。金枪鱼和鲐鱼等红肉鱼的血合肉中牛磺酸含量比普通肉高，而真鲷和比目鱼等白肉鱼的各种组织中牛磺酸含量则没有明显的不同，鱼体内脏中牛磺酸含量明显高于其肌肉组织中的含量。牛磺酸含量在内脏中的分布也因鱼种的不同而异，但差别不大，心脏和脾脏中含量较多，鳃中则含量较少（表5.4-2）。

表5.4-2　　　　　　　　　　　鱼体内不同组织的牛磺酸含量　　　　　　　　　单位：mg/100g

组织	蓝鳍金枪鱼	太平洋鲐鱼	大麻哈鱼	比目鱼	阿拉斯加绿鳕	虹鳟
背部肉	61	24	20	134	93	14
腹部肉	—	44	35	105	104	12
血合肉	954	293	—	—	241	189
心脏	658	579	220	326	363	452
胃	392	146	164	105	307	156
幽门	265	302	135	—	326	172
肠	256	173	16	84	246	220
肝	178	143	41	186	179	160
苦胆	245	150	109	197	285	201
脾	—	—	168	706	214	289
肾	—	97	80	98	420	186
睾丸	161	—	—	—	342	273
卵巢	—	—	129	67	296	166
脑	136	111	115	116	363	54
鳃	73	87	65	84	163	170

此外，海水鱼和淡水鱼之间牛磺酸含量没有明显的不同，通过在人工养殖的鲑鱼和鳗鱼饲料中添加牛磺酸，鱼的各组织中牛磺酸的含量明显升高。

海洋生物中富含的牛磺酸有望作为一种抗智力衰退、抗疲劳和滋补强身的有效成分。美国和日本等国家，牛磺酸已被作为一种新型的食品添加剂广泛应用，如在婴幼儿奶粉、饮料及保健食品中用作强化剂等。因牛磺酸对心血管系统具有一系列独特的功能，主要是加强心室功能，增加心肌缩力，抗心律失常，防止充血性心力衰竭和降低血压，抗血乳酸的积累等，因而被定为运动饮料的成分。另外，牛磺酸是珍珠药效成分的主要药效成分，在治疗病毒性肝炎和功能性子宫出血临床应用。牡蛎肉提取粉末（主要含牛磺酸和锌的螯合物）可以治疗精神分裂症患者。

5.4.2　海洋生物活性多糖

海洋中的藻类、微生物和节肢动物的甲壳中含有丰富的多糖，海洋生物通过合成多糖类物质来保持生命活动所需的水分，适应海洋特殊环境，维持多种生理功能。已发现多种海洋多糖具有增强机体免疫力、抗癌、抗病毒和治疗心血管疾病等生物活性。

5.4.2.1　海藻膳食纤维

海藻细胞壁结构多糖由纤维素和半纤维素等构成，基本上同陆上植物一样，也有甘露聚糖和木聚糖等特例。藻类多糖中，除红藻淀粉和绿藻淀粉同陆上植物淀粉相似之外，褐藻淀粉主要为 β-1,3 糖苷键的海带聚糖，因此，褐藻淀粉也属于多糖的范畴。此外，藻类植物细胞间质多糖，如琼胶、卡拉胶、褐藻胶、马尾藻聚糖、岩藻聚糖和硫酸多糖等都属于海藻 DF 的成分。同陆上植物比较，以干基计，谷物最低为 0.8%～5%，蔬菜 15%～35%，菌菇类 20%～45%，海藻类 30%～65%。海藻 DF 的生理功能主要表现如下。

1. 抗凝血作用及降低血液中的中性脂肪

海藻中的硫酸多糖、岩藻聚糖、卡拉胶和马尾藻聚糖具有较强而持续的抗凝血作用和降低血液中的中性脂肪效果。中国海洋大学管华诗院士利用褐藻酸开发的海藻双酯钠（PSS），具有降低血液黏度和促使红细胞解聚作用，同时具有抗凝血作用，其效力相当于肝素的一半，还有明显的降血脂、扩张血管、改善微循环、降血压和降血糖等多种类肝素功能，但无肝素的毒、副作用，对治疗脑梗死症、高血黏度综合征等有显著疗效，也是我国首创的新型类肝素半合成海洋药物。浒苔、甘紫菜及麒麟菜可降低血浆中的胆固醇，海带对降低副肾胆固醇有效，其有效组分是酸性多糖和生物碱类。褐藻酸具有降低血中胆固醇的作用。

2. 抗肿瘤作用

褐藻的海带、马尾藻、铜藻和半叶马尾藻提取的硫酸多糖或从绿藻的刺核藻提取的葡萄糖醛硫酸对肉瘤（sarcoma）及欧利希癌（Ehrlich carcinoma）的腹水，固形癌等移植癌有抑制效果，从狭叶海带、羽叶藻和海带等褐藻中提取的粗岩藻聚糖对患 L-1210 白血病的小鼠有延长生命 25% 以上的效果。绿藻中的硫酸多糖、褐藻酸、κ-卡拉胶、λ-卡拉胶和紫菜聚糖经口服对欧利希癌也有抑制效果。

3. 重金属的排出作用和放射性元素的阻吸

褐藻酸钠对重金属有吸附排出的作用，以含 L-古罗糖醛酸多者效果更佳。此外，褐藻酸钠还具有对放射线元素的阻吸作用，如褐藻酸钠确实能降低放射线锶的吸收，并能将原存于动物骨中的放射性锶吸收并排出体外。此外褐藻酸钠对放射性镭也可抑制吸收。

4. 抗艾滋病（HIV）作用

红藻、绿藻和褐藻都含有的硫酸多糖是一种生物多聚物，具有多种生物活性，可视为一种极性免疫调节剂。海藻中的硫酸多糖能干扰艾滋病病毒的吸附及渗入细胞的过程，且与之形成一种无感染力的多糖—病毒复合物。近年的研究证实，海藻硫酸多糖在体外尚能抑制艾滋病的复制，其中有些对艾滋病复制的早期起作用，有些则在复制的后期起作用（如红藻的角叉菜胶）。某些海藻多糖可作为生物应答改良剂（BRM），通过激活机体的免疫系统或改善机体的生物应答作用而提高机体的免疫机能。此外，属于海藻 DF 的海藻多糖还具有抗病毒、抗溃疡、清除自由基和抗脂质过氧化作用等生理功能。

5.4.2.2　甲壳质及其衍生物

甲壳质（chitin），又称几丁质、甲壳素或壳多糖等，是自然界仅次于纤维素的第二大丰富的生物聚合物；壳聚糖（chitosan），又名水溶性甲壳素、甲壳胺，是甲壳质的脱乙酰衍生物，是天然多糖中少见的带正电荷的高分子物质。甲壳质和甲壳胺及其改性后的衍生物具有独特的丰富的功能性质。

1. 结构和性质

甲壳质是由 N-乙酰基-D-氨基葡萄糖（2-acetamido-2-deoxy-D-glucose），通过 β-1,4-糖苷键连接而成的聚合物，分子式为（$C_8H_{13}O_5N$）$_n$，相对分子质量达几十万至几百万。已知存在的有 α、β、γ 三种立体异构体，其中 α-甲壳质是自然界存在的主要形式，由 15~30 条多糖链形成胶束，链间以稳定的氢键相结合，其周围为蛋白质包裹物。

壳聚糖即 β（1,4）-2-氨基-2-脱氧-β-D-葡聚糖，是甲壳素的脱乙酰产物。纤维素、甲壳质及壳聚糖的分子结构相似。由于目前尚无法将甲壳质完全脱去乙酰基变成 100% 的壳聚糖，故壳聚糖分子链中通常含有 2-N-乙酰基葡萄糖和 2-氨基葡萄糖，两种结构单元、两者比例随脱乙酰度不同而异。作为功能性食品基料的壳聚糖要求脱乙酰度在 85% 以上。

甲壳质不溶于水、稀酸、稀碱及醇和醚等有机溶剂，对氧化剂也很稳定，因此难以开发应用，但在特定的条件下甲壳质能与多种化合物起反应。

（1）主链的水解　在盐酸中 100℃ 水解可得到葡萄糖胺盐酸盐；

（2）脱乙酰基反应　甲壳质放入浓度为 40%~60% 的 NaOH 或 KOH 溶液中，加热至 100~180℃，可脱去乙酰基得到壳聚糖（又称水溶性甲壳质）。壳聚糖为无色（或微黄色）非结晶片状或粉末，微碱性，不溶于水和碱溶液，溶于稀醋酸而成透明的黏稠液体；

（3）酰化反应　与羧基化合物（一般多使用脂肪酸类的酸酐）反应，其 C_3 和 C_6 上的羟基（以醋键结合）酰化，可制备许多有用的衍生物；

（4）羟乙基化反应　在碱性溶液中和环氧乙烷反应得到羟乙基甲壳质，可溶于水，在科研中用来测定酶的活性；

（5）羧甲基化反应　在碱性溶液中与氯醋酸进行羧甲基化反应，可得可溶性衍生物，反应点在 C_0 上。在反应过程中，大约 50% 的乙酰氨基由于水解变成氨基，作为高分子两性电解质，能溶于水，溶液具有很大的黏性。这种水溶性衍生物是研究溶菌酶水解过程的良好底物；

（6）硫酸酯化反应　甲壳质的羟基被取代生成硫酸酯，而壳多糖则是游离的氨基参与反应生成硫氨键。甲壳素与壳多糖的硫酸酯在结构上与肝素相似，也具有抗凝血作用，是价廉易取的抗凝血多糖。

其他尚有醛化、硝化、丙烯腈化、烷基化和脱氨等反应，可为甲壳质的利用提供广阔前景。

2. 生理功能

壳聚糖几乎不被人体消化吸收，是海产动物源膳食纤维，因而具有 DF 的物化特性，诸如保水性、膨胀性、吸附性和难消化吸收性等，其功能主要表现在以下方面。

（1）降低血清胆固醇　大鼠长期试验表明，壳聚糖对血液和肝脏中胆固醇水平的上升有抑制作用。人体试验表明，摄取壳聚糖后粪便中一次胆汁酸的胆酸和鹅胆酸的排出量明显增加，当停止摄取后减至原来水平。二次胆汁酸的脱氧胆酸与石胆酸，由于壳聚糖的摄入而减少，这是因为壳聚糖在消化道内与胆酸结合由粪便排出，因此阻碍了胆酸在肠内的循环，导致血液中胆固醇含量的减少。

（2）降低血压　机体内血管紧张素系统是调节血压的重要机制之一。Cl^- 是血管紧张素转换酶（ACE）的活化剂，具有活化 ACE 的作用，它可以使 ACE 活化最终导致血压的升高。而壳聚糖的降压机制在于与 Cl^- 结合而抑制其吸收，从而降低血液中的 Cl^- 浓度而呈现 ACE 的抑制作用，从某种意义上说，壳聚糖是一种 ACE 抑制剂（ACE I）。

（3）调节肠道菌群　摄取壳聚糖有助于肠内短链脂肪酸的生产，导致 pH 值下降，抑制肠道内腐败菌的生产。肠道内细菌产生的腐败性物质，由于壳聚糖的摄取，粪便中的氨、酚、对甲基苯酚和吲哚等有明显的减少，而这些腐败性物质正是肝癌、膀胱癌和皮肤癌等的促进剂，壳聚糖的摄取使肠内代谢物产生良性变化。

（4）其他生理功能　壳聚糖具有强化 NK 细胞杀死癌细胞的能力。壳聚糖的降解产物葡萄糖胺具有活化 NK 细胞与 LAK 细胞的作用。另外壳聚糖对人体细胞不产生排斥反应，抗原性低。以壳聚糖制成的人造皮肤对人体有较强的亲和力，可被人体吸收使伤口愈合良好，不产生疤痕。动物试验也证实相当分子量较低的壳聚糖可防消化性溃炎和胃酸过多症。

3. 海洋生物中的分布

自然界中甲壳质的分布十分广泛，许多低等动物特别是节肢动物如虾、蟹和昆虫等外壳或角质层含有较多的甲壳质，也存在于低等植物如菌藻类和真菌、酵母等的细胞壁中，一些脊椎动物的蹄、角部分也含有甲壳质（表 5.4-3）。

表 5.4-3　　　　　　　　　　　甲壳素、壳聚糖的主要资源

海洋生物	昆虫	微生物
环节动物	蝎	绿藻
软体动物	蜘蛛	酵母
腔肠动物	鳃足	真菌[①]
甲壳动物	蚂蚁	青霉菌[②]
龙虾[①]	蟑螂	褐藻
蟹[①]	甲虫	孢子
小虾[①]		壶菌
对虾[①]		芽枝霉
磷虾[①]		子囊菌

注：①现有商业资源；②未来潜在资源。

一般虾和蟹壳中含甲壳为 15%～20%，蛋白质为 25%～35%，碳酸钙为 40%～45%，表 5.4-4 所示为自然界存在的几种主要甲壳质原料的可能产量。

表 5.4-4　　　　　　　　海洋生物中存在的几种主要甲壳质原料及其产量推算

来源	收获量/kt	占收获量的比例/%	含甲壳质的废弃物/kt		甲壳质的产量推算量
			湿重	干重	
甲壳类	1700	50～70	468	154	39
磷虾	18200	40	3640	801	56
蛤/牡蛎	1390	65～85	521	482	22
枪乌贼	660	20～40	99	21	1

注：甲壳质的生产量按下列含量计算：甲壳类 14%～35%，磷虾 7%，蛤/牡蛎 3%～6%，枪乌贼 1%～2%。

蛤和牡蛎壳分别含有 6% 和 4% 的甲壳质，但由于其含有大量的无机物，需要消耗大量的酸，因此用牡蛎壳作为原料生产甲壳质经济效益很低。

海洋浮游动物是一类数量极大、个体很小、甲壳质含量较高的小生物。据估计海洋浮游生物每年合成的甲壳质约有 10 亿吨，但收集极其困难，但南极磷虾和红虾的组成与甲壳类动物相似，而且在生长的某个时期会大规模聚集在一起，易于捕捞，极有可能成为未来甲壳质的生产原料。随着海洋渔业及养殖业的发展，特别是南极磷虾的开发和利用，将虾和蟹等加工下脚料制成甲壳素成为水产品加工业利用资源的重要途径。

5.4.2.3 海参多糖

海参多糖是海参体壁的重要组成部分，约占海参总有机物干物质重的 6%。目前发现的海参多糖主要分两类：一类为海参糖胺聚糖或黏多糖，也称海参硫酸软骨素（holothurianglyco-saminoglycan，HG），是由 D-N-乙酰氨基半乳糖、D-葡萄糖醛酸和 L-岩藻糖构成的分支杂多糖，其相对分子质量在 40~50ku；另一类为海参岩藻多糖（holothurianfucan，HF），是由 L 岩藻糖构成的直链同多糖，其相对分子质量在 80~100ku。

两类海参多糖的组成糖基虽然不同，但它们糖链上都有部分羟基发生硫酸酯化，并且硫酸酯基占多糖含量均高达 30%，在动物类食品资源中极为罕见。由于含硫酸酯基的分子上分布有带负电荷的离子，因此海参多糖富含阴离子，而很多中医常用的补益药也都富含阴离子基团。目前已经发现海参多糖具有抗氧化、抗病毒、抗肿瘤、抗凝血、降血脂、增强免疫力和降低血液黏稠度等多种生理功效，例如，玉足海参黏多糖（HLMP）是一种作用较强的免疫促进剂，HLMP 通过激活机体的单核——巨噬细胞系统而发挥作用，对增强恶性疾病患者的免疫功能有相当价值。此外陶氏太阳海星酸性黏多糖（SDAMP）对增强机体的非特异免疫和体液免疫也有一定的作用。

5.4.2.4 鲨鱼软骨提取物

鲨鱼软骨提取物主要成分为酸性黏多糖与蛋白质的结合物，含有一种血管生成抑制因子（cartilagederived angiogenesis in hibitor），能够抑制新生血管形成，通过阻碍肿瘤周围毛细血管生成而达到抑制肿瘤生长的作用。鲨鱼软骨提取物中的抗血管形成因子的相对分子质量在 103~104u，具有哺乳动物胶原酶抑制作用，能抑制血管内皮细胞基底膜溶解的蛋白酶的活性，且耐热，经 100℃、2min 或 37℃、2h 处理后仍保持生物学活性。有研究表明鲨鱼软骨提取物中含有抗肿瘤侵犯因子（anti-invasion factor）和软骨抗肿瘤因子（cartilagederived anti-tumor factor），能直接抑制肿瘤细胞生成。

5.4.2.5 海洋微生物多糖

已经从海洋细菌和海洋放线菌中筛选出一些菌株，其胞外多糖不仅产量高，而且具有显著免疫调节活性和抗肿瘤活性。从海洋微藻中也分离到具有显著的抗病毒活性硫酸多糖，具有显著的抗病毒活性。

5.4.3 海洋多不饱和脂肪酸

多不饱和脂肪酸（polyunsaturated fatty acid）分子中从末端甲基数起，双键始于第 6 个碳原子的称为 ω-6（或 n-6）多不饱和脂肪酸，而双键在甲基端第 3 个碳原子的称为 ω-3（或 ω-3）多不饱和脂肪酸，ω-6 系列的有亚油酸（$C_{18:2}$ n-6）、γ-亚麻酸（$C_{18:3}$ n-6）和花生四烯酸（$C_{20:4}$ n-6），ω-3 系列的有亚麻酸（$C_{18:3}$ n-3）、EPA（$C_{20:5}$ n-3）及 DHA（$C_{20:6}$ n-3）。这

些多不饱和脂肪酸作为细胞膜的主要构成成分,同膜流动性的调节有关,在体内代谢中显示各种功能,同时,又是前列腺素直接的前驱体,起着重要的生理作用。因此,摄取富含亚麻酸及亚油酸食物,可通过体内的 ω-3 及 ω-6 合成途径生成多不饱和脂肪酸,发挥各自的生理功能。

5.4.3.1　EPA、DHA 的生理功能

自 1970 年以来,各国均开展 EPA、DHA 生理功能的研究:例如,可以降低血脂、胆固醇和血压,预防心血管疾病。也可以抑制血小板凝集,防止血栓形成与中风,预防老年痴呆症;另外还有增加视力和提高记忆能力、预防炎症和哮喘、降低血糖、抗过敏、防止乳腺癌和直肠癌等功效。

必须注意的是 EPA 和 DHA 很容易氧化,氧化后的鱼油对消化器官有局部刺激作用,还会引起肠道发炎,损坏胃肠道黏膜直至造成溃疡,其过氧化物还被认为是致癌物质。因此 ω-3、ω-6 多不饱和脂肪酸在食品的应用过程中,必须充分做好防止氧化的措施。

5.4.3.2　海洋生物中的多不饱和脂肪酸分布

陆地植物上几乎不含 EPA 和 DHA,但在一些高等动物的重要器官和组织中,如眼、脑、睾丸及精液中都含有较高的 DHA,而在海洋生物中,如藻类及海水鱼类都含有较高含量的 EPA 和 DHA。EPA 和 DHA 可以在动物体内由亚麻酸转化而成,但这一过程在人体内非常缓慢,而在一些海鱼和海藻中的转化量较大。EPA 和 DHA 在低温下呈液状,故一般冷水性鱼贝类中的含量较高,各种水产动物油脂中的 EPA 及 DHA 含量如表 5.4-5 所示。

表 5.4-5　　　　　　　　　各种鱼油的 EPA 及 DHA 的含量　　　　　　　　单位:%

原料	EPA	DHA	原料	EPA	DHA
远东拟沙丁鱼	16.8	10.2	鱿	11.7	33.7
大马哈鱼	8.5	18.2	乌贼	14.0	32.7
秋刀鱼	4.9	11.0	对虾	14.6	11.2
狭鳕肝	12.6	6.0	梭子蟹	15.6	12.2
黄鳍金枪鱼	5.1	26.5	马面鲀肝	8.7	20.4
黑鲔	8.7	18.8	鲨	5.1	22.5
大目金枪鱼	3.9	37.0	牡蛎	25.8	14.8
鲐鱼	8.0	9.4	缢蛏	15.0	20.6
大西洋油鲱	12.8	7.4	扇贝	17.2	19.6
马鲛	8.4	31.1	毛蚶	23.1	13.5
带鱼	5.8	14.4	文蛤	19.2	15.8
鲳	4.3	13.6	青蛤	18.4	11.3
海鳗	4.1	16.5	螺旋藻	32.8	5.4
小黄鱼	5.3	16.3	小球藻	35.2	8.7

鱼类中除多获性鱼类沙丁鱼油和狭鳕肝油中的 EAP 含量高于 DHA 之外，其他鱼种一般是 DHA 含量高，且洄游性鱼类如金枪鱼类的 DHA 含量高达 20%～40%。贝类中除扇贝和缢蛏之外，EPA 含量均高于 DHA，而螺旋藻和小球藻 EPA 含量达 30% 以上，远高于 DHA。最近的研究发现金枪鱼和鲣鱼等大型洄游性鱼的眼窝脂肪中高浓度的 DHA 含量高达 30%～40%（表 5.4-6），而 EPA 的含量却仅仅 5%～10%。

表 5.4-6 　　　　　　　各鱼种的眼窝脂肪中的 EPA、 DHA 含量

鱼种		EPA	DHA	鱼种	EPA	DHA
大目金枪鱼	①	6.9	30.4	箭鱼	3.4	9.6
	②	7.6	35.3	黄条鰤	3.3	1.1
黑　鲔		6.1	28.5	红鰤	6.5	20.5
黄鳍金枪鱼	①	6.2	40.1	竹荚鱼	15.3	15.3
	②	4.5	28.9	沙丁鱼	22.6	12.1
鲣　鱼	①	9.5	42.5	虎纹猫鲨	3.4	12.5
	②	10.2	34.7	宽纹虎鲨	3.0	29.0
条纹四鳍枪鱼		3.9	28.4			

5.4.4　其他海洋活性物质

5.4.4.1　类胡萝卜素

以虾青素素为代表的类胡萝卜素化合物在生物界分布很广，水产动物中类胡萝卜素对水产动物本身也有着色功能、增强对高氨和低氧的耐受性作用，增强免疫力作用。还可以进生长和成熟，改善卵质而提高繁殖力。

现在从海洋生物中已发现了数百种结构新颖的类胡萝卜素，具有抗氧化作用，也可预防肿瘤和心血管疾病，阻止或延缓因紫外线照射引起的皮肤癌，对慢性萎缩性胃炎和胃溃疡也有疗效。

5.4.4.2　乌贼墨

乌贼墨为黑色颗粒组成的混悬液，颗粒呈球形，直径在 90～250nm 的颗粒约 20%，它既不溶于水又不溶于有机溶剂。

乌贼墨的主要成分是真黑素与蛋白质结合的黑素蛋白、酪氨酸的聚合物及水和脂肪。后有人证实了乌贼墨的主要成分是黑色色素，其中富含岩藻糖的多糖–肽复合体。另外，乌贼墨中镁、钠、铁、锌和锶等元素含量较多，其中锌、镁和锶可能与乌贼墨的免疫抑癌作用有关。因此乌贼墨具有抗肿瘤、免疫赋活、促凝血作用等生物功能。

5.4.4.3　抗菌物质

海藻对大肠杆菌、枯草菌、啤酒酵母菌和青霉素菌等有抗菌作用，其抗菌活性物是结构特异的卤化物、胆碱、酚类化合物、萜烯类化合物、单宁和多烯有机酸等。如马尾藻素是从马尾藻、红藻和绿藻中分离得到的含硫及氮的酚类化合物，是最有活性的抗菌物。

图文并茂电子书/拓展资源获得方法： 用移动终端设备上安装的"学习通" APP 扫描下列二维码， 就可以直接学习"食品原料学慕课" 网站上与该章节配套的电子书/讲课视频、 试题库、 相关论文、 拓展阅读、 拓展视频、 VR/AR/MR、 3D 动画、 热门话题、 国内外进展、 专家讲座等拓展内容 （ 详细方法参见本教材正文前的慕课使用方法 ）：

0. 配套国家级慕课首页

1. 海洋生物活性物质

2. 历史经典、最新进展与思考

CHAPTER

6

特产食品原料

6.1 菌类食品原料

6.1.1 猴 头 菇

　　猴头菇（*Hericium erinaceus*）在野生条件下往往成对生长，故东北长白山一带又称对儿蘑、对脸蘑、鸳鸯蘑或虎守蘑，藏民称为喝巴拉，日本人称为山伏茸，欧美人称为刺猬菌或熊头菌。我国猴头菇主要分布于大兴安岭，天山和阿尔泰山，横断山脉，喜马拉雅山等林区。

　　猴头菇隶属于真菌门、担子菌亚门、猴头菌科、猴头菌属，是著名的药食两用菌，其子实体质嫩味美、营养丰富，被誉为"素中之荤"。早在 1200 年前我国人民就将其列为"山珍"，故有"山珍猴头，海味燕窝"之说。有的将猴头菇归入"八大山珍"中的"上八珍"，与熊掌、燕窝、鱼翅并列为中国四大名菜。

6.1.1.1 猴头菇的成分及性质

　　每 100g 猴头菇干样品含蛋白质 26.3g、脂肪 4.2g、碳水化合物 44.9g、粗纤维 6.4g、灰分 8.2g、钙 2mg、磷 856mg、铁 18mg、胡萝卜素 0.01mg、硫胺素 0.69mg、核黄素 1.86mg、烟酸 16.2mg。与目前栽培的其他药食两用菌相比，猴头菇中的脂肪、磷、硫胺素等含量居首位。

　　猴头菇中含有 18 种氨基酸，其中含有人体必需的氨基酸 8 种。猴头菇含有 5 种齐墩果酸皂苷类成分，水解后可得到齐墩果酸苷元、葡萄糖、阿拉伯糖、葡萄糖醛酸和木糖。齐墩果酸皂苷可能是猴头菇治疗消化道疾病的有效成分之一。猴头菇的多糖体是由葡萄糖、半乳糖及甘露糖组成，其中葡萄糖含量最多，半乳糖及甘露糖含量较少。

6.1.1.2 猴头菇的功能特性

中医认为猴头菇性平、味甘，具有扶正固本的作用，能助消化、利五脏、健脾胃。食用猴头菇后，食欲改善，睡眠良好，精神振奋，疼痛减轻。现代研究表明猴头菇具有增强免疫功能、抗肿瘤、抗氧化、延缓衰老、降胆固醇、保护肝脏的作用，尤其对消化系统疾病有良好疗效。

6.1.1.3 猴头菇的安全性

猴头菇无毒副作用，连续食用猴头菇片 1000～2000 片，甚至连续食用 5000 片以上者未出现任何毒副作用，肝肾功能均未出现病变，白细胞、血小板计数正常，仅个别人有饱胀或大便稀薄现象，但停用后症状随即消失。

6.1.2 茯 苓

茯苓（poria）为多孔菌科真菌茯苓 *Poria cocos*（Schw.）Wolf 的干燥菌核，主产于安徽、湖北、河南和云南等地，寄生于松科植物赤松或马尾松等树根上，深入地下 20～30cm。茯苓呈球形、椭圆形、扁圆形或不规则的块状，小者如拳，大者直径达 20～30cm，质地坚硬。表皮淡灰棕色或黑褐色，呈瘤状皱缩。内部外层淡棕色或淡红色，内层呈白色细腻状，少数为淡棕色，由无数菌丝组成，并可见裂隙或棕色松根与白色绒状块片嵌镶在中间。茯苓味甘、淡，性平，入心、肾、脾和肺经，利水渗湿，健脾，宁心。茯苓以体重坚实、外皮呈褐色而略带光泽、皱纹深、断面白色细腻、粘牙力强者为佳。

6.1.2.1 茯苓的成分及性质（茯苓菌核）

1. 多糖类

主要为茯苓聚糖，含量可达 75%，为一种具有 β（1→6）茯苓聚糖为支链的 β（1→3）呋喃葡萄糖聚糖，切断支链成 β（1→3）葡萄糖聚糖，常称为茯苓次聚糖。

2. 三萜类

从茯苓的菌核和菌丝中分离到三萜类物质 39 个，其中羊毛甾-8-烯型三萜 12 个，羊毛甾-7,9（11）-二烯型三萜 16 个，3,4-开环-羊毛甾-7，9（11）-二烯型三萜 7 个，3,4-开环-羊毛甾-8-烯型三萜 2 个，三环二萜类 1 个，齐墩果烷型三萜 1 个，三萜羧酸茯苓酸、土莫酸、齿孔酸、松苓酸、松苓新酸等。

3. 其他

还含有脂肪酸、甾醇、酶、胡萝卜苷、乙基-β-D 呋喃葡萄糖苷和、L-尿苷及柠檬酸三甲酯等。

6.1.2.2 茯苓的功能特性

小分子茯苓多糖能激活细胞膜上的 Na^+-K^+-ATP 酶，具有利尿作用。茯苓聚糖本身无抗肿瘤作用，而其化学结构改造型茯苓多糖及其衍生物羧甲基茯苓多糖有抗癌活性。茯苓多糖具有抗胸腺萎缩及抗脾脏增大和抑瘤生长和镇静的功能。大鼠皮下注射茯苓注射液，可对抗四氯化碳所致肝损伤的谷丙转氨酶升高，防止肝细胞坏死，对四氯化碳所引起的小鼠肝损伤有明显的保护作用。茯苓浸出液能降低胃液分泌及游离酸含量，并对家兔有降血糖作用。体外抗菌试验表明，茯苓水抽提液对金黄色葡萄球菌、大肠杆菌及变形杆菌等均有抑制作用。乙醇提取物能杀死钩端螺旋体，而水抽提液则无效。茯苓还对羧基蛋白酶活性有抑制作用。

6.1.2.3 茯苓的安全性

茯苓毒性极低，茯苓的温水浸提液给小鼠灌服及腹腔注射的 LD_{50} 分别大于 $10g/kg$ 和 $2g/kg$。

6.1.3 灵 芝

灵芝（*Ganoderma lucidum*）是一种寄生于栎及其他阔叶树根部的多孔菌科真菌，属于真菌门（Eumycota），担子菌纲（Basidiomycetes），多孔菌目（Polyparales），多孔菌科（Polyparaceae），灵芝属（*Ganoderma*）。世界上已知约有 120 种，世界各地均有分布，以热带及亚热带地区较多。自然界生长的灵芝由菌丝体和子实体两部分组成，菌丝体生长在营养物中有类似绿色植物"根"的作用，它由众多的无色透明、有分隔分支、直径为 $1\sim3\mu m$ 的菌丝组成。菌丝表面常分泌白色草酸钙结晶，所以菌丝体外观呈白色。子实体是菌丝体生长发育到一定阶段形成的产物即为灵芝，代表种赤芝是由菌盖和菌柄组成，菌盖形如天上的云朵，呈肾形或半图形，生长过程中由黄色渐变成红褐色，成熟的菌盖木栓化，其皮壳组织革质化，并具环状棱纹及辐射状皱纹，以表面光泽如漆者为佳品，菌盖下面呈白色，最后可变为浅褐色，菌柄侧生，质地坚硬，也有漆状光泽。

6.1.3.1 灵芝的化学组成

灵芝中已知的化学成分有 150 余种，其中子实体主要含有三萜类、甾类、氨基酸、多肽、糖类、香豆精苷、挥发油、油脂、生物碱及矿物元素。干的灵芝子实体含 12%~13%水分、54%~56%纤维素、13%~14%木质素、1.9%~2%脂肪、1.6%~2.1%总氮、4%~5%还原物质、0.14%~0.16%甾类、0.08%~0.12%总酚和 0.022%灰分。灵芝的菌丝体中含有糖类、氨基酸、多肽、挥发油、类脂质和生物碱等。

1. 三萜类化合物

灵芝酸基本结构为数个异戊烯首尾相连构成，大部分为 30 碳、部分为 27 碳的萜类化合物。灵芝酸分四环三萜和五环三萜两类，现已从各种灵芝中分离出的灵芝酸达 100 多种。有些灵芝酸味甚苦，如灵芝酸 A、赤芝酸 A，其灵芝酸大多为四环三萜，为高度氧化的羊毛甾烷；有些灵芝酸则没有苦味，如灵芝酸 D 和赤芝酸 B。一般味苦的灵芝其灵芝酸含量往往较高。日本的研究表明灵芝酸 A、灵芝酸 B、灵芝酸 C 和灵芝酸 D 的含量高，则品质好。

2. 核苷、甾醇、生物碱与呋喃

核苷类是一类具有广泛的生理活性的水溶性成分。薄盖灵芝菌丝体中含有尿嘧啶、尿嘧啶核苷、腺嘌呤、腺嘌呤核苷、灵芝嘌呤 5 种核苷类化合物，其中灵芝嘌呤是新化合物。

灵芝含有多种腺苷衍生物，均具有较强的生理活性，能降低血液黏度，抑制体内血小板聚集，提高血红蛋白 2,3-二磷酸甘油的含量，提高血液供氧能力，加速血液微循环与提高血液对心，脑的供氧能力。

灵芝中甾醇有近 20 种，含量较高，其骨架分为麦角甾醇类和甾醇两种类型。从赤芝孢子粉和薄盖灵芝发酵菌丝体中分离得到 10 种甾醇类化合物。

灵芝中生物碱的含量较低，但有些具有一定的生物活性，如 γ-三甲胺基丁酸在窒息性缺氧模型中有延长存活时间的作用，能使离体豚鼠心脏冠脉流量增加。从赤芝孢子粉及薄盖灵芝中分离到的生物碱有胆碱、甜菜碱及其盐酸盐、灵芝碱甲（ganoine）、灵芝碱乙（ganodine）和烟酸。

灵芝中的呋喃类化合物为5-羟甲基吱哺甲醛、5-乙酚氧甲基呋甲醛、5-丁氧甲基呋哺甲醛与1,1-二-α-糠醛基二甲醚，但均未发现有生理活性。

3. 多糖、氨基酸、肽及其他

灵芝多糖主要存在于灵芝细胞壁内壁，大部分为β-葡聚糖，少数为α-葡聚糖，相对分子质量从数百到数十万，除少量的小分子多糖外，大多不溶于高浓度乙醇，溶于热水。液体培养的发酵液和固体培养的培养基中发现灵芝菌丝分泌的胞外多糖。胞内多糖与胞外多糖都有活性。灵芝多糖的组成除含有葡萄糖外，大多还含有少量阿拉伯糖，木糖，岩藻糖，鼠李糖，半乳糖和甘露糖等，它们以（1→3）、（1→4）和（1→6）等糖苷键连接，多数有分枝，部分多糖还含有肽链，多糖链分枝密度高或含有肽链的其生理活性一般也比较高。一般认为，单糖间以β（1→3,6）连接或β（1→4,6）连接的糖苷键的具有活性，全部以（1→4）糖苷键连接的则没有活性。灵芝中含有丰富的氨基酸、多肽和矿物元素。

6.1.3.2　灵芝的生理功能

实红芝子实体的水溶性部分可以抑制血小板凝固，具有疏通血管、防止脂质沉积的作用，其抗凝的有效成分为腺嘌呤核苷（40mg/1000g 干子实体）。灵芝也有降血清胆固醇的作用。灵芝多糖可调节血糖水平、增强免疫功能、抗肿瘤与清除自由基和安神、镇静作用。灵芝中微量元素 Ge 和 Se 具有防癌、抗癌作用。

6.1.3.3　灵芝的安全性

灵芝的水煮液对小鼠和大鼠进行皮下、胃内、腹腔注射，进行急性、亚急性和慢性试验，测定体重、体温、粪便、妊娠等指标，未发现明显的不良反应，动物无死亡现象，表明灵芝及其多糖毒性及低，可以安全食用。我国卫健委已正式将其列为具有免疫调节功能的物质。

图文并茂电子书/拓展资源获得方法： 用移动终端设备上安装的"学习通" APP 扫描下列二维码， 就可以直接学习"食品原料学慕课" 网站上与该章节配套的电子书/讲课视频、 试题库、 相关论文、 拓展阅读、 拓展视频、 VR/AR/MR、 3D 动画、 热门话题、 国内外进展、 专家讲座等拓展内容 （详细方法参见本教材正文前的慕课使用方法）：

0. 配套国家级
慕课首页

1. 菌类食品原料

2. 药食两用原料特性

6.2 其他特产食品原料

6.2.1 蜂王浆

蜂王浆（royal jelly），也称蜂乳，是青年工蜂（哺育蜂）咽下腺和上颚腺等腺体分泌的一种乳白色或淡黄色的浆状物，用于喂养蜂王和蜜蜂小幼虫，世界上90%的蜂王浆都来自我国。

6.2.1.1 蜂王浆的成分及性质

新鲜的蜂王浆是乳白色或淡黄色的黏稠浆状物，有些蜂王浆呈微红色，颜色深浅的差别主要取决于蜜粉源，如油菜浆略带浅黄色，洋槐浆、椴树浆、棉花浆和白荆条浆为乳白色，紫云英浆为浅黄色，荆条浆、葵花浆为较深的黄色，荞麦浆略带粉红色，山花浆略显黄绿色，紫穗槐浆略带浅紫色。

新鲜蜂王浆一般含水分60%~70%、灰分0.4%~1.5%、蛋白质9.0%~18.0%、总糖10%~16%、脂肪3.6%~6.0%及其他物质4.0%~8.7%。

蜂王浆具有酚与酸的气味和蜂王浆特有香气，略带甜和辛辣味。相对密度约为1.1，pH为

3.6~4.2，呈弱酸性；不溶于氯仿，微溶于水，在水中形成悬液；在高浓度乙醇中部分溶解，并产生蛋白质沉淀；在浓盐酸及浓碱中全部溶解。蜂王浆在低温下性质稳定，在4℃贮藏时1个月不发生变质，在-18℃下冷冻保存时可持续2年不变质。在常温下有很强的吸氧性，在-18℃时吸氧性几乎消失，因此蜂王浆必须在低温条件下贮藏。

1. 蛋白质和氨基酸

蛋白质占干物质的36%~55%，主蛋白（MRJPs）是蜂王浆的主要生物活性成分，占王浆蛋白的82%~90%，目前共发现9个成员，分别是$MRJP_1$~$MRJP_9$，其相对分子质量为49~87ku；蜂王浆中还含有一类相对分子质量约为350ku的糖蛋白。另外还有类胰岛素肽、活性多肽和γ-球蛋白等。人体所必需的8种氨基酸在蜂王浆中都存在。蜂王浆中含有26种以上的游离氨基酸，以脯氨酸和赖氨酸的含量最高。此外，100g鲜浆中含有20~30mg牛磺酸。

2. 有机酸类

含游离脂肪酸26种以上，已鉴定出的有琥珀酸、壬酸、癸酸、十一烷酸、月桂酸、十三烷酸、肉豆蔻酸、9-十四烯酸、棕榈酸、十六烯酸、硬脂酸、亚油酸和花生四烯酸等。

蜂王浆的特征成分是短链羟基脂肪酸，已检测到的有10-羟基-2-癸烯酸（10-HDA）、10-羟基癸酸、3-羟基癸酸，其中10-HDA含量最高，为1.4%~3%。蜂王浆的许多特性如气味、pH均与10-HDA有关，故又称王浆酸或蜂王酸。10-HDA结构式为$HO-CH_2-(CH_2)_6-CH=CH-COOH$，呈白色结晶状，熔点64℃，稳定性很高，在室温或高温下长时间存放时，王浆酸结构不会被破坏，但在此条件下蜂王浆的生物活性会受到破坏甚至完全消失。

3. 糖类

糖类物质占干物质的20%~30%，其中果糖约52%、葡萄糖约45%、蔗糖约1%、麦芽糖1%、龙胆二糖1%。

4. 甾固醇化合物

有17-酮固醇、17-羟固醇、去甲肾上腺素、肾上腺素、氢化可的松及胰岛素样激素，并含有24亚甲基胆甾醇、豆甾醇、β-谷甾醇、Δ^5-燕麦甾醇、Δ^7-燕麦甾醇以及微量的胆固醇等。蜂王浆对更年期综合征、性机能失调、内分泌紊乱、儿童发育不良、神经官能症、风湿病、早衰和中老年人骨质疏松所产生的良好疗效，是与甾醇类化合物的作用分不开的。

5. 维生素及矿物质

含有维生素B_1、维生素B_2、维生素B_{12}、维生素A、维生素C、维生素E以及叶酸、泛酸、肌醇和烟酸等，其中维生素B族含量最高。蜂王浆中含有乙酰胆碱300μg/g，是重要的活性成分之一，在体内可直接被吸收利用，对神经和心血管系统都有重要作用。蜂王浆每100g干物质中，含有矿物元素0.9g以上，其中钾650mg、钠130mg、镁85mg、钙30mg、铁7mg、锌6mg、铜2mg。

6. 核酸类化合物

蜂王浆中的核酸主要以RNA和DNA的形式存在，其中RNA为3.9~4.9 μg/g，DNA为201~223 μg/g。同时，蜂王浆作为腺体分泌物，还含有少量以游离形式存在的黄素腺嘌呤单核苷酸（FMN）、黄素腺嘌呤二核苷酸（FAD）、腺苷三磷酸（ATP）、腺苷二磷酸（ADP）、腺苷一磷酸（AMP）和生物嘌呤等生物代谢物质。

6.2.1.2 蜂王浆的功能特性

蜂王浆具有抗衰老、抗菌、抗疲劳、抗炎、抗氧化、抗肿瘤和抗糖尿病等显著而丰富的生物学活性。研究证明蜂王浆对中枢神经系统的神经传导功能具有一定的影响，神经元细胞培养水平上发现蜂王浆能有效促进神经保护系统相关神经元的转录和免疫反应活性，在预防阿尔茨海默病等神经退行性疾病中的积极作用。

6.2.1.3 蜂王浆的安全性

蜂王浆毒性很低。小鼠灌服 16g/kg 无一死亡，20g/kg 剂量时仅少数动物死亡。蜂王浆对部分小鼠、膝鼠可引起过敏，以 100℃ 15min 加热 3 次后，过敏作用消失。

6.2.2 蜂　　胶

蜂胶是蜜蜂从植物的树芽、树皮等部位采集的树脂，再混以蜜蜂的舌腺、蜡腺等腺体分泌物，经蜜蜂加工转化而成的一种胶状物质，在国外，蜂胶被誉为"紫色黄金"。

6.2.2.1 蜂胶的成分及性质

天然新鲜蜂胶为不透明固体，表面光滑或粗糙，折断面成沙粒状，切面似大理石，呈棕褐色、棕红色或灰褐色，有时带有青绿色，少数近黑色。蜂胶有特殊香味，味微苦涩，嚼时粘牙。蜂胶用手捏能软化，36℃时开始变软，有杂性和可塑性；低于 15℃时变硬、变脆，可粉碎；60~70℃时熔化成为黏稠流体。通常相对密度为 1.127。蜂胶在水中溶解度非常小，能部分溶于乙醇，微溶于松节油，极易溶于乙醚、氯仿、丙酮、苯及 2% NaOH 溶液。蜂胶在 95%乙醇中能溶解，溶液呈透明状，但随着蜂胶浓度的增大，会析出颗粒状沉淀。

蜂胶营养丰富，且具有广泛的生物学活性。新鲜采集的蜂胶中含树脂、香脂、胶状物质 50%~60%、蜂蜡 30%、挥发油 10%、花粉 5%，其他成分 5%。

1. 黄酮类化合物

黄酮类化合物是蜂胶中的主要活性组分，含量可达 10%~35%；黄酮种类繁多，仅从北温带地区的蜂胶中分离出的黄酮化合物就有 71 种；在杨树型蜂胶中主要含白杨素、杨芽素、山姜黄酮醇等；在桦树型蜂胶中则含乔松素、樱花素、5-羟基-4′,7-二甲氧基二氢黄酮、5-羟基-4′,7-二甲氧基黄酮、芹菜素、刺槐素、山柰酚等；在北京蜂胶香脂中分离出白杨素、乔松素、球松素、柚木杨素、良姜素和高良姜素等 6 种黄酮；从辽西蜂胶中分离出白杨素、良姜素、刺槐素、芹菜素、山柰素、鼠李素、柚木杨素等黄铜。

2. 有机酸类化合物

含有大量的有机酸类化合物，如苯甲酸、原儿茶酸、对羟基苯甲酸、香草酸、茴香酸、羟塞肉桂酸、咖啡酸、桂皮酸、香豆酸、异阿魏酸、阿魏酸、3-甲基-3-丁烯基阿魏酸、丁酸、2-甲基丁酸、琥珀酸、棕榈酸、异丁酸、肉豆蔻醚酸、二十四烷酸等，大多数属于植物的次生代谢产物，具有强烈的抗病原微生物和保护肝脏的作用。

3. 酯类化合物

从蜂胶中分离出的酯类化合物已达数十种，其中具有生物活性的是咖啡酸芳香酯类化合物，如咖啡酸苄酯、肉桂基咖啡酸酯、咖啡酸苯乙酯、香豆酸苄酯、2-甲基-2-丁烯基异阿魏酸酯、异戊烯基异阿魏酸酯、阿魏酸苄酯等。从北京蜂胶中还分离出了二十二烷酸甲酯、邻苯二甲酸双酯、邻苯二甲酸双异丁醋和葵天酸酯。江西蜂胶中含有 40 多种酯类化合物。

4. 醇、醛和酮类化合物

含有大量的醇、醛和酮类化合物，如桉叶醇、愈创木醇、苯乙醇、β甘油醛磷酸酯、松属素查耳酮、香草醛、樱生素查耳酮等化合物，多数具有挥发性，是构成蜂胶特殊香气的主要成分。北京蜂胶含挥发油 1%~10%，挥发油中的主要成分为匙叶桉油烯醇、愈创木醇、β 桉叶油醇和异愈创木醇等倍半萜醇。

5. 其他成分

含有烯、萜类化合物，如 β-蒎烯、异长叶烯、鲨烯、γ-依兰油烯、石竹烯等。蜂胶中含有 34 种化学元素。一些蜂胶中还含有维生素 B_1、维生素 PP、维生素 A 原和多种氨基酸、多糖等。北京蜂胶氨基酸总含量为 0.44%，鉴定出的 16 种氨基酸为天冬氨酸、苏氨酸、丝氨酸、谷氨酸、甘氨酸、丙氨酸、缬氨酸、蛋氨酸、异亮氨酸、酪氨酸、苯丙氨酸、赖氨酸、组氨酸、精氨酸和脯氨酸。蜂胶的乙醇提取物经气相色谱-质谱分析，确认了 45 种成分。在蜂胶的乙醇提取物中，2,6-二羟基-4-甲氧基查耳酮、白杨素、刺槐素、5,7-二羟基黄酮等化合物的含量约占 29.3%；愈创木醇、木兰烯、桉叶油等萜类化合物约占 1.4%。

6.2.2.2 蜂胶的功能特性

蜂胶能够增强免疫功能，还可作为破伤风类毒素免疫过程中增强非特异性和特异性免疫因子的刺激剂。蜂胶对金黄色葡萄球菌、链球菌、枯草杆菌、沙门菌、鼠伤寒沙门菌、上呼吸道感染菌等 20 余种致病菌和 A 型流感病毒、脊髓灰质炎病毒、单纯疱疹病毒、猴病毒、腺病毒、日本凝血病毒（HVJ）、疱疹性口腔病毒、乙型肝炎病毒等均具有抑制作用。蜂胶还有抗皮肤肿瘤、抗恶性胶质瘤、黑色素瘤、人鼻咽癌和子宫瘤等作用。蜂胶对酒精造成的肝损伤有保护作用。另外，蜂胶还具有抗疲劳、耐缺氧、镇静、抗氧化、抗溃疡、抗辐射、消炎和抗变态反应等作用。蜂胶混悬液能明显延长负重小鼠持续游泳时间；能明显延长小鼠常压缺氧存活时间。

6.2.2.3 蜂胶的安全性

小鼠灌服蜂胶半数致死量大于 7.5g/kg。小鼠腹腔注射蜂胶乙醇提取物最小致死量大于 2g/kg。给犬、豚鼠、大鼠灌服蜂胶 10~15g/kg，以及给兔每日灌服蜂胶 1g/kg，共 3 个月，均未见毒性反应，90 日龄大鼠口服 1.4g/kg 体重 1d，无不良反应。蜂胶是一种安全性极高的天然产物，但是服用时应注意过敏现象出现，但蜂胶引起的过敏反应不是因蜂胶含有毒成分，而是使用者属于过敏性体质，病理学属于变态反应。

6.2.3 花 粉

花粉（pollen）是被子植物雄蕊花药和裸子植物小孢叶上小孢子囊内的小颗粒状物，是植物有性繁殖的雄性配子体，含有人体生存所需的各种物质，被誉为"微型营养宝库""完全营养食品"。

花粉的营养成分高于所有天然食品，含糖最高达 40%，蛋白质 10%~40%，20 余种氨基酸，含量多于牛乳、鸡蛋 4~6 倍，其中赖氨酸含量特别丰富，有利于儿童生长发育；14 种维生素，特别是维生素 E、维生素 C、维生素 P，能增强人体免疫功能，促进健康，延年益寿；含有人体所需的数十种矿物质及 50 种以上的生物活性物质，如核酸、酶、辅酶、激素和抗菌物质等，所以花粉具有抗衰老、保青春的作用。除此之外，花粉还是天然的美容物质，有保护皮肤和增添体表气味的脂肪和芳香物质。

蜜蜂从各种植物花药中采集花粉的过程中，可将少量花蜜及其分泌物混入花粉，被带回蜂巢后杂结成团就成为蜂花粉。

6.2.3.1 花粉的成分及性质

1. 颜色

我国的蜜粉源植物种类较多，蜜蜂很难采集到纯度很高的单一花粉。因此，目前国内销售的蜂花粉大多是以某种单一蜂花粉为主的混合蜂花粉，色泽不一。

2. 形状大小

来源于不同植物的花粉形状、大小差别很大，紫云英、柑橘、桃、南瓜、玉米、棉花、小麦、水稻、菜豆等为圆球形；油菜、蚕豆、梨、苹果、百合等为椭圆形；茶花、椴树等为三角形；四边形的较少，如落葵等。不同来源的花粉粒大小不一，大多数植物花粉粒的直径在（2.5~250μm）15~50μm 之间（Denisow, Bożena & Denisow-Pietrzyk, Marta. 2016）。

3. 香味与滋味

新鲜蜂花粉带有植物的清香气味，味道稍甜略带苦味。不同种类的蜂花粉口感有差别，例如茶花蜂花粉味清香、微甜，无特殊的蜂花粉臭味，易为人们所接受。荞麦蜂花粉臭味重，口感较差，但是荞麦蜂花粉的营养价值较高，因此，在加工荞麦蜂花粉时应尽可能除去异味，以提高感官质量。

4. 细胞壁

花粉壁分为内壁和外壁。内壁较薄，软而有弹性，在萌发孔处常较厚。内壁的主要成分为纤维素、果胶质、半纤维素及蛋白质。外壁厚而坚硬，主要成分是孢粉素，它是类胡萝卜素和萝卜素脂的衍生物，具有抗酸、抗生物分解的特性。花粉粒的外壁和内壁不同于一般植物细胞，其最大区别在于含有生物活性的蛋白质，而且外壁和内壁蛋白质在性质、来源和功能上又有很大不同。外壁蛋白质是由孢子体的绒毡层细胞合成的。内壁蛋白质是花粉自身细胞合成的。花粉内壁和外壁中酶的种类也有很大区别，这可能与两层蛋白质的功能不同有关。

5. 蛋白质和氨基酸

天然花粉含蛋白质 10%~40%，以 5~6 月采集的蛋白质含量最高，夏季后半期最低。蜂花粉还含有人体所需的全部必需氨基酸，而且所含的 20 余种氨基酸配比也比较恰当，在营养学上蜂花粉称为完全蛋白质。

蜂花粉的氨基酸含量丰富，大部分以游离形式存在，易被人体吸收利用。蜂花粉中的必需氨基酸含量是牛肉和鸡肉的近 5 倍，蜂花粉中还含有的牛磺酸远高于蜂蜜和蜂王浆中。在被测的蜂花粉样品中牛磺酸含量差别很大，含量最高的是玉米蜂花粉，高达 202.7mg/g，含量最低的是罂粟蜂花粉，仅为 8.0mg/g。

6. 糖类

糖类约占干物质的 1/3，主要有葡萄糖、果糖和蔗糖以及淀粉、膳食纤维和孢粉素等，能够增强人体免疫功能。

7. 脂类化合物

花粉所含的脂类物质有卵磷脂、磷脂、磷脂环己醇、磷脂酸胆碱、甘油单酯、甘油二酯和甘油三酯等，占整个花粉的 4%~5%。

8. 有机酸类化合物

花粉中常见的脂肪酸有丁酸、己酸、癸酸、月桂酸、豆蔻酸、棕榈酸、花生四烯酸和硬脂酸等。蜂花粉中的酚酸包括羟基苯甲酸、原儿茶酸、没食子酸、香黄兰酸、阿魏酸、羟基桂皮酸、绿原酸和芥子酸等。绿原酸不仅具有增加毛细血管强度和抗炎作用，而且在合成胆酸、影响肾功能、通过垂体调节甲状腺功能等方面有重要作用。绿原酸在许多蜂花粉中的含量较高，柳属蜂花粉含绿原酸 547.5~801.2mg/100g。黄羽扇豆中含 207mg/100g。三萜烯酸在多种花粉中含量丰富，花粉的抗炎、促创伤愈合、强心和抗动脉粥样硬化作用，可能与其中含有熊果酸和其他三萜烯酸有关。荞麦、野苦菜中三萜烯酸化合物的含量为 857~1106mg/100g。

9. 维生素和矿物质

花粉中含有 14 种维生素，且含量很高，尤其是 B 族维生素含量十分丰富。蜂花粉中的矿物元素种类多，含量丰富，如 Cu、Mn、Fe、Se、Ca、K 和 Mg 含量均高于普通食品。

10. 黄酮类化合物

不同种类的蜂花粉中黄酮含量不相同，水杨梅、油菜、苜蓿和柳树蜂花粉中的黄酮含量较高，可达 1.198%~2.549%，荞麦、风铃草、蒲公英蜂花粉中黄酮含量仅为 147.6~306.96mg/100g。李果等从油菜蜂花粉中分离出的几种黄酮类化合物，分别为山奈素-3,4-双-O-β-D-葡萄糖吡喃糖苷、山奈素-3-O-β 槐糖苷、槲皮素-3,4-双-O-β-D-葡萄吡喃糖苷等，并证明油菜黄酮可以延长小鼠的寿命。

11. 其他成分

甾醇类的数量和类型依蜂花粉种类而异。玉米蜂花粉中甾醇类大约占 0.1%，主要是胆甾醇和一些豆甾醇。蜂花粉中的核酸含量，RNA 为 227.24~1485mg/100g，DNA 为 69.92~218.5mg/100g。花粉含有淀粉酶、转化酶、过氧化氢酶、还原酶和果胶酶等，少数还含有肠肽酶、胃蛋白酶、胰酶及脂酶等。在各类植物花粉中先后直接鉴定的酶已达 80 多种。蜂花粉保留了植物花中全部的活性酶。花粉中的抗生素是一类具有抗菌作用的混合物，青霉素是该类物质的原型，包括酚类。黄酮芸甚至萜烯在内，能抑制某些微生物，特别是沙门菌的繁殖。

6.2.3.2 花粉的功能特性

早在两千多年前的《神农本草经》对香蒲蜂花粉和松花粉医疗作用的记载："主治心腹寒热邪气，利小便，消瘀血，久服轻身、益劲、延寿"。现代研究表明蜂花粉能明显增强免疫功能，对辐射所致造成外周血酸性 α-醋酸萘酯酶（ANAE）阳性细胞下降也有显著的保护作用。花粉还能提高机体免疫力、激活体内组织细胞酶的活性，促进新陈代谢、调节神经内分泌系统的功能、增强应激能力，因而具有延缓衰老的作用。花粉中含有芸香苷和原花青素，能增加毛细血管的强度，对心血管系统具有良好的保护作用。花粉能促进脑细胞发育，增强中枢神经系统的功能，对儿童智力发育也有促进作用。另外，花粉具有抗疲劳和美容作用等作用。

6.2.3.3 花粉的安全性

天然花粉一般都是安全的，只有极少数有毒的花粉，如雷公藤或羊踯躅等，但蜂花粉中不含有此类花粉。动物试验表明，花粉无毒副作用。花粉的摄入量一般为 2~5g/d。

6.2.4 芦 荟

芦荟（aloe）为百合科芦荟属植物，原产于地中海沿岸和非洲，约有 360 余种。目前在我国广东、广西、云南、海南、福建、四川和贵州等地都有种植。可供药用和食用的芦荟品种有库拉索芦荟（*Aloe veres* L.）、好望角芦荟（*A. ferox* Mill）、斑纹芦荟（*A. vera* L. var chinenis）、中华芦荟及翠叶芦荟（*A. barba densis* Miller）。

6.2.4.1 芦荟的成分及性质

芦荟含有上百种有效成分，具有调节机体免疫力、抗肿瘤、防辐射及美容等作用，还具有促进伤口愈合、抗病毒、抗真菌等功效。芦荟是一种集医药、食用、美容和观赏于一体的重要经济植物，现已广泛应用于医药、保健食品、美容和日常生活中。

1. 蒽醌类

蒽醌类是芦荟叶渗出液中的主要成分，在渗出液的干燥物中占 9%～30%，其种类很多，多呈酸性，溶于水，水溶液呈淡黄色至黄色，带有荧光。当调节溶液至偏碱性时呈橙黄色，在空气中长时间放置后逐渐被氧化而颜色加深。该类物质主要由大黄素（emodin）及其苷类组成，芦荟大黄素可由芦荟汁低温干燥物用乙酸乙酯提取出粗品，再经硅胶柱层析（石油醚乙酸乙酯）洗脱精制而得。

2. 萘酮类

主要包括芦荟苦素（aloesin）、异芦荟苦素（isoaloesin）及其苷元部分形成的衍生物。芦荟苦素和异芦荟苦素可以由芦荟汁浓缩及用正丁醇提取后经硅胶柱分离精制而得。由乙醇中重结晶得到的芦荟苦素为白色针状结晶，而异芦荟苦素为丝状结晶，在空气中会逐渐氧化变黄。

3. 糖类

芦荟凝胶干燥后所得固形物中有大约一半以上是糖类，其中所含的单糖有甘露糖、阿拉伯糖、鼠李糖、果糖和葡萄糖等。芦荟所含糖类中具有重要生物活性的是多糖。新鲜凝胶中含多糖量 0.27%～0.5%。芦荟原汁干燥物中含多糖 18%～30%。

4. 蛋白质和氨基酸

蛋白质总量约占总固体量的 9%，一部分与多糖结合成糖蛋白，另一部分以酶的形式存在。已发现的酶有缓激肽酶、羧基肽酶、纤维素酶、淀粉酶、过氧化氢酶和氧化酶。芦荟叶中还含有游离氨基酸，已发现的有精氨酸、天冬酰谷氨酸、半胱氨酸、赖氨酸、丙氨酸、酪氨酸、色氨酸、蛋氨酸、亮氨酸、缬氨酸、苯丙氨酸和苏氨酸。夏季芦荟叶中的游离氨基酸含量较高。

5. 有机酸

有机酸主要有柠檬酸、酒石酸、苹果酸、丁二酸、肉桂酸和琥珀酸，其中的柠檬酸大部分以钙盐的形式存在，并主要存在于叶肉凝胶中，含量往往可达凝胶干燥物质量的 30%。芦荟还含有一系列脂肪酸，已检测到的有己酸、辛酸、癸酸、月桂酸、十三烷酸、肉豆蔻脂酸、十五烷酸、棕榈酸、十七烷酸、硬脂酸、油酸以及壬烯二酸和花生四烯酸。

6. 矿物元素与维生素

矿物元素包括钠、钾、钙、铝、钡、锌、硼、铜、铁、锰、钼、钴、钛、铬、磷、镍、锗、钒、银和锶等。日本从 20 世纪 60 年代起就从芦荟叶汁中提取出了芦荟素抗癌剂 A（羟乙基锗三氧化物），锗对癌症的独特疗效被国外称之为"世纪救世锗（者）"。另外，芦荟中还含有维生素 A、维生素 B_1、维生素 B_2、维生素 B_5、维生素 B_6、维生素 B_{12}、维生素 C、维生素 D、维生素 E、维生素 H、维生素 PP 以及 β 胡萝卜素等。

6.2.4.2 芦荟的功能特性

芦荟通过启动和活化巨噬细胞、激活 T 细胞、B 细胞机制提高机体的免疫活性。木立芦荟提取的多糖（APS）能抑制超氧阴离子的形成，具有抗基因毒性和抗肿瘤发生的活性。芦荟素和芦荟大黄素（aloeemodin）可通过抑制肿瘤细胞蛋白质合成所需的肽链延长因子 eEF-2 和肽转移酶的活性，抑制肿瘤细胞的增殖。芦荟中的植物血凝素（aloctin A）也可通过提高机体的免疫力而抗肿瘤。芦荟多糖具有抗紫外线引起的免疫抑制作用和减少 IL10 分泌的作用，调节机体对环境不良刺激的反应。另外，芦荟对真菌、霉菌、细菌、病毒具有抑制作用。对白喉杆菌、破伤风杆菌、肺炎球菌、乳酸菌、福氏痢疾杆菌、绿脓杆菌、金黄色葡萄球菌、变形杆菌、大肠杆菌等有抑制作用。对中耳炎、膀胱炎、化脓症、麻疹、狂犬病、流行性脑炎等均有一定效果。芦荟能够美容和保肝和抗胃损伤作用。芦荟大黄素在大肠分解产生芦荟大黄素9蒽醌，此物质不仅可引赶大肠内水分增加，而且能促进肠黏膜分泌肠黏液，是芦荟致泻的重要活性物质。

6.2.4.3 芦荟的安全性

可食用的芦荟（中华芦荟）的试验结果：$LD_{50} > 46.4 g/kg$；由于芦荟含有大量可导致腹泻的芦荟大黄素，故成人一般以每天不超过 15g 为宜，儿童及老人宜酌减 20%~50%（便秘者可酌加）。过多食用可导致腹部剧痛、上吐下泻，并可伴呕血、便血。

6.2.5 人　参

人参为五加科植物人参（*Panax ginzsen* C. A. Mey.）的根，具强壮补益、延缓衰老、补益脾胃、补益肺气、生津止渴、益智养神、增强记忆力、抗疲劳、抗肿瘤和提高机体免疫力等功能。人参分为野山参、山参、移山参和园参。

野山参：野山参《中国药典》称"生晒山参"，形体美，质量好，为名贵商品，主产于辽宁、吉林和黑龙江，在河北北部深山也有分布。

山参：山参由野山参或人工栽培的园参种子人工播撒于山上后自然生长 15 年以上的参。

移山参：移山参由人工栽培的参苗移栽于山上以后自然生长的参，一般参龄 10~20 年。

园参：园参也称生晒参，全部由人工栽培而成的参，一般参龄在 6 年以上。

根据加工方法的不同，人参又有以下几种：洗净，晾晒 1d 后以硫黄熏过晒干，称生晒参；蒸制后干燥，称红参；经水烫，排针扎孔，浸糖后干燥，称糖参。

6.2.5.1 人参的成分和性质

1. 人参皂苷

人参皂苷是人参所含的最重要的一类活性物质，人参根含人参皂苷约 5.22%，分离出的人叁皂苷约 30 余种。根据苷元的不同可将人参皂苷分为原人参二醇、原人参三醇和齐墩果酸三类，由前两种苷元所组成的皂苷具有生理活性，由后一种苷元所组成的皂苷没有生理活性。人参皂苷 Ra_1、Ra_2、Rb_1、Rb_2、Rb_3、Rc、Rd 的苷元为原人参二醇；人参皂苷 Re、Rf、Rg_1、Rg_2、Rh_1 和 20-葡萄糖基-Rf 的苷元为原人参三醇；人参皂苷 Ro 的苷元为齐墩果酸。以上皂苷中以人参皂苷 Rb、Rc 和 Rg_1 的含量较高。

2. 挥发油

人参根含挥发性成分约 0.12%，主要由倍半萜类、长链饱和羧酸以及少量的芳香烃类物质组成，其中最重要的成分是倍半萜类，占自挥发油总量的 38.8%~46%%，在生理活性方面发挥着重要的作用。

人参中的倍半萜类化合物主要有反式 β-金合欢烯、α-古芸烯、β-愈创烯、β-橄香稀、艾里莫酚烯等 10 余种。倍半萜中的 β-橄香稀是一种具有抗肿瘤作用的重要生理活性物质，分子式 $C_{15}H_{24}$，β-橄香稀能有效抑制癌细胞的生长，降低癌细胞 RNA 和 DNA 含量且毒性很小，对人体的造血功能和免疫功能影响较小，因此是一种理想的抗肿瘤物质。此外，在人参中发现的挥发性成分还有正十四碳酸、正十五碳酸、棕榈酸、均三异丙苯、3,3-二甲基己烷、2,7-二甲基辛烷、1-乙基-3-异丙基苯等几十种羧酸类和烃类化合物。另外还含有人参炔醇、人参环氧炔烯、松油醇、十七碳-1-二烯-4,6-二炔-3,9-二醇等成分。

3. 有机酸及酯类

人参根中含人参酸、棕榈酸、硬脂酸、油酸和亚油酸等成分，是由人参根中所含的脂类物质水解生成。此外还含延胡索酸、琥珀酸、苹果酸、酒石酸、水杨酸、香草酸、丙酮酸、丙烯酸、戊烯酸、苯乙酸、十一碳烯酸、十八碳烯酸等。酯类物质有甘油三酯、三棕榈酸甘油醋、三亚油酸甘油酯、α，γ-二棕榈酸甘油酯、十六碳酸甲酯和乙酯、十八碳烯酸甲酯、苯乙酸乙酯等，磷脂含量为 0.2%~0.6%。

4. 糖类

人参根中富含糖类，占主根的 58%，主要为人参多糖 （panaxan），包括人参淀粉、人参果胶和糖蛋白，其中水溶性多糖为 38.7%，碱溶性多糖为 7.8%~10.0%。人参果胶中有两种酸性杂多糖 SA 和 SB，SA 是由半乳糖、阿拉伯糖、鼠李糖以 4.7：2.6：1 的比例组成，并含 26% 的半乳糖醛酸；SB 是由半乳糖、阿拉伯糖、鼠李糖以 3.3：1.8：1 的比例组成，并含 76% 的半乳糖醛酸。这些多糖还含有一定量的多肽，组成了各种各样的人参糖肽。

从热水提取物中分离出了 PA 和 PB 两个蛋白多糖组分，PA 相对分子质量约为 180 万，含蛋白质 5.34%，PB 相对分子质量约为 52 万，含蛋白质 7.6%。PA 和 PB 均含苏氨酸以及多糖的糖残基以糖苷键相连的共价结合蛋白质，PB 中还存在另一种形式的蛋白质，其中精氨酸等碱性氨基酸含量丰富，能够与多糖的半乳糖醛酸基以静电力相结合。

另外人参中还含有葡萄糖、果糖、阿拉伯糖、木糖、甘露糖、鼠李糖等单糖，蔗糖、麦芽糖、乳糖等双糖和人参三糖 A、人参三糖 B、人参三糖 C、人参三糖 D。

5. 含氮化合物

人参中含有少量的氨基酸和多肽。其中人参根所含的氨基酸有 17 种以上，含量较多的是精氨酚、丙氨酸、丝氨酸、赖氨酸和酪氨酸，并含焦谷氨酸、三七素和 γ-氨基丁酸等特殊氨基酸。人参中氨酸种类和数量随人参品种、产地、参龄以及人参部位的不同而异。

从人参中分离出的几种酸性肽都有不同程度的抗脂肪分解活性，其中以人参 14 肽的活性最强，此 14 肽的氨基酸序列为 E-T-V-E-I-I-D-S-E-G-G-G-G-D-A。

人参中还含有天冬氨酸酶、淀粉酶、酚酶、麦芽糖酶、转化酶、酯酶等。还含有尿嘧啶，腺嘌呤和它们的核苷，鸟嘌呤、胆碱、豆甾醇、β-谷甾醇及葡萄糖苷、胡萝卜甾醇苷、芳香胺等含氮化合物。

6. 维生素和无机元素

人参中含有维生素 B_1、维生素 B_2、维生素 B_{12}、维生素 C、烟酸、泛酸、叶酸、烟酰胺及生物素等。所含无机元素有镁、钙、钠、钾、磷、银、铁、锰等。

6.2.5.2 人参的功能特性

人参皂苷 Rb_1、Rb_2、Rc、Rd、Re、Rf、Rg_1 均具有抗疲劳作用，其中 Rg_1 有中枢兴奋作用，Rg_1 有中枢抑制作用，故人参对中神经系统有双向调节作用。人和动物连续服用人参提取液，既能改善其兴奋过程，也能调整其抑制过程，使抑制趋于集中，分化加速且更为完全。人参皂苷 Rg_1 可改善记忆的全过程，Rb_1 仅对记忆获得和记忆再现阶段有促进作用。人参具有调节人体免疫功能和抗肿瘤作用。人参皂苷可恢复老年机体自由基代谢的平衡、增强了超氧化物歧化酶 （SOD） 和过氧化氢酶 （CAT） 的活性而具有美容作用。人参皂苷 Rb_1、Rb_2、Rb_3、Rc 和 Rg_1，均能增加人工培养的人皮肤成纤维细胞中氨基葡聚糖的生成量，但以 Rb_2 最为有效，这对皮肤的抗衰老也有一定作用。

6.2.5.3 人参的安全性

《神农本草经》记载人参"无毒"，现代研究表明，人参的急、慢性毒性都很小。人参提取物或人参总皂苷对小鼠腹腔注射时的急性半数致死量在 300~700mg/kg，人参皂苷单体对小鼠腹腔注射的半数致死量分别为 Rb_1 1110mg/kg、Rb_2 305mg/kg、Rc 410mg/kg、Rd 32mg/kg、Re 465mg/kg、Rf_1 340mg/kg、Rg_1 1258mg/kg、Ro 的 LD_{50}>1000mg/kg。

6.2.6 西 洋 参

西洋参为五加科植物西洋参（*Panax guinguefoium* L.）的根，又名洋参、西参、花旗参和广东人参，原产于北美，现我国东北及北京、陕西、江西等地也有栽培。西洋参呈纺锤形、圆柱形或圆锥形，长 3~15cm，直径 0.3~3.5。

6.2.6.1 西洋参的成分及性质

总皂苷是西洋参的主要药理成分，与人参相似，比例有所不同，药理作用也与人参基本相同，只是人参总皂苷侧重抗利尿和抗疲劳，而西洋参总皂苷侧重镇静。

西洋参含总皂苷 5%~10%，野生者可达 11.74%。主要为三萜皂苷，以 20（S）原人参二醇为苷元的有：含量最高者为人参皂（ginsenoside）Rb，其次为 Rd，以及含量较低的 Rb_2、Rb_3、Rc、Rao、F_2，丙二酰基人参皂苷（*Malonyl-ginsenoside*）R_1、Rb_2、Rd、西洋参皂苷（quinquenoside）R_1，绞股蓝皂苷（gypenosides）XI、X、VII；以 20（S）原人参三醇为苷元的主要有人参皂苷 Re，以及 Rg_1、Rg_2、Rg_3、Rh_1、F_3 等；西洋参含有以奥克梯醇（octillol）为苷元的特征成分假人参皂苷 F_{11}（pseudoginsenoside F_{11}），含量 0.0804%~0.2861%；还含有微量以齐墩果烷为首元的人参皂苷 Ro。

西洋参中含挥发油 0.05%~0.11%，从中共鉴定出 37 种化学成分，其中倍半萜类化合物有 26 种，约占总挥发油的 75%，以反式金合欢烯（β-farnesrne）含量较高，占挥发油相对含量的 36%，还含有其他酯类及烷烃、酸、醇等。西洋参的油脂中含有己酸、庚酸、辛酸等脂肪酸，其中亚麻酸占总油量的 44.78%。

西洋参含总糖 50%~65%，其中 5%~10%为酸可溶性果胶和 20%~30%为酸性多糖。多糖相对分子质量为 4 500~5500。西洋参中还含有多种氨基酸，总量为 11.70%，其中人体所必需的氨基酸为 6.97%。

6.2.6.2 西洋参的功能特性

1. 增强中枢神经系统功能

西洋参中的皂苷可以有效增强中枢神经，达到静心凝神、消除疲劳、增强记忆力等作用，可适用于失眠、烦躁、记忆力衰退及老年痴呆等症状。

2. 保护心血管系统

常服西洋参可以抗心律失常、抗心肌缺血、抗心肌氧化、强化心肌收缩能力，冠心病患者症状表现为气阴两虚、心慌气短可长期服用西洋参，疗效显著。西洋参的功效还在于可以调节血压，可有效降低暂时性和持久性血压，有助于高血压、心律失常、冠心病、急性心肌梗死、脑血栓等疾病的恢复。

3. 提高免疫力

西洋参作为补气保健首选药材，可以促进血清蛋白合成、骨髓蛋白合成、器官蛋白合成等，提高机体免疫力，抑制癌细胞生长，有效抵抗癌症。

4. 促进血液活力

长服西洋参可以降低血液凝固性、抑制血小板凝聚、抗动脉粥样硬化并促进红细胞生长，增加血色素。

5. 治疗糖尿病

西洋参与琼珍灵芝配伍可以降低血糖、调节胰岛素分泌、促进糖代谢和脂肪代谢，对治疗糖尿病有一定辅助作用。

6. 补肺降火、养胃生津

西洋参性寒，味苦、微甘，归心、肺、肾经，具有补肺降火、养胃生津之功效。

6.2.6.3 西洋参的安全性

我国原卫生部批准西洋参作为可用于保健食品原料，可用于抗疲劳、免疫调节、抗衰老和调节血脂等功能性食品的生产。

6.2.7 银　　杏

银杏（*Ginkgo biloba* L.）为银杏目现存唯一种，仅1属1种，是现存裸子植物中古老的孑遗植物，有"活化石"之称，经历第四纪冰期磨难后，银杏类植物中仅银杏得以在中国残存，但由于其具有较高的观赏价值和较强的适应性，被引种至多个国家，现已广泛栽培于全球温带和亚热带气候区，是重要的经济和生态树种。中国作为世界银杏的起源地和分布中心，拥有世界90%的银杏资源，尤其在多地分布着古树群，为银杏地理变异研究提供了可能。银杏树生长较慢，寿命极长，自然条件下从栽种到结果需要20多年时间，40年后才能大量结果，因此别名"金公孙"，有"公种而孙得食"的含义，是树中的老寿星。

目前银杏品种及变种有黄叶银杏、塔状银杏、裂银杏、垂枝银杏、斑叶银杏等26种。银杏的自然地理分布范围很广，我国银杏主要分布于温带和亚热带气候区内，如山东、浙江、安徽、福建、江西、河北、河南、湖北、江苏、湖南、四川、贵州、广西、广东、云南等省区的60多个县市，另外我国台湾也有少量分布。

银杏是重要的药用植物，各部位都有其重要的应有价值，目前利用最多的是银杏叶、银杏种实和银杏种仁。

银杏叶于秋季叶尚绿时采收并及时处理得到的干燥叶，具有活血化瘀，通络止痛，敛肺平喘，化浊降脂的功效，可用于治疗瘀血阻络、胸痹心痛、中风偏瘫、肺虚咳喘及高脂血症等。

银杏为裸子植物，其果实称为种实，椭圆形，长2.5~3.5cm，宽2.0~2.8cm，由外种皮、中种皮、内种皮、胚乳、子叶、胚、胚根和珠孔等组成。

银杏种仁，俗称白果，是种实除去外种皮，包括中种皮在内的部分，它由肉质外种皮、骨质中种皮、膜质内种皮、种仁组成，表面黄白色或淡黄棕色，平滑坚硬，一端稍尖，另端钝，边缘有2~3条棱线，中种皮（壳）质硬，内种皮膜质，一端淡棕色，另端金黄色，种仁粉性，中间具小芯，味甘、微苦。在中种皮之内的部分称作核仁，俗称白果肉，即去壳的白果，味道甘、苦、涩，平，用于痰多喘咳，带下白浊，遗尿尿频，但是生食白果有毒。

银杏果味道甘美，香糯微甘，略有苦味，口味清新，润喉养肺，在我国已有1000多年的食用历史，其医疗及营养保健作用早已被人们所认识，其加工形式主要是烹饪菜肴、生产白果罐头、饮料、蜜饯等。而人们对银杏叶的利用要晚得多，其开发利用始于20世纪60年代末，国内外学者对银杏叶的化学成分和药用价值开展研究并逐步深入。由于银杏叶集营养、保健功能于一体，是制药、食品和饮料的新兴原料，因此，用银杏叶制成的保健品已日渐引起人们的普遍关注，主要的加工产品形式有银杏叶茶、片剂、胶囊、饮料、保健酒等。

6.2.7.1　银杏的主要化学成分

1. 银杏叶的主要化学成分及生理活性物质

以干基计，银杏叶含蛋白质 10.9%～15.5%，总糖 7.38%～8.69%，还原糖 4.64%～5.63%，维生素 C 66.8～129.2mg/100g，维生素 E 6.17～8.05mg/100g；含有 18 种氨基酸，其中必需氨基酸 9 种，占总氨基酸的 39.2%～41.5%，必需氨基酸含量丰富，与大豆蛋白一致，略低于鸡蛋蛋白。银杏叶中矿质营养也很丰富，其中钙、磷、硼、硒含量高，其他人体必需微量元素含量也很丰富。

除了一般营养物质以外，银杏叶中还含有许多重要的生理活性物质，主要包括黄酮类化合物、萜内酯类化合物、有机酸类、银杏酚酸及烷基酚、烷基酚酸类、甾类、聚异戊烯醇类、银杏叶多糖等。

（1）银杏黄酮类化合物　黄酮类物质是银杏叶中的主要活性物质，在银杏叶中的含量较高，为 2.5%～5.91%。银杏叶中黄酮类化合物主要以苷的形式存在，目前已分离鉴定出的共有 46 种，包括黄酮苷、黄酮苷元、双黄酮、桂皮酸酯黄酮苷和儿茶素等几类。单黄酮物质主要存在于银杏绿叶中，是治疗心脑血管疾病的原料，主要成分有山柰酚、槲皮素和异鼠李素及其他多种糖基形成的苷元；双黄酮类物质主要存在于秋季银杏黄叶中，目前已分离出银杏黄素等 4 种成分，银杏黄素能降低血清胆固醇水平，使磷脂与胆固醇的比例趋于正常，将银杏黄素提制成药物、可治心绞痛等病症。银杏叶中的儿茶素类化合物包括儿茶、表儿茶素、没食子酸儿茶素和表没食子酸儿茶素。

（2）银杏内酯化合物　银杏含有的内酯化合物又称银杏萜内酯，由倍半萜内酯和二萜内酯组成。银杏内酯（ginkgolide）属二萜类化合物，白果内酯（bilobalide）属倍半萜内酯。目前，已发现 5 个二萜内酯，即银杏内酯 A、银杏内酯 B、银杏内酯 C、银杏内酯 M、银杏内酯 J，它们是银杏叶的重要有效成分，而银杏内酯 B 是特异血小板活化因子拮抗剂，在银杏叶中起关键作用。白果内酯是目前从银杏叶中发现的唯一的 1 个倍半萜内酯化合物。

银杏内酯的笼状结构在植物中是非常独特的，它与血小板活化因子（PAF）受体"契合"产生竞争机制。特别是银杏内酯 B，由于分子中醚氧与碳基氧间的距离与血小板活化因子中的相一致，活性最强。现代医学研究证明，银杏内酯具有血小板活化因子拮抗作用，可以清除超氧阴离子，具有抗氧化和延缓衰老的功能。白果内酯具有保护神经和抗水肿作用，对老年痴呆症有奇异的疗效。

（3）银杏酸　银杏酸（ginkgolic acids，GA）是银杏叶中除黄酮、内酯和原花青素外又一具有重要生理活性的组分，占银杏叶干重的 1%～2%。银杏酸为水杨酸的 6-烷基或 6-烯基衍生物，其主要由白果新酸、白果酸、氢化白果酸、氢化白果亚酸、白果二酚等组成。现代毒理学研究表明，银杏酸具有致敏性、胚胎毒性、免疫毒性和细胞毒性等多种生物毒性，对人表现有强烈的过敏和接触性皮炎，被认为是银杏叶提取物中最主要的毒性成分。

（4）酚酸、烷基酚及烷墓酚酸类　银杏叶中酚酸有 7 种，原儿茶酸（protocatechuic acid）、p-羟基苯酸（p-hydroxybenzolc acid）、香草酸（nanillicacid）、咖啡酸（caffeic acid）、p-香豆酸（p-cotanaric acid）、阿魏酸（femlic acid）和绿原酸（cklorogenie acid）。不同的酚酸药理作

用也不同。其中香豆酸、阿魏酸、咖啡酸和绿原酸可促进胃液和胆汁的分泌；香豆酸、香草酸和咖啡酸有抗菌、消炎的作用；原儿茶酸具有抗真菌作用；绿原酸还有刺激神经中枢系统的作用。

（5）聚异戊烯醇　聚异戊烯醇是存在于银杏叶中的一种类酯化合物，属多烯醇类，具有很强的生物活性，是重要的新药物资源。银杏叶长链的多聚异戊烯醇具有抗肿瘤的活性，还有促进造血细胞增殖分化的作用。

银杏叶中有效成分黄酮和萜内酯含量高于种仁，而主要毒性成分含量较低，营养丰富，是集营养、保健功能为一体、药食兼用的珍贵资源。银杏叶各种制剂的质量，主要取决于银杏叶提取物中黄酮类化合物和萜内酯含量的高低，尤其是萜内酯含量的多少，尤其是萜内酯含量的多少。而银杏叶的优劣直接影响到银杏叶提取物主要有效成分的含量。因此，选用活性成分含量高的银杏叶，培育优质高产的叶用银杏是银杏叶开发利用的重要一环。

2. 银杏种实的主要化学成分及生理活性物质

银杏外种皮有效成分与银杏叶子基本一致。但银杏外种皮白果酚等酸性成分含量比银杏叶的含量高，而总黄酮含量（外种皮 1.3%、银杏叶 5.91%）、酚酸类（外种皮 2.71μg/g，银杏叶 19.9μg/g）和银杏内酯的含量均比银杏叶低。银杏外种皮具有与银杏叶相似的活性成分，有一定的开发利用价值。

3. 银杏种仁化学成分及生理活性物质

银杏种仁含有丰富的营养成分和特异的化学物质。银杏种仁中干物质含量为 41.97% ~ 44.89%，干物质中含 60% ~ 70% 的淀粉；银杏白果多糖（GBSP）是单一的、由 D-甘露糖组成的匀多糖；而银杏种仁中所含的脂类成分较多，有甘油酯、复合酯、固醇酯、固醇、单甘油酯等；此外，研究表明银杏种仁的黄酮含量（≤0.1%）低于叶内含量（2% ~ 3%），而内酯含量则高于叶内含量。银杏种仁还含有其他活性成分，如白果酸（$C_{22}H_{34}O_3$）、氢化白果酸（$C_{22}H_{36}O_3$）、氢化白果亚酸（$C_{21}H_{34}O_2$）及白果醇（$C_{22}H_{32}O_3$，即廿九烷-10-醇）、漆树酸（$C_{22}H_{22}O_3$）等。另外，4′-甲氧基吡哆醇（4′-O-methmyl pyridoxine，MPN）是白果的主要毒性成分，它不仅为维生素 B_6 的拮抗剂，并能在大脑中抑制谷氨酸转化为 4-氨基丁酸（GABA），其毒性反应主要引起阵发性痉挛。银杏中含有一些甾体化合物，如 β-谷甾醇、β-谷甾醇-葡萄糖苷、松醇（pinol）等。

6.2.7.2　银杏的生物学功能

1. 银杏叶的生物学功能

银杏叶总黄酮（FG）是银杏叶的主要有效成分，包括银杏双黄酮（gllobetln）、异银杏双黄酮（isoginkgetin）、白果素（bilobetin）、槲皮素（quercetin）、山奈酚（kaempferol）等，不但具有扩张血管作用，还具有降血脂、降胆固醇、抗凝血、清除自由基等作用。银杏叶总黄酮体外实验研究发现，其对血管紧张素转换酶活性具有明显的抑制作用，水提法与醇提法所得银杏叶总黄酮对血管紧张素转换酶抑制率分别达 62.5% 和 82.5%。

银杏叶提取物中含有的"银杏苦内酯"是血小板活化因子的强拮抗剂，起到血管调节、抗栓和增强代谢的作用。银杏叶水提取物能明显降低血清胆固醇，同时升高血清磷脂，改善血清胆固醇及磷脂的比例。

日本松木武分离出 17 种烷烯的水杨酸和白果素（bilobetin）等活性成分，进行抑制病毒的研究，结果表明：17 种烷烯的水杨酸和白果素均具有很强的抑制疱疹病毒（EB）的活性，其中，白果素对致癌启动因子的抑制效果超过了维生素 A。欧洲专利报道，银杏叶中最为显著的活性成分——Bioparyl 对核糖核酸酶的活性有调节作用，它可以防止或逆转各组织的纤维变性，降低炎症病人（包括艾滋病人在内）的自动变性疾病中 γ-球蛋白的不正常升高和白血病等。

银杏叶可用于阿尔茨海默病痴呆和血管认知障碍导致的眩晕以及耳鸣。有关银杏叶对痴呆患者疗效的临床研究表明，它能稳定或减缓精神功能下降，特别是在神经精神症状患者中，使用银杏叶提取物的非痴呆老年受试者的认知衰退速度较慢，痴呆患者的认知和神经精神症状及功能得到了改善。Brondino 等研究表明，银杏叶治疗痴呆患者改善了其日常生活的认知功能和活动。Cieza 等在一项有关 50 岁健康的志愿者的研究中发现，银杏叶对患者心理健康和生活质量具有一定的有利影响。近几年更是发现了银杏叶注射液治疗冠心病、心绞痛的效果显著，且未出现不良反应，值得在临床上推广使用。

2. 银杏种实提取物的生物学功能

银杏外种皮含有白果酸、白果醇、白果酚等多种成分，银杏的这些酚酸性成分具有抗菌、抗炎、抗过敏、抗病毒、抗癌等作用，可作农药。据原江苏农学院试验，银杏外种皮浸泡捣烂，经过滤后兑水 40 倍，可防治苹果炭疽病，并对蚜虫、红蜘蛛、稻螟虫、桑蟥、蛴螬等有很强的杀灭作用。据报道，将银杏外种皮捣烂，加水浸泡得到原液，对蚜虫杀灭率达 100%，中种皮和内种皮有解毒之效。

3. 银杏种仁的生物学功能

银杏种仁具有较高的营养价值，蛋白质含量丰富，同时还含有黄酮类、多糖类、酚类、白果酸、银杏内酯等功能成分。Huang Wen 等采用纤维素 DE-52（G_1、G_2、G_3、G_4）结合 DEAE-Sephadex A50 从银杏种仁中纯化得到 2 种抗氧化蛋白 G_{4a}、G_{4b}，具有许多功能作用，如抗氧化、抑菌、抗肿瘤、免疫调节等。此外，银杏种仁能够升高红细胞超氧化物歧化酶的活性，降低血清过氧化脂质（LPO）的含量，并具有一定的抗衰老作用。

6.2.7.3 银杏的安全性

银杏果内含有小毒物质，包括氢氰酸、白果酸、氢化白果酸、氢化白果亚酸、白果酚、白果醇等，所以应注意白果的食用方式。如果煮熟食用，可以使白果酸和白果二酸分解，而氢氰酸沸点低，易挥发去除，因此熟白果的毒性较小。但如果生食白果，多食会出现呕吐、腹痛等症状，过量食用会引起腹痛、发烧、呕吐、抽搐等症状。祝维章于白果仁中提出一种中性结晶体，对小白鼠有致惊厥作用，认为即系白果引起临床中毒的有效成分。

在日常生活中，有些人喜欢用银杏叶片泡水喝，这也有一定的危险，银杏叶中含有有毒成分，服用剂量过大或时间较长，会危害心脏健康。将银杏叶提取物大剂量给狗注射一周，也可使狗出现恶心、呕吐等现象，注射时局部血管变硬。研究还发现，用渗漉法制备的银杏叶提取物对大鼠有降血脂、抗血栓作用，但是长期大剂量使用可显著改变多项血液学和血液生化指标，还可能引起消化性溃疡与肿瘤。

6.2.8 葛　根

葛根是豆科葛属植物的药食两用块根，主要分野葛 [*Pueraria lobata* (*Wild*) *Ohwi*] 和粉葛（*Pueraria homsonii* Bentn）。野葛以药用为主，粉葛是制造淀粉的原料。

6.2.8.1 葛根的成分及性质

葛根除含有其鲜重 19%～20% 的葛根淀粉外，主要成分为异黄酮类化合物及少量黄酮类物质，其中黄豆苷原、黄豆苷和葛根素是葛根的主要活性成分，尤以葛根素含量最高。此外，葛根中还含有葛根素木糖苷、公谷甾醇和花生酸等多种生理活性物质。近年来又从葛根中分离出一些芳香苷类化合物如葛苷 A 和葛苷 C 等以及一些三萜皂苷类化合物如黄豆苷原 A、黄豆苷原 B、葛根皂苷原 A、葛根皂苷原 B 和葛根皂苷原 C 等。

6.2.8.2 葛根的功能特性

葛根总黄酮在改善高血压及冠心病患者的脑血管张力、弹性和搏动性供血等方面均有温和的促进作用。葛根素能明显降低缺血心肌的耗氧量，抑制乳酸的产生，同时能抑制心肌磷酸肌酸激酶（CPK）的释放，保护心脏免受缺血再灌注所致的超微结构损伤。葛根不仅对正常和高血压动物均有降压作用，还能改善高血压病人的颈强、头晕、头疼、耳鸣等症状。

6.2.8.3 葛根的安全性

小鼠静脉注射葛根总黄酮的半数致死量为（1.6±0.06）g/kg，葛根素小鼠静脉注射半数致死量为 738mg/kg。大鼠每天经口摄入 50～100g，无不良影响。中国卫生部批准葛根可用于抗疲劳、耐缺氧等功能性食品的生产。

6.2.9 山 药

山药（*Rhizoma dioscoreoae*）为薯蓣科植物薯蓣（*Dioscorea opposita* Thunb.）的块茎。该科植物全世界约 650 种，广泛分布于全球热带和亚热带地区。我国主产于河南省，以产于古怀庆故又称"怀山药"，湖南、湖北、陕西、浙江、江西、贵州、四川、重庆、广东、江苏、安徽等省、直辖市也有栽培。山药有毛山和光山药之分，毛山药经湿润搓揉、晒干打光即得光山药，呈光滑圆柱状，长 10～20cm，直径 2～4cm，以质坚、粉性足、呈色洁白者为佳。

6.2.9.1 山药的成分及性质

山药的块茎中含有山药素（batatasin I～V），并含有由甘露糖、葡萄糖和半乳糖按物质的量比 6.45：1：1.26 构成的山药多糖，尿囊素（allantoin），多巴胺（dopamine）、盐酸山药碱（batatasine hydrochloride），止权素（abscisin），黏液质（macilage）和糖蛋白（glycoproteine）。还含有多种甾醇，如胆甾烷醇、（24R）-α-甲基胆甾烷醇、（24S）-β-甲基胆甾烷醇、胆甾醇、菜油甾醇以及它们的衍生物等。山药含有 17 种以上氨基酸，其中以精氨酸、谷氨酸、天冬氨酸含量较高，还含有淀粉酶、多酚氧化酶、维生素 C、维生素 B_1、维生素 B_2、胡萝卜素和烟酸及微量元素 Fe、Zn、Cu、Co、Cr 等。

6.2.9.2 山药的功能特性

山药能防止血管动脉硬化、改善血液循环、增强机体免疫功能和抑制肿瘤细胞增殖，可作为抗肿瘤和放化疗及手术后体虚者的辅助药物。

6.2.9.3 山药的安全性

山药的水煎醇沉剂给小鼠灌服 LD_{50}>2286.4g/kg。我国国家卫健委批准山药为药食同源食物。

图文并茂电子书/拓展资源获得方法：用移动终端设备上安装的"学习通"　APP 扫描下列二维码，就可以直接学习"食品原料学慕课"　网站上与该章节配套的电子书/讲课视频、试题库、相关论文、拓展阅读、拓展视频、VR/AR/MR、3D 动画、热门话题、国内外进展、专家讲座等拓展内容（详细方法参见本教材正文前的慕课使用方法）：

0. 配套国家级
慕课首页

1. 药食两用
原料特性

2. 其他特产
食品原料

3. 调味料特性

4. 历史经典、最
新进展与思考

安全食品原料生产与品质控制
(图文并茂电子书详见配套国家级慕课)

7.1 食品原料中的危害来源及控制

7.2 安全畜产食品原料生产与品质控制

7.3　安全植物食品原料生产与品质控制

[本节目录]

7.4　安全水产食品原料中可能存在的毒素

[本节目录]

　　图文并茂电子书/拓展资源获得方法：用移动终端设备上安装的"学习通" APP 扫描下列二维码，就可以直接学习"食品原料学慕课" 网站上与该章节配套的电子书/讲课视频、试题库、相关论文、 拓展阅读、 拓展视频、 VR/AR/MR、 3D 动画、 热门话题、 国内外进展、 专家讲座等拓展内容 （详细方法参见本教材正文前的慕课使用方法 ）：

0. 配套国家级
慕课首页

1. 危害及控制
（附教材）

2. 安全畜产原料
（附教材）

3. 安全植物原料
（附教材）

4. 安全食品原料
（附教材）

5. 历史经典、最
新进展与思考

食品原料学实验指导及实操视频

（图文并茂电子书详见配套国家级慕课）

8.1　实验指导

[本节目录]

8.2　实操视频

[本节目录]

实操视频 7	重组肉脯的制作	实操视频 16	卤鹅的制作
实操视频 8	广式腊肉的制作	实操视频 17	羊肉酱的制作
实操视频 9	黔式腊肉的制作	实操视频 18	鸡辣椒的制作
实操视频 10	广式香肠的制作	实操视频 19	酸乳加工
实操视频 11	灌肠的制作	实操视频 20	咸蛋的制作
实操视频 12	烤鸭的制作	实操视频 21	皮蛋的制作
实操视频 13	猪肉松的制作	实操视频 22	糟蛋的制作
实操视频 14	五香牛肉干的制作	实操视频 23	蛋黄酱的制作
实操视频 15	烧鸡的制作	实操视频 24	戚风蛋糕的制作

图文并茂电子书/拓展资源获得方法：用移动终端设备上安装的"学习通" APP 扫描下列二维码，就可以直接学习"食品原料学慕课"网站上与该章节配套的电子书/讲课视频、试题库、相关论文、拓展阅读、拓展视频、 VR/AR/MR、 3D 动画、热门话题、国内外进展、专家讲座等拓展内容（详细方法参见本教材正文前的慕课使用方法）：

0. 配套国家级 慕课首页
1. 实验指导书 （彩图）
2. 实操视频 肉的品质Ⅰ
3. 实操视频 肉的品质Ⅱ
4. 实操视频 肉的品质Ⅲ
5. 实操视频 禽蛋品质Ⅰ
6. 实操视频 禽蛋品质Ⅱ
7. 实操视频 禽蛋品质Ⅲ
8. 实操视频 重组肉脯
9. 实操视频 广式腊肠
10. 实操视频 黔式腊肉
11. 实操视频 广式香肠
12. 实操视频 西式灌肠
13. 实操视频 烤鸭
14. 实操视频 猪肉松

15. 实操视频
牛肉干

16. 实操视频
烧鸡

17. 实操视频
卤鹅

18. 实操视频
羊肉酱

19. 实操视频
鸡辣椒

20. 实操视频
酸乳

21. 实操视频
咸蛋

22. 实操视频
皮蛋

23. 实操视频
糟蛋

24. 历史经典、最
新进展与思考

拓展资源

1. 肉制品标准
2. 乳制品标准
3. 蛋制品标准
4. 粮油食品原料标准

5. 果蔬食品原料标准
6. 特产食品原料标准
7. 水产食品原料标准
8. 安全食品原料标准

图文并茂电子书/拓展资源获得方法： 用移动终端设备上安装的"学习通" APP 扫描下列二维码， 就可以直接学习"食品原料学慕课" 网站上与该章节配套的电子书/讲课视频、 试题库、 相关论文、 拓展阅读、 拓展视频、 VR/AR/MR、 3D 动画、 热门话题、 国内外进展、 专家讲座等拓展内容 （ 详细方法参见本教材正文前的慕课使用方法 ）：

0. 配套国家级
慕课首页

1. 肉制品标准

2. 乳制品标准

3. 蛋制品标准

4. 粮油食品
原料标准

5. 果蔬食品
原料标准

6. 特产食品
原料标准

7. 水产食品
原料标准

8. 安全食品
原料标准

9. 历史经典、最
新进展与思考